新工科建设·电子信息类精品教材

单片机原理及应用

——C51语言版（第2版）

林　立　张俊亮　编著

电子工业出版社

Publishing House of Electronics Industry

北京·BEIJING

内 容 简 介

本书以 80C51 为代表介绍 51 系列单片机的工作原理与应用实例。书中编程语言采用单一 C51 语言，可显著提高编程方法的工程实用性；内容编排采用理论与应用实例紧密结合的做法，克服了过去单片机教材在理论与应用之间存在较大时间差的问题；采用 Proteus 8.11 作为电路绘图、软件编程、动态调试、仿真运行和虚拟实验的教学工具，以其逼真的可视化特点解决了以往单片机课程难教难学的问题；坚持学以致用的原则，所选的数十个应用实例都具有较强的应用背景，其中第 9 章的综合应用实例——智能仪器设计与 PCB 布版更是突出了"从概念到产品"的教学理念。

本书保持了方便读者学习的传统做法，每章都有内容概述、本章小结、思考与练习，书末附有教学实验。本书的实例都可进行仿真运行，确保程序正确无误。在手机版和电脑版的双系统课程网站（www.51mcu.cn/c51-2/）中免费提供教学 PPT、仿真实例资料、实例仿真视频、思考与练习答案和阅读材料。

本书的 C51 语言是从零基础开始的，适合没有 C 语言基础或基础薄弱的读者。本书可作为高等工科院校机械类、电气类、电子信息类、计算机类各专业 80 学时及以下要求的教材，也可作为嵌入式应用系统设计、生产从业人员的岗位培训教材及自学参考书。

图书在版编目（CIP）数据

单片机原理及应用：C51 语言版 / 林立，张俊亮编著. —2 版. —北京：电子工业出版社，2022.3
ISBN 978-7-121-43036-7

Ⅰ. ①单… Ⅱ. ①林… ②张… Ⅲ. ①单片微型计算机—高等学校—教材 Ⅳ. ①TP368.1

中国版本图书馆 CIP 数据核字（2022）第 035424 号

责任编辑：凌　毅
印　　刷：三河市君旺印务有限公司
装　　订：三河市君旺印务有限公司
出版发行：电子工业出版社
　　　　　北京市海淀区万寿路 173 信箱　　邮编　100036
开　　本：787×1092　1/16　印张：17.5　字数：493 千字
版　　次：2018 年 5 月第 1 版
　　　　　2022 年 3 月第 2 版
印　　次：2025 年 6 月第 8 次印刷
定　　价：56.00 元

前　言

"单片机原理及应用"是工科院校普遍开设的一门公共技术基础课，旨在使读者通过对 MCS-51 单片机的学习，掌握单片机软硬件系统的工作原理及单片机初级应用系统的开发技能，为以后从事高性能单片机技术应用奠定理论和实践基础。

作者长期从事单片机的教学与科研工作，曾出版过《单片机原理及应用——基于 Proteus 和 Keil C》教材，本书作为其姊妹篇，在保持原有风格体系的基础上，将其中的汇编语言内容去掉，全部用 C51 语言内容扩展。由于是从 C51 语言零基础开始的，本书更适合没有 C 语言基础或基础薄弱的读者选用。不过实践也表明，这两本教材都存在一个软肋，那就是需要将 Proteus 和 Keil 两种软件工具联合起来使用，这使单片机学习难度大大增加。

随着 Proteus 升级到 8.x 版本，Proteus 一项很有价值的新功能诞生了，即 Proteus 8.x 具有进行 C51 程序编辑、编译和仿真调试的功能。其实，这并非是 Proteus 8.x 取代了 Keil 的编译器功能，而只是在后台调用了 Keil 功能。Proteus 8.x 能自动扫描计算机并进行编译器配置，因此用户只需提前在计算机中安装 Keil 就行了。

使用 Proteus 8.x 以后，Keil 无须再由用户启动，也不再出现在前台，这意味着用户不必再知晓 Keil 的用法了。作者正是看中了 Proteus 8.x 的这一价值，认为它可对基于仿真的单片机教材带来一次新的变革。告别 Keil 有利于简化教材内容，让读者将有限的精力集中在 Proteus 8.x 单一软件的使用上，这无疑是一个降低单片机学习难度的福音。

本次教材再版的主要变化在于，将第 1 版中基于 Keil 内容的仿真实例、教学实验、思考与练习等内容都用 Proteus 8.11 进行改写。此外，还重新改写了第 1 章的内容，使其条理性明显增强；调整了第 8 章的结构，增减了部分接口内容，使外围接口技术更加充实完整；在第 9 章的智能仪器实例中增加了 PCB 布版内容，使得从"概念到产品"的教学理念更加突出；对教学实验和思考与练习进行了修订，使其更好地与教材内容相呼应；由于本书课程网站中已有"阅读材料"内容，因而本书附录中不再保留"阅读材料"，读者可优先在电脑版课程网站中进行查阅。

由于本书较第 1 版的内容变化较多，可能会给使用第 1 版教材的读者带来一些不便。作为弥补措施，我们已经更新了教学 PPT、仿真实例资料、实例仿真视频、思考与练习答案和阅读材料等，欢迎大家通过课程网站（www.51mcu.cn/c51-2/）选用。

本书由林立和张俊亮共同编写完成，出版过程中得到了电子工业出版社的大力支持和帮助，特别是高等教育分社的凌毅编辑做了大量细致的工作，在此谨致以诚挚的谢意。

本书一定还有许多不妥之处，书中漏误在所难免，殷切期望读者给予批评指正，联系邮箱 cmee0@163.com。

林　立

2022 年 2 月

目　　录

第 1 章　单片机基础知识概述

内容概述：

本章主要介绍单片机的定义、发展历史、分类方法、应用领域及发展趋势，单片机中数的表示和运算方法，基本逻辑门电路，以及与单片机系统仿真工具 Proteus 相关的内容。

教学目标：

● 了解单片机的概念及特点；
● 掌握单片机中数的表示和运算方法及基本逻辑门电路；
● 初步了解 Proteus 软件的功能。

1.1　单片机概述

1.1.1　单片机的基本概念

现代微型计算机技术有两大发展分支。一个分支是为满足众多个人应用场合需要而发展的通用微型计算机系统（Universal microComputer System，UCS），也称为个人计算机（Personal Computer，PC），其主要技术目标是追求高速计算和海量存储能力。它的发展方向是 CPU 速度不断提升和存储容量不断扩大。PC 由 CPU+存储器+主板+显卡+声卡+网卡+显示器+鼠标+键盘等设备组成。

另一个分支是能嵌入对象体系中，以实现对象体系智能化为目的的一类专用计算机系统，又称为嵌入式计算机系统（Embedded Computer System，ECS）。其主要技术目标是，满足被控对象体系的物理、电气和环境及产品成本等要求，它的发展方向是与对象系统密切相关的嵌入性能、控制能力与控制可靠性。

对于船舶驾驶室集中控制台、电站锅炉集中控制系统、钢厂自动配料控制系统等大型被控对象，可以通过对 PC 进行电气加固、机械加固，并配置各种接口板卡，使之成为能嵌入大型对象系统中的工控机（Industrial Personal Computer，IPC），进而实现工业过程自动化和智能化。

但是对于家用电器、医疗仪器、工控仪表、汽车电器等众多小型对象系统，则无法通过 IPC 实现其智能化。这就需要发展一类特殊的嵌入式计算机系统，使其能嵌入这些小型被控对象之中，成为智能化的核心。为此，单片微型计算机（Single Chip Microcomputer，SCM），简称单片机，就应运而生了。

单片机是一种集成电路芯片，是采用超大规模集成电路技术把中央处理器（CPU）、程序存储器（ROM）、数据存储器（RAM）、并行输入/输出（I/O）口、串行口、中断系统、定时/计数器（T/C）、总线控制器、片内时钟等电路，集成到一块硅片上构成的一个微型计算机系统，即一块芯片就是一台微型计算机。图 1.1 为 Intel（英特尔）公司早年研发的 MCS-51 单片机的内部结构和 40 引脚的 80C51 芯片外形。

虽然单片机只是一个单一的芯片，但如果将其与相关电路结合在一起，并在专门为其开发的程序控制下，便可组成一个智能化的应用系统。图 1.2 是一个用单片机控制步进电机的应用系统实例。

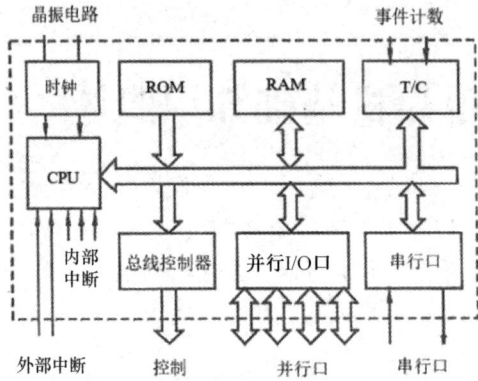

（a）内部结构　　　　　　　　　　　　　（b）80C51 芯片外形

图 1.1　MCS-51 单片机的内部结构与芯片外形

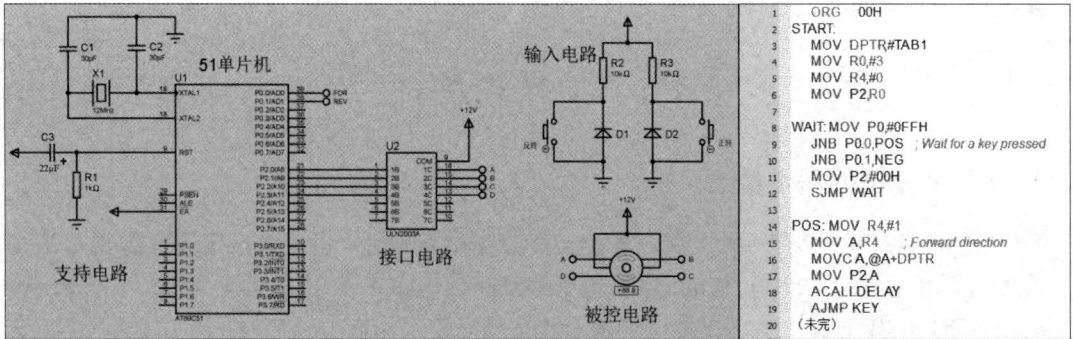

（a）单片机电路原理图　　　　　　　　　　　（b）单片机控制程序

图 1.2　用单片机控制步进电机的应用系统实例

由图 1.2 可见，单片机与外围电路，如支持电路、接口电路、输入电路、被控电路，以及控制程序共同组成了一个嵌入式控制系统，实现了对步进电机的运动控制。

随着单片机技术的进步，许多外围电路也被集成到单片机中，这样将使应用系统的电路进一步简化，从而提高系统的可靠性。

1.1.2　单片机的应用领域

与大体积和高成本的通用计算机相比，单片机的特点是体积小、可靠性高和性价比高。目前单片机已广泛应用于生产和生活的各个领域，成为现代电子系统中最重要的微型智能化中心。单片机的主要应用领域如下。

1. 工业自动化控制系统

用单片机可以构成形式多样的工业控制系统，如数据采集系统、通信系统、信号检测系统、无线感知系统、测控系统等。此外，在工厂流水线的智能化管理系统、电梯智能化控制系统、各种报警系统、与计算机联网构成的控制系统、机电一体化控制系统等方面，单片机都发挥着非常重要的作用。

2. 智能仪器仪表

单片机广泛应用于各种仪器仪表中，结合不同类型的传感器，可实现诸如电压、功率、频率、湿度、温度、流量、速度、厚度、角度、长度、硬度、压力等物理量的测量。采用单片机控制使得仪器仪表数字化、智能化、微型化，且功能比早期的电子或数字电路更加强大。

3. 通信设备

单片机具有很强的多机通信能力，如多机系统（各种网络）中的各计算机之间的通信联系、计算机与外围设备（键盘、打印机、传真机及复印机等）之间的协作都有单片机的参与。另外，对于一些将单片机作为测控核心的智能装置或家用电器，如果将它们与 Internet 连接起来进行网络通信，则能远程获得这些设备的信息并控制它们的运行。

4. 汽车电子与航空航天电子系统

单片机在汽车电子中的应用非常广泛，如发动机电子控制器、灯光控制系统、ABS 防抱死系统、电子制动系统、胎压检测系统等。航空航天电子系统中的集中显示系统、动力监测控制系统、自动驾驶系统、通信系统及运行监视器（黑匣子）等，都是将单片机嵌入其中实现的测控功能。

5. 家用电器

单片机应用到消费类产品之中，能大大提高它们的性价比，提高产品在市场上的竞争力。例如，使用单片机能使洗衣机自动识别衣物的种类及洁净程度，进而自动选择清洗时间和程序；单片机能使电冰箱实现自动区分食物类型并确定保鲜等级，进而选择最为合理的冷藏温度；烤箱能利用单片机的性能来确定食物的种类，自动选择最佳的加热方式和烘烤时间。此外，单片机在微波炉、彩电、音响、家庭报警器及电子玩具中都有着广泛应用。

实践表明，单片机的意义在于，它从根本上改变了传统控制系统的设计思想和设计方法。过去必须用模拟电路、数字电路及继电器控制电路实现的大部分功能，现在已能用单片机并通过软件方法实现，从而简化了硬件电路。这种以软件取代硬件并能提高系统性能的控制技术，又称为微控制技术。微控制技术标志着一种全新概念的出现，是对传统控制技术的一次革命。

1.1.3 主流单片机及其特点

按照不同分类方法，单片机具有不同产品类型，例如按字长分类，可分为 4 位、8 位、16 位、32 位等机型；按指令类型分类，可分为精简指令集和复杂指令集的机型；按内核分类，可分为 51 系列、PIC 系列、AVR 系列、ARM 系列等。

1. 51 系列

Intel 公司早年推出的 MCS-51 单片机包括很多型号（见表 1.1），它们在图 1.1 所示的内部结构方面稍有差别，其中最有代表性的型号是 80C51，也是本书要重点介绍的型号。

表 1.1　MCS-51 单片机的典型型号

型号	片内 ROM（B）	片内 RAM（B）①	定时/计数器（个）	并行口（个）	串行口（个）	中断源（个）	ROM 类型
80C31	无	128+128	2	4	1	5	—
80C51	4K	128+128	2	4	1	5	不可擦除
80C52	8K	256+128	3	4	1	6	不可擦除
87C51	4K	128+128	2	4	1	5	光可擦除
87C52	8K	256+128	3	4	1	6	光可擦除
89C51	4K	128+128	2	4	1	5	电可擦除
89C52	8K	256+128	3	4	1	6	电可擦除

①注：加号后的 128B RAM 被特殊功能寄存器的地址占用。

MCS-51 单片机由于设计成功及市场占有率较高，得到了许多半导体大公司的青睐。后来，Intel 公司实行了彻底的技术开放政策，通过专利转让或技术交换把 51 内核技术授予了如 Atmel（爱特梅尔）、Philips（菲利浦）、Cygnal（新华龙）、Adi（亚德诺）、Winbond（华邦）等公司。

这些公司在 51 内核技术的基础上进行了功能模块的扩展，形成了集成度更高、功能和市场竞争力更强的兼容产品，它们连同 MCS-51 单片机一起被统称为 51 系列单片机，简称 51 单片机。

目前 51 单片机中已有很多性能远超 MCS-51 单片机的国际知名品牌，例如，Atmel 的 AT89C51、AT89S52、AT89C2051 等，Winbond 的 78C52、77E58 等，宏晶公司的 STC15W201S、STC15W401AS 等，Cygnal 的 C8051F020、C8051F340 等。

在单片机发展进程中，51 单片机形成了一道独特的风景线，长盛不衰且不断更新，是一个既具有经典性又不乏生命力的优秀典范。

2. PIC 系列

PIC 单片机是美国 Microchip（微芯）公司的产品，也是当前市场份额增长最快的单片机之一。其在计算机外部设备、家电控制、电讯通信、智能仪器、汽车电子、金融电子等领域都得到了广泛应用。

PIC 单片机目前有 8 位机系列、16 位机系列和 32 位机系列，其产品可分 3 个级别，即基本级、中级和高级。其中基本级系列，如 PIC16C5X，价格低廉，适用于对成本要求严格的家电产品；中级系列，如 PIC12C6XX，适用于各种档次的电子产品；高级系列，如 PIC17CXX，具有丰富的 I/O 控制功能，并可外接扩展 EPROM 和 RAM，适用于中、高档的电子设备。

PIC 单片机的最大特点是重视产品的性能与价格比，靠发展多种型号来满足不同层次的应用要求。产品性能由低到高有几十个型号，可满足各种需要，不会产生"大马拉小车"的浪费情况。例如，PIC10F322 单片机仅有 6 个引脚，被认为是世界上最小的单片机。

3. AVR 系列

AVR 单片机是 1997 年由 Atmel 公司挪威设计中心的 Alf-Egil Bogen 和 Vegard Wollan，在公司的 Flash 新技术基础上，研发的 RISC（精简指令集）型高性能单片机。

AVR 单片机广泛应用于计算机外部设备、工业实时控制、仪器仪表、通信设备、家用电器等领域。目前有 3 个系列产品：低档 TIny 系列，主要有 TIny11/12/13/15/26/28 等；中档 AT90S 系列，主要有 AT90S1200/2313/8515/8535 等；高档 ATmega 系列，主要有 ATmega8/16/32/64/128 及 ATmega8515/8535 等。

AVR 单片机的特点是：在相同系统时钟下，AVR 单片机的运行速度较其他单片机更快；芯片内部的 Flash、EEPROM、SRAM 容量较大；所有型号的 Flash、EEPROM 都可以反复烧写、全部支持在线编程（ISP）；具有多种频率的内部 RC 振荡器、上电自动复位、看门狗、启动延时等功能，甚至零外围电路也可以工作；每个 I/O 口都可以推挽驱动的方式输出高、低电平，驱动能力强；内部资源丰富，一般都集成了 A/D 转换器、D/A 转换器、PWM（脉宽调制器）、SPI（串行外设接口）、USART（全双工通用同步/异步串行收发器）、I²C 总线接口；还有丰富的中断源数量等。

4. ARM 系列

ARM 单片机是英国 Acorn 公司设计的低功耗、低成本 RISC 型微处理器，其全称为 Acorn RISC Machine。目前 ARM 单片机在移动通信、可视电话、信息家电、掌上电脑、TV 机顶盒、数码相机、摄像机等控制及算法相对复杂、数据存储及处理量较大、事务调度能力和实时性要求较高的场合获得了广泛的应用。ARM 单片机具有三大特点：耗电少且功能强、具有 16 位/32 位双指令集和拥有众多合作伙伴。

目前，应用较多的 ARM 产品主要有 6 个系列：ARM7、ARM9、ARM9E、ARM10B、SecureCore 和最新的 ARM11。其中，在中国市场上比较流行的主要是 ARM7 和 ARM9 系列，两者功能、性能上虽有差异，但基本结构大同小异，且都是 32 位嵌入式微处理器，都同时支持 32 位的

ARM 指令集和 16 位的 Thumb 指令集。

需要指出的是，ARM 又是一家从 Acorn 公司里剥离成立的专门从事基于 RISC 技术芯片设计开发的公司。作为知识产权供应商，ARM 公司本身不直接从事芯片生产，仅靠转让设计许可，由合作公司生产各具特色的芯片。半导体生产商先从 ARM 公司购买其设计的 ARM 微处理器核，再根据各自不同的应用领域，加入适当的外围电路，从而形成自己的 ARM 微处理器芯片并进入市场。

除上述 4 个系列外，还有很多单片机类型，如 Motorola 系列、Zilog 系列、NSC 系列等，这里就不再一一赘述了。

1.1.4 单片机发展趋势

Intel 公司于 20 世纪 70 年代初推出的 MCS-51 单片机开创了单片机的新纪元，从此以后单片机经历了几十年快速发展，目前正朝着 CMOS 化、低功耗化、低电压化、高性能化和大容量化等方向发展。

1. 单片机的发展趋势

（1）CMOS 化

CMOS（Complementary Metal-Oxide-Semiconductor，互补金属-氧化物-半导体）是制造大规模集成电路芯片采用的一种工艺。CMOS 产品具有很多优点，如动态功耗低、工作电压范围宽、抗干扰能力强、温度稳定性能好、扇出能力强、抗辐射能力强、驱动同类逻辑门的能力强等。虽然 CMOS 起步晚于 TTL（Transistor-Transistor Logic，晶体管-晶体管逻辑），但已实现了对后者的全面赶超，因此 CMOS 化的单片机已成为发展趋势。

（2）低功耗化

单片机的功耗电流现已降低到毫安（mA）甚至微安（μA）级，供电电压可在 3～6V 之间，完全适应电池工作。低功耗化产生的效应不仅是功耗低，而且带来了产品的高可靠性、高抗干扰能力及产品的便携性。

（3）低电压化

几乎所有的单片机都有 WAIT 和 STOP 等省电运行模式。单片机的允许供电电压范围越来越宽，一般在 3～6V 范围内都可正常工作。有些单片机的工作电源下限已达 1～2V，甚至已有允许 0.8V 供电的单片机问世。

（4）高性能化

采用 RISC 结构和流水线技术，目前指令速度已超过 100MIPS（Million Instruction Per Seconds，百万条指令每秒），比普通单片机高出 10 倍以上；加强了位处理功能、中断和定时控制功能，实时响应能力大幅提高。加上芯片集成度的提高，已成功实现了多种外围电路的内装化。

（5）大容量化

以往单片机片内 ROM 为 1～4KB，RAM 为 64～128B。但在需要复杂控制的场合，该存储容量是不够的，必须进行外接扩充。为了适应工作要求，厂家运用新的制造工艺实现了片内存储器的大容量化。目前，单片机片内 ROM 已达 64KB，片内 RAM 也已达 2KB。

2. 单片机的发展阶段

从产品类型来看，各种系列的单片机都大体经历了 SCM、MCU 和 SoC 三个阶段，下面以51 单片机为例做一简介。

1. SCM（Single Chip Microcomputer，单片微型计算机）阶段

该阶段的主要技术发展方向是，寻求最佳单片形态的嵌入式系统体系结构。在开创嵌入式系统的发展道路上，Intel 公司功不可没，奠定了单片微型计算机（SCM）与通用微型计算机系统（UCS）完全不同的发展道路。

如前所述，在 51 内核技术基础上，被 Intel 授权的半导体公司开发了许多增强型的 SCM，使得存储器数量、存储方式、定时/计数器和中断源的数量等片内硬件资源有所提升，这类增强型 SCM 的主要型号有：

- Atmel 的 AT80C51、AT80C52、AT87C51、AT89C52、AT89C2051 等；
- Philips 的 P80C51、P80C52、P87C51、P87C52、P89C51、P89C52 等；
- Winbond 的 W77L32、W77E58、W78E51B、W78C52、W78E54B 等。

随着单片机从早期的 4 位发展到 8 位、16 位直至 32 位，单片机的功能在不断增强，嵌入式应用能力也在不断提高。但由于复杂系统的功能大都可以通过简单嵌入式系统组合实现，而 8 位单片机以其价格低廉、性能适中的特点，已可满足简单嵌入式系统的要求。这表明，嵌入式应用领域中大量需要的仍是 8 位单片机，在当前及以后相当一段时间内，8 位单片机仍将占据单片机应用的主流地位。

2. MCU（Micro Controller Unit，微控制器）阶段

该阶段的主要技术发展方向是，在 SCM 的基础上不仅提升了如速度、功耗等基础性能，而且集成了许多外围电路，即外围电路内装化，大幅提高了嵌入式系统的可靠性。

从 SCM 发展到 MCU，Philips 公司做出了很大贡献。该公司开发的基于 51 内核的 P89LPC900 系列单片机，许多性能指标较之 SCM 有了质的飞跃，其主要特性如图 1.3 所示。

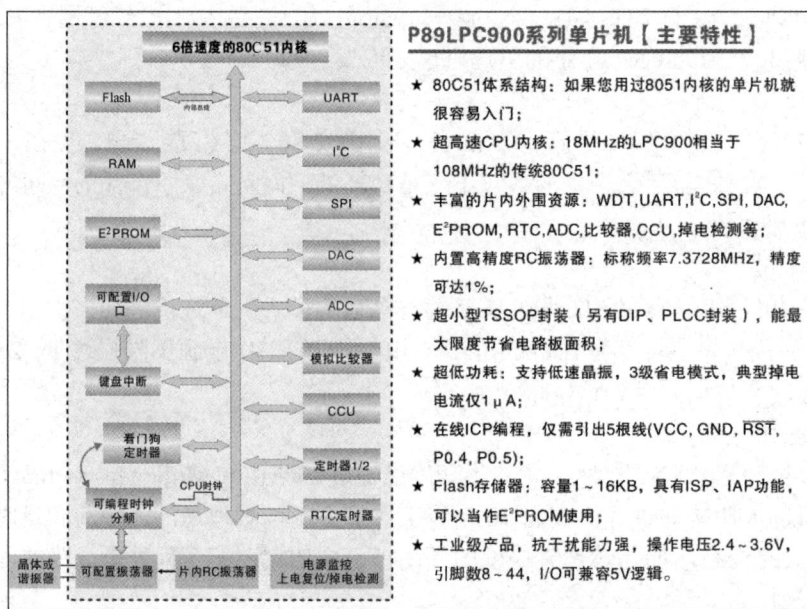

图 1.3　P89LPC900 系列单片机主要特性

可见，P89LPC900 新增了键盘中断、看门狗及可配置振荡器等内部资源，还新增了 I^2C 总线接口、SPI 接口、数模转换器（DAC）、模数转换器（ADC）、模拟比较器（CP）、捕获/比较模块（CCU）和实时时钟（RTC）等外围资源，运行速度相较于 80C51 有 6 倍的提升。

另外，国产宏晶 STC 单片机在高速、低功耗、超强抗干扰和外设集成度等方面也已逐渐成为 MCU 中的佼佼者，其典型结构组成如图 1.4 所示。

可以看到，STC 单片机在 51 内核基础上实现了较大硬件资源扩展，形成了多项特色功能。例如，无须外部晶振和复位便可给外围的 FPGA/DSP/GPU/CPU/MCU 输出时钟和低电平复位信号；具有片上 E²PROM 功能；具有 4 级流水线，相同时钟频率下比传统 80C51 快 13 倍；具有 80 万次/秒的高速 12 位 16 通道 ADC，有多种强大的 PWM；超低功耗，掉电模式下可串行口/外部中断或内部掉电唤醒等。

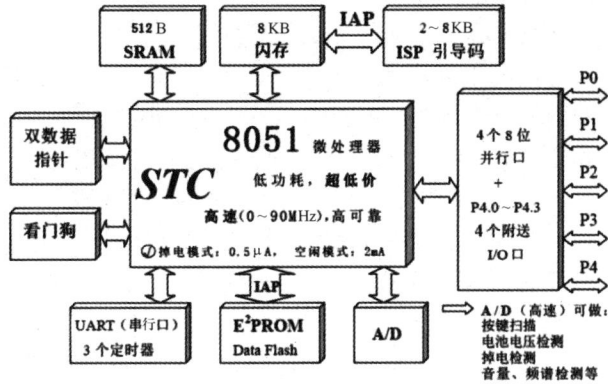

图 1.4　STC 单片机的典型结构组成

3. SoC（System on Chip，片上系统）阶段

单片机从 MCU 到 SoC 的发展，体现了寻求应用系统在芯片上的解决方案，即将单片微控制器延伸到单片应用系统——在单片机内核基础上集成了嵌入式系统所需的主要功能模块。

对于 51 内核的 SoC 型单片机，许多厂家采用的技术路线是，在 51 内核基础上配置专用扩展模块的解决方案。例如，ADI 公司通过为 51 内核配置自己的优势产品——信号调理模块，构成了数据采集专用单片机系统，使之成为高精度智能电网故障检测设备的核心部件。

此外，Cygnal 公司通过为 51 内核配置丰富的系统驱动控制、前向/后向通道接口、片内调试与 JTAG 接口等电路，构成了用于测量与控制的 C8051F 系列 SoC 型单片机，如图 1.5 所示。用户通过编程手段可将 C8051F 系列单片机变成一款适合自己产品功能需求的专用单片机。C8051F 系列 SoC 型单片机的典型产品为 C8051F020、C8051F350/1/2/3 等。

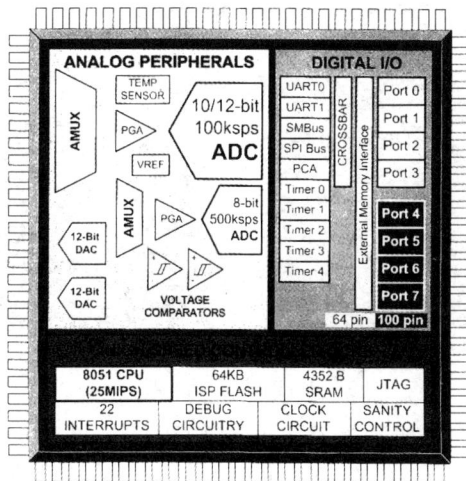

图 1.5　C8051F 系列 SoC 型单片机的内部结构组成

需要指出，我们大致了解这些高性能单片机的目的是开阔眼界，了解单片机的应用领域，但从初学者学习的角度来看，还是要先从基础的 51 单片机入手，掌握 51 单片机原理与应用方面的知识，这样才能为今后使用高性能微控制器打下坚实基础。

1.1.5　关于学习单片机

本书的目标是培养具有 51 单片机应用系统开发技能的专业人才。为了实现这一目标，学习者需要掌握 51 单片机的硬件结构原理、软件编程语言、外围接口应用和仿真开发系统 4 个方面的有关知识，这些正是本书的内容组成，如图 1.6 所示。

由图 1.6 可见，硬件结构原理、软件编程语言、外围接口应用三部分内容相对独立又互有交叉，但仿真开发系统内容则与它们深度融合并贯穿全局。实际上，前三项是单片机教材的经典内容，而第四项则是本书的特色所在，即所谓基于仿真系统的单片机原理及应用。

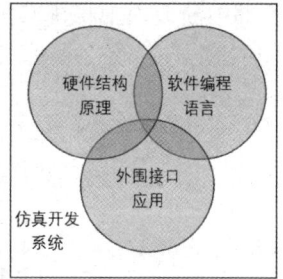

图 1.6　本书的内容组成

这里的仿真开发系统是指近年来快速发展的电子设计自动化软件 Proteus，它能对模拟电路、数字电路、模数混合电路进行虚拟设计和检验，其中以单片机模数混合应用系统的仿真功能最为突出。使用 Proteus 能在电子产品样机制造之前通过仿真检验发现其存在的问题，从而大大提高产品研发效率，降低开发风险。

实践证明，Proteus 仿真软件不仅是可以加快单片机产品开发的强大工具，也是学习者掌握单片机知识和开发技能的一条高效途径。Proteus 提供的虚拟环境能使硬件设计和软件编程等单片机枯涩知识得以生动灵活地展现出来，也能让软硬件联机调试和 PCB 布版等技能训练有了可充分施展的空间。在 Proteus 软件环境中，从原理图设计、单片机编程、系统仿真到 PCB 设计一气呵成，真正实现了从"概念到产品"的完整设计，如图 1.7 所示。

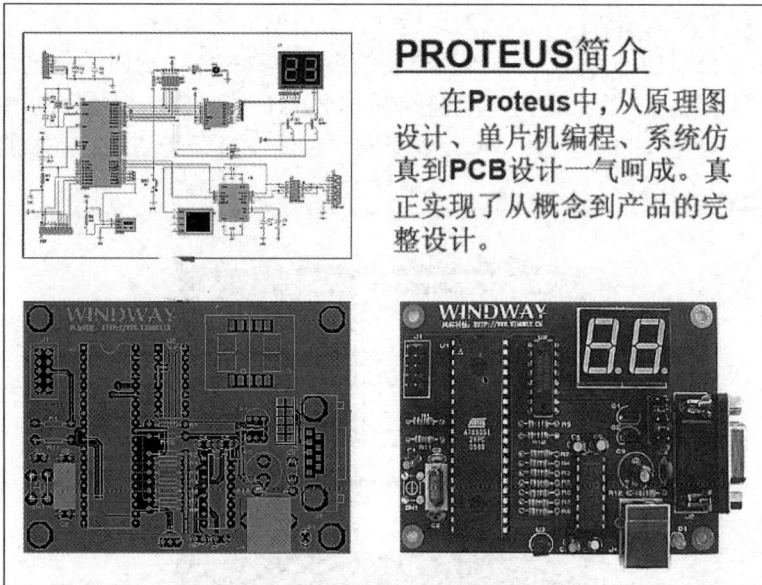

图 1.7　Proteus 功能简介

单片机问世以来已在各个领域发挥了极其重要的作用，然而单片机技术开发的主力军却是具有工程背景的专业人员，而并非计算机的专业人员。这说明对于单片机的开发，专业背景比计算机背景更重要；单片机的技术门槛较低，是一种相对容易掌握的先进技术。学习单片机，只需具备基本的电子基础知识，因而在许多本科院校、职业技术学校都开设了"单片机原理及应用"课程。

单片机是一门课程，与学习其他课程的基本方法一样，要做到在理解基础上记忆。单片机更是一门技术，学习它的目的是用来解决实际问题，故而提高动手能力尤为重要。以下有几点学习建议：

1．加强理解

理解是学习和记忆一切知识的前提。为了做到理解，需要牢记以下三步。

（1）课前预习

养成课前预习的好习惯，争取能在预习中达到半懂程度，这样听课的效率会提高。

（2）课后复习

即使课堂上已掌握的内容，课下时间一长还会忘记，因此课后需要认真复习巩固。

（3）勤做练习

多动脑是开拓思路、积累经验的重要手段，本书中的每个实例都各有侧重，都应亲手做一遍，认真体会其中的关键。

2．多练多实践

单片机是计算机的一个分支，因此它的学习方法必然带有计算机的一些特点。学过计算机、用过计算机的人都有体会，计算机是"玩"出来的。只学不练用不好计算机。单片机也是一样的，因此一定要重视实践环节，多上机练习。

3．强化记忆

学习单片机仅仅做到理解还不够，重要内容如基本原理、经典算法、关键技术一定要牢牢记住，没有这些就谈不上灵活应用。

1.2　单片机预备知识

与通用数字计算机一样，单片机也采用二进制数工作原理，学习者需具备必要的数制转换和逻辑门关系等基础知识。为此，本节仅从单片机学习需要的角度出发，对二进制数和逻辑门关系进行简单介绍，以便为未具备这一条件的读者补充预备知识。如果读者已经掌握了这方面的知识，可跳过本节直接进行后面的学习。

1.2.1　数制及其转换

1．数制

计算机中常用的表达整数的数制有以下几种。

（1）十进制数，N_D

数集：0、1、2、3、4、5、6、7、8、9。

规则：逢十进一。

表示：十进制数的后缀为 D 且可省略。

计算：十进制数可用加权展开式表示。例如：

$$1234 = 1 \times 10^3 + 2 \times 10^2 + 3 \times 10^1 + 4 \times 10^0$$

其中，10 为基数，10 的幂次方称为十进制数的加权数，其一般表达式为

$$N_D = d_{n-1} \cdot 10^{n-1} + d_{n-2} \cdot 10^{n-2} + \cdots + d_1 \cdot 10^1 + d_0 \cdot 10^0$$

（2）二进制数，N_B

数集：0、1。

规则：逢二进一。

表示：二进制数的后缀为 B 且不可省略。

计算：二进制数可用加权展开式表示。例如：

$$1101B=1\times2^3+1\times2^2+0\times2^1+1\times2^0$$

其中，2 为基数，2 的幂次方称为二进制数的加权数，其一般表达式为

$$N_B=b_{n-1}\cdot2^{n-1}+b_{n-2}\cdot2^{n-2}+\cdots+b_1\cdot2^1+b_0\cdot2^0$$

（3）十六进制数，N_H

数集：0～9、A～F。

规则：逢十六进一。

表示：十六进制数的后缀为 H 且不可省略。

计算：十六进制数可用加权展开式表示。例如：

$$DFC8H=13\times16^3+15\times16^2+12\times16^1+8\times16^0$$

其中，16 为基数，16 的幂次方称为十六进制数的加权数，其一般表达式为

$$N_H=h_{n-1}\cdot16^{n-1}+h_{n-2}\cdot16^{n-2}+\cdots+h_1\cdot16^1+h_0\cdot16^0$$

注意：C51 语言中是用前缀 0x 表示十六进制数的（习惯上用小写字母）。例如，普通十六进制数 DFC8H，在 C51 语言中是用 0xdfc8 表示的。

2．数制之间的转换

（1）二、十六进制数转换成十进制数

方法是按进制的加权展开式展开，然后按照十进制数运算求和。例如：

$$1011B=1\times2^3+1\times2^1+1\times2^0=11$$
$$DFC8H=13\times16^3+15\times16^2+12\times16^1+8\times16^0=57288$$

（2）二进制数与十六进制数之间的转换

因为 $2^4=16$，所以从低位起，从右到左，每 4 位（最后一组不足时左边添 0 凑齐 4 位）二进制数对应一位十六进制数。例如：

$$3AF2H=\underline{0011}\ \underline{1010}\ \underline{1111}\ \underline{0010}=11\ 1010\ 1111\ 0010B$$
$$3\quad\ \ A\quad\ \ F\quad\ \ 2$$

$$1111101B=\underline{0111}\ \underline{1101}=7DH$$
$$7\quad\ \ D$$

因为二进制数与十六进制数之间的转换特别简单，且十六进制数书写时要简单得多，所以在教科书中及进行汇编语言编程时，都会用十六进制数来代替二进制数进行书写。

（3）十进制整数转换成二、十六进制整数

转换规则："除基取余"。十进制整数不断除以转换进制基数，直至商为 0。每除一次取一个余数，从低位排向高位。例如：

39 转换成二进制数　　　　208 转换成十六进制数

39=100111B　　　　　　208=D0H

2⌞39	1（b_0）	↑	16⌞208	余 0	↑
2⌞19	1（b_1）		16⌞13	余13=D	
2⌞9	1（b_2）		0		
2⌞4	0（b_3）				
2⌞2	0（b_4）				
2⌞1	1（b_5）				
0	0				

1.2.2　有符号数

实用数据有正数和负数之分,在计算机里是用一位二进制数来区分的,即以 0 代表符号"+",以 1 代表符号"-"。通常这位数放在二进制数里的最高位,称为符号位,符号位后面为数值部分。这种二进制形式的数称为有符号数。

有符号数对应的真实数值称为真值。因为符号位占了一位,故它的形式值不一定等于其真值。例如,有符号数 0111 1011B(形式值为 123)的真值为+123,而有符号数 1111 1011B(形式值为 251)的真值却为-123。

有符号数具有原码、反码和补码 3 种表示法。

1. 原码

原码是有符号数的原始表示法,即最高位为符号位,"0"表示正,"1"表示负,其余位为数值部分。8 位二进制原码的表示范围为 1111 1111B～0111 1111B(-127～+127)。其中,原码 0000 0000B 与 1000 0000B 的数值部分相同但符号位相反,它们分别表示+0 和-0。

2. 反码

正数的反码与其原码相同;负数的反码为:符号位不变,原码的数值部分各位取反。例如,原码 0000 0100B 的反码仍为 0000 0100B,而原码 1000 0100B 的反码为 1111 1011B。+0 和-0 的反码分别为 0000 0000B 和 1111 1111B。

3. 补码

正数的补码与其原码相同;负数的补码为:符号位不变,原码的数值部分各位取反,末位加 1(反码加 1)。例如,原码 0000 0100B 的补码仍为 0000 0100B,而原码 1000 0100B 的补码为 1111 1100B。

负数的补码还可通过"模"计算得到,即负数 X 的补码等于模与 X 绝对值的差值:

$$[X]_补 =模-|X|$$

其中,"模"是指一个计量系统的计数范围,是计量器产生"溢出"的量。例如,时钟的计量范围是 0～11,模为 12,所以 4 点与 8 点互为补码关系。同理,8 位二进制数的模为 2^8 =256,因而-4 的补码为

$$[-4]_补 =256-4 =252=1111\ 1100B$$

根据补码计算规则,+0 和-0 的补码都为 0000 0000B。为了充分利用计算资源,人为规定:+0 的补码代表 0,-0 的补码代表-128。故 8 位二进制补码的表示范围是 1000 0000B～0111 1111B(-128～+127)。

总之,正数的原码、反码和补码都是相同的,而负数的原码、反码和补码各有不同。

当有符号数用补码表示时,可以把减法运算转换为加法运算。例如:

$$123-125 =[123]_补+[-125]_补$$

用补码计算:01111011B + 10000011B =11111110B → 10000010B(-2)

补码运算的结果仍为补码,故结果还需求补才能得到原码结果。

由于减法可转为加法运算,CPU 中便无须设置硬件减法器,从而可简化其硬件结构。

若上述二进制数中的最高位不是作为符号位,而是作为数值位,则称其为无符号数。8 位无符号二进制数的表示范围为 0000 0000B～1111 1111B(0～255)。

1.2.3　位、字节和字

1. 位(bit)

bit 音译为"比特",表示二进制数中的 1 位,是计算机内部数据存储的最小单位。1 个二进

制位只可以表示 0 和 1 两种状态。

2. 字节（Byte）

Byte 音译为"拜特"，1 字节由 8 个二进制位构成（1Byte=8bit）。字节是计算机数据处理的基本单位，使用时需要注意：

① 可以用大写字母 B 作为汉字"字节"的代用词，例如，"256 字节"可以表示为"256B"。但要注意不可与二进制数的表示相混淆。例如，不应将二进制数"1010B"理解为"1010 字节"。

② 千字节的表示为"KB"，1KB=1024B。例如，64KB =1024B×64 =65536B。

③ 有时还会用到半字节（nibble）概念，半字节是 4 位一组的数据类型，它由 4 个二进制位构成。例如，在 BCD 码中常用半字节表示 1 位十进制数。

3. 字（Word）

计算机一次存取、加工和传送的数据长度称为字，不同计算机的字的长度是不同的。例如，80286 微机的字由 2 字节组成，字长为 16。80486 微机的字由 4 字节组成，字长为 32。MCS-51 单片机的字由单字节组成，字长为 8。

1.2.4 BCD 码

计算机中的数据处理都是以二进制数运算法则进行的。但由于二进制数对操作人员来说不直观，易出错，因此在计算机的输入、输出环节，最好能以十进制数形式进行操作。由于十进制数共有 0～9 十个数码，因此，至少需要 4 位二进制码来表示 1 位十进制数。这种以二进制数表示的十进制数称为 BCD 码（Binary-Coded Decimal），也称"二进码十进数"或"二/十进制代码"。

由于 4 位二进制码共有 2^4=16 种组合关系，如果任选 10 种来表示 10 个十进制码，则编码方案将有数千种之多。目前最常用的是按 8421 规则组合的 8421BCD 码（见表 1.2）。

可以看出，8421BCD 码和 4 位自然二进制数相似，由高到低各位的权值分别为 8、4、2、1，但它只选用了 4 位二进制码中的前 10 组代码，即用 0000B～1001B 分别代表它所对应的十进制数，余下的 6 组代码不用。

由于用 4 位二进制码表示十进制的 1 位数，故 1 字节可以表示 2 个十进制数，这种 BCD 码称为压缩的 BCD 码，如 1000 0111 表示十进制数的 87。也可以用 1 字节只表示 1 位十进制数，这种 BCD 码称为非压缩的 BCD 码，如 0000 0111 表示十进制数的 7。

表 1.2 8421BCD 码

十进制数	BCD 码	二进制数
0	0000B	0000B
1	0001B	0001B
2	0010B	0010B
3	0011B	0011B
4	0100B	0100B
5	0101B	0101B
6	0110B	0110B
7	0111B	0111B
8	1000B	1000B
9	1001B	1001B
10	无意义	1010B
11	无意义	1011B
12	无意义	1100B
13	无意义	1101B
14	无意义	1110B
15	无意义	1111B

1.2.5 ASCII 码

由于计算机中使用的是二进制数，因此计算机中使用的字母、字符也要用特定的二进制数表示。目前普遍采用的是 ASCII 码（American Standard Code for Information Interchange）。它采用 7 位二进制编码表示 128 个字符，其中包括数码 0～9 及英文字母等，如表 1.3 所示。在计算机中一个字节可以表示一个英文字母。如从表 1.3 中可以查到"6"的 ASCII 码为"36H"，"R"的 ASCII 码为"52H"。

表 1.3　ASCII 码表

b3b2b1b0 \ b6b5b4	000	001	010	011	100	101	110	111
0000	NUL	DLE	SPACE	0	@	P	`	p
0001	SOH	DC1	!	1	A	Q	a	q
0010	STX	DC2	"	2	B	R	b	r
0011	ETX	DC3	#	3	C	S	c	s
0100	EOT	DC4	$	4	D	T	d	t
0101	END	NAK	%	5	E	U	e	u
0110	ACK	SYN	&	6	F	V	f	v
0111	BEL	ETB	'	7	G	W	g	w
1000	BS	CAN	(	8	H	X	h	x
1001	HT	EM	)	9	I	Y	i	y
1010	LF	SUB	*	:	J	Z	j	z
1011	VT	FSC	+	;	K	[	k	{
1100	FF	FS	,	<	L	\	l	|
1101	CR	GS	-	=	M	]	m	}
1110	SO	RS	•	>	N	^	n	~
1111	SI	US	/	?	O	_	o	DEL

目前也有国际标准的汉字计算机编码表——汉码表，但由于单个的汉字太多，因此要用两字节才能表示一个汉字。

1.2.6　基本逻辑门电路

计算机是由若干逻辑门电路组成的，所以计算机对二进制数的识别、运算要靠基本逻辑门电路来实现。在逻辑门电路中，输入和输出只有两种状态：高电平和低电平。我们用 1 和 0 来分别表示逻辑门电路中的高、低电平。

常用基本逻辑门电路的有关信息汇总于表 1.4 中。

表 1.4　基本逻辑门电路的有关信息

名称	与　门	或　门	非　门	异　或　门	与　非　门	或　非　门
逻辑功能	逻辑乘运算的多端输入、单端输出	逻辑加运算的多端输入、单端输出	逻辑非运算的单端输入、单端输出	逻辑异或运算多端输入、单端输出	逻辑与非运算多端输入、单端输出	逻辑或非运算的多端输入、单端输出
逻辑表达式	$A \cdot B = F$	$A + B = F$	$\overline{A} = F$	$A \oplus B = F$	$\overline{A \cdot B} = F$	$\overline{A + B} = F$

真值表：

与门

A	B	F
0	0	0
0	1	0
1	0	0
1	1	1

或门

A	B	F
0	0	0
0	1	1
1	0	1
1	1	1

非门

A	F
0	1
1	0

异或门

A	B	F
0	0	0
0	1	1
1	0	1
1	1	0

与非门

A	B	F
0	0	1
0	1	1
1	0	1
1	1	0

或非门

A	B	F
0	0	1
0	1	0
1	0	0
1	1	0

名称	与 门	或 门	非 门	异 或 门	与 非 门	或 非 门
口诀	全1为1 其余为0	全0为0 其余为1	单端运算 永远取反	相同为0 相异为1	全1为0 其余为1	全0为1 其余为0
国标符号	A B & F	A B ≥1 F	A 1 F	A B =1 F	A B & F	A B ≥1 F
国际符号	A B F	A B F	A F	A B F	A B F	A B F
常用举例	74LS08 74LS09	74LS21 74LS32	74LS04 74LS06	74LS36 74LS86	74LS00 74LS10	74LS02 74LS27

1.3 Proteus 软件简介

EDA（Electronic Design Automation）技术是指以计算机为工作平台，融合应用电子技术、计算机技术、智能化技术等最新成果研制的电子 CAD 通用软件包，其按功能可大致分为 IC 级辅助设计、电路级辅助设计和系统级辅助设计等三类。

Proteus 是全球著名的 EDA 工具，由英国 Labcenter Electronics 公司出品。Proteus 可以完成从原理图绘图、代码调试到单片机与外围电路协同仿真，还能一键切换到 PCB 设计，真正实现了从概念到产品的完整设计。它是目前世界上唯一将电路仿真软件、PCB 设计软件和虚拟模型仿真软件合三为一的设计平台，支持 8051、PIC、AVR、ARM、8086、MSP430、Cortex 和 DSP 等系列处理器。在编译方面，支持 IAR、Keil 和 MATLAB 等多种编译器。

Labcenter Electronics 公司于 2007 年推出 Proteus 7.0，2021 年升级到 Proteus 8.13。本书采用的是 Proteus 8.11（**以后如无特别声明，本书指的 Proteus 均为 Proteus 8.11**），它具有以下主要功能。

1. 强大的原理图绘图功能

Proteus 中含有 30 多个内置的元器件库和 7000 余种元器件，涉及电阻、电容、二极管、三极管、变压器、继电器、各种运算放大器、各种激励源、各种微控制器、各种门电路和各种终端器件等。所有元器件的电路符号都可以方便地用来绘图，并可借助智能化的布线功能完成元器件之间的连线，形成具有出版级质量的电路原理图。图 1.8 为一个用 Proteus 绘制的数字计算器电路原理图。

2. 支持多种主流单片机的仿真功能

Proteus 目前支持多种类型的单片机仿真，其中有 51 系列、AVR 系列、PIC 系列、ARM 系列、Z8 系列、STC 系列。随着版本升级，支持的单片机种类还会继续增加。图 1.9 为元器件库中按不同分类方法列出的单片机型号。

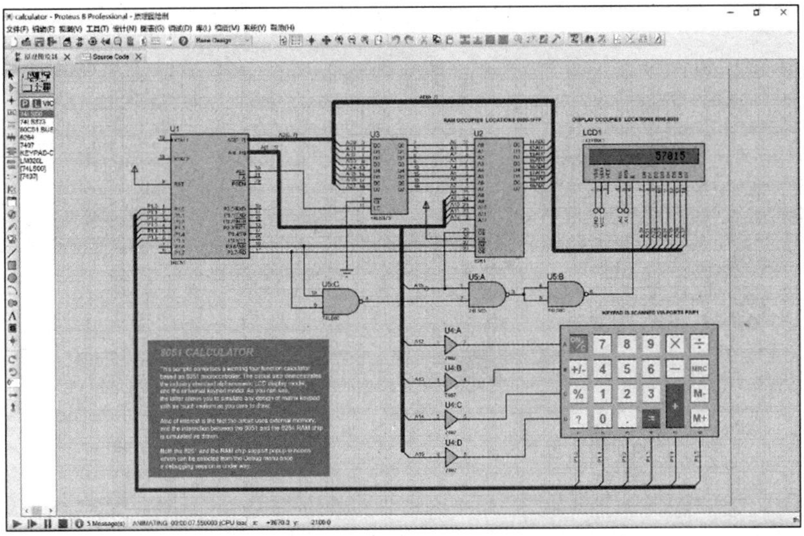

数字计算器仿真视频

图 1.8　数字计算器的电路原理图

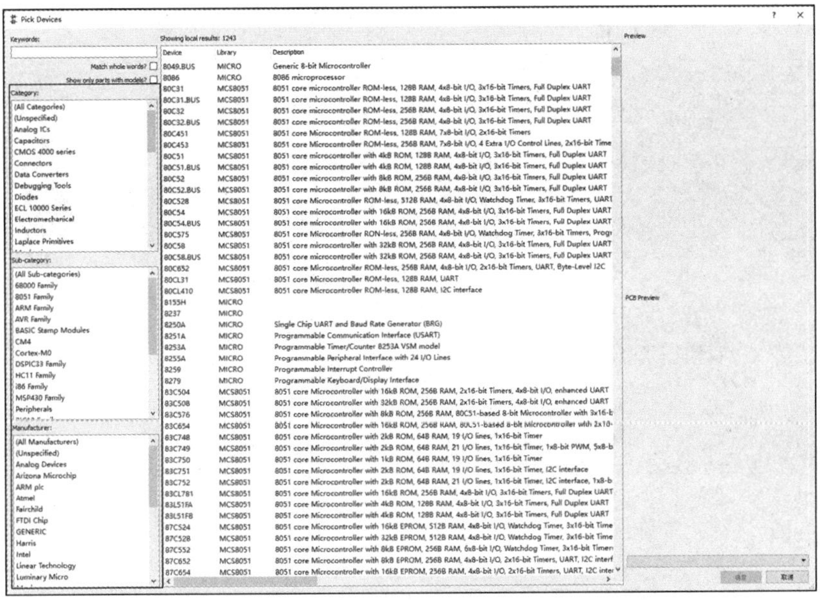

图 1.9　元器件库中按不同分类方法列出的单片机型号

3. 逼真的系统仿真功能

除单片机外，Proteus 中还有一大批仿真模型，可以进行模拟电路、数字电路、数模混合电路、RS-232 串行口终端、I^2C 调试器、SPI 调试器、虚拟仪器、曲线仿真图表、信号源等虚拟元器件的仿真。对于键盘、LCD 显示器、LED 数码管、扬声器、步进电机等具有动画模型的器件，仿真过程中可以动态表现出声、光、机械等逼真效果。图 1.10 为十字路口红绿灯控制系统的仿真运行效果。

4. 灵活的软件调试功能

Proteus 提供对程序的全速、单步、设置断点等调试功能，还可以观察各变量及寄存器等的当前状态。在 Proteus 8.11 中，还增加了 Active Popup（激活弹出）功能，在调试程序时可对原理图中指定的区域进行实时观察或者交互动作。图 1.11 为在程序调试过程中使用 Active Popup 工具产生的动态效果。

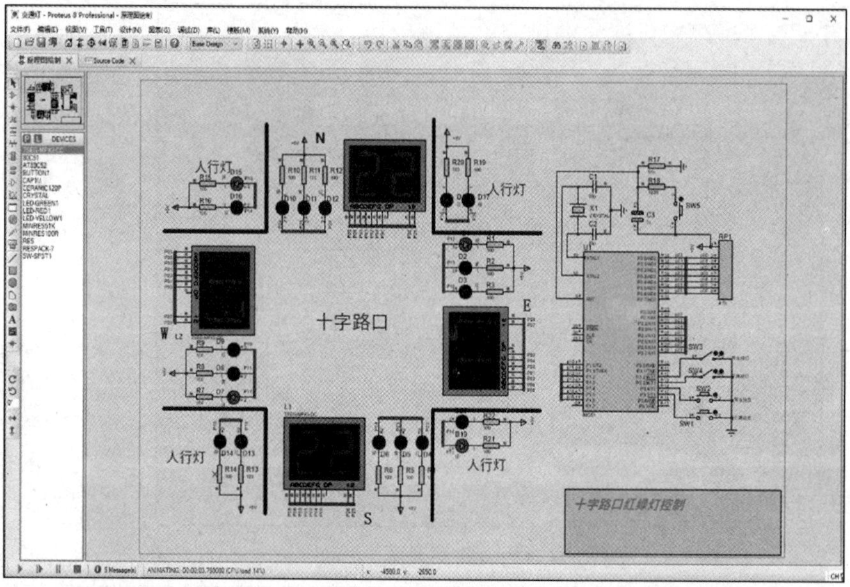

图 1.10 十字路口红绿灯控制系统的仿真运行效果

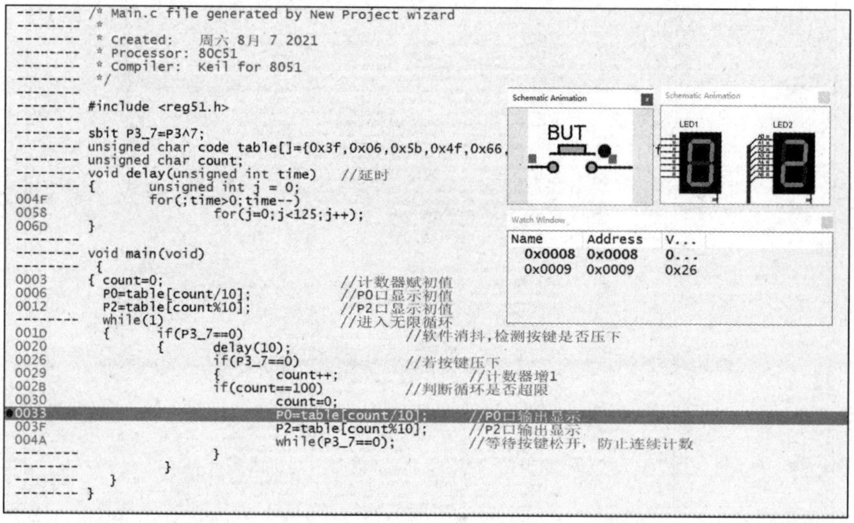

图 1.11 使用 Active Popup 工具产生的动态效果

5. 友好的程序编译功能

除自身携带的 ASEM-51 编译器外，Proteus 还支持多种第三方编译器。Proteus 8.11 中还增加了自动检测和配置编译器的功能，只要计算机中安装好第三方编译器，Proteus 在首次启动时便能检测到它的存在。进行编译时，无须打开该编译器的工作界面，Proteus 可在后台自动调用该编译器进行程序编译。如果编译成功，目标代码还能自动组装到单片机原理图中。图 1.12 为 Proteus 支持的多种编译器一览表。

6. 实用化的 PCB 布版功能

原理图设计或编程仿真成功后，可以一键进入 PCB 布版环节，通过手动或自动方式完成元器件的布局、布线、敷铜等 PCB 操作，生成制版的输出文件，并能通过 3D 观察器从多个视角预览 PCB 设计结果。图 1.13 为一个数字门铃电路的 PCB 效果图。

为配合 Proteus 学习，本书还配有阅读材料（受篇幅所限，需在本书课程网站中查阅），分别介绍了原理图绘制方法、单片机仿真方法、PCB 布版方法和仿真工具用法，读者可以上网查阅。

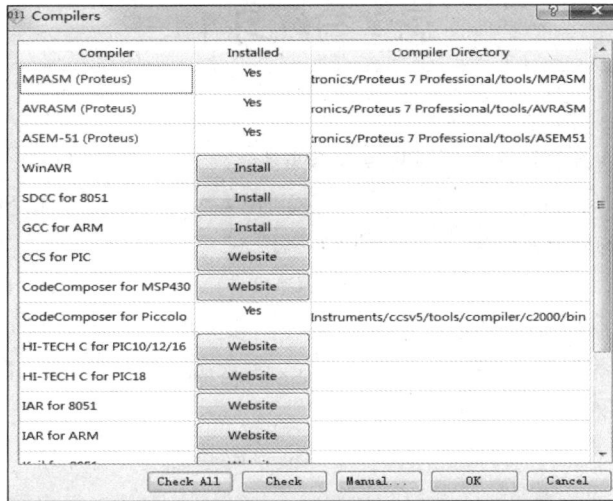

图 1.12　Proteus 支持的多种编译器一览表

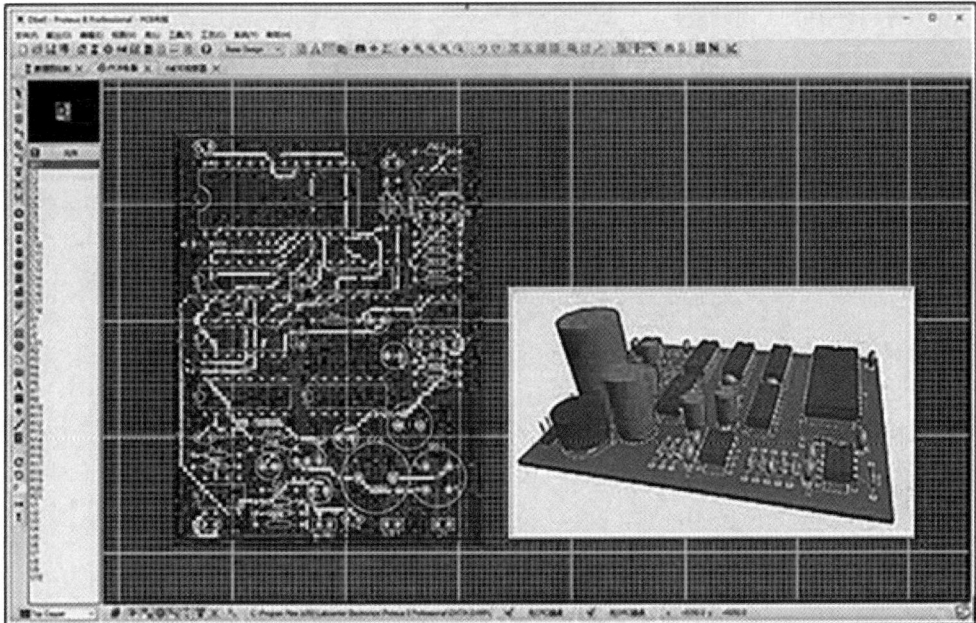

图 1.13　数字门铃电路的 PCB 效果图

本 章 小 结

1．单片机是在一块半导体硅片上集成了计算机基本功能部件的微型计算机。虽然只是一个芯片，但从组成和功能上，单片机已具有了微机系统的基本含义。

2．单片机诞生后大体经历了 SCM、MCU 和 SoC 三大阶段，其发展趋势是 CMOS 化、低功耗化、低电压化、高性能化、大容量化。具有 51 内核的 8 位单片机仍然是目前的主流机型。

3．不同数制及其转换和基本逻辑门电路是学习单片机的重要基础知识。

4．Proteus 是具有单片机原理图设计、程序开发、仿真运行和 PCB 设计等功能的 EDA 优秀软件。

思考与练习 1

1.1 单项选择题

(1) 单片机又称为单片微型计算机，最初的英文缩写是_____。

    A. MCP   B. CPU   C. DPJ   D. SCM

(2) Intel 公司的 MCS-51 单片机是_____的单片机。

    A. 1 位   B. 4 位   C. 8 位   D. 16 位

(3) 单片机的特点里没有包括在内的是_____。

    A. 可靠性高   B. 体积小   C. 海量存储   D. 性价比高

(4) 单片机的发展趋势中没有包括的是_____。

    A. 高性能   B. 高品质   C. 低功耗   D. 低电压化

(5) 十进制数 56 的二进制数是_____。

    A. 00111000B   B. 01011100B   C. 11000111B   D. 01010000B

(6) 十六进制数 93 的二进制数是_____。

    A. 10010011B   B. 00100011B   C. 11000011B   D. 01110011B

(7) 二进制数 11000011 的十六进制数是_____。

    A. B3H   B. C3H   C. D3H   D. E3H

(8) 二进制数 11001011 的十进制无符号数是_____。

    A. 213   B. 203   C. 223   D. 233

(9) 二进制数 11001011 的十进制有符号数是_____。

    A. 73   B. -75   C. -93   D. 75

(10) 十进制数 29 的 8421BCD 压缩码是_____。

    A. 00101001B   B. 10101001B   C. 11100001B   D. 10011100B

(11) 十进制数-36 在 8 位微机中的反码和补码分别是_____。

    A. 00100100B、11011100B   B. 00100100B、11011011B

    C. 10100100B、11011011B   D. 11011011B、11011100B

(12) 十进制数+27 在 8 位微机中的反码和补码分别是_____。

    A. 00011011B、11100100B   B. 11100100B、11100101B

    C. 00011011B、00011011B   D. 00011011B、11100101B

(13) 字符 9 的 ASCII 码是_____。

    A. 0011001B   B. 0101001B   C. 1001001B   D. 0111001B

(14) ASCII 码 1111111B 的对应字符是_____。

    A. SPACE   B. P   C. DEL   D. {

(15) 或逻辑的表达式是_____。

    A. A·B=F   B. A+B=F   C. A⊕B=F   D. (A·B)=F

(16) 异或逻辑的表达式是_____。

    A. A·B=F   B. A+B=F   C. A⊕B=F   D. (A·B)=F

(17) 二进制数 10101010B 与 00000000B 的"与"、"或"和"异或"结果是_____。

    A. 10101010B、10101010B、00000000B   B. 00000000B、10101010B、10101010B

    C. 00000000B、10101010B、00000000B   D. 10101010B、00000000B、10101010B

（18）二进制数 11101110B 与 01110111B 的"与"、"或"和"异或"结果是_____。

    A．01100110B、10011001B、11111111B   B．11111111B、10011001B、01100110B

    C．01100110B、01110111B、10011001B   D．01100110B、11111111B、10011001B

（19）下列集成门电路芯片中具有与门功能的是_____。

    A．74LS32   B．74LS06   C．74LS10   D．74LS08

（20）下列集成门电路芯片中具有非门功能的是_____。

    A．74LS32   B．74LS06   C．74LS10   D．74LS08

（21）下列单片机型号中不属于 51 系列的是_____。

    A．AT89S52   B．78C52   C．AT90S1200   D．STC15W201S

（22）嵌入式计算机系统的主要技术要求是_____。

    A．满足个人办公需求和设备互换兼容性

    B．追求高速计算能力和海量存储能力

    C．满足被控对象体系的物理、电气和环境及产品成本等要求

    D．CPU 速度的不断提升和存储容量的不断扩大

（23）家用电器如冰箱、空调、洗衣机中使用的单片机主要是利用了它的_____能力。

    A．高速运算   B．海量存储   C．远程通信   D．测量控制

（24）C8051F020 是由_____公司开发的单片机产品。

    A．Atmel   B．Intel   C．Microchip   D．Cygnal

1.2　问答思考题

（1）什么是单片机？单片机与通用微机相比有何特点？

（2）单片机的发展有哪几个阶段？它今后的发展趋势是什么？

（3）单片机的意义是什么？

（4）在众多单片机类型中，8 位单片机为何不会过时，还占据着单片机应用的主导地位？

（5）掌握单片机原理及应用技术要注意哪些学习方法？

（6）单片机技术开发的主力军为何是有工程专业背景的技术人员而非计算机专业人员？

（7）学习单片机原理及应用技术需要哪些必要的基础知识？

（8）二进制数的位与字节是什么关系？51 单片机的字长是多少？

（9）简述数字逻辑中的与、或、非、异或的运算规律。

（10）Proteus 仿真软件为何对学习单片机具有重要意义？

（11）本书中介绍过 Proteus 的哪些主要功能？

（12）Proteus 对编译器新增了什么功能？有哪些特点？

第2章 MCS–51单片机的结构组成

内容概述：

本章主要介绍 MCS-51 单片机的内部结构与外部引脚功能，程序存储器、数据存储器和特殊功能寄存器，单片机的 4 个通用 I/O 口的结构与功能，以及时钟电路、复位电路、掉电保护电路、CPU 的时序等。

教学目标：

- 掌握 MCS-51 单片机的内部结构与外部引脚功能；
- 掌握 MCS-51 单片机的存储器结构及 D 触发器的工作原理；
- 掌握 MCS-51 单片机的 4 个通用 I/O 口的结构与功能。

2.1 单片机的基本结构

MCS-51 单片机分为 51 和 52 两个子系列，包括 80C51、87C51、80C52、87C52 等典型产品。它们的结构基本相同，主要差别仅在于片内存储器、定时/计数器、中断源的配置有所不同，其中 52 子系列在存储器容量、定时/计数器和中断源数量方面都高于 51 子系列。考虑到产品的代表性，本书将均以 80C51 为例进行介绍。

2.1.1 MCS–51单片机的内部结构

MCS-51 单片机的内部结构包含了作为微型计算机所必需的基本功能部件，如 CPU、RAM、ROM、定时/计数器和可编程并行口、可编程串行口等。这些功能部件通常都挂靠在单片机内部总线上，通过内部总线传送数据信息和控制信息。其内部基本结构如图 2.1 所示。

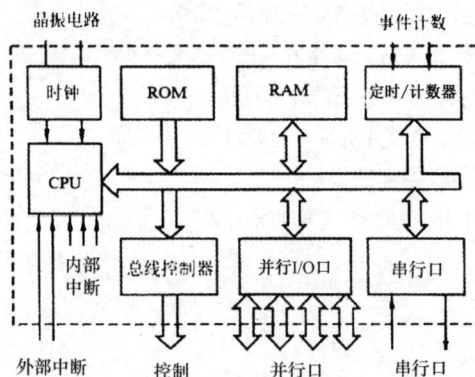

图 2.1 MCS-51 单片机内部基本结构

80C51 的内部资源主要包括：

- 1 个 8 位中央处理器（CPU）；
- 1 个片内振荡器和时钟电路；
- 4KB 片内程序存储器（ROM）；
- 256 字节的片内数据存储器（RAM）；

- 2 个 16 位定时/计数器（T/C）；
- 可寻址 64KB 程序存储空间和 64KB 数据存储空间的总线控制器；
- 4 个 8 位双向并行 I/O 口；
- 1 个全双工串行口；
- 5 个中断源。

单片机内部资源中最核心的部分是 CPU，它是单片机的大脑和心脏。CPU 的主要功能是产生各种控制信号，控制存储器、I/O 口的数据传送，进行数据运算、逻辑运算等。CPU 从功能上可分为运算器和控制器两部分，下面分别介绍这两部分的组成及功能。

1. 控制器

控制器的作用是对取自程序存储器中的指令进行译码，在规定的时刻发出各种操作所需的控制信号，完成指令所规定的功能。

控制器由程序计数器、指令寄存器、指令译码器、数据指针及定时控制与条件转移逻辑电路等组成。

（1）程序计数器（Program Counter，PC）

PC 是一个 16 位的专用寄存器，其中存放着下一条要执行指令的首地址，即 PC 的内容决定着程序的运行轨迹。当 CPU 要取指令时，PC 的内容就会出现在地址总线上；取出指令后，PC 的内容可自动加 1，以保证程序按顺序执行。此外，PC 的内容也可以通过指令修改，从而实现程序的跳转运行。

系统复位后，PC 的内容会被自动赋值为 0000H，这表明复位后 CPU 将从程序存储器的 0000H 地址处的指令开始运行。

（2）指令寄存器（Instruction Register，IR）

指令寄存器是一个 8 位寄存器，用于暂存待执行的指令，等待译码。

（3）指令译码器（Instruction Decoder，ID）

指令译码器是对指令寄存器中的指令进行译码，将指令转变为执行此指令所需的电信号。根据译码器输出的信号，再经过定时控制电路产生执行该指令所需的各种控制信号。

（4）数据指针（Data Pointer，DPTR）

DPTR 是一个 16 位的专用地址指针寄存器，由两个 8 位寄存器 DPH 和 DPL 拼装而成，其中 DPH 为 DPTR 的高 8 位，DPL 为 DPTR 的低 8 位。DPTR 既可以作为一个 16 位寄存器来使用，也可作为两个独立的 8 位寄存器来使用。

DPTR 可以用来存放片内 ROM 的地址，也可以用来存放片外 RAM 和片外 ROM 的地址，与相关指令配合实现对最高 64KB 片外 RAM 和全部 ROM 的访问。

2. 运算器

运算器由算术逻辑部件、累加器、程序状态字寄存器及运算调整电路等组成。为了提高数据处理速度，片内还增加了一个通用寄存器 B 和一些专用寄存器与位处理逻辑电路。

（1）累加器（Accumulator，ACC）

ACC 是一个 8 位寄存器，简称为 A，通过暂存器与 ALU 相连。它是 CPU 工作中使用最频繁的寄存器，用来存放一个操作数或中间结果。

（2）通用寄存器 B（General Purpose Register）

通用寄存器 B 是为了配合累加器 A 进行乘法和除法运算而设置的，也是一个 8 位寄存器。除乘法和除法用途外，通用寄存器 B 也可作为普通寄存器使用。

（3）算术逻辑部件（Arithmetic Logic Unit，ALU）

ALU 由加法器和其他逻辑电路组成，用于对数据进行四则运算和逻辑运算等。ALU 的两个操作数，一个由 A 通过暂存器 2 输入，另一个由暂存器 1 输入，运算结果的状态传送给 PSW。

（4）程序状态字寄存器（Program State Word，PSW）

PSW 是一个 8 位专用寄存器，用于存放程序运行过程中的各种状态信息。PSW 中的各位信息通常是在指令执行过程中自动形成的，但也可以由传送指令加以改变。PSW 各位的定义如下：

PSW7	PSW6	PSW5	PSW4	PSW3	PSW2	PSW1	PSW0
CY	AC	F0	RS1	RS0	OV	F1	P
位 7	位 6	位 5	位 4	位 3	位 2	位 1	位 0

① CY（PSW7）进位标志位，在进行加或减运算时，如果操作结果最高位有进位或借位，则 CY 由硬件置 1，否则清 0。在进行位操作时，CY 的作用相当于累加器 A，因而又可以被认为是位累加器。

② AC（PSW6）辅助进位标志位，在进行加或减运算时，如果操作结果的低 4 位向高 4 位产生进位或借位，则 AC 由硬件置 1，否则清 0。AC 位可用于 BCD 码调整时的判断位。

③ F0（PSW5）用户标志位，由用户置位或复位，可作为用户自定义的一个状态标记。

④ RS1、RS0（PSW4、PSW3）工作寄存器组指针，用于选择 CPU 当前工作的寄存器组。可由用户程序改变 RS1、RS0 的组合，以切换当前选用的寄存器组。RS1、RS0 与寄存器组的对应关系将在本书 2.2.3 节中介绍。

⑤ OV（PSW2）溢出标志位，可以指示运算过程中是否发生了溢出，由硬件自动形成。若在执行有符号数加、减运算指令过程中，累加器 A 中的运算结果超出了 8 位数能表示的范围，即 $-128 \sim +127$，则 OV 自动置 1，否则清 0。因此，根据 OV 状态可以判断累加器 A 中的结果是否正确。

OV 状态可以利用异或逻辑表达式算出：

$$OV = C6y \oplus C7y$$

式中，C6y 和 C7y 分别是位 6 和位 7 的进位或借位状态，有进位或借位时为 1，反之为 0。

【实例 2.1】对于两个有符号数+84 和+105，执行加法运算后，求其溢出标志位 OV。

【解】为便于分析，采用如下竖式计算法：

```
       0   1   0   1   0   1   0   0    (+84)
   +   0   1   1   0   1   0   0   1    (+105)
  ─────────────────────────────────────
CY=0   1   0   1   1   1   1   0   1    (+189)
```

可见，由于 C6y=1（位 6 有进位），C7y=0（CY=0，位 7 无进位），故 OV=1 ⊕ 0=1，说明产生了溢出。由于两个正数相加结果不可能为负，因此从位 7 为 1 也可直观地看出计算结果是错误的。

⑥ F1（PSW1）用户标志位，同 F0。

⑦ P（PSW0）奇偶标志位，该位跟踪累加器 A 中"1"的个数的奇偶性。如果 A 中有奇数个"1"，则 P 硬件置 1，否则清 0。凡是改变累加器 A 中内容的指令均会影响 P 标志位。

此标志位对串行通信中的数据传输有重要的意义，在串行通信中常采用奇偶校验的办法来校验数据传输的可靠性。

2.1.2 MCS–51 外部引脚及其功能

MCS-51 单片机的封装方式与制造工艺有关，采用 HMOS 制造工艺的 51 单片机一般采用

40 个引脚的双列直插封装（DIP）方式，如图 2.2 所示。

采用 CHMOS 制造工艺的 MCS-51 单片机除采用 DIP 封装方式外，还采用 44 个引脚的方形封装方式，其中 4 个引脚是无用的，如图 2.3 所示。

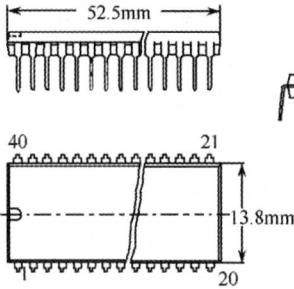

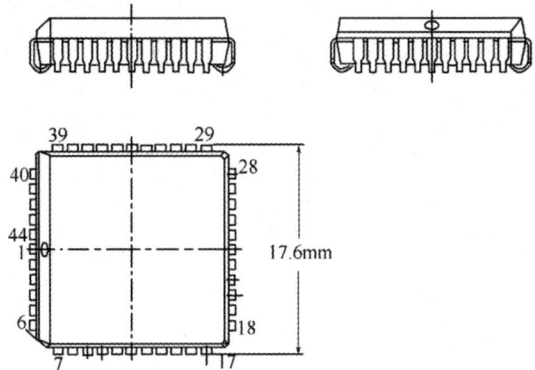

图 2.2　MCS-51 双列直插封装方式的引脚　　图 2.3　MCS-51 方形封装方式的引脚

80C51 采用 40 个引脚的双列直插封装方式时，其引脚分布如图 2.4 所示。

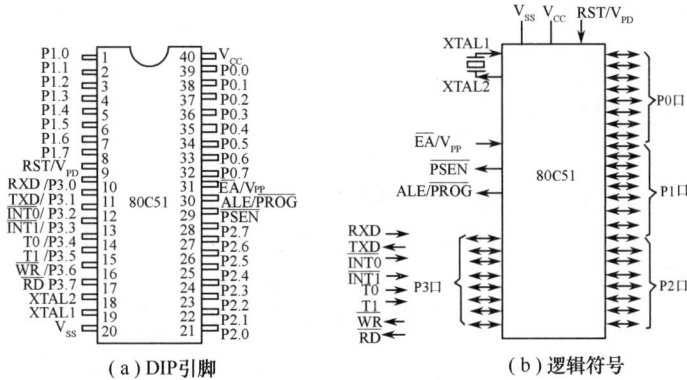

（a）DIP引脚　　　　　　　　　　　（b）逻辑符号

图 2.4　80C51 引脚图

80C51 的 40 个引脚按功能划分，可分为以下 3 类：

● 电源及晶振引脚（4 个）——V_{CC}、V_{SS}、XTAL1、XTAL2；

● 控制引脚（4 个）——$\overline{PSEN}$、ALE/$\overline{PROG}$、$\overline{EA}$/V_{PP}、RST/V_{PD}；

● 并行 I/O 口引脚（32 个）——P0.0～P0.7、P1.0～P1.7、P2.0～P2.7、P3.0～P3.7。

1．电源及晶振引脚

（1）电源引脚

V_{CC}（第 40 脚）：+5V 电源引脚。

V_{SS}（第 20 脚）：接地引脚。

（2）外接晶振引脚

XTAL1（第 19 脚）和 XTAL2（第 18 脚）：外接晶振的两个引脚，用法见本书 2.3.2 节。

2．控制引脚

（1）RST/V_{PD}（第 9 脚），复位/备用电源引脚

复位引脚 RST：单片机上电后，其内部各寄存器都处于随机状态。若在该引脚上输入满足复位时间要求的高电平，将使单片机复位。单片机的复位方法与电路，详见本书 2.3.1 节。

备用电源引脚 V_{PD}：在主电源掉电期间，可利用该引脚处外接的+5V 备用电源为单片机片内 RAM 供电，保证片内 RAM 信息不丢失，以便电压恢复正常后单片机能正常工作。

（2）ALE/$\overline{\text{PROG}}$（第 30 脚），地址锁存使能输出/编程脉冲输入引脚

地址锁存使能输出引脚 ALE：当单片机访问外部存储器时，外部存储器的 16 位地址信号由 P0 口输出低 8 位，P2 口输出高 8 位，ALE 可用作低 8 位地址锁存控制信号，详见本书 8.1.2节。当不用作外部存储器地址锁存控制信号时，该引脚仍以时钟脉冲频率的 1/6 固定输出正脉冲。

编程脉冲输入引脚 $\overline{\text{PROG}}$：对含有 EPROM 的单片机（如 87C51），在进行片内 EPROM 编程时，需要由此输入编程脉冲。

（3）$\overline{\text{PSEN}}$（第 29 脚），输出访问片外程序存储器读选通信号引脚

CPU 在从片外 ROM 取指令期间，该引脚将在每个机器周期内产生两次负跳变脉冲，用作片外 ROM 芯片的使能信号。

（4）$\overline{\text{EA}}$ / V_{PP}（第 31 脚），外部 ROM 允许访问/编程电源输入引脚

外部 ROM 允许访问引脚 $\overline{\text{EA}}$：当 $\overline{\text{EA}}$ =1 或悬空时，CPU 从片内 ROM 开始读取指令。当程序计数器 PC 的值超过 4KB 地址范围时，将自动转向执行片外 ROM 的指令。当 $\overline{\text{EA}}$ =0 或接地时，CPU 仅访问片外 ROM。

编程电源输入引脚 V_{PP}：在对含有 EPROM 的单片机（如 87C51）进行 EPROM 编程时，此引脚应接+12V 编程电压。注意，不同芯片有不同的编程电压，应仔细阅读芯片使用说明。

3. 并行 I/O 口引脚

并行 I/O 口共有 32 个引脚，其中 P0.0～P0.7（第 39～32 脚）统称为 P0 口；P1.0～P1.7（第 1～8 脚）统称为 P1 口；P2.0～P2.7（第 21～28 脚）统称为 P2 口；P3.0～P3.7（第 10～17 脚）统称为 P3 口。

P0～P3 口都可以作为通用输入/输出（I/O）口使用。此外，P0 口和 P2 口还具有单片机地址/数据总线的作用，P3 口具有第二功能的作用（具体内容将在本书 2.4.2 节中讲述）。

2.2 单片机的存储器结构

2.2.1 存储器划分方法

计算机的存储器地址空间有两种结构形式：普林斯顿结构和哈佛结构。图 2.5 所示是具有 64KB 地址的两种结构。

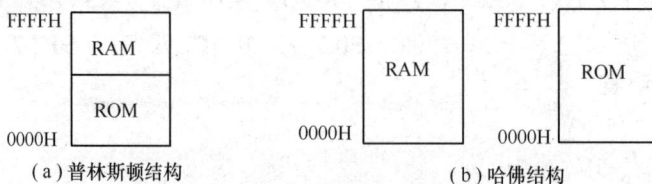

（a）普林斯顿结构　　　　　　　　（b）哈佛结构

图 2.5　计算机存储器地址的两种结构形式

普林斯顿结构也称冯·诺伊曼结构，是一种将 ROM 和 RAM 统一编址的存储器结构，即 ROM 和 RAM 位于同一存储空间的不同物理位置处（见图 2.5（a）），每个存储单元都对应于唯一的地址。由于指令和数据具有相同的宽度，CPU 可以使用相同指令访问 ROM 和 RAM。X86、奔腾、ARM7 等微处理器都采用这种结构。

哈佛结构是一种将 ROM 和 RAM 单独编址的存储器结构，即 ROM 和 RAM 位于不同的存储空间（见图 2.5（b））。存储单元的地址不是唯一的，ROM 和 RAM 可以有相同的地址，CPU 需采用不同的访问指令加以区别。哈佛结构有利于缓解程序运行时的访问瓶颈问题，51 系列、

AVR 系列、Z8 系列等微处理器都采用这种结构。

MCS-51 单片机存储器空间结构如图 2.6 所示。

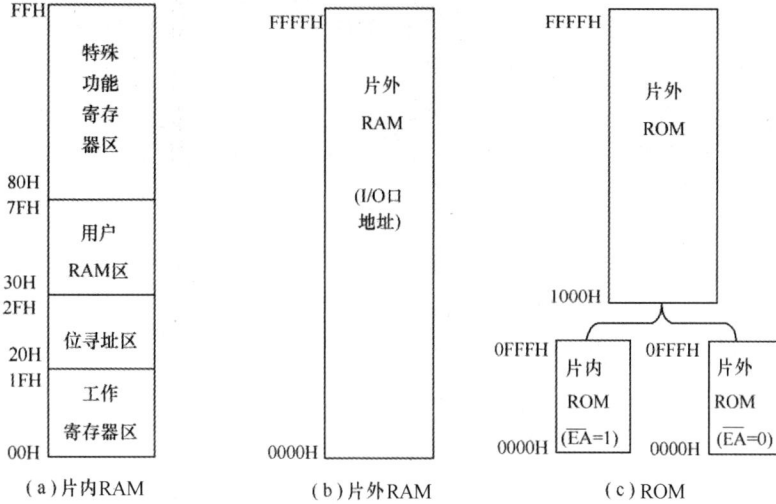

图 2.6　MCS-51 单片机存储器空间结构

从物理地址上看，MCS-51 单片机共有 4 个存储空间，即片内 ROM、片外 ROM、片内 RAM 和片外 RAM。由于片内、片外 ROM 是统一编址的，因此从逻辑地址来看，MCS-51 单片机只有 3 个存储器空间：片内 RAM、片外 RAM 和 ROM。

为了访问这 3 种存储器空间，汇编语言是利用不同指令操作码进行区别的，其中 MOV、MOVX 和 MOVC 分别对应于片内 RAM、片外 RAM 和 ROM 的访问；C51 语言则是利用变量的存储类型属性进行区别的，例如 data、xdata 和 code 分别对应于片内 RAM、片外 RAM 和 ROM 的访问（详见本书 3.3.4 节内容）。

由图 2.6 可以看出，MCS-51 单片机的片内 ROM 地址空间为 0000H～0FFFH（共 4KB），片外 ROM 地址空间为 0000H～FFFFH（共 64KB）。片内 RAM 地址空间为 00H～FFH（共 256B），片外 RAM 地址空间为 0000H～FFFFH（共 64KB）。

2.2.2　程序存储器

程序存储器（ROM）主要用于存放程序代码及程序中用到的常数。在程序调试运行成功后，由编程器将程序代码写入 ROM 中。由于其只读特性，保存在 ROM 中的程序或数据不会因掉电而丢失。

根据单片机 $\overline{EA}$ 引脚的不同电位，可对片内和片外两种 ROM 的低 4KB（0～0FFFH）地址进行选择（见图 2.7）。

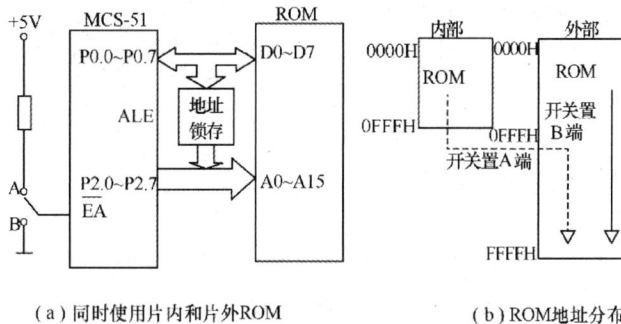

（a）同时使用片内和片外ROM　　　　（b）ROM地址分布

图 2.7　使用两种 ROM 时的地址分配

当 $\overline{\text{EA}}$ 引脚接高电平（图 2.7（a）中的开关接 A 端）时，4KB 以内的地址在片内 ROM 中，大于 4KB 的地址在片外 ROM 中（如图 2.7（b）中虚线所示），即由两者共同构成 64KB 空间。

当 $\overline{\text{EA}}$ 引脚接低电平（图 2.7（a）中的开关接 B 端）时，片内 ROM 被禁用，全部 64KB 地址都在片外 ROM 中（如图 2.7（b）中直线所示）。

如果用户使用 80C51 且程序长度不超过 4KB，仅使用片内 ROM 即可，但必须使 $\overline{\text{EA}}$ 引脚接 V_{CC} 或使其悬空（默认为高电平状态），如图 2.8 所示。

在 80C51 的 ROM 中，有 6 个特殊地址单元是专为复位和中断功能而设计的。其中，0000H 为程序的首地址，单片机复位后程序将从这个单元开始运行。一般在该单元中存放一条跳转指令跳转到用户设计的主程序。其余 5 个特殊单元分别对应 5 个中断源的中断服务程序的入口地址：

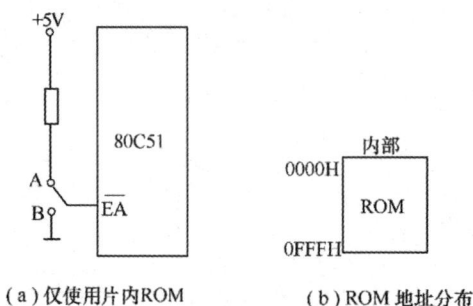

图 2.8 仅使用片内 ROM 的地址分配

① 0003H 为外部中断 0 入口地址；

② 000BH 为定时/计数器 0 溢出中断入口地址；

③ 0013H 为外部中断 1 入口地址；

④ 001BH 为定时/计数器 1 溢出中断入口地址；

⑤ 0023H 为串行口中断入口地址。

有关中断内容的具体介绍详见本书 5.2.1 节。

2.2.3 数据存储器

数据存储器（RAM）用于存放运算中间结果、标志位、待调试的程序等。RAM 一旦掉电，其数据将丢失。

RAM 在物理上和逻辑上都占有两个地址空间：一个是片内 256B 的 RAM，另一个是片外最大可扩充 64KB 的 RAM。对于 80C51，片内 RAM 的配置如图 2.9 所示。

由图 2.9 可以看出，片内 RAM 分为高 128B、低 128B 两大部分，其中，低 128B 为普通 RAM，地址空间为 00H～7FH；高 128B 为特殊功能寄存器区，地址空间为 80H～FFH，其中仅 21 字节是有定义的。

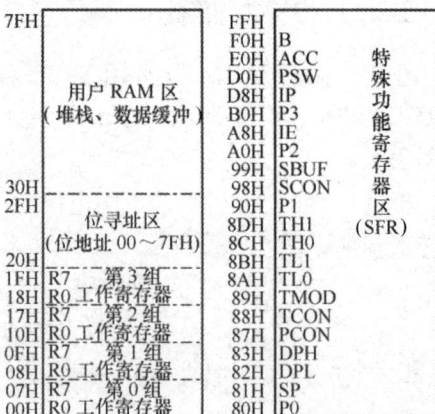

图 2.9 80C51 片内 RAM 的配置

1. 低 128B RAM 区

① 在低 128B RAM 区中，地址 00H～1FH 共 32 个数据存储单元可作为工作寄存器使用。这 32 个单元又分为 4 组，每组 8 个单元，按序命名为工作寄存器 R0～R7。与使用存储单元地址编程相比，使用工作寄存器名编程具有更大的灵活性，并可提高程序代码效率。

虽然 51 单片机有 4 个工作寄存器组，但由于任一时刻 CPU 只能选用一组工作寄存器作为当前工作寄存器组，因此不会发生冲突，未选中的其他 3 组工作寄存器可作为一般数据存储器使用。当前工作寄存器组通过程序状态字寄存器（PSW）中的 RS1 和 RS0 标志位进行设置，

CPU 复位后默认第 0 组为当前工作寄存器组。表 2.1 为工作寄存器的地址分配表。

表 2.1　工作寄存器的地址分配表

RS1	RS0	默认组号	R0	R1	R2	R3	R4	R5	R6	R7
0	0	0	00H	01H	02H	03H	04H	05H	06H	07H
0	1	1	08H	09H	0AH	0BH	0CH	0DH	0EH	0FH
1	0	2	10H	11H	12H	13H	14H	15H	16H	17H
1	1	3	18H	19H	1AH	1BH	1CH	1DH	1EH	1FH

② 在低 128B RAM 区中，地址为 20H～2FH 的 16 字节单元，既可以像普通 RAM 单元一样按字节地址进行存取，又可以按位进行存取，这 16 字节共有 128（16×8）个二进制位，每位都分配一个位地址，编址为 00H～7FH，如表 2.2 所示。

表 2.2　位寻址区与位地址

字 节 地 址	位 地 址							
	位 7	位 6	位 5	位 4	位 3	位 2	位 1	位 0
20H	07H	06H	05H	04H	03H	02H	01H	00H
21H	0FH	0EH	0DH	0CH	0BH	0AH	09H	08H
22H	17H	16H	15H	14H	13H	12H	11H	10H
23H	1FH	1EH	1DH	1CH	1BH	1AH	19H	18H
24H	27H	26H	25H	24H	23H	22H	21H	20H
25H	2FH	2EH	2DH	2CH	2BH	2AH	29H	28H
26H	37H	36H	35H	34H	33H	32H	31H	30H
27H	3FH	3EH	3DH	3CH	3BH	3AH	39H	38H
28H	47H	46H	45H	44H	43H	42H	41H	40H
29H	4FH	4EH	4DH	4CH	4BH	4AH	49H	48H
2AH	57H	56H	55H	54H	53H	52H	51H	50H
2BH	5FH	5EH	5DH	5CH	5BH	5AH	59H	58H
2CH	67H	66H	65H	64H	63H	62H	61H	60H
2DH	6FH	6EH	6DH	6CH	6BH	6AH	69H	68H
2EH	77H	76H	75H	74H	73H	72H	71H	70H
2FH	7FH	7EH	7DH	7CH	7BH	7AH	79H	78H

③ 在低 128B RAM 区中，地址为 30H～7FH 的 80 字节单元为用户 RAM 区，这个区只能按字节存取。在此区内，用户可以设置堆栈区和存储中间数据。

2．高 128B RAM 区

在 80H～FFH 的高 128B RAM 区中，离散地分布有 21 个特殊功能寄存器（又称为特殊功能寄存器区）。虽然其中的空闲单元占了很大比例，且对它们进行读/写操作是无意义的，但这些单元却是为单片机后来功能增加预留的空间。21 个特殊功能寄存器的名称、符号与地址分布见表 2.3，其中字节地址能被 8 整除的特殊功能寄存器还具有位地址。

表 2.3　SFR 的名称、符号与地址分布

序号	特殊功能寄存器名称	符号	字节地址	位 地 址							
1	P0 口锁存器	P0	80H	87H	86H	85H	84H	83H	82H	81H	80H
2	堆栈指针	SP	81H								
3	数据地址指针（低 8 位）	DPL	82H								
4	数据地址指针（高 8 位）	DPH	83H								

序号	特殊功能寄存器名称	符号	字节地址	位　地　址							
5	电源控制寄存器	PCON	87H								
6	定时控制寄存器	TCON	88H	8FH	8EH	8DH	8CH	8BH	8AH	89H	88H
7	定时方式控制寄存器	TMOD	89H								
8	定时/计数器 0（低 8 位）	TL0	8AH								
9	定时/计数器 0（高 8 位）	TH0	8BH								
10	定时/计数器 1（低 8 位）	TL1	8CH								
11	定时/计数器 1（高 8 位）	TH1	8DH								
12	P1 口锁存器	P1	90H	97H	96H	95H	94H	93H	92H	91H	90H
13	串行口控制寄存器	SCON	98H	9FH	9EH	9DH	9CH	9BH	9AH	99H	98H
14	串行口锁存器	SBUF	99H								
15	P2 口锁存器	P2	A0H	A7H	A6H	A5H	A4H	A3H	A2H	A1H	A0H
16	中断允许控制寄存器	IE	A8H	AFH	AEH	ADH	ACH	ABH	AAH	A9H	A8H
17	P3 口锁存器	P3	B0H	B7H	B6H	B5H	B4H	B3H	B2H	B1H	B0H
18	中断优先级控制寄存器	IP	B8H	BFH	BEH	BDH	BCH	BBH	BAH	B9H	B8H
19	程序状态字寄存器	PSW	D0H	D7H	D6H	D5H	D4H	D3H	D2H	D1H	D0H
20	累加器	A	E0H	E7H	E6H	E5H	E4H	E3H	E2H	E1H	E0H
21	B 寄存器	B	F0H	F7H	F6H	F5H	F4H	F3H	F2H	F1H	F0H

表 2.3 中的 A、B、PSW、DPL、DPH 等特殊功能寄存器已有所介绍，其余寄存器将在以后章节中结合应用进行介绍。

对于增强型 52 子系列单片机，在 51 子系列配置的基础上还新增了一个与特殊功能寄存器地址重叠的内部 RAM 空间，地址也为 80H～FFH，配置如图 2.10 所示。

对这一部分 RAM 的访问需要用到变量的 idata 存储类型属性（详见本书 3.3.4 节内容）。

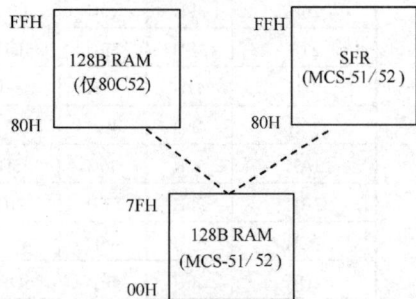

图 2.10　增强型 52 子系列单片机片内 RAM 的配置

2.3　单片机的复位与时序

2.3.1　单片机的复位

单片机在开机时需要复位，以便使 CPU 及其他功能部件处于一个确定的初始状态，并以此为起点开始工作，单片机应用程序也必须以此状态作为出发点。

另外，在单片机工作过程中如果出现死机，也应当使其进行复位，以便摆脱死机状态。

单片机复位会对片内各寄存器的状态产生影响，复位时寄存器的初始值见表 2.4，表中的×表示可以是任意值。

表 2.4 复位时片内各寄存器的初始值

寄存器名称	复位默认值	寄存器名称	复位默认值
PC	0000H	TMOD	00H
A	00H	TCON	00H
PSW	00H	TH0	00H
B	00H	TL0	00H
SP	07H	TH1	00H
DPTR	0000H	TL1	00H
P0～P3	FFH	SCON	00H
IP	×××00000B	SBUF	××××××××B
IE	0××00000B	PCON	0×××0000B

由表 2.4 可以看出，单片机复位后，程序计数器 PC=0000H，即指向 ROM 的 0000H 单元，使 CPU 从首地址重新开始执行程序。

产生单片机复位的条件是：在 RST 引脚出现满足复位时间要求的高电平状态，该时间等于系统时钟振荡周期建立时间再加 2 个机器周期时间（一般不小于 10ms）。

单片机的复位可以由两种方式产生，即上电复位方式和按键复位方式。

上电复位是利用阻容充电电路实现的（见图 2.11（a）），在单片机上电的瞬间，RST 引脚的电位与 V_{CC} 的相同。随着充电电流的减小，RST 引脚的电位将逐渐下降。只要选择合适的电容 C3 和电阻 R1，使其 *RC* 时间常数大于复位时间即可保证上电复位的发生。

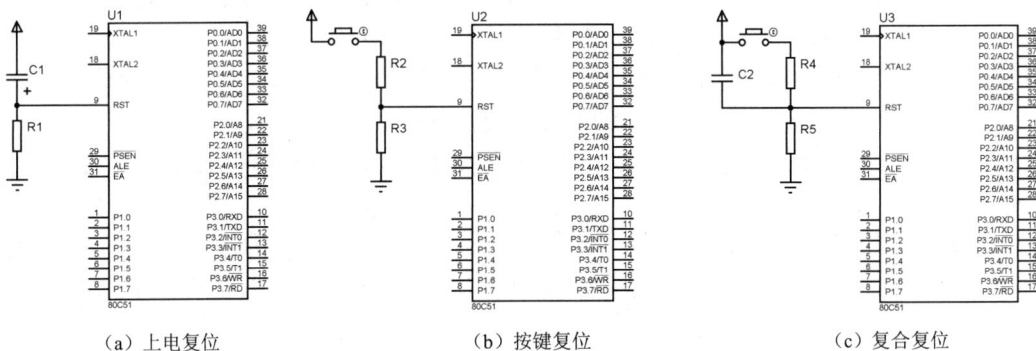

（a）上电复位　　　　　　　　　（b）按键复位　　　　　　　　　（c）复合复位

图 2.11　51 单片机的复位电路

按键复位方式是利用电阻分压电路实现的（见图 2.11（b）），当按键压下时，串联电阻 R2 上的分压可使 RST 引脚产生高电平，按键抬起时产生低电平。只要按键动作产生的复位脉冲宽度大于复位时间，即可保证按键复位的发生。

实际应用中，常采用将上电复位和按键复位整合在一起的复合复位做法（见图 2.11（c））。

2.3.2　单片机的时序

1. 时钟方式

单片机执行指令的过程可分为取指令、分析指令和执行指令 3 个步骤，每个步骤又由许多微操作组成，这些微操作必须在一个统一的时钟控制下才能按照正确的顺序执行。

单片机的时钟信号可以由两种方式产生，即内部时钟方式和外部时钟方式。

内部时钟方式是利用单片机芯片内部的振荡电路实现的，此时需通过单片机的 XTAL1 和 XTAL2 引脚外接一个用晶体振荡器和电容组成的并联谐振回路，如图 2.12（a）所示。电容 C1

和 C2 一般取 30pF 左右，主要作用是帮助振荡器起振，晶体的振荡频率范围为 1.2～13MHz。晶体振荡频率越高，则系统的时钟频率也越高，单片机运行速度也就越快。MCS-51 单片机在通常应用情况下，时钟振荡频率范围为 6～12MHz。

在由多片单片机组成的系统中，为使各单片机之间的时钟信号严格同步，应采用公用外部脉冲信号作为各单片机的振荡脉冲。这时，外部脉冲信号要经 XTAL2 引脚注入，其连接如图 2.12（b）所示。

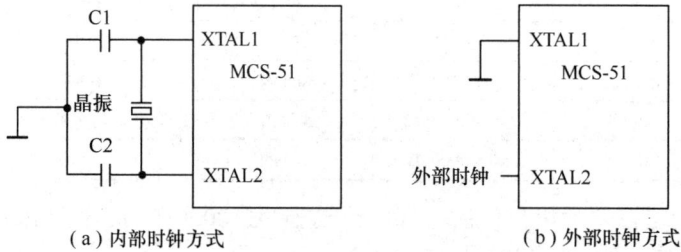

（a）内部时钟方式　　　　　　　　　　　　（b）外部时钟方式

图 2.12　时钟引脚的接线方式

2. 时序的概念

时序是指按照时间顺序显示的对象（或引脚、事件、信息）序列关系。时序可以用状态方程、状态图、状态表和时序图 4 种方法表示，其中时序图最为常用。

时序图也称为波形图或序列图，有两个坐标轴：横坐标轴表示时间（忽略刻度及量纲），纵坐标轴表示不同对象的电平（公用一个横坐标轴）。浏览时序图的方法是：从上到下查看对象间的交互关系，分析那些随时间的流逝而发生的变化。时间轴从左往右的方向为时间正向轴，即时间在增长。图 2.13 为某集成芯片的典型操作时序图，由图可以看出：

① 最左边是引脚的标识，表示该图反映了 RS、R/W、E、D0～D7 引脚间的时序关系；

② 交叉线部分表示电平的变化，如高电平和低电平；

③ D0～D7 引脚上的封闭菱形部分表示数据有效范围（偶尔使用的 Valid Data 也能说明这一点）；

④ 水平方向的双箭头线段表示两个状态间的持续时间，用字母 t 加下标字符以示区别。

从图 2.13 可以解读出如下时序关系：RS 和 R/W 引脚首先变为低电平；随后 D0～D7 引脚出现有效数据；R/W 低电平 t_{sp1} 之后，E 引脚出现宽度为 t_{pw} 的正脉冲；E 脉冲结束并延时 t_{HD1}后，RS 和 R/W 引脚恢复高电平；E 脉冲结束并延时 t_{HD2} 后，D0～D7 引脚的本次数据结束；随后 D0～D7 引脚出现新的数据，但下次 E 脉冲应在 t_c 时间后才能出现。根据这些信息便可以进行相应的软件编程了。

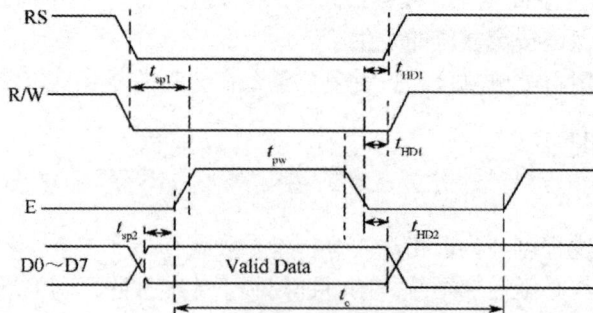

图 2.13　某集成芯片的典型操作时序图

时序是用定时单位来描述的，MCS-51 单片机的时序单位有 4 种，它们分别是时钟周期、状态周期、机器周期和指令周期，如图 2.14 所示。

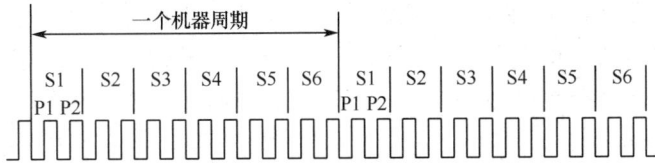

图 2.14　MCS-51 单片机各种周期之间的关系

（1）时钟周期

晶振或外加振荡源的振荡周期称为时钟周期，用 P 表示。时钟周期是单片机中最小的时序单位，1 个时钟周期等于产生该时钟的晶振频率的倒数。

（2）状态周期

1 个状态周期等于 2 个时钟周期，即由 P1 和 P2 组成，用 S 表示。

（3）机器周期

1 个机器周期等于 6 个状态周期（或 12 个时钟周期），即由 S1P1，S1P2，S2P1，S2P2，…，S6P1，S6P2 组成。

（4）指令周期

执行一条指令所需要的时间称为指令周期。1 个指令周期由 1～4 个机器周期组成（依具体指令而定），指令周期是单片机中最大的时序单位。

在这 4 种时序单位中，时钟周期是单片机内计算其他时间值（例如，波特率、定时器的定时时间等）的基本时序单位。以外接晶振频率 f_{osc} = 12MHz 为例，单片机各种时序的关系为：

时钟周期　= $1/f_{osc}$ = 1/12MHz = 0.0833μs

状态周期　= $2/f_{osc}$ = 2/12MHz = 0.167μs

机器周期　= $12/f_{osc}$ = 12/12MHz =1μs

指令周期　= 1～4 个机器周期=1～4μs

3．时序逻辑电路

单片机时序就是 CPU 在执行指令时所需的控制信号的时间顺序。因此，CPU 实质上就是一个复杂的同步时序电路，这个时序电路是在时钟信号的推动下工作的。在执行指令时，CPU 首先要到存储器中取出需要执行指令的指令码，然后对指令进行译码，并由时序部件产生一系列控制信号去完成指令的执行。

从用途来看，CPU 发出的时序信号可分为两类：一类用于片内各功能部件的控制，这类信号很多，但用户在使用中是感觉不到的，也没必要了解其内容，故通常不做专门介绍；另一类用于片外存储器或 I/O 口的控制，需要通过单片机的控制引脚送到片外单元，这部分时序对分析接口电路原理至关重要，将在第 8 章的单片机接口内容中介绍（参见 8.2.1 节）。本节仅介绍 51 单片机学习中遇到的一种 CPU 时序逻辑电路——D 触发器。

D 触发器又称边沿 D 触发器（或维持-阻塞边沿 D 触发器），可分为正边沿 D 触发器和负边沿 D 触发器两种类型。

（1）正边沿 D 触发器

正边沿 D 触发器的原理如图 2.15 所示。图 2.15（a）为正边沿 D 触发器的电路符号，其中包括输入端 D、时钟端 CLK、输出端 Q 和输出端 $\overline{Q}$。图 2.15（b）为正边沿 D 触发器的时序波形图，解读后可得出 D、CLK 和 Q 的时序关系如下：

在 t_1 时刻前，CLK 和 D 都为低电平，Q 为高电平；在 t_1 时刻时，CLK 开始正脉冲，其正边沿使得 Q=D 变为低电平；在 t_1～t_2 之间，CLK 结束正脉冲，D 变化不会引起 Q 的跟随；在 t_2

时刻时，CLK 又开始正脉冲，其正边沿使得 Q=D 变为高电平；同理，在 t_2～t_3 之间，D 变化不会引起 Q 的跟随，而在 t_3 时刻时，Q 跟随 D 变为低电平，以此类推。

由这一时序关系可知，正边沿 D 触发器只在时钟脉冲 CLK 正边沿到来的时刻，才采样 D 端的输入信号，并据此立即改变 Q 和 $\overline{Q}$ 端的输出状态。而在其他时刻，D 与 Q 是信号隔离的。

（2）负边沿 D 触发器

负边沿 D 触发器的原理如图 2.16 所示。

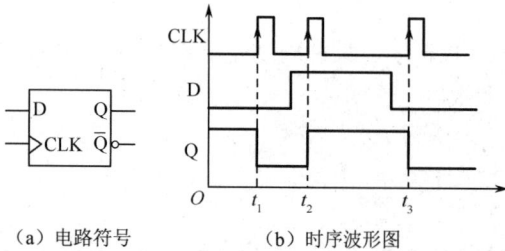

（a）电路符号　　　（b）时序波形图

图 2.15　正边沿 D 触发器的原理

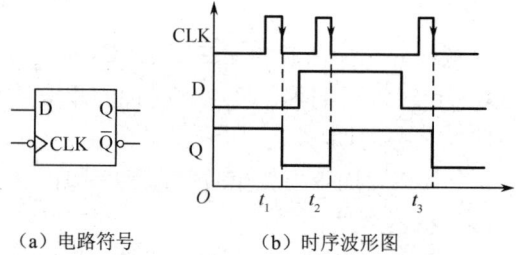

（a）电路符号　　　（b）时序波形图

图 2.16　负边沿 D 触发器的原理

图 2.16（a）为负边沿 D 触发器的电路符号，图 2.16（b）为负边沿 D 触发器的时序波形图，解读后可得出 D、CLK 和 Q 的时序关系如下：

负边沿 D 触发器只在时钟脉冲 CLK 负边沿到来的时刻，才采样 D 端的输入信号，并据此立即改变 Q 和 $\overline{Q}$ 端的输出状态。而在其他时刻，D 与 Q 是信号隔离的。

D 触发器的这一功能被广泛用于数字信号的触发锁存器输出，我们将在随后的章节中多次用到 D 触发器。

D 触发器仿真视频

2.4　单片机并行 I/O 口

MCS-51 单片机有 4 个 8 位的并行 I/O 口，分别记为 P0、P1、P2、P3。每个端口都包含一个同名的特殊功能寄存器、一个输出驱动器和输入缓冲器。对并行 I/O 口的控制是通过对同名的特殊功能寄存器的控制实现的。

P0～P3 口是单片机与外部联系的重要通道，图 2.17 所示为几种典型的应用电路。其中，图（a）为数码管与单片机组成的数码显示单元；图（b）为通过 I/O 口实现的存储器扩展单元；图（c）为发光二极管、按键与单片机组成的按键指示灯单元；图（d）为双机通信单元。可见，I/O 口是单片机中最重要的系统资源之一。

MCS-51 单片机的 4 个 I/O 口都是具有双向作用的端口，在结构上基本相同，但又存在差别，下面按照由易到难的顺序分别予以介绍。

2.4.1　P1 口

如前所述，P1 口由 P1.0～P1.7 共 8 个接口电路组成，图 2.18 是其中一位 P1.n 的结构原理图。P1 口中 8 个 D 触发器构成了可存储 8 位二进制码的 P1 口锁存器（特殊功能寄存器 P1），字节地址为 90H；场效应管 V 与上拉电阻 R 组成输出驱动器，以增大 P1 口带负载能力；三态门 1 和 2 在输入和输出时作为缓冲器使用。

P1 口作为通用 I/O 口使用，具有输出、读引脚、读锁存器 3 种工作方式。

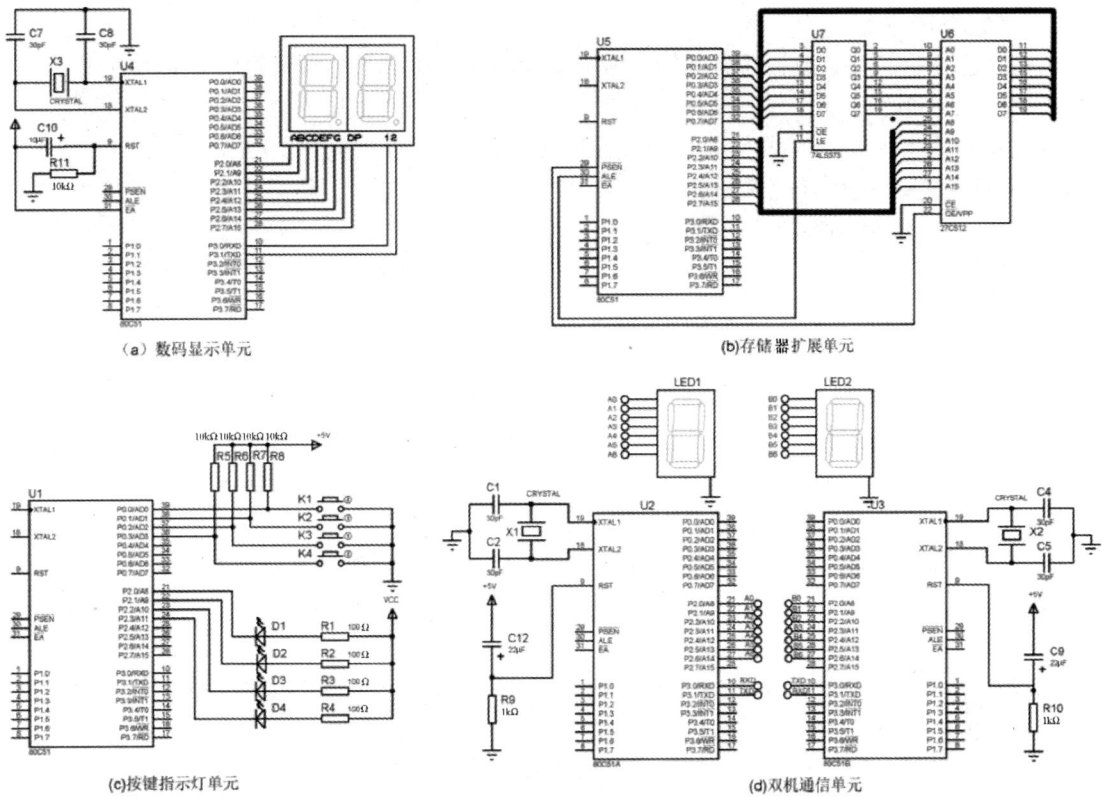

（a）数码显示单元　　　　　　　　　　（b)存储器扩展单元

（c)按键指示灯单元　　　　　　　　　　（d)双机通信单元

图 2.17　并行口与外部连接示例图

1. 输出方式

单片机执行向 P1 口写数据指令时，如 P1=0x12;，P1
口工作于输出方式。根据 D 触发器的原理，由内部总线送
到锁存器 D 端的数据，在"写锁存器"的触发信号控制下
传送给 Q 端，即 Q=D。触发脉冲结束后，Q 端不再跟随
D 端变化但仍保持先前数值不变（锁存功能）。此后会有
两种结果产生：Q=1→$\overline{Q}$=0→场效应管 V 因栅极的 0 电平
而截止→漏极电平=V_{CC}→引脚 P1.n=1；反之，Q=0→$\overline{Q}$=1
→场效应管 V 因栅极的 1 电平而导通→漏极相当于对地
短路→引脚 P1.n=0。由此可见，输出方式时，内部总线电
平可以由 P1 口输出，也可以锁存在 P1 口中。

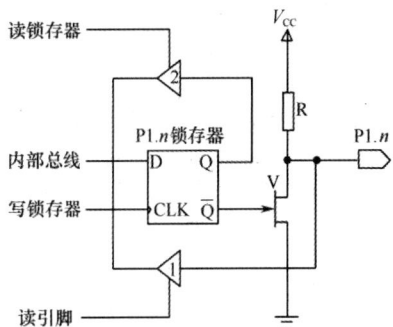

图 2.18　P1 口其中一位的结构原理图

2. 读引脚方式

当单片机执行从 P1 口读数据并存到变量 val 指令时，如 val=P1;，P1 口工作于读引脚方式。
此时引脚 P1.n 电平在"读引脚"控制下经过三态门 1 后到达内部总线（送到 val 中），此时会有
两种结果产生：P1.n=0→val=0（与 V 的状态无关）；P1.n=1 且 V 处于导通状态（例如曾执行过
写 0 指令）→val=0。这是因为导通的 V 会使 P1.n 的电平钳制为 0。

为避免这一错误出现，只要在读引脚前先执行一条写 1 指令强迫 V 截止，引脚 P1.n 电平
便不会再读错了，即读入内部总线的值与引脚 P1.n 保持一致。可见，P1 口作为输入口是有条件
的（要先写 1），而作为输出口是无条件的，因此，P1 口被称为准双向口。

3. 读锁存器方式

当单片机执行"读—改—写"类指令时，如 P1++;，P1 口工作于读锁存器方式。此时在"读锁存器"控制下，Q 端电平经过三态门 2 读入内部总线→在运算器中进行+1 运算→结果重新写到 Q 端（同时也输出到 P1.n 引脚）。可见，读锁存器与读引脚的效果是不同的，读锁存器是为了获得前次的锁存值，而读引脚则是为了获得引脚上的当前值。

P1 口仿真视频

P1 口能驱动 4 个 LS TTL 负载。通常将 100μA 的电流定义为一个 LS TTL 负载的电流，所以 P1 口吸收或输出电流不大于 400μA。P1 口已有内部上拉电阻，无须再外接上拉电阻。

2.4.2 P3 口

同理，图 2.19 是 P3 口其中一位 P3.n 的结构原理图。8 个 D 触发器构成了 P3 口锁存器（特殊功能寄存器 P3），字节地址为 B0H。与 P1 口相比，P3 口结构中多了与非门 B 和缓冲器 T。P3 口除具有通用 I/O 口功能外，还具有第二功能。

当"第二输出功能"端保持"1"状态时，与非门 B 对锁存器 Q 端是畅通的，此时 P3 口工作在通用 I/O 口方式，即 P3.n 具有与 P1.n 相同的输出、读引脚和读锁存器 3 个基本功能，且仍为准双向口（工作原理不再赘述）。

当锁存器 Q 端保持"1"状态时，与非门 B 对"第二输出功能"端是畅通的，此时 P3 口工作在第二功能口状态。

P3.n 引脚的输出电平与"第二输出功能"端保持一致，即"第二输出功能"端分别为 1 和 0 时，P3.n 可分别输出 1 和 0。

"第二输入功能"端的输入值与经由缓冲器 T 的 P3.n 引脚电平保持一致，即 P3.n 分别为 1 和 0 时，"第二输入功能"端也分别为 1 和 0。

P3 口的第二功能定义见表 2.5，具体使用方法将在本书后续章节中陆续介绍。

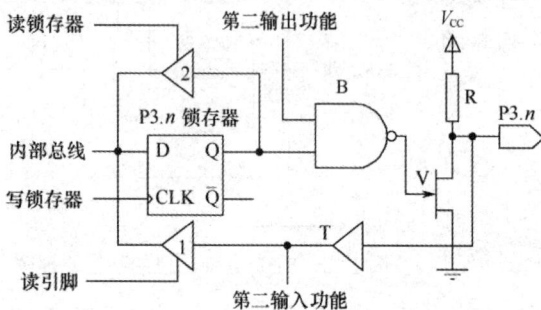

图 2.19 P3 口其中一位的结构原理图

表 2.5 P3 口的第二功能定义

引脚	名称	第二功能定义
P3.0	RXD	串行通信数据接收端
P3.1	TXD	串行通信数据发送端
P3.2	$\overline{INT0}$	外部中断 0 请求端
P3.3	$\overline{INT1}$	外部中断 1 请求端
P3.4	T0	定时/计数器 0 外部计数输入端
P3.5	T1	定时/计数器 1 外部计数输入端
P3.6	$\overline{WR}$	片外数据存储器写选通
P3.7	$\overline{RD}$	片外数据存储器读选通

2.4.3 P0 口

图 2.20 是 P0 口其中一位 P0.n 的结构原理图。8 个 D 触发器构成了 P0 口锁存器（特殊功能寄存器 P0），字节地址为 80H。P0 口的输出驱动电路由上拉场效应管 V2 和驱动场效应管 V1 组成。控制电路包括 1 个与门 A、1 个非门 X 和 1 个多路开关 MUX，其余组成与 P1 口相同。

P0 口既可以作为通用的 I/O 口，也可以作为单片机系统的地址/数据线使用。在 CPU 控制信号的作用下，多路开关 MUX 可以分别接通锁存器输出或地址/数据输出。

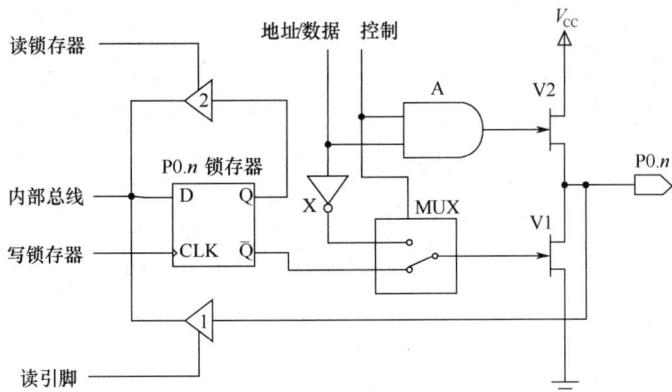

图 2.20　P0 口其中一位的结构原理图

当 P0 口作为通用 I/O 口使用时，CPU 会使"控制"端保持"0"电平→封锁与门 A（恒定输出 0）→上拉场效应管 V2 处于截止状态→V1 处于漏极开路状态（等效结构图见图 2.21（a））；"控制"端为 0 也使多路开关 MUX 与 $\overline{Q}$ 接通。此时 P0 口与 P1 口一样，有输出、读引脚和读锁存器 3 种工作方式，且也是准双向通用 I/O 口（分析省略），但由于 V1 漏极开路，要使"1"信号正常输出，必须外接一个上拉电阻（见图 2.21（b）），上拉电阻的阻值根据负载需要可取为 100Ω～10kΩ。相比而言，P1、P2、P3 口已有内部上拉电阻，故不再必须外接上拉电阻。

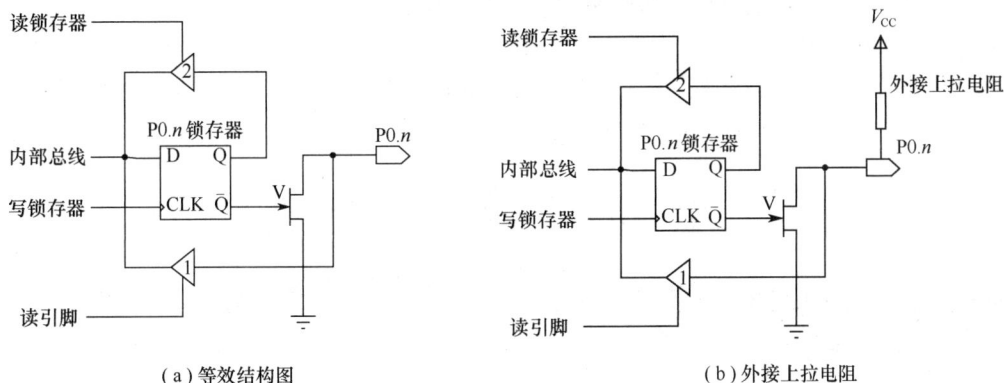

（a）等效结构图　　　　　　　　　　　（b）外接上拉电阻

图 2.21　P0 口的通用 I/O 口方式

当 P0 口连接外部存储器时，CPU 会使"控制"端保持"1"电平→打开与门 A（控制权交给"地址/数据"端）→上拉场效应管 V2 处于导通状态；"控制"端为 1 也使多路开关 MUX 与非门 X 接通，此时 P0 口工作在地址/数据分时复用方式。

当 CPU 需要输出地址和数据信息时，"地址/数据"端电平会与引脚 P0.n 电平保持一致，实现了地址或数据输出到 P0.n 功能。由于此时 V2 是导通的，因而没有漏极开路问题，无须再外接上拉电阻。

当 CPU 需要输入 P0.n 的数据时，CPU 会自动使"地址/数据"端切换到"1"电平，以使 V1 截止，确保 P0.n 的数据不会被误读。由于无须额外编程写 1，因而地址/数据分时复用方式时的 P0 口是真正的双向口。

P0 口能以吸收电流的方式驱动 8 个 LS TTL 负载，即灌电流不大于 800μA。

2.4.4　P2 口

图 2.22 是 P2 口其中一位 P2.n 的结构原理图。8 个 D 触发器构成了 P2 口锁存器（特殊功能寄存器 P2），字节地址为 A0H。与 P1 口相比，P2 口中多了一个多路开关 MUX，可以实现通

用 I/O 口和地址输出两种功能。

当 P2 口用作通用 I/O 口时，在"控制"端的作用下，多路开关 MUX 转向锁存器 Q 端，构成一个准双向口，并具备输出、读引脚和读锁存器 3 种工作方式（分析省略）。

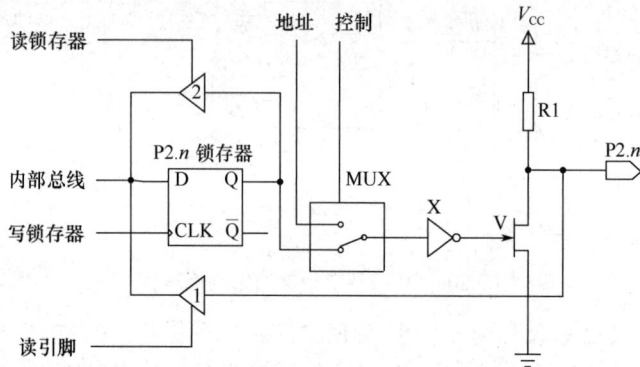

图 2.22　P2 口其中一位的结构原理图

当单片机执行访问片外 RAM 或片外 ROM 指令时，程序计数器 PC 或数据指针 DPTR 的高 8 位地址需由 P2.n 引脚输出。此时，MUX 在 CPU 的控制下转向"地址"端，"地址"端信号通过引脚 P2.n 输出（两者电平保持一致）。

P2 口的负载能力和 P1 口相同，能驱动 4 个 LS TTL 负载。

综上所述，P0～P3 口都可作为准双向通用 I/O 口提供给用户，其中 P1～P3 口无须外接上拉电阻，P0 口需要外接上拉电阻；在需要扩展片外存储器时，P2 口可作为其地址线接口，P0 口可作为其地址/数据线复用接口，此时它是真正的双向口。

2.5　绘制 Proteus 原理图

如前所述，Proteus 是电子产品开发的强大软件工具，也是单片机原理与应用学习的重要计算机辅助软件。本节将根据一个电路图实例，介绍 Proteus 的原理图绘图基本方法。

2.5.1　创建新工程

启动 Proteus 后，首先打开 Home Page 主页窗口，如图 2.23 所示。该页面中包含帮助、版权和升级等信息。在"开始设计"栏目下有 4 个选项，即"打开工程""新建工程""New Flowchart""打开示例工程"。这里的"工程"就是指为实现某种目的而设立的工作项目（project）。在 Proteus 的汉化版中，"工程"与"项目"具有相同意义，无须区分。

除打开已有工程外，使用 Proteus 几乎都是从创建新工程开始的。

单击"新建工程"选项，将通过新建工程向导建立一个新工程。

假定本例拟创建一个仅包含原理图的工程文件，文件名为 test.pdsprj，保存路径为 C:/Exa。具体使用方法如下（如图 2.24 所示）。

第一步，单击"新建工程"选项，如图 2.24（a）所示。

第二步，在"新建工程向导：开始"对话框的"名称"文本框内输入新建工程的名称，文件名扩展名为*.pdsprj；在"路径"文本框内输入新建工程的文件保存路径（文件夹），也可单击右侧"浏览"按钮打开文件管理器选择保存路径；选中"新工程"选项，单击"下一步"按钮，如图 2-24（b）所示。

第三步，在弹出的"新建工程向导：原理图设计"对话框中单击"DEFAULT"（默认）选项，单击"下一步"按钮如图 2-24（c）所示。

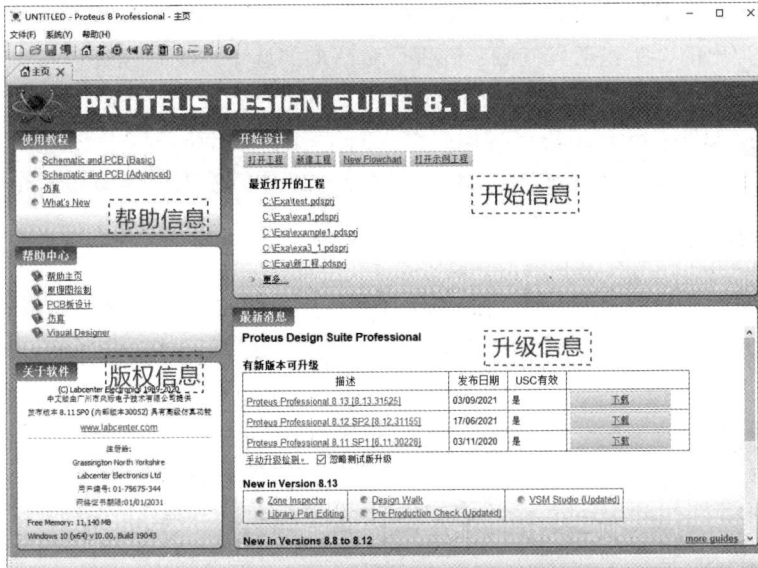

图 2.23　Home Page 主页窗口

（a）

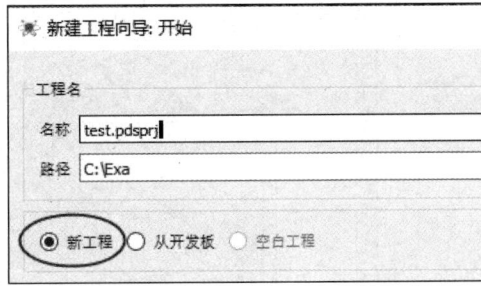

（b）

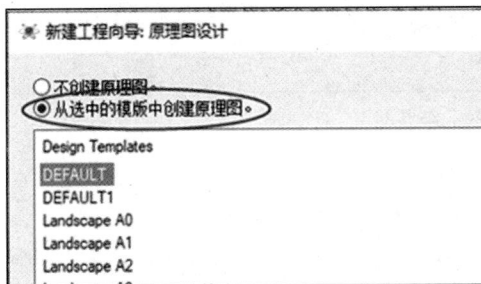

（c）

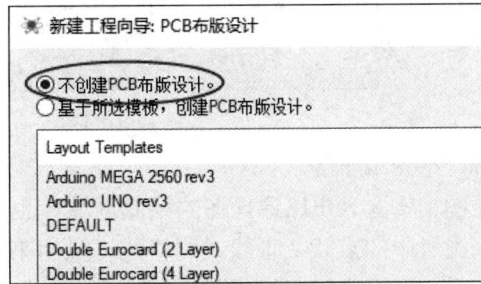

（d）

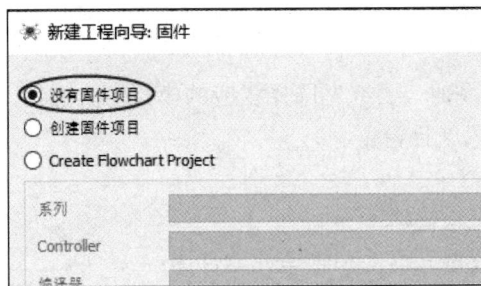

（e）

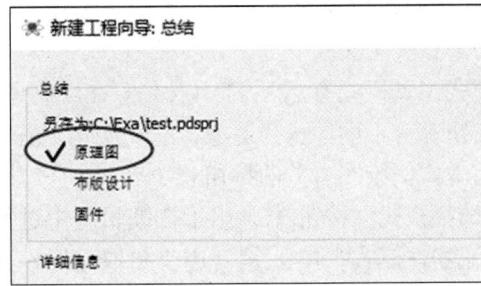

（f）

图 2.24　创建新工程的流程

第四步，在弹出的"新建工程向导：PCB 布版设计"对话框中选中"不创建 PCB 布版设计"选项，单击"下一步"按钮。如图 2.24（d）所示。

第五步，在弹出的"新建工程向导：固件"对话框中选中"没有固件项目"选项，单击"下一步"按钮。如图 2.24（e）所示。

第六步，在弹出的"新建工程向导：总结"对话框中显示新工程中仅包括"原理图"一个工作模块，单击"完成"按钮。如图 2.24（f）所示，打开新建工程的最初工作界面。

2.5.2　原理图绘图界面

新工程创建后，系统将打开一个空白的原理图界面，如图 2.25 所示。可以看到原理图工作界面主要包括标签名、预览窗、元器件拾取按钮、模式工具栏、对象选择窗、绘图编辑区等组成部分。

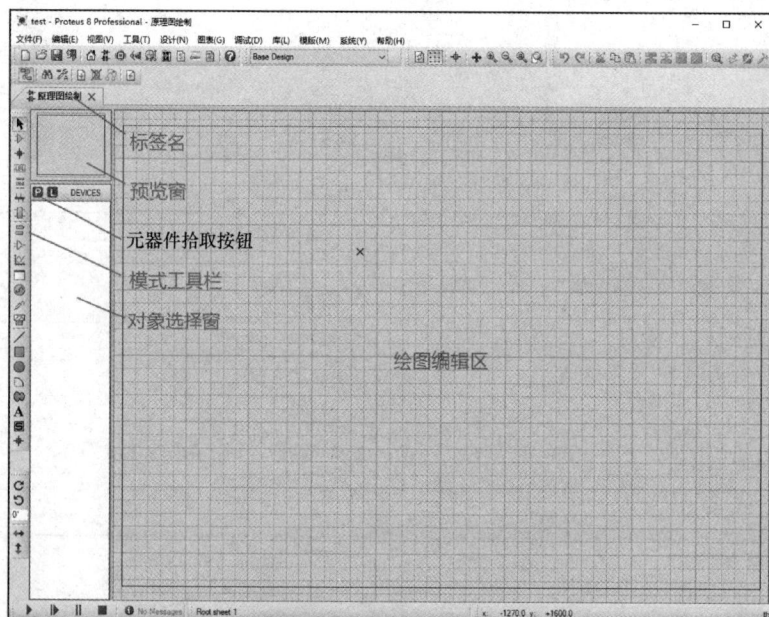

图 2.25　原理图工作界面

（1）绘图编辑区

绘图编辑区为电路原理图的绘制区域，也是电路仿真结果的显示平台。

编辑区中的点状或直线式网格线可以用来帮助对齐元器件，选择菜单【视图】→【切换网络】命令，可以实现直线式网格、点状网格和无网格的切换。网格大小可以通过菜单【视图】的 Snap 10th 等命令进行改变。

（2）模式工具栏

模式工具栏共有 22 个工具按钮。在绘制原理图时，要首先选择相应的模式工具按钮。每个模式按钮都有不同的选择对象，它们会出现在对象选择窗里。

与本实例绘图有关的按钮有 3 个：

"选择模式"按钮，用于在编辑区中进行对象选择；

"元器件模式"按钮，用于拾取元器件、放置元器件和管理元器件库；

"终端模式"按钮，用于打开终端元器件列表供选择。

（3）对象选择窗

对象选择窗可显示模式工具按钮的对象列表，其内容会随不同模式工具按钮而变化。

（4）预览窗

预览窗用于显示在对象选择窗中被选中对象的图形，或者绘图编辑区的整体图布局。

（5）标签名

Proteus 的框架中可以包含多个标签页，如原理图绘制标签页、Source Code 标签页、PCB 布版标签页等。每个标签页的界面组成和功能都不同，单击标签名可以切换不同的工作界面。

2.5.3 绘图基本方法

原理图绘图过程由元器件拾取、元器件摆放和导线连接 3 个基本环节组成。

1. 元器件拾取

单击"元器件模式"按钮⊡→单击"元器件拾取按钮" P，弹出图 2.26 所示的元器件库列表。

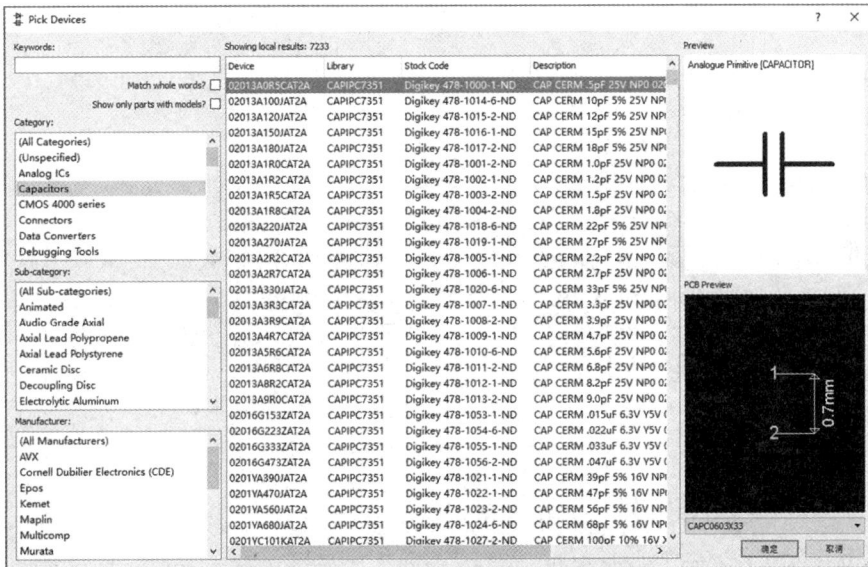

图 2.26　元器件库列表

元器件库列表中列出了 Proteus 中支持的所有元器件的名称、电路符号和 PCB 封装模型。在图 2.26 的"Keywords"文本框中输入所需元器件名的检索词后，命中的元器件型号、电路符号和 PCB 封装模型就会出现在主列表框中。双击选中的元器件名，可将其放入"对象选择窗"中待用。

2. 元器件摆放

单击"对象选择窗"中的元器件名，预览窗中将出现该元器件的预览图，将光标移动到绘图编辑区中并单击，可出现该元器件的轮廓像，再次单击可将该元器件摆放到位，如图 2.27 所示。

如需调整摆放的元器件朝向，可将光标移到元器件上右键单击，在弹出的快捷菜单中单击相应选项，如顺时针、逆时针、旋转 180°、X 轴镜像、Y 轴镜像等。

3. 导线连接

导线是两个引脚间相连的线段，绘制导线就是先将光标移到第一个引脚上（会出一个红色方框的捕捉区，如图 2.28（a）所示）并单击，移动光标会牵引出一条随着光标移动的线段，当光标移到第二引脚上并出现捕捉区时单击，完成两点之间的连线（如图 2.28（b）所示）。

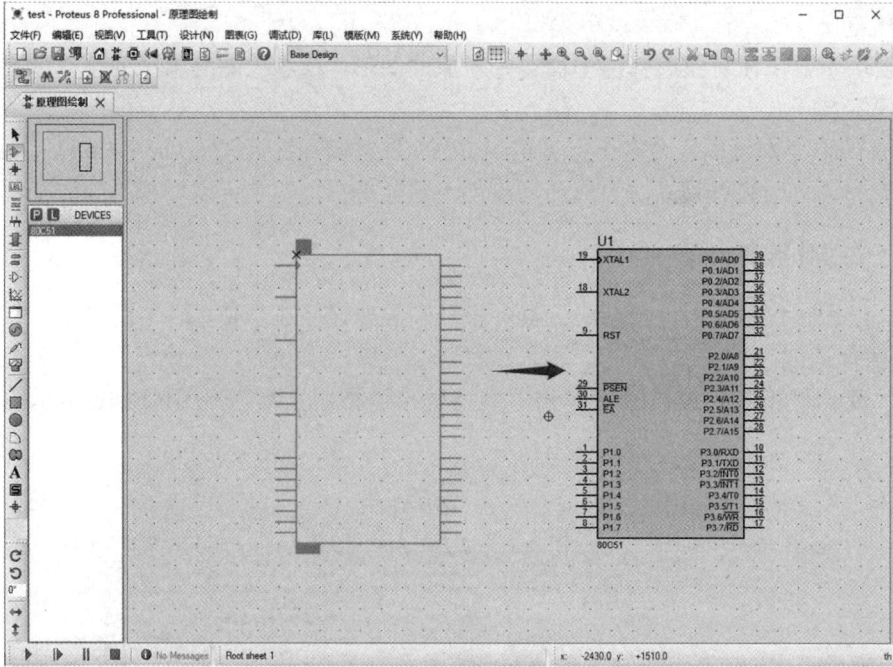

图 2.27 摆放元器件

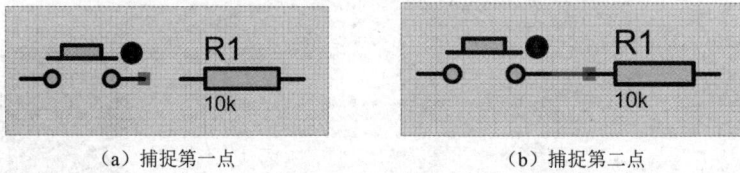

（a）捕捉第一点 （b）捕捉第二点

图 2.28 导线的连接

2.5.4 Proteus 绘图实例

理解了上述基本方法后，便可以进行如图 2.29 所示的单片机电路原理图绘图练习了，图中元器件名的搜索关键词如表 2.6 所示。

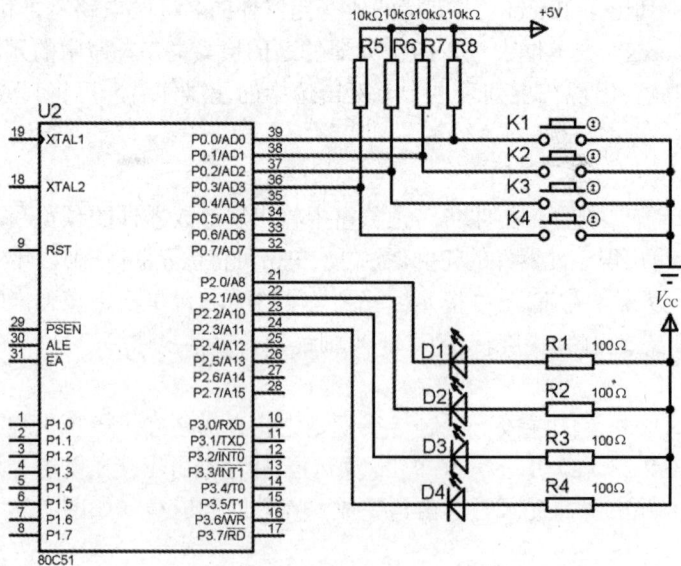

图 2.29 单片机电路原理图实例

需要注意几个问题：

① 图 2.29 中的发光二极管 是中国国标符号，但在用 Proteus 绘图和仿真时需要替换成 Proteus 标准符号。本书后面还会遇到这类因符号标准不同需要进行替换的问题，恕不一一告知了（表 2.6 中的元器件名搜索关键词是按 Proteus 的标准名称列出的，下同）。

② 电源符号 和接地符号 需要单击 "终端模式" 按钮 后在对象选择窗中查找，如图 2.30（a）所示，然后用元器件摆放和连线的方法进行操作即可。

表 2.6　元器件名的搜索关键词

电路标号	元器件名搜索关键词	元器件类别(Category)
U1	80C51	Microprocessor ICs
R1-R8	RES	Resistors
K1-K4	BUTTON	Switches & Relays
D1-D4	LED-YELLOW	Optoelectronics

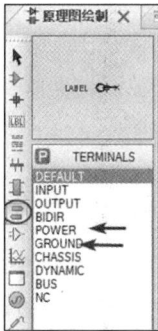

③ 为使 Proteus 绘图效果更加清晰，建议将绘图编辑区的颜色改为白色，方法是，单击原理图标签页菜单【模板】→【设置设计默认值】，在弹出的选项窗中将选项 "纸张颜色" 改为白色，如图 2.30（b）所示。

（a）电源终端和接地终端　　　　　（b）改变模板颜色

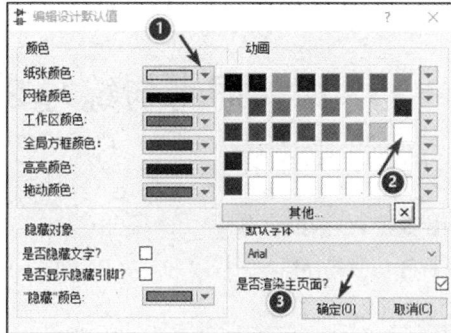

图 2.30　终端模式与背底设置

绘图详细介绍请参阅本书课程网站中的阅读材料 1，完成后的原理图如图 2.31 所示。

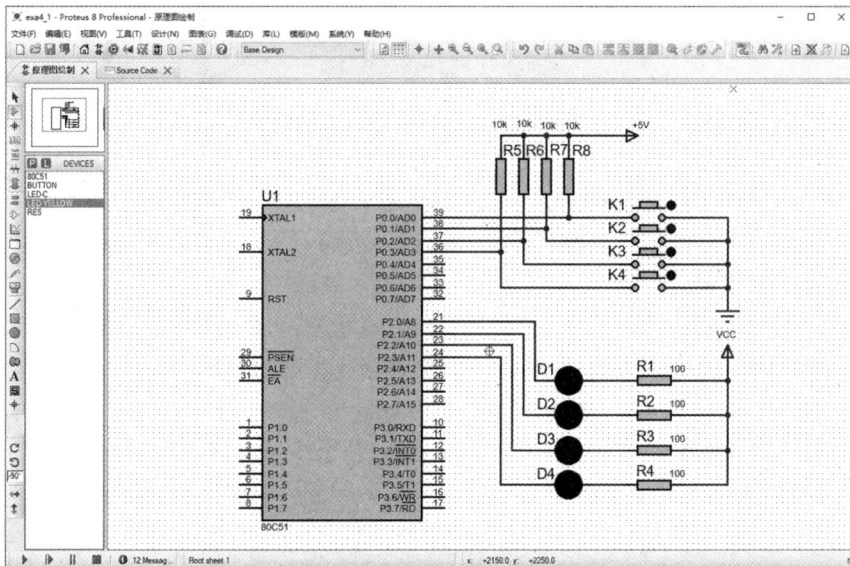

图 2.31　完成后的原理图

单击 "保存工程" 按钮 ，可将绘图结果存入创建的项目文件中，绘图过程完成。

原理图标签页具有输出多种格式图像的功能，可以用来制作技术文档或撰写实验报告，建议读者参考本书课程网站中的阅读材料 1 了解具体用法。

本 章 小 结

1．单片机的 CPU 由控制器和运算器组成，在时钟电路和复位电路的支持下，CPU 按一定的时序工作。单片机的时序单位包括时钟周期、状态周期、机器周期和指令周期。

2．51 单片机采用哈佛结构存储器，共有 3 个逻辑存储空间和 4 个物理存储空间。片内低 128B RAM 中包含 4 个工作寄存器组、128 个位地址单元和 80 个字节地址单元；片内高 128B RAM 中离散分布有 21 个特殊功能寄存器。

3．P0～P3 口都可作为准双向通用 I/O 口，其中只有 P0 口需要外接上拉电阻；在需要扩展片外设备时，P2 口可作为其地址线接口，P0 口可作为其地址/数据线复用接口，此时它是真正的双向口。

4．利用 Proteus 绘制原理图的基本步骤是：启动 Proteus、创建新工程、拾取元器件、摆放元器件、元器件连线、保存绘图结果。

思考与练习 2

2.1 单项选择题

（1）下列关于程序计数器 PC 的描述中_____是错误的。

    A．PC 不属于特殊功能寄存器   B．PC 中的计数值可被编程指令修改

    C．PC 可寻址 64KB RAM 空间   D．PC 中存放着下一条指令的首地址

（2）MCS-51 单片机的复位信号是_____有效。

    A．下降沿   B．上升沿   C．低电平   D．高电平

（3）_____不是 80C51 的基本配置。

    A．定时/计数器 2   B．128B 片内 RAM

    C．4KB 片内 ROM   D．全双工异步串行口

（4）单片机中的 CPU 主要由_____两部分组成。

    A．运算器和寄存器   B．运算器和控制器

    C．运算器和译码器   D．运算器和计数器

（5）在 51 单片机的下列特殊功能寄存器中，具有 16 位字长的是_____。

    A．PCON   B．TCON   C．SCON   D．DPTR

（6）80C51 的 ALE 引脚是_____引脚。

    A．地址锁存使能输出   B．外部程序存储器地址允许输入

    C．串行口输出   D．复位信号输入

（7）80C51 的存储器为哈佛结构，其内部包括_____。

    A．4 个物理空间或 3 个逻辑空间   B．4 个物理空间或 4 个逻辑空间

    C．3 个物理空间或 4 个逻辑空间   D．3 个物理空间或 3 个逻辑空间

（8）在通用 I/O 口方式下，欲从 P1 口读取引脚电平前应当_____。

    A．先向 P1 口写 0   B．先向 P1 口写 1

    C．先使中断标志清 0   D．先开中断

（9）程序状态字寄存器中反映进位（或借位）状态的标志位符号是_____。

A. CY   B. F0   C. OV   D. AC

（10）单片机中的程序计数器 PC 用来_____。

  A. 存放指令   B. 存放正在执行的指令地址

  C. 存放下一条指令地址   D. 存放上一条指令地址

（11）单片机上电复位后，PC 的内容和 SP 的内容为_____。

  A. 0000H，00H   B. 0000H，07H

  C. 0003H，07H   D. 0800H，08H

（12）80C51 要使用片内 RAM，$\overline{EA}$ 引脚_____。

  A. 必须接+5V   B. 必须接地

  C. 必须悬空   D. 没有限定

（13）PSW 中的 RS1 和 RS0 用来_____。

  A. 选择工作寄存器组号   B. 指示复位

  C. 选择定时器   D. 选择中断方式

（14）上电复位后，PSW 的初始值为_____。

  A. 1   B. 07H   C. FFH   D. 0

（15）80C51 的 XTAL1 和 XTAL2 引脚是_____引脚。

  A. 外接定时器   B. 外接串行口   C. 外接中断   D. 外接晶振

（16）80C51 的 $V_{SS}(20)$ 引脚是_____引脚。

  A. 主电源+5V   B. 接地   C. 备用电源   D. 访问片外存储器

（17）80C51 的 P0～P3 口中具有第二功能的是_____。

  A. P0 口   B. P1 口   C. P2 口   D. P3 口

（18）80C51 的 $\overline{EA}$ 引脚接+5V 时，程序计数器 PC 的有效地址范围是（假设系统没有外接 ROM）_____。

  A. 1000H～FFFFH   B. 0000H～FFFFH

  C. 0001H～0FFFH   D. 0000H～0FFFH

（19）当程序状态字寄存器 PSW 中的 R0 和 R1 分别为 0 和 1 时，系统选用的工作寄存器组为_____。

  A. 组 0   B. 组 1   C. 组 2   D. 组 3

（20）80C51 的内部 RAM 中具有位地址的字节地址范围是_____。

  A. 0～1FH   B. 20H～2FH   C. 30H～5FH   D. 60H～7FH

（21）若 80C51 的机器周期为 12μs，则其晶振频率为_____MHz。

  A. 1   B. 2   C. 6   D. 12

（22）80C51 内部程序存储器的容量为_____。

  A. 16KB   B. 8KB   C. 4KB   D. 2KB

（23）80C51 的复位功能引脚是_____。

  A. XTAL1   B. XTAL2   C. RST   D. ALE

（24）80C51 内部反映程序运行状态或运算结果特征的寄存器是_____。

  A. PC   B. PSW   C. A   D. DPTR

（25）PSW=18H 时，则当前工作寄存器是_____。

  A. 第 0 组   B. 第 1 组   C. 第 2 组   D. 第 3 组

（26）在 Proteus 中绘制原理图时，为将元器件摆放到绘图编辑区中，需要从_____中选择元器件。

  A. 对象选择窗   B. 元器件预览窗   C. 元器件库列表   D. 元器件编辑窗

（27）在 Proteus 原理图标签页中，找到电源终端"POWER"需要单击的模式工具栏按钮是_____。

　　A．总线模式　　　　　B．终端模式　　　　　C．元器件模式　　　　　D．选择模式

2.2　问答思考题

（1）51 单片机内部结构由哪些基本部件组成？各有什么功能？

（2）单片机的程序状态字寄存器 PSW 中各位的定义分别是什么？

（3）51 单片机引脚按功能可分为哪几类？各类中包含的引脚名称是什么？

（4）51 单片机在没接外部存储器时，ALE 引脚上输出的脉冲频率是多少？

（5）计算机存储器地址空间有哪几种结构形式？51 单片机属于哪种结构形式？

（6）如何认识 80C51 存储空间在物理结构上可划分为 4 个空间，而在逻辑上又可划分为 3 个空间？

（7）80C51 片内低 128B RAM 区按功能可分为哪几个组成部分？各部分的主要特点是什么？

（8）80C51 片内高 128B RAM 区与低 128B RAM 区相比有何特点？

（9）80C52 片内高 128B RAM 区与 80C51 片内高 128B RAM 区相比有何特点？

（10）什么是复位？单片机复位方式有哪几种？复位条件是什么？

（11）什么是时钟周期和指令周期？当振荡频率为 12MHz 时，一个机器周期为多少微秒？

（12）简述负边沿 D 触发器的导通、隔离、锁存功能的实现原理。

（13）如何理解单片机的并行 I/O 口与特殊功能寄存器 P0～P3 的关系？

（14）如何理解通用 I/O 口的准双向性？怎样确保读引脚所获信息的正确性？

（15）80C51 中哪个并行 I/O 口存在漏极开路问题？此时没有外接上拉电阻会有何问题？

（16）P0 口中的地址/数据复用功能是如何实现的？

第3章　C51编程语言基础

内容概述：

本章介绍51单片机初步编程所需的C51语言内容，包括C51语言概述、执行语句、变量、指针、数组和函数等。与单片机硬件关联更密切的中断及端口寻址等C51内容则安排在稍后章节里，以使学习难点适度分散。

在内容编排上，首先通过一个简单实例介绍C51编译工具的使用方法，然后详细介绍C51语法的基本内容。期间，每讲述一个语法要点都要用编译工具进行验证，以达到增强理解C51语法规则和熟练使用编译工具的目的。

教学目标：

- 熟悉C51编译工具的使用方法；
- 掌握C51的执行语句、变量、指针、数组和函数等基本语法；
- 初步具备C51编程能力。

51单片机有两种常用编程语言：A51汇编语言和C51语言。A51汇编语言是一种面向机器的编程语言，能直接操作51单片机的硬件资源，如存储器、I/O口、定时/计数器等，具有指令效率高、执行速度快的优点，尤其在实时性要求较高的场合具有不可替代的作用。但A51汇编语言属于低级编程语言，程序可读性差，移植困难，而且编程时还必须组织、分配存储器资源和处理端口数据，因而编程工作量很大。

C51语言是为51单片机设计的一种高级编程语言，属于标准C语言的一个子集，具有可读性强、易于调试维护、编程工作量小的特点。由于其允许访问单片机的硬件资源地址，也能直接对硬件进行操作，可实现汇编语言的部分功能，因而兼有高级语言和低级语言的特点，适用范围广。目前C51语言已成为51单片机程序开发的主流编程语言。

由于C51与标准C语言仅在数据结构、中断处理及扩展端口寻址等方面存在较大差异，其他方面则基本相同，因而对于已有C语言基础的读者只需了解这些差异（本书的3.3节、3.4节、3.6节、5.3节和8.2节）即可进行C51编程。对于没有C语言基础或基础薄弱的读者，需要跟随本书进度逐步掌握C51语言的基础知识。

为了初学者学习方便起见，我们将本书中用到的标准C语言或C51语言统称为C51语言，不再特别强调其细节关系。另外，本书中涉及的C51内容仅是为了满足51单片机编程需要，不是C51语言的专著，因而在内容选取上也是有所侧重的，对于不太常用的内容，如格式输入/输出、文件操作、结构体与共用体等，本书并未选入，需要了解这些内容的读者请参阅相关书籍。

3.1　C51编译工具

3.1.1　C51源程序开发过程

C51语言编写的源程序不能直接被单片机识别，必须转换成固件程序（firmware，又称为目标代码程序）后才能被执行。源程序边转换、边执行的方式称为解释型执行方式，源程序全部

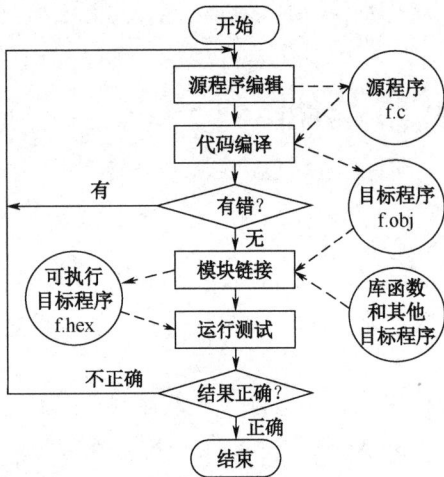

图 3.1　C51 源程序的开发过程

转换为目标代码后再执行的方式称为编译型执行方式。后者产生的目标代码可以脱离 C51 编程环境独立执行，具有程序执行速度快、代码效率高的特点。采用编译型执行方式的 C51 源程序开发过程如图 3.1 所示。

图 3.1 中，方框表示开发环节，圆框表示参与开发过程的程序文件。可见，开发过程要经历源程序编辑、代码编译、模块链接和运行测试 4 个环节。期间涉及源程序*.c 文件、目标程序*.obj 文件、可执行目标程序*.hex 文件、含调试信息的可执行目标程序*.omf 文件、库函数程序文件等。为组织上述活动并提供服务保障需要有相应的软件开发工具，Keil 软件工具包就是为这一目的而设计的，软件商业名称为 μVision IDE（IDE 为集成开发环境）。本书使用 μVision IDE 5.0 版本，它具有 C51 和 A51 两种编程语言的开发功能。

单片机系统仿真的通常做法是：在 Proteus 中进行电路设计→在 μVision IDE 中进行 C51 源程序编辑和编译→将产生的目标代码手动添加到 Proteus 原理图模块中→在 Proteus 中启动仿真运行→观察运行效果。如果仿真没有达到预期效果，说明原理图或源程序中还存在逻辑错误，为此，需要进行 Proteus 与 μVision IDE 联合仿真，利用 μVision IDE 中的程序动态调试手段控制 Proteus 中的电路运行，直至找到问题原因所在。显然，用户需要熟悉 Proteus 与 μVision IDE 两个软件的使用方法。

不过，目前上述仿真方法发生了很大变化。

Proteus 新增的 Source Code 模块已具有 C51 源程序编辑、后台调用 μVision IDE 进行程序编译、将生成的目标代码自动加载到原理图模块中、进行单片机电路+C51 程序联合仿真和动态调试等一揽子功能。单片机仿真时的电路设计、C51 编程、C51 编译、目标代码加载、联合仿真、PCB 布版等全部环节都在 Proteus 中进行。这意味着用户无须再与 μVision IDE 打交道，也无须再了解 μVision IDE 使用方法，使用 Proteus 单一软件就能实现以前 Proteus+μVision IDE 两个软件的功能。

需要强调的是，虽然现在无须手工启动和操作 μVision IDE 了，但在首次使用 Proteus 前应在计算机中安装并配置好 μVision IDE 软件（在 Proteus 中它被称为 Keil for 8051 编译器，其安装和配置方法可参见本书课程网站中的仿真软件下载）。

下面简述 Proteus 的 Source Code 模块，它对接下来的 C51 语言学习至关重要。

3.1.2　Source Code 工作界面

在 2.5.1 节创建新工程的第五步中，由于选择了"没有固件项目"选项，因而该工程中是没有包含"Source Code"模块的。

为此可以按照图 2.24 的流程重新创建一个新工程，但在第五步的"新建工程向导：固件"对话框（见图 3.2（a））中选中"创建固件项目"单选框，以及 8051、80C51、Keil for 8051 三个选项，并勾选"创建快速启动文件"选项，然后单击"确定"按钮，新创建的工程中便包含了两个标签页，即原理图绘制标签页（见图 3.2（b））和 Source Code 标签页（见图 3.2（c））。

由图 3.2（b）可见，系统自动在绘图编辑区中添加了一个 80C51 初始电路，电路看似不完整，但它已是一个可以运行的 51 单片机最小系统了。

Source Code 标签页是 Source Code 模块的工作界面，其上有 3 个工作窗口，即项目窗口、编辑窗口和输出窗口，其中编辑窗口中已添加了程序模板，这是由于在"新固件项目"对话框中勾选了"创建快速启动文件"的结果。

项目窗口的主要功能是进行项目文件的管理，它以项目树的形式列出了本项目包含的所有文件。编辑窗口的主要功能是对源程序代码进行文本处理，其基本功能类似于普通记事本中的文本查找、替换、复制、粘贴、撤销、恢复等功能。输出窗口主要用于显示程序调试和编译信息，以及程序与原理图级联的状态信息。

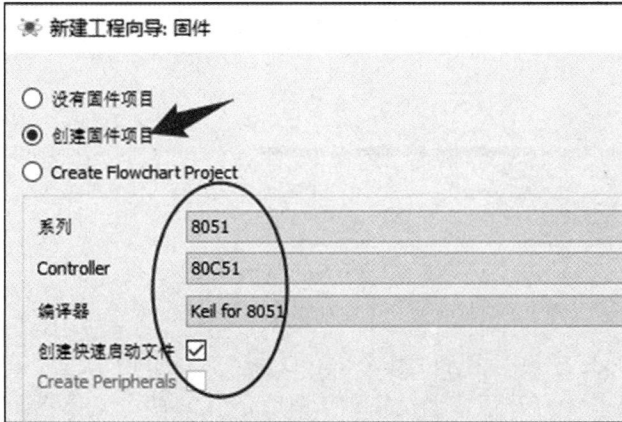

（a）"新建工程向导：固件"对话框

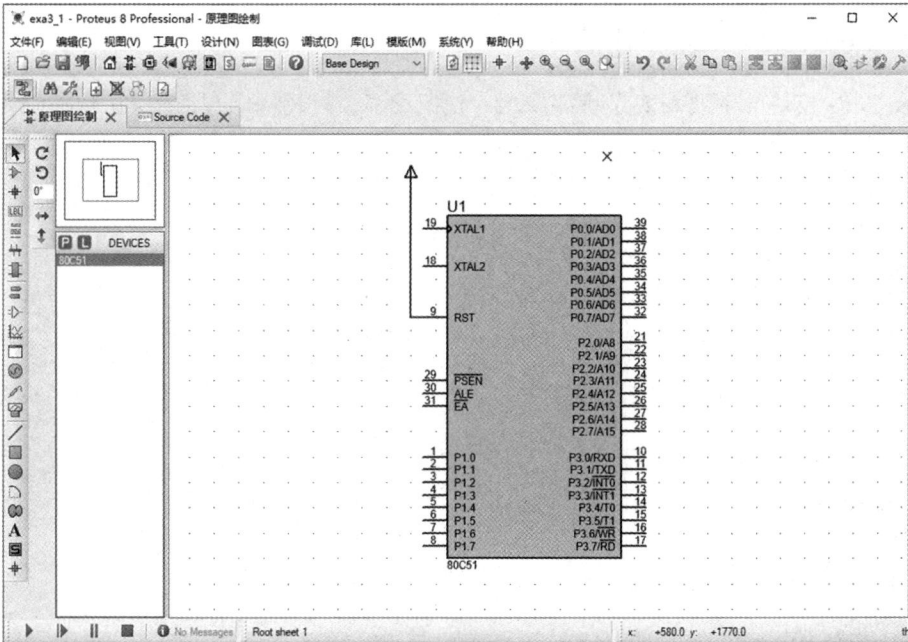

（b）新建工程的原理图绘制标签页

图 3.2 创建的新项目

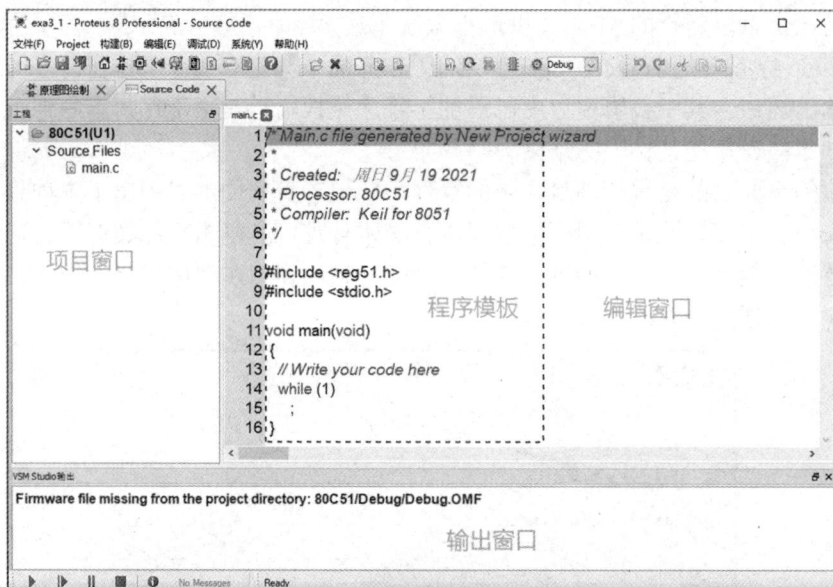

（c）新建工程的 Source Code 标签页

图 3.2　创建的新项目（续）

　　实际上，Source Code 模块有两个工作界面，除图 3.2（c）用于程序编辑的界面外，还有一个代码调试界面，可在其中打开很多调试窗口（稍后介绍），两个工作界面的标签名都是 Source Code，但后者中没有项目窗口和输出窗口。

3.1.3　Source Code 基本用法

　　Source Code 模块的主要功能是程序编辑、代码编译，以及程序与原理图的联合调试。下面以一个具体实例介绍 Source Code 的基本使用方法。

　　【**实例 3.1**】C51 语法验证。

　　学习如何利用 Source Code 模块对如下 C51 实例进行语法验证。

　　C51 源程序如下：

```
/*实例3.1*/
char aa=0,bb=0;              //定义变量且赋初值
void main(void)              //主函数
{                           //函数体的边界符
    while (aa<10)aa+=1;     //aa 小于 10 时循环加 1
    bb=100;                 //否则 bb=100
}                           //函数体的边界符
```

　　【**解**】该程序的功能是，使变量 aa 的值在小于 10 时循环加 1，否则使变量 bb 的值在等于 100 后结束程序。

　　实例 3.1 的操作过程为：添加源程序→编译源程序→进行仿真调试。

　　（1）添加源程序

　　先删除图 3.2（c）中的程序模板，然后使用剪贴板的复制、粘贴功能，将本例程序文本复制过来，结果如图 3.3 所示。

　　单击保存工程按钮 ，不用理会输出窗口出现的"没有发现编译目标文件"等提示信息。

　　（2）编译源程序

　　单击菜单【构建】→【构建工程】命令，进行程序编译，输出窗口中出现编译结果信息，如图 3.4 所示。

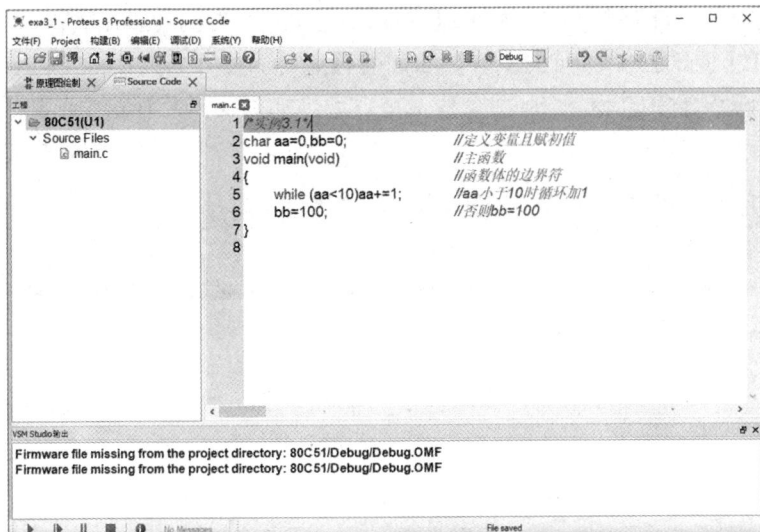

图 3.3　将实例 3.1 程序文本添加到编辑窗口中

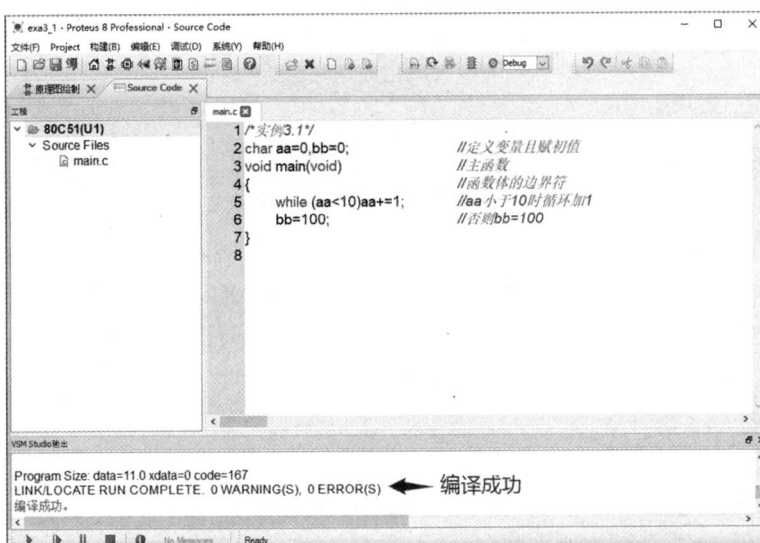

图 3.4　实例 3.1 编译成功的界面

图 3.4 中显示"0 WARNING(S)，0 ERROR(S)"，表明源程序中没有严重错误和警告错误，即源程序无语法错误，编译成功。与此同时，生成的目标代码（固件程序）已被自动加载到原理图的单片机（U1）中，可以进行仿真调试了。

但若源程序中有语法错误，例如误将图 3.4 中第 6 行语句的 bb 写成了 bb1，则系统编译后会在输出窗口中显示出错信息，如"**ERROR C202 IN LINE 6 OF. .\main. c:bb 1: undefined identifier"，表示源程序第 6 行的"bb1"存在代号为 C202 的变量没有定义的错误。改正后重新编译，编译就会成功通过。

仿真调试最常用的工具是位于 Source Code 工作界面左下角的仿真工具栏，如图 3.5 所示。

（3）仿真调试准备

① 单击 STEP 按钮▶，Source Code 由程序编辑界

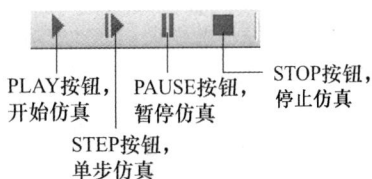

图 3.5　仿真工具栏

面变为代码调试界面，打开名为"8051 CPU Source Code-U1"的代码调试窗。

② 单击菜单【调试】→【80C51】→【Variables】命令，打开名为"8051 CPU Variables-U1"的变量监视窗，源程序中的 aa 和 bb 两个变量被自动添加到变量监视窗中，如图 3.6 所示。

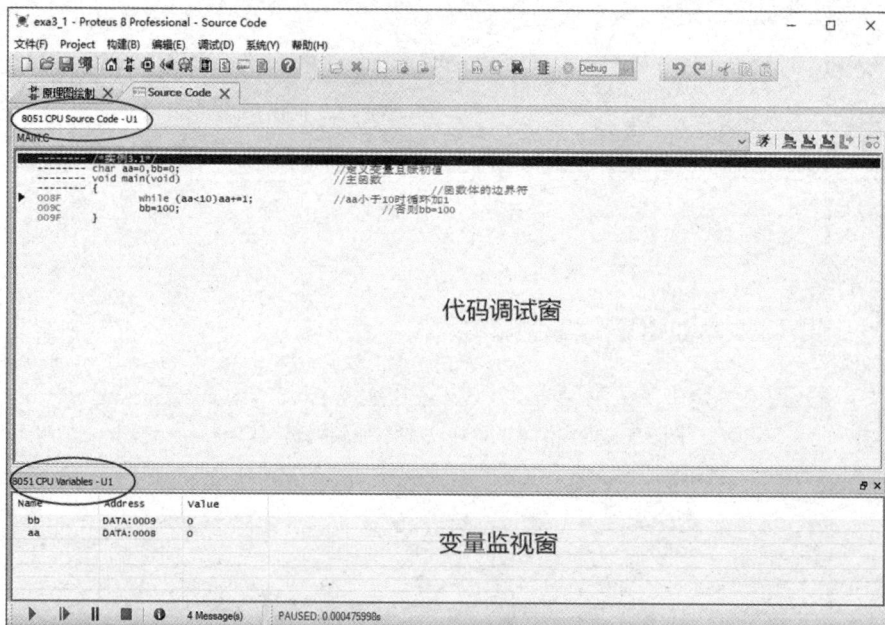

图 3.6　打开后的代码调试窗+变量监视窗

由图 3.6 可见，代码调试窗的字体较小，且变量监视窗放在代码调试界面的下方，不便观察。为此可调整字体（单击代码调试窗，在弹出的对话框中将字号改为 14 号）和窗口形式（单击标题栏，并按住鼠标左键拖拽改为浮动窗）。调整好后的界面如图 3.7 所示。

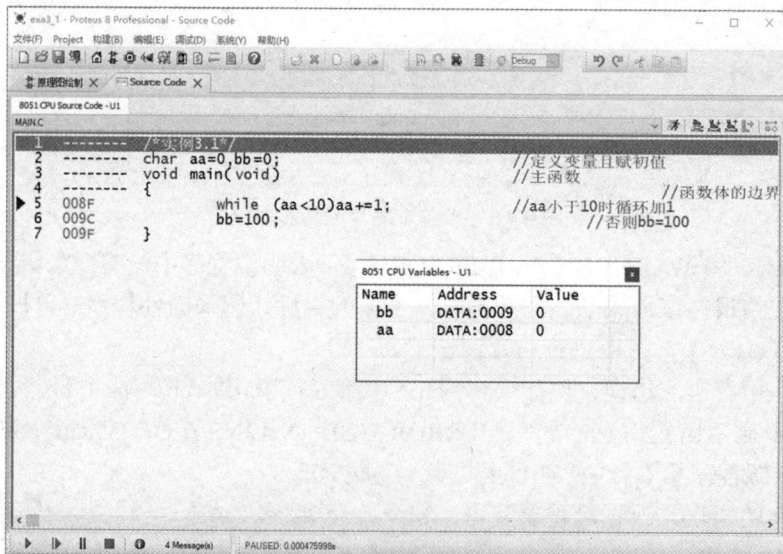

图 3.7　调整后的代码调试窗+变量监视窗

（4）验证编程语法

验证编程语法是通过查看程序运行过程中变量值的变化规律实现的。如果程序连续运行，结果会一闪而过，无法看到变化规律，因此需要让程序运行慢下来。

单步运行+变量监视窗的组合使用可以较好地解决这个问题。该方法的思路是：每执行一条语句就让程序停下来，待看到变量监视窗中的结果后再让其继续执行，以此了解程序语句是否得到了语法预期的结果。

例如，单击代码调试窗右上角的单步运行按钮🖳或按快捷键 F10，代码调试窗左侧的▶光标会移动到下次将执行的程序行上。由于初始时 aa 为 0，while 循环体的条件 aa<10 没有变化，故第一次单步运行后应该不会有程序行的变化，只是 aa 应加 1。从变量监视窗中可看到 Value 列的 aa 已变为 1，bb 仍为 0，如图 3.8 所示。

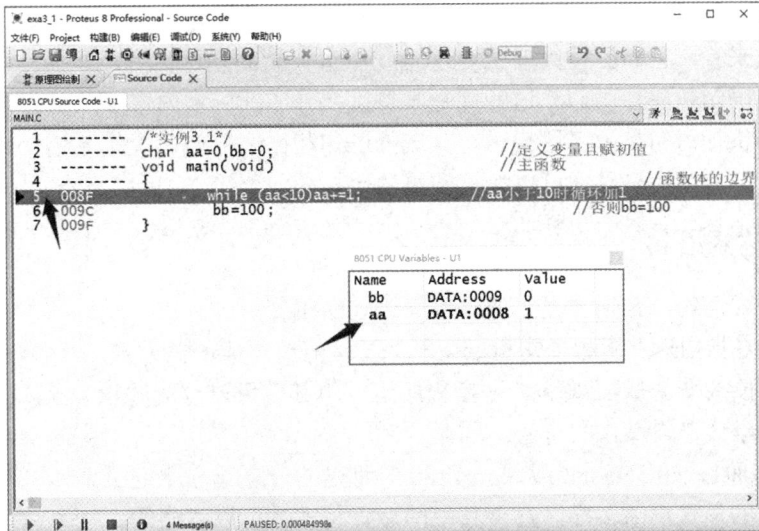

图 3.8　首次单步运行的结果

继续单击🖳按钮或按 F10 键，aa 会继续加 1，但 bb 仍然为 0。单击 10 次后，aa 变为 10，此时已满足 while 终止循环的条件 aa<10，▶光标会下移一行，即将执行 bb=100。再次单击🖳按钮或按 F10 键，bb 变为 100，▶光标已移动到程序的最后一行，代表程序结束，如图 3.9 所示。

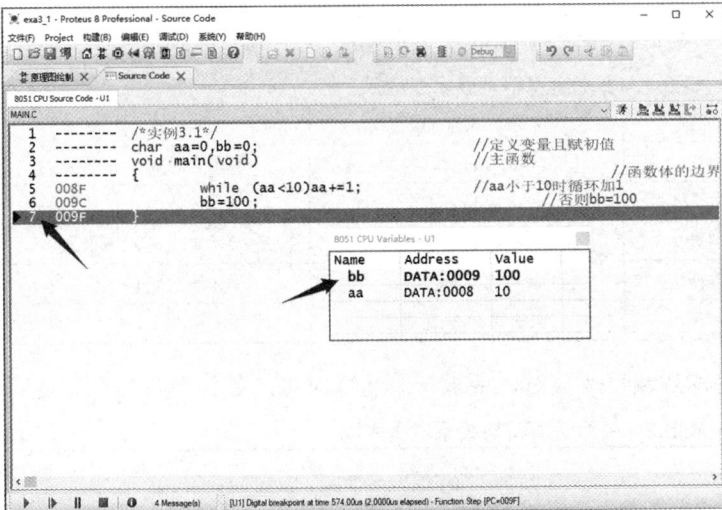

实例 3.1 仿真视频

图 3.9　程序运行结束

上述运行过程表明：变量 aa 是从 0 逐渐变到 10 后，bb 才从 0 变为 100 的，这个运行结果是符合程序预期的，同时也验证了 C51 源程序中的条件循环语句"while"和运算符语句"+="的语法功能。

在本章随后的 C51 语法学习中，我们还要多次使用这种单步运行+变量监视窗的方法，达到验证 C51 语法规则和熟悉 Source Code 模块使用方法这样两个目的。

3.2　C51 的基本执行语句

在实例 1 中我们见识了第 1 个 C51 程序。该程序共由 7 行语句组成，其中第 1 行是注释语句，第 2 行是变量定义语句，第 3 行是函数声明语句，第 5～6 行是执行语句，第 4 和 7 行是函数体的边界符。

从语句组成来看，它们已经代表了 C51 语句中最典型的几种类型，即执行语句、变量定义语句、函数声明语句和注释语句。这些都是本章将要介绍的基本内容。

通常认为，执行语句是由表达式语句、选择语句和循环语句 3 类基本语句组成的，C51 编译器可将它们转换为单片机硬件可以执行的机器码指令。

3.2.1　表达式语句

要理解表达式语句，必须首先正确理解表达式的概念。

C51 表达式是指由运算对象（常量或变量）与运算符组成的关系式。其中，"常量"是指程序运行中其值不能改变的量，"变量"是指程序运行中其值可以改变的量，运算符则是能告诉编译器执行特定数学或逻辑操作的符号。

例如，c+5*dat1，20/350-stat 或 temp1=80 等都是 C51 的合法表达式。

C51 表达式的形式灵活多样，甚至其中的运算符也是可以省略的，一个常量或一个变量也可以作为一个表达式。

例如，123.75，value_10 或 num8 等都是 C51 的合法表达式。

C51 中有 6 类运算符，分别是算术运算符、关系运算符、逻辑运算符、位运算符、复合赋值运算符和杂项运算符。与这些运算符相对应的表达式有算术表达式、关系表达式、逻辑表达式、位表达式、复合赋值表达式和杂项表达式。

以下采用归纳法（见表 3.1～表 3.5）介绍常用的 5 类运算符与相关表达式。

表 3.1　算术运算符及算术表达式

运算符	算术运算符的功能描述	算术表达式的一般形式	实例：设 a=2，b=1
+	两边表达式的值相加运算	表达式 1+表达式 2	算术表达式 a + b 值为 3
-	两边表达式的值相减运算	表达式 1-表达式 2	算术表达式 a - b 值为 1
*	两边表达式的值相乘运算	表达式 1*表达式 2	算术表达式 a * b 值为 2
/	两边表达式的值相除运算	表达式 1/表达式 2	算术表达式 a / b 值为 2
%	两边表达式的值取余运算	表达式 1%表达式 2	算术表达式 a % b 值为 0

其中，要求两个运算对象的称为双目运算符，要求一个运算对象的称为单目运算符。

表 3.2　关系运算符与关系表达式

运算符	关系运算符的功能描述	关系表达式的一般形式	实例：设 a=2，b=1
==	检查==两边表达式的值是否相等，如是则关系表达式值为真	表达式 1==表达式 2	关系表达式 a == b 值为 0
!=	检查!=两边表达式的值是否不相等，如是则关系表达式值为真，反之为假	表达式 1!=表达式 2	关系表达式 a != b 值为 1

运算符	关系运算符的功能描述	关系表达式的一般形式	实例：设 a=2，b=1
>	检查左表达式的值是否大于右表达式的值，如是则关系表达式值为真，反之为假	表达式 1>表达式 2	关系表达式 a>b 值为 1
<	检查左表达式的值是否小于右表达式的值，如是则关系表达式值为真，反之为假	表达式 1<表达式 2	关系表达式 a<b 值为 0
>=	检查左表达式的值是否大于或等于右表达式的值，如是则关系表达式值为真，反之为假	表达式 1>=表达式 2	关系表达式 a>=b 值为 1
<=	检查左表达式的值是否小于或等于右表达式的值，如是则关系表达式值为真，反之为假	表达式 1<=表达式 2	关系表达式 a<=b 值为 0

其中的"真"和"假"也可分别用"1"和"0"表示。

表 3.3　逻辑运算符与逻辑表达式

运算符	逻辑运算符的功能描述	逻辑表达式的一般形式	实例：设 a=2，b=1
&&	逻辑与运算，如果两个表达式的值都非零，则逻辑表达式值为真，反之为假	表达式 1&&表达式 2	逻辑表达式 a&&b 值为 1
||	逻辑或运算，如果两个表达式中至少有一个非零，则逻辑表达式值为真，反之为假	表达式 1||表达式 2	逻辑表达式 a||b 值为 1
!	逻辑非运算，如果表达式为真，则逻辑表达式值为假	! 表达式	逻辑表达式!(a>b)值为 0

表 3.4　位运算符与位表达式

运算符	位运算符的功能描述	位表达式的一般形式	实例：设 a=2，c=10011110B（158）
<<n	左移 n 位运算	表达式<<n	位表达式 c<<1 值为 111100B
>>n	右移 n 位运算	表达式>>n	位表达式 c>>1 值为 1001111B
&	按位与运算	表达式 1&表达式 2	位表达式 c&a 值为 10B
|	按位或运算	表达式 1|表达式 2	位表达式 c|a 值为 10011110B
～	按位取反运算	～表达式	位表达式～c 值为 1100001B

注意：位表达式 c<<1 的值是 111100B，而 c 的值并未改变，仍是 10011110B。以上类似的概念均需这样理解。

表 3.5　复合赋值运算符与复合赋值表达式

运算符	复合赋值运算符的功能描述	复合赋值表达式的一般形式	实例（设 a=1，b=2，c=3）
=	赋值运算，右表达式的值赋给左表达式	左表达式=右表达式	赋值表达式 c=a+b 值为 3
+=	加法赋值运算，右表达式的值加上左表达式的原值后再赋给左表达式	左表达式+=右表达式	加法赋值表达式 c+=a 值为 4
-=	减法赋值运算，左表达式的原值减去右表达式的值后再赋给左表达式	左表达式-=右表达式	减法赋值表达式 c-=a 值为 2
*=	乘法赋值运算，右表达式的值乘以左表达式的原值后再赋给左表达式	左表达式*=右表达式	乘法赋值表达式 c*=a 值为 3
/=	除法赋值运算，左表达式的原值除以右表达式的值后再赋给左表达式	左表达式/=右表达式	除法赋值表达式 c/=a 值为 3
%=	求余赋值运算，左表达式的原值除以右表达式后的余数再赋给左表达式	左表达式%=右表达式	求余赋值表达式 c%=a 值为 0
++	自增运算，表达式的值加 1 后再赋给表达式	表达式++（相当于表达式+=1）	自增运算表达式 c++值为 4

运算符	复合赋值运算符的功能描述	复合赋值表达式的一般形式	实例（设a=1，b=2，c=3）
--	自减运算，表达式的值减1后再赋给表达式	表达式--（相当于表达式-=1）	自减运算表达式c--值为2
<<=	左移n位赋值运算，表达式的原值左移n位后再赋值给表达式	表达式<<=n	左移赋值表达式c<<=2 值为1100B
>>=	右移n位赋值，表达式的原值右移n位后再赋值给表达式	表达式>>=n	右移赋值表达式c>>=2 值为0
&=	逻辑与赋值运算，左表达式的原值与右表达式值相与后再赋值给左表达式	左表达式&=右表达式	逻辑与赋值表达式c&=b 值为10B
|	逻辑或赋值运算，左表达式的原值与右表达式值相或后再赋值给左表达式	左表达式|=右表达式	逻辑或赋值表达式c|=b 值为11B
!=	逻辑非赋值运算，左表达式的原值取反后再赋值给左表达式	！表达式	逻辑非赋值表达式!c 值为11111100B
？：	条件赋值运算，如果表达式1为真，则表达式2赋给表达式0，否则表达式3赋值给表达式0	表达式0=表达式1？表达式2：表达式3	条件赋值表达式c=(a>b)?a:b 值为2

关于表 3.5 的几点说明。

● 表中第一行为赋值运算符，其余均为复合赋值运算符。复合赋值运算符是在赋值运算符"="之前加上算术运算符或逻辑运算符形成的。

● 表中最后一行的条件赋值运算符是一个三目运算符，可将 3 个运算对象连接在一起，这种用法可参见 3.3.2 节。

● 表中的自增运算符有两种用法，如 a++和++a。前者是在使用 a 之前，先使 a 的值加 1；而后者是在使用 a 之后，使 a 的值加 1。设 a 的原值等于 2，以下两条例句可以说明这种关系：

```
j=++a（a的值先变成3，再赋给j，j的值为3）
j=a++（先将a的值2赋给j，j的值为2，然后a变为3）
```

● 还需要注意"="与"=="的区别："="是赋值运算符，而"=="是测试相等运算符。后者只是对该符号两边的表达式进行测试和比较，不进行赋值，因而两者不能混淆。

当一个表达式中有多个运算符参加运算时，需要考虑运算符的优先级问题，多运算符的优先级一览表见表 3.6。

表 3.6 多运算符的优先级一览表

序 号	表 达 式	优 先 级
1	()（小括号），[ ]（数组下标），（结构成员）	最高
2	!（逻辑非），～（位取反），-（负号），++（加1），--（减1），&（取变量地址）	
3	*（指针），type（函数说明），sideof（长度计算）	
4	*（乘），/（除），%（取模）	
5	+（加），-（减）	
6	<<（位左移），>>（位右移）	
7	<（小于），<=（小于或等于），>（大于），>=（大于或等于）	
8	==（等于），!=（不等于）	
9	&（位与）	
10	|（位或）	
11	&&（逻辑与）	
12	||（逻辑或）	
13	=（赋值），+=（赋值加），-=（赋值减）	
14	，（逗号运算符）	最低

表 3.6 列出的优先级是从上向下降低的，同一行中则是从左到右降低的，即所谓左结合优先原则。

虽然熟知运算符的优先级是有意义的，但通常在编程中，为了避免不必要的错误，建议读者多使用圆括号()来避免出现优先级错误。例如，~a*b 表示先对 a 取反，再和 b 相乘。但是如果不能熟记优先级次序，很可能理解为先求 a*b，再对结果取反，因此该表达式最好写成(~a)*b。

又如，x+y<<3 表示先求 x+y 的和，再对结果左移 3 位。但是人们在阅读代码时很有可能错误地理解为先对 y 左移 3 位，再加 x。因此，如能写成(x+y)<<3，则会避免可能的错误。

总之，尽管( )在上述情况下是多余的，却能极大地增加表达式的可读性，因而值得初学者采用。

在了解了表达式的概念后，表达式语句就变得很容易理解了，即表达式语句是由表达式加分号";"构成的完整语句，任何表达式都可以加上分号而成为表达式语句。例如，下面都是合法的表达式语句：

```
a=3;
i++;
x+y;
```

多个表达式语句用花括号{}括起来后就形成了语句组（或称为复合语句、语句块）。例如，下面是一个语句组：

```
{
  a=3;
  i++;
  c=x+y;
}
```

注意：语句组中的各条语句都必须以分号结尾，但结尾"}"后不能加分号。在程序中应把语句组看成是单条语句，而不是多条语句。

3.2.2 选择语句

通常处理实际问题时总会涉及各种逻辑判断或条件选择的问题，程序设计需要根据给定的条件进行判断，从而选择不同的处理路径。在 C51 语言中，选择语句有 if 和 switch 两种语句类型，而 if 语句类型又有 3 种不同语句形式，即基本 if 语句、if-else 语句和 if-else-if 语句。

1. 基本 if 语句
基本 if 语句的格式如下：

```
if (表达式)
    {
        语句组;
    }
```

if 语句中的表达式可以是关系表达式、逻辑表达式，甚至是数值表达式（下同）。if 语句的执行过程是：当"表达式"的结果为真时，执行语句组，否则跳过语句组继续执行下面的语句，执行过程如图 3.10 所示。

注意：如果语句组中只有一条语句，则语句组前后的{ }都可省略（下同），并简化为：

```
if (表达式) 语句;
```

2. if-else 语句
if-else 语句的格式如下：

```
if (表达式)
    {
        语句组1;
    }
  else
```

```
            {
                语句组2；
            }
```

if-else 语句的执行过程是：当"表达式"的结果为真时，执行语句组 1，然后跳过 else 和语句组 2 继续执行下面的语句；否则执行语句组 2，然后继续执行下面的语句。执行过程如图 3.11 所示。

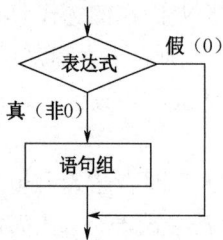

图 3.10　基本 if 语句的执行过程　　　　　　　　图 3.11　if-else 语句的执行流程

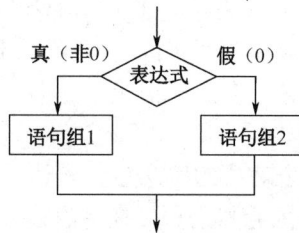

注意：如果语句组 1 和语句组 2 中都只有一条语句，则 if-else 语句可简化为：
```
    if (表达式)语句1；
    else  语句2；
```

【实例 3.2】试分析如下条件赋值语句的功能，进行仿真验证并指出，当 x 值分别为 12 和 8 时，相应的两个 y 值各是多少？
```
    y = (10>x) ? 10 : 5；
```
【解】分析：该语句利用条件表达式（10>x）作为判断依据，由此决定 y 值的赋值结果。当 x=12 时，表达式（10>x）为假，因而 y 值应为 5；反之当 x=8 时，表达式（10>x）为真，因而 y 值应为 10。

实际上这条语句的另一种表达方式是：
```
    if (10>x)y=12；
    else y=5；
```

为了检验实例 3.2 的效果，也为了尽快熟悉 Source Code 的用法，可以在实例 3.2 的基础上创建如下源程序：
```
//实例3.2
int  y1,y2,x=12;           //定义变量y1、y2和x，且x=12
main(void)                 //主函数
{
y1=(10>x)?10:5;            //条件赋值语句
x-=4;                      //x=x-4=8
    y2=(10>x)?10:5;        //条件赋值语句
```

该程序中加入了一条新语句"int　y1,y2,x=12;"，它的作用是定义 y1、y2 和 x 三个整型变量，且使 x 初值为 12，字符"//"后面是不会产生操作动作的注释语句。

操作：这次仿真调试采用"运行到光标行"的方法，即从开始语句到光标所在行之前都是连续运行的，但到光标所在行时停止运行。仿照实例 3.1 的做法，进行实例 3.2 的编辑（复制、粘贴或直接录入源程序）→编译（单击菜单【构建】→【构建工程】命令，下同）→单击 STEP 按钮 启动调试→将光标置于第 9 行→单击运行到光标行按钮 或按快捷键 Ctrl+F10 后，可得到如图 3.12 所示的运行结果。

结果：x=12 时不满足(10>x)的条件，故 y1=5；当 x=4 时可满足(10>x)的条件，故 y2=10，运行结果与预期结果是一致的，同时也验证了条件赋值语句(10>x)?10:5 的语法功能。

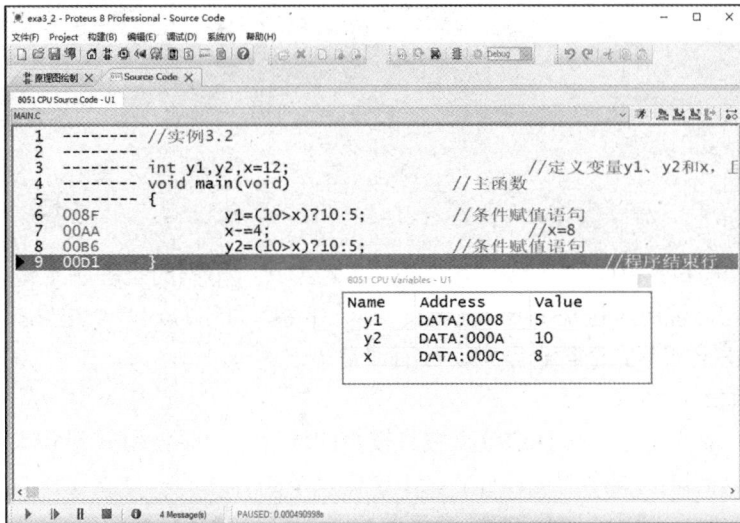

图 3.12　实例 3.2 运行结果

3．if-else-if 语句

if-else-if 语句是由 if-else 语句组成的嵌套，用于实现多个条件分支的选择，其一般格式如下：

```
if (表达式1)
    {
        语句组1;
    }
else if(表达式2)
    {
        语句组2;
    }
…
else if(表达式n)
    {
        语句组n;
    }
else
    {
        语句组n+1;
    }
```

if-else-if 语句的执行过程：依次判断"表达式 i"的值，当"表达式 i"的值为真时，执行其对应的语句组 i，然后跳过剩余的 if 语句组，继续执行该语句下面的一个语句。如果所有表达式的值均为假，则执行最后一个 else 后的语句组 n+1，然后继续执行其下面的语句，执行过程如图 3.13 所示。

【实例 3.3】根据以下数学关系式，指出下列哪个程序段是正确的？

$$y = \begin{cases} -1 & (x < 0) \\ 0 & (x = 0) \\ 1 & (x > 0) \end{cases}$$

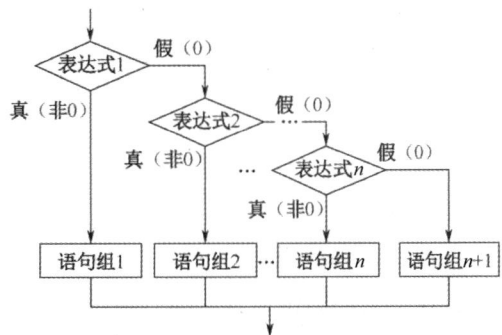

图 3.13　if-else-if 语句的执行流程

程序1：	程序2：
if (x<0)　y=-1;	if　(x>=0)

```
    else                              if  (x>0)  y=1;
        if (x==0)  y=0;               else  y=0;
        else y=1;                 else  y=-1;

    程序3:                        程序4:
    y=-1;                         y=0;
    if (x!=0)                     if  (x>=0)
        if (x>0)  y=1;                if  (x>0)  y=1;
        else  y=0;                   else  y=-1;
```

【解】分析：程序 1 和程序 2 都采用 if-else 语句形式，不同的是程序 1 是在 else 中又嵌套了一个 if-else 语句，程序 2 是在 if 中又嵌套了一个 if-else 语句，这两个结果都是正确的。程序 3 和程序 4 由于都不完全符合题意，故而都是错误的。

4. switch 语句

if 语句类型一般用于单一条件或分支数目较少的场合，如果使用 if 语句来编写超过 3 个以上分支的程序，就会降低程序的可读性。C51 中提供了一种用于多分支选择的 switch 语句，其一般形式如下：

```
switch（表达式）
{
    case  常量1：语句组1;break;
    case  常量2：语句组2;break;
    …
    case  常量n：语句n;break;
    〔default：   语句组(n+1);〕
}
```

switch 语句中表达式的值为常量，其执行过程是：首先计算表达式的值，并逐个与 case 后面的常量相比较。当表达式的值与某个常量的值相等时，则执行该常量后面的语句组和 break 语句，然后跳出 switch 结构，继续执行下一条语句。如果表达式的值与所有 case 后的常量值均不相同，则执行 default 后的语句组，然后继续执行下一条语句（**本书约定，今后六角括号〔〕内的内容都是可以省略的**）。switch 语句的执行过程如图 3.14 所示。

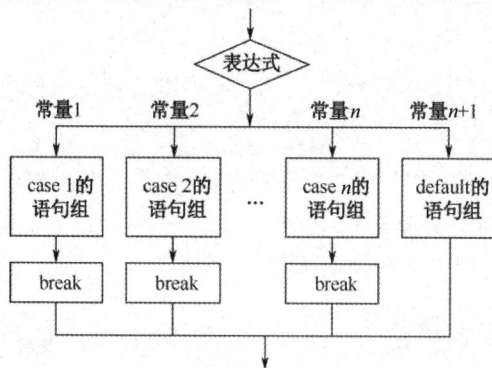

图 3.14 switch 语句的执行过程

使用 switch 语句的几点说明：

① switch 后面表达式的值可以是数值，也可以是字符。

② case 后面的常量只起标号作用，仅用来标志一个位置。

③ case 后面的语句组可以不用{}括起来，例如：case 0: P1_0=1;P1_1=0;break;。

④ default 标号可以省略，表示流程转到 switch 语句后的下一条语句。

⑤ break 语句的作用是跳出 switch 循环体，转移到后面的语句处继续执行。但如果只是要结束本次分支循环，而转入下一次循环，则要用到 continue 语句（详见本章实例 8）。除上述两

种语句之外，还有第 3 种转移语句，即 goto 语句，其一般格式为 "goto 语句标号;"。使用时，在被转移到的语句前面也要放置相同语句标号（并加冒号 ":"）。

【实例 3.4】 试分析如下源程序，验证并指出源程序的功能与结果。

```
//实例3.4
int value,key=1;        //定义value和key
void main(void)         //主函数
{
next:  switch(key)      //switch语句表达式
    {
        case 1:value=11;break;
        case 2:value=35;break;
        case 3:value=72;break;
        default:goto end;
    }
    key++;
    goto next;
end:key=0;              //仅作为结束程序用
}
```

【解】 分析：不难看出，这个程序的核心是 switch 语句结构。借助语句 key++ 可使 key 值从 1 开始增大，当 key 等于 1、2、3 时，value 分别等于 11、35 和 72；利用 goto 语句和 default 配合可实现简单循环控制，当 key 大于 3 后可引导程序跳转到结束行。

单步调试在循环次数较多的场合会显得效率太低，本例调试用断点调试法替代。具体方法是：在欲设断点的语句行处双击，行号后将出现一个断点符号 "●" →全速运行程序→到达断点时停止运行→查看变量状况。若需撤销断点，只要再次双击断点行即可。

操作：仿照实例 3.1 的做法，经过编辑→编译→单击 STEP 按钮 ▣ 启动调试→在第 12 行处双击设置断点→连续 3 次全速运行，可观察到 3 次断点处的 key 和 value 值，如图 3.15 所示。

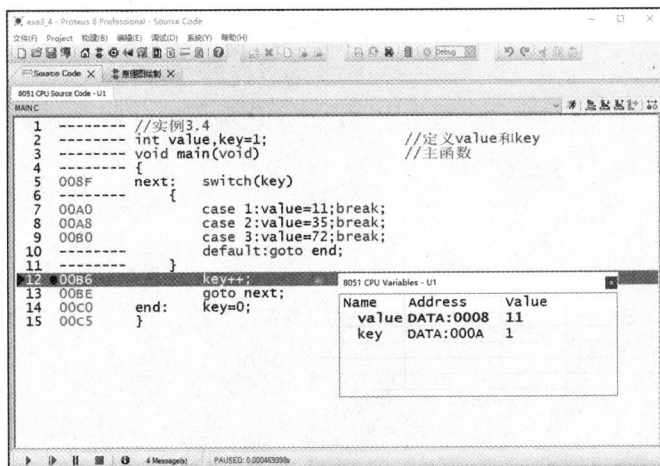

（a）第 1 次断点运行

（b）第 2 次断点运行

（c）第 3 次断点运行

实例 3.4 仿真视频

图 3.15　实例 3.4 运行结果

结果：当 key 等于 1、2、3 时，value 分别等于 11、35 和 72；当 key=4 时，跳出 switch 语

句块。运行结果与预期结果是一致的，同时也验证了 switch 语句的语法功能。

需要说明的是，在结构化程序设计中一般不建议使用 goto 语句，因为它容易造成程序流程混乱，产生程序理解和调试困难问题。实际上，3.2.3 节将介绍的循环语句便是控制转移的较好办法。

3.2.3 循环语句

在结构化程序设计中，循环结构是一种很重要的程序结构，几乎所有的应用程序都包含循环结构。

循环程序的作用是：对给定的条件进行判断，当给定的条件，如关系表达式、逻辑表达式或数值表达式成立（值为"真"）时，就重复执行给定的语句组，直到条件不成立时为止。给定的条件称为循环条件，重复执行的语句组称为循环体。

在 C51 语言中，可用 3 个语句来实现循环程序结构：while 语句、do-while 语句和 for 语句，下面分别对它们加以介绍。

1. while 语句

while 语句用来实现"当型"循环结构，即当条件为"真"时就执行循环体。while 语句的一般形式为：

```
while（表达式）
    {
        语句组；
    }
```

该语句的执行过程是：首先计算表达式的值，若为"真"，就执行循环体语句组。在循环体执行一次后重新进行循环条件判断，若值仍为"真"则继续循环，若为"假"则退出 while 循环结构，执行"语句组"后面的语句。while 语句流程如图 3.16 所示。

注意两个极端情况：如果循环条件一开始就为"假"，例如 while（0），就会直接跨过 while 后面的循环体，一次循环都不会执行。反之，如果循环条件总是为"真"，例如 while(1)，则为无限循环，即死循环。

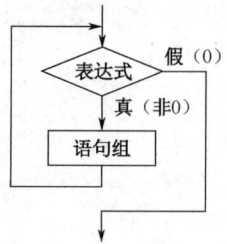

图 3.16　while 语句执行流程

【实例 3.5】试分析如下源程序，验证并指出源程序的功能与结果。

```
//实例3.5
int i=1,sum=0;          //定义变量
void main(void)         //主函数
{   while (i<=100)      //循环控制
    {  sum=sum+i;       //sum累加
       i++;             //i值刷新
    }
}
```

【解】分析：可以看出 i<=100 为 while 语句的循环条件。在循环执行的语句组内，i 的数值被不断加 1，sum 的值则被不断累加。循环过程一直持续到 i>100 时为止，此时，sum 中存放的是 1+2+…+100 的累加和（=5050），因而该程序具有 1～100 的累加功能。

由于循环次数较多，采用一般单步、断点、运行到光标等方法都不太方便了，因而本次调试将采用连续单步方式。连续单步可让运行速度放慢到足以看清变量监视窗中的变化规律。

操作：经过编辑→编译→单击 STEP 按钮 ▷ 启动调试→按组合键 Alt+F11（连续单步），可看到变量监视窗中 sum 和 i 值的连续变化。当 i 循环到 100 时，立即单击停止按钮 ■，结果如

图 3.17 所示。

从调试操作中不难体会到，如果要靠按按钮在 i=101 时停止仿真运行是有困难的，操作稍有不当就会错过停止时机。其实，如果在程序结束前放置一条原地无限循环语句 while(1);，就可以起到模拟停机的作用，使得 i 大于 100 后进入模拟停机状态。我们将在下面的程序学习中采用这个模拟停机办法。

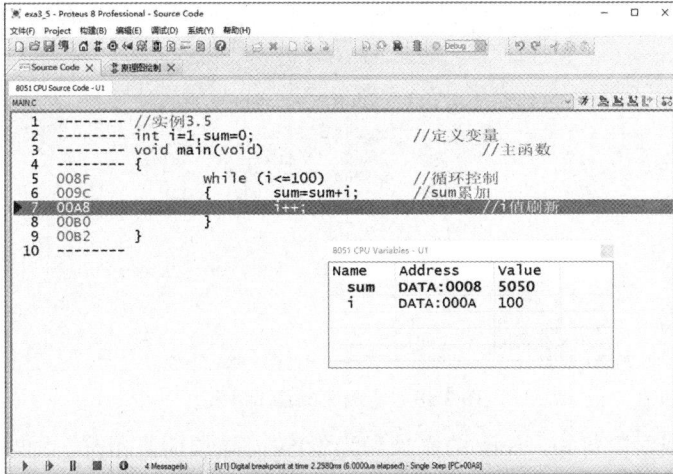

图 3.17　实例 3.5 运行结果

结果：由变量观察窗可知，sum 的累加和为 5050，与预期值一致，同时也验证了 while 循环语句的语法功能。

2. do-while 语句

除上述的 while 语句外，C51 语言还提供了用 do-while 语句来实现循环控制功能。do-while 语句的一般形式为：

```
do
   {
     语句组;
   } while （表达式）;
```

do-while 语句的执行过程是：先执行一次语句组，然后检查 while 后面表达式的值。当表达式为"真"时，就返回再执行一次语句组，直到表达式为"假"时跳出 while 结构，结束循环过程。do-while 语句流程如图 3.18 所示。

【实例 3.6】试分析如下源程序，验证并指出源程序的功能与结果。

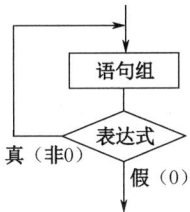

图 3.18　do-while 语句流程

```
//实例3.6
int i=1,sum=0;              //定义变量
void main(void)             //主函数
{    do                     //do-while循环
   {  sum=sum+i;            //sum累加
      i++;                  //i值刷新
   }while (i<=100);         //循环控制
   while(1);               //模拟停机
}
```

【解】分析：进入循环体后，先执行一次 sum 累加运算和 i 递增运算，然后计算关系表达式（i<=100）的值。显然，只有当语句组循环 100 次（i=101）后才能使该表达式的值为假，从而跳出 do-while 结构。因而该程序同样具有 1～100 的累加功能。

操作：本例继续采用连续单步调试。经过编辑→编译→单击 STEP 按钮▣启动调试→按组合键 Alt+F11，可看到变量监视窗中 sum 和 i 值的连续变化。运行到模拟停机后的结果如图 3.19 所示。

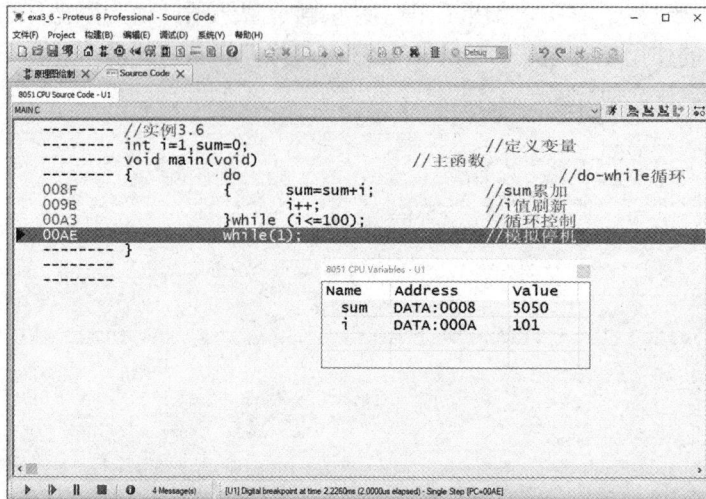

图 3.19　实例 3.6 运行结果

结果：由变量观察窗可知，sum 的累加和为 5050，与预期值相符，同时也验证了 do-while 语句的语法功能。

由此可见，同样一个问题，既可以用 while 语句，也可以用 do-while 语句来实现，二者的循环体是相同的，运算结果也相同。不过，由于 do-while 语句是先执行后判断，而 while 语句是先判断后执行，因而，对于关系表达式一开始就为"假"时，前者会执行一次循环体内容，而后者一次也不会执行，两者在功能上还是有差异的。

3．for 语句

for 语句用来实现执行若干次循环的功能，for 语句的一般形式为：

```
for(〔表达式1〕;〔表达式2〕;〔表达式3〕)
{
    语句组;
}
```

for 后面通常包括 3 个表达式，它们依次为：循环变量初值、循环条件和循环变量修改，3 个表达式之间用";"隔开。for 语句的执行过程如下：

① 计算表达式 1；

② 计算表达式 2，若其值为"真"，则执行语句组，然后执行③，若值为"假"，则结束循环，转到⑤；

③ 计算表达式 3；

④ 转回②继续执行；

⑤ 循环结束，执行 for 语句下面的语句。

以上过程用流程图表示，如图 3.20 所示。

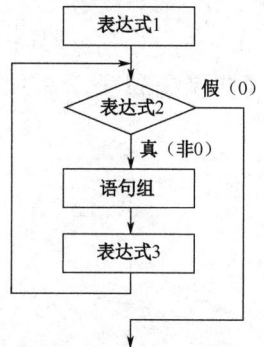

图 3.20　for 语句流程

【实例 3.7】试分析如下源程序，验证并指出源程序的功能与结果。

```
//实例3.7
int i=1,sum=0;                      //定义变量
void main(void)                     //主函数
```

```
{      for(i=1;i<=100;i++)        //for循环体
       sum=sum+i;                 //sum累加
           while(1);              //模拟停机
}
```

【解】分析：上述程序的执行过程是，先给 i 赋初值 1，接着判断 i 是否小于或等于 100。若是，则执行一次循环体中的"sum=sum+i;"。在 i 值自动增值后再重新判断 i 是否小于或等于 100。如此往复进行，直到 i=101 时，表达式 i<=100 不再成立，循环结束。因而该程序同样具有 1～100 的累加功能。

操作：经过编辑→编译→单击 STEP 按钮 启动调试运行→在第 6 行处设置断点→按快捷键 F12（运行仿真），到达断点后变量监视窗中 sum 和 i 值如图 3.21 所示。

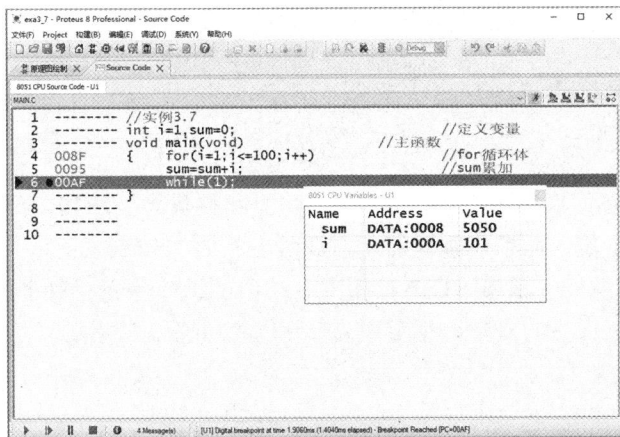

图 3.21　实例 3.7 运行结果

结果：sum 的累加和为 5050，与预期值一致，同时也验证了 for 语句的语法功能。

对比实例 3.5～实例 3.7 中的 3 种循环结构，显然 for 语句结构更加简捷方便，除可以给出循环条件外，还可以给循环变量赋初值，并使循环变量自动增值等。

for 语句的用法比较灵活，其后的 3 个表达式都是可省略项，但必须保留其间的";"。以下仍以计算累加和为例，对 for 语句的特殊用法说明如下：

① 如果省略了第一个表达式，表明循环变量将使用当前值作为初值，执行 for 语句时将跳过求解表达式 1 直接进行下一步。例如：

```
for(;i<=100;i++)  sum=sum+i;
```

② 如果表达式 2 省略，则不判断循环条件，也就是认为表达式 2 始终为"真"，循环将无终止地进行下去。例如：

```
for(i=1;;i++)  sum=sum+i;
```

③ 如果表达式 3 省略，循环也将无终止地进行下去。若想使循环能正常结束，可将 i++ 的操作放在循环体内，效果是相同的。例如：

```
for(i=1;i<=100;)  {sum=sum+i;i++;}
```

④ 如果 3 个表达式都被省略，则表明没有设置初值，无须判断循环，循环变量不变。此时其作用相当于 while（1），构成了无限循环过程。例如：

```
for(;;)sum=sum+i;
```

⑤ for 语句后面的语句组也可以是一条空语句，即只有一个分号";"，此时循环体不做任何操作，只是占用一段 CPU 机时，相当于软件延时。例如：

```
for(i=1;i<=100;i++);
```

关于循环语句，还有以下几点说明。

① 与前面讨论过的 if、if-else 和 if-else-if 语句中的嵌套结构相似，while、do-while 和 for 的

循环体中也可以进行自身嵌套或相互嵌套，形成多层循环嵌套，请参阅相关资料。

② 除循环条件为"假"时可以结束 for 循环过程外，利用 break 语句和 continue 语句也能干预 for 循环的进行程度，这相当于使 switch 和 for 语句结构有了新的出口。

【实例 3.8】试分析如下源程序，验证并指出源程序的功能与结果。

```
//实例3.8
int i,j,sum1=0,sum2=0;              //定义变量
void main(void)                     //主函数
{   for(i=1;i<=100;i++)             //i循环体
    {   if(sum1+i>3000) break;      //若sum1大于3000结束i循环
        sum1=sum1+i;                //sum1累加
    }
    for(j=1;j<=100;j++)             //j循环体
    {   if(j%2!=0) continue;        //若j为奇数越过下条语句
        sum2=sum2+j;               //sum2累加
    }
    while(1);                       //模拟停机
}
```

【解】分析：两个 for 循环里都在计算 1～100 之间整数的累加和，只是前者是计算加和值小于 3000 的最大 sum1 值，而后者则计算只有偶数参与的加和值 sum2。

操作：经过编辑→编译→单击 STEP 按钮▣启动调试运行→光标置于第 12 行→单击运行到光标按钮↱，到达光标行后的变量监视窗中 sum 和 i 值如图 3.22 所示。

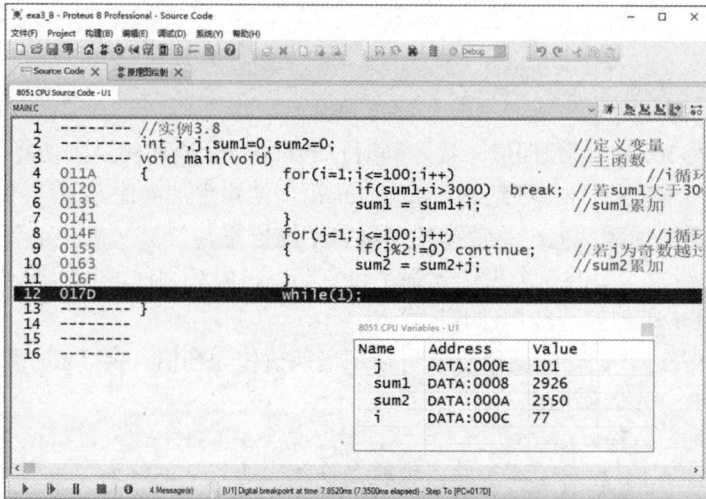

图 3.22　实例 3.8 运行结果

实例 3.8 仿真视频

结果：在 1～100 之间整数的累加和中，小于 3000 的最大累加和值是 2926，而最大偶数和是 2550，语句 if、break 和 continue 的语法功能验证完毕。

由此程序可见，break 语句和 continue 语句的差别是很大的。break 语句可提前结束整个循环过程，完全跳出循环体后执行循环结构下面的语句。而 continue 语句只是提前结束了本次循环，不是跳出整个循环体，而是继续进行循环变量增值后的下一次循环。

3.2.4　注释语句

随着程序功能的提升，程序文件个数会越来越多，层次也会越来越细，如果没有一个好的注释风格和注释习惯，即使是自己写的程序，时间一久也会很难看懂了。

下面介绍两种注释语句的用法。

① 以"//"开始的单行注释。这种注释可以单独占一行，也可以出现在一行中其他内容的右侧。这种注释的范围从"//"开始，以换行符结束，即注释不能跨行。如果注释内容一行写不下，可以用多个单行注释。

② 以"/*"开始，以"*/"结束的块式注释。这种注释可以包含多行内容，它可以单独占据一行（在行开头以"/*"开始，行末以"*/"结束），也可以包含多行。编译系统在发现一个"/*"后，会开始找注释结束符"*/"，把两者间的内容作为注释。

例如，下面源程序中采用了两种注释方法。

```
/*实例3.1*/
char aa=0,bb=0;                //定义变量且赋初值
void main(void)                //主函数
{                              //函数体的边界符
        while (aa<10)aa+=1;    //aa小于10时循环加1
        bb=100;                //否则bb=100
}                              //函数体的边界符
```

一般来讲，单行注释多用在程序行中，对语句进行解释或说明，块式注释多用在程序或函数头部，对其功能进行整体说明。两种注释方法效果基本相同，可以灵活使用。

3.3 C51 的变量

3.3.1 变量概述

如前所述，在程序执行过程中，数值可以发生改变的量称为变量。变量的基本属性是变量名和变量值。一旦在程序中定义了一个变量，C51 编译器就会给这个变量分配相应的存储单元，从而将变量名与存储单元的地址"捆绑"在一起，若存储单元中放置不同的内容，变量就会有不同的值。

在图 3.23 所示的程序中，通过引用变量 a 实现了对内存 20H 单元的数据操作。

由图 3.23 可见，使用变量的过程就是通过变量名找到相应的内存地址，进而对该存储单元进行数据读取的操作过程。

程序中使用变量名对内存单元进行操作

图 3.23   变量的概念示意图

以上只是最简单的变量使用情形，实际上使用变量时还要考虑很多因素。例如，51 单片机是 8 位的存储单元，每个存储单元中可保存的最大数值是 255，如果变量要对应更大的数值，就需要将多个连续地址的存储单元串联起来以便增加位数，这就涉及变量的数据类型问题。

又如，51 单片机有片内 RAM 和片外 RAM 两种数据存储器，每个存储器都有独立的地址空间。因此，一个地址编号就不再对应于唯一一个存储单元，编译器分配存储单元时需要知道程序员对存储器的要求，这就涉及变量的存储类型问题。

此外，由于 51 单片机的存储单元数量有限，如果将变量与存储单元永久"绑定"，就会降低存储单元的利用率，加剧"资源"紧缺矛盾。如果完全采用临时分配存储单元的动态方案，则又会降低变量使用的方便性，合理使用存储器涉及变量的存储种类问题。

因此，在使用变量前需要对上述问题进行事先约定，以便对编译器的工作给出指导性原则。这就是变量在使用前必须进行定义或声明的原因所在。定义一个变量的完整格式如下：

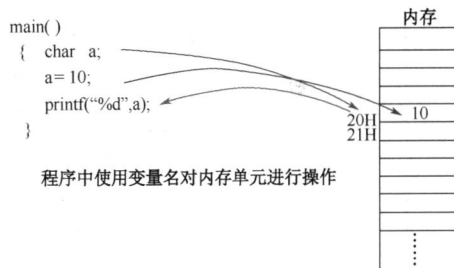

〔存储种类〕数据类型〔存储类型〕变量名；

这说明变量具有 4 大要素，其中数据类型和变量名是不能缺少的部分。为了便于初学者掌握，下面按照先易后难的顺序逐一进行讨论。

3.3.2 变量名

如前所述，变量名的实质是存储单元的地址，变量名在程序中应该具有唯一性（稍后会讲到，在作用域之外允许变量名重复使用）。C51 语言中规定，变量名可以由英文字母、数字和下画线 3 种字符组成，且第 1 个字符必须为字母或下画线，变量名长度无统一规定（视编译系统而定），一般为不超过 8 个字符，超过部分有可能被编译系统舍弃。

例如：sum，_total，month，Student，lotus_3，BASIC，li_ling 都是合法的变量名，而 M.D.John，￥123，3D64，a>b 都是不合法的变量名。

使用变量名时还应注意以下几点。

① 编译系统会将大写字母和小写字母认为是两个不同的字符，即变量名是大小写敏感的，如 SUM 和 sum，习惯上变量名用小写字母表示，符号常量标识符用大写字母表示。

② 在选择变量名时，最好做到"见名知意"，即选用有一定含义的英文单词（或其缩写）作变量名。

③ 不得选用编译系统规定的关键词作为变量名，其中包括标准 C 语言的 32 个关键字和 C51 语言扩展的 21 个新关键字。

C51 关键字一览表见表 3.7。

表 3.7　C51 关键字一览表

分　类	关　键　字				
数据类型	char	double	enum	float	int
	long	short	signed	unsigned	struct
	bit	sfr	sfr16	sbit	const
	double	typedef	union	void	volatile
控制语句	for	do	while	if	else
	switch	case	default	goto	continue
	break	return			
存储类型	auto	extern	register	static	data
	bdata	idata	pdata	xdata	code
	small	compact	large		
其他	_at	alien	interrupt	using	far
	priority	reentrant	_task_		

3.3.3 数据类型

如前所述，变量与拟存储的数据格式有关，即与数据类型有关。C51 使用的数据类型中，一部分是由标准 C 语言传承而来的，另一部分则是 C51 特有的，以下分两种情况介绍。

1. 由标准 C 语言传承的数据类型

由标准 C 语言传承而来的 3 种基本数据类型为：整型数据、字符型数据和浮点型数据。

（1）整型变量与整型常量

整型变量可用来存放整型常量，C51 语言中有 3 种常用的整型常量。

① 十进制常量。如：123，-456 等。

② 十六进制常量，以 0x 开头。如：0x123，代表十六进制数 123。

③ 八进制常量，以数字 0 开头。如：012，代表八进制数 12。

整型常量在存储单元中是以二进制补码形式存放的，不同编译系统对整型变量的存储单元分配规则有所不同。C51 编译器采用的规则是：每个基本整型变量（int 型）占用 2 字节共 16 位存储单元。若用来存放有符号整型常量，则存储单元中最高位被符号位（0 为正，1 为负）占用，其余 15 位用来存储数值，可以存放-32768～+32767 之间的整数。若用来存放无符号整型常量，则存储单元的全部 16 位都可用来存放数值，可存放的正数范围比有符号整型常量的正数范围扩大一倍，达到 0～65535。

根据 C51 规则，任何变量在使用前必须进行定义，以便将程序员关于变量的有关要求告知编译器。

基本整型变量定义的一般形式是：

```
    类型说明符 变量名〔=整型常量〕；
```

式中，类型说明符有两种，unsigned int 表示无符号整型变量，〔signed〕int 表示有符号整型变量（关键词 signed 可以省略）。等号及其后的整型常量表示为该变量赋初值，这部分内容也可以省略。

经过上述定义后，无符号整型变量只能存放不带符号的整数，如 123 或 4567 等，而不能存放负数，如-123 或-3 等。

例如，定义一个初值为 123 的无符号基本整型变量 a 和定义一个有符号整型变量 b 可分别用如下定义语句实现：

```
    unsigned int a=123;
    signed int b;（等价于int b;）
```

为了存放更大数值范围的整型常量，C51 中还设有长整型变量（long 或 long int 型）。仿照基本整型变量的原理，不难理解如下关于长整型变量的描述：每个长整型变量占用 4 字节共 32 位存储单元。若用于存放无符号常量，可以存放 0～42946967295 之间的整数；若用于存放有符号常量，可以存放-2147483648～+2147483647 之间的整数。

长整型变量定义的一般形式是：

```
    类型说明符 变量名〔=整型常量〕；
```

式中，类型说明符有两种，unsigned long 类型说明符表示无符号长整型变量，〔signed〕long 表示有符号长整型变量。

例如，定义一个无符号长整型变量 c 和定义一个初值为-10000 的有符号长整型变量 d 可分别用如下定义语句实现：

```
    unsigned long c;
    long d=-10000;
```

在书写变量定义语句时，应注意以下几点。

① 允许在一个类型说明符后，跟随多个相同类型的变量名，各变量名之间用英文逗号间隔，类型说明符与变量名之间至少用一个空格间隔。

② 最后一个变量名之后必须以英文";"号结尾。

例如：unsigned int a,b,c=0x25;（指定变量 a，b，c 为无符号基本整型变量，其中变量 c 的初值为十六进制数 25）。

signed int x,y;（指定变量 x，y 为有符号基本整型变量）

long e,f;（指定变量 e，f 为有符号长整型变量）

unsigned long g,h;（指定变量 g，h 为无符号长整型变量）

（2）字符型变量与字符型常量

字符型变量可用来存放字符型常量，字符型常量是用单引号括起来的 ASCII 码字符集中的任意一个字符，例如：'a', 'A', '3', '+'。

注意：

① 字符型常量只能是单个字符，不能是字符串。

② 只能用单引号括起来，而不能用双引号或其他括号。

③ 字符型变量可记为 char 型变量，每个 char 型变量占用 1 字节共 8 位存储单元。若用于存放无符号常量，可以存放 0～255 之间的整数；若用来存放有符号常量，则可以存放-128～+127 之间的整数。

④ 字符型常量在存储单元中是以 ASCII 码的形式存放的。例如，字符型常量'5'的 ASCII 码是 0x35（参见本书 1.2.5 节），它在存储单元中的存放形式是 00110101B。由于实际存放值是 8 位二进制数，因此，也可以将字符型变量看作是单字节的整型变量，用于单字节的数值运算。

字符型变量的定义形式与整型变量基本相同，即：

> 类型说明符 变量名〔=字符型常量或 8 位整数〕;

式中，类型说明符分为 unsigned char（无符号字符型变量）和〔signed〕char（有符号字符型变量）两种。

例如：unsigned char ab='X';（指定变量 ab 为无符号字符型变量，初值为'X'，其 ASCII 码值为十进制数 88）。51 编译器会根据这一定义，在变量 ab 对应的存储单元中存入整数 88，这与语句 unsigned char ab=88;的效果是完全一样的。

⑤ 字符型常量与字符串常量虽然仅有一字之差，但两者是完全不同的，不能混淆。字符串常量是由一对双引号括起的字符序列。例如："CHINA"，"C program:"，"$12.5" 等都是合法的字符串常量。字符串常量只能保存在字符数组中（详见 3.5.3 节），不存在字符串变量这个概念，对此必须非常清醒。

（3）浮点型变量与浮点型常量

浮点型变量可用来存放浮点型常量。浮点型常量又称实型常量，可以采用小数形式或指数形式表示。例如，小数形式的实型常量 3.14159，用指数形式可表示为 0.314159×10^1，也可表示为 31.4159×10^{-1}。由于任何实型常量只要在小数点位置浮动的同时改变指数的值，就能保证它的原值不变，所以指数形式的实型常量也被称为浮点型常量。

为了统一浮点型常量的表示形式，C 语言中采用了一种规范化的指数形式。仍以 3.14159 为例，其规范化指数形式为 0.314159e001，其中，小数部分的格式为，小数点前的整数为 0，小数点后第 1 位数字不为 0。字符"e"或"E"是阶码标志，其后的有符号整数称为阶码，代表 10 的阶码次方。

浮点型变量的定义形式与整型变量基本相同，即：

> 类型说明符 变量名〔=浮点型常量〕;

浮点型变量的类型说明符为 float，每个 float 型变量占用 4 字节共 32 位存储单元。C51 编译器会将其中 24 位用于存放二进制数的小数部分（含符号位），用 8 位存放二进制数的指数部分（2 的幂次方）。float 型变量的值域为 -3.4×10^{-38}～3.4×10^{38}。由于只用了 24 位存储小数部分，实际能达到的精确度只有 6 位（十进制数）有效数字，因而 float 值域中实际能存储的最小正数为 1.2×10^{-38}，最大负数为 -1.2×10^{-38}。

由于单片机进行浮点运算的速度和精度远不及整型运算，因而如果不涉及小数点运算问题，应尽量不使用浮点型变量。同理，如果不涉及负数运算，也应尽量不使用有符号型变量。

C 语言中的数据类型还有很多，但由于 51 单片机的存储器资源很有限，那些需要占用大量存储单元的数据类型很难在这里发挥作用，因而，C51 中经常使用的只有 char、int、long 和 float 这 4 种数据类型。如果需了解更多 C 语言的数据类型，可参考其他资料。

2．C51 特有的数据类型

51 单片机的存储空间与一般微机的存储空间有所不同,这种差异使得 C51 中具有几种专属的数据类型和变量。

（1）bit 型变量

51 单片机中有许多可以按位（bit）进行读/写操作的存储单元,如片内 RAM 中位地址为 0x00～0x7f 的 128 个位存储单元。每个位存储单元的值只能是 0 或 1。与这些位存储单元相对应的变量称为位型变量或 bit 型变量。

位型变量的一般定义形式与整型变量基本相同,即

```
类型说明符 变量名（=0 或 1）;
```

式中,类型说明符为 bit,可省略的变量初值为 0 或 1。

例如：bit abc =1;（指定变量 abc 为位型变量,初值为 1）

（2）sfr 型变量

80C51 内部有 21 个特殊功能寄存器（SFR）,除 DPTR 为 16 位寄存器外,其余都是 8 位寄存器,每个 SFR 都有特定的字节地址,部分 SFR 中还有独立的位地址。如果要用 C51 访问这些 SFR,其变量的地址就不能由编译器来指定。为此,C51 中采用了两种专属的变量类型说明符,即 sfr（sfr16）型变量和 sbit 型变量。

sfr 型变量的一般定义形式为：

```
类型说明符 变量名=8 位地址常量;
```

式中,类型说明符有两种:用于 8 位 SFR 变量定义的是 sfr,用于 16 位 SFR 变量定义的是 sfr16。其中,不可省略的 8 位地址常量是指有意义的 SFR 字节地址（详见本书表 2.3）。对于 sfr16 型变量,其 8 位地址常量是指 16 位 SFR 中的低 8 位字节地址。由于 80C51 中仅有一个 16 位的特殊功能寄存器 DPTR,因此 sfr16 型变量的 8 位地址常量就是 DPL 的字节地址 0x82。

例如：

```
sfr P1 = 0x90;        //指定变量P1为sfr型变量,对应地址为0x90
sfr PSW = 0xd0;       //指定变量PSW为sfr型变量,对应地址为0xd0
sfr16 DPTR = 0x82;    //指定变量DPTR为sfr16型变量,对应地址为0x82
```

（3）sbit 型变量

如前所述,sbit 是用于定义 SFR 中具有位地址变量的类型说明符,变量定义可以有以下 3 种不同的用法。

```
第1种：sbit  位变量名=位地址;
第2种：sbit  位变量名=可位寻址的SFR字节地址^相对位置
第3种：sbit  位变量名=可位寻址变量^相对位置
```

式中,"相对位置"是指相对于已定义过 SFR 名称或可位寻址字节地址的位置,其中 0 表示最低位,以此类推。

以下以定义变量 CY 为例说明 sbit 的 3 种用法,其中假定 CY 是程序状态字寄存器 PSW 的位 7（注意不是第 7 位而是第 8 位）,且其位地址为 0xd7。

由于已有明确的位地址 0xd7,因而可用第 1 种用法进行 CY 定义：

```
sbit CY=0xd7;
```

由于 PSW 的字节地址是 0xd0（参见表 2.3）,因而也可用第 2 种用法进行 CY 定义：

```
sbit CY=0xd0^7;
```

如果变量 PSW 已用 sfr PSW=0xd0;进行过定义,则可用第 3 种用法进行 CY 定义：

```
sbit CY=PSW^7;
```

实际上,sbit 第 3 种用法中的"可位寻址变量"并不局限于 SFR 变量,可以扩大到位于 bdata 区中的变量（有关 bdata 区的概念详见 3.3.4 节）,例如下面的用法也是合法的：

```
unsigned int bdata j;          //j定义为位于bdata区的整型变量
sbit mybit=j^15;               //mybit定义为j的第16位
```

必须强调的是，这一用法中指定变量（如 j）的存储类型必须为 bdata，相对位置值则依赖于指定变量的数据类型，char 型是 0～7，而 int 型是 0～15。

另外，还需要注意几点。

① 虽然 bit 和 sbit 定义的都是位型变量，但两者是有很大区别的：bit 型变量的位地址是由编译器为其随机分配的（定义时不能由用户指定），位地址范围是在片内 RAM 的可位寻址区（bdata 区）中；而 sbit 型变量的位地址则是由用户指定的，位地址范围是在可位寻址的 SFR 单元内（利用 bdata 限定变量存储类型后，可将位地址范围扩大到 bdata 区）。

② sfr 型变量和 sbit 型变量都必须定义为全局变量，即必须在所有 C51 函数之前进行定义，否则就会编译出错。例如，如下用法是错误的：

```
main()
{   sfr P1=0x90;               //在函数中定义P1
    sbit p1_0=P1^0;            //在函数中定义p1_0
    …
}
```

正确的用法应该是：

```
sfr P1=0x90;                   //在所有函数之前定义P1
sbit p1_0=P1^0;                //在所有函数之前定义p1_0
main()
{  …
}
```

为了减轻编程工作量，C51 编译器已对 51 单片机中所有 SFR 的字节地址进行了 sfr 变量定义，也对 SFR 中的部分位地址进行了 sbit 变量定义，并将这些定义保存在名为“reg51.h”或“reg52.h”的头文件中。如果用户想使用这些预先定义过的变量名，只需在源程序头部添加一条预处理命令“#include <reg51.h>”或“#include <reg52.h>”，就可直接使用变量编程了。

典型 reg51.h 头文件的部分内容如图 3.24 所示。

```
/*--------------------------------------------------------------------------
REG51.H

Header file for generic 80C51 and 80C31 microcontroller.
Copyright (c) 1988-2002 Keil Elektronik GmbH and Keil Software
All rights reserved.
--------------------------------------------------------------------------*/

#ifndef __REG51_H__
#define __REG51_H__

/*  BYTE Register  */
sfr P0   = 0x80;
sfr P1   = 0x90;
sfr P2   = 0xA0;
sfr P3   = 0xB0;
sfr PSW  = 0xD0;
sfr ACC  = 0xE0;
sfr B    = 0xF0;
sfr SP   = 0x81;
sfr DPL  = 0x82;
sfr DPH  = 0x83;
sfr PCON = 0x87;
sfr TCON = 0x88;
sfr TMOD = 0x89;
sfr TL0  = 0x8A;
```

```
/*  PSW   */
sbit CY    = 0xD7;
sbit AC    = 0xD6;
sbit F0    = 0xD5;
sbit RS1   = 0xD4;
sbit RS0   = 0xD3;
sbit OV    = 0xD2;
sbit P     = 0xD0;

/*  TCON  */
sbit TF1   = 0x8F;
sbit TR1   = 0x8E;
sbit TF0   = 0x8D;
sbit TR0   = 0x8C;
sbit IE1   = 0x8B;
sbit IT1   = 0x8A;
sbit IE0   = 0x89;
sbit IT0   = 0x88;

/*  IE   */
sbit EA    = 0xAF;
sbit ES    = 0xAC;
sbit ET1   = 0xAB;
```

图 3.24　reg51.h 头文件中部分变量的定义

由图 3.24 可见，头文件定义的这些 sfr 型变量和 sbit 型变量都采用大写字母的变量名，如 P0、PSW、CY、TF1 等。编程时若使用这些标准变量名，就无须重新定义，但若采用其他变量名或小写字母，则必须按照新变量进行重新定义。显然，当程序中使用较多 SFR 变量时，利用 reg51.h 头文件就能明显减少变量定义语句。

到此为止，C51 中常用的数据类型介绍完了，常用数据类型一览表见表 3.8。

表 3.8　C51 常用数据类型一览表

数 据 类 型	类型说明符	长　度	域 值 范 围
字符型	unsigned char	1 字节	0～255
（char）	[signed] char	1 字节	−128～+127
基本整型	unsigned int	2 字节	0～65535
（int）	[signed] int	2 字节	−32768～+32767
长整型	unsigned long	4 字节	0～4294967295
（long）	[signed] long	4 字节	−2147483648～+2147483647
浮点型	float	4 字节	-3.4×10^{38}～3.4×10^{38}
（float）	double	8 字节	-1.7×10^{308}～1.7×10^{308}
bit 型	bit	1 位	0，1
sfr 型	sfr	1 字节	0～255
	sfr16	2 字节	0～65535
sbit 型	sbit	1 位	0，1

还需要说明一点，bit 和 unsigned char 这两种数据类型都可以直接支持单片机机器指令，因此代码的执行效率最高，编程时应尽量选用这两种变量。signed char 虽然也只占用 1 字节，但 CPU 需要进行额外的操作来测试代码的符号位，这无疑会降低代码效率。使用浮点型变量时，编译系统将调用相应的库函数来保证运算精度，这将明显增加运算时间和程序代码长度，因此，不是十分必要时应尽量避免使用这种数据类型。

3.3.4　存储类型

80C51 具有 3 个逻辑存储空间：片内低 128B RAM，片外 64KB RAM 和片内外统一编址的 64KB ROM，对于 80C52 单片机还有片内高 128B RAM 空间。由于多存储空间的缘故，C51 编译器在分配变量地址时必须知道编程者的意图，因而在变量定义时还应加入存储类型的信息（标准 C 语言是单一存储空间的编程语言，如 X86CPU，无须考虑存储类型问题）。

为了合理使用 51 单片机的存储空间，需要进一步细化存储区域的组成，为此 C51 将 3 个逻辑存储空间细分成 6 个存储类型区，如图 3.25 所示。

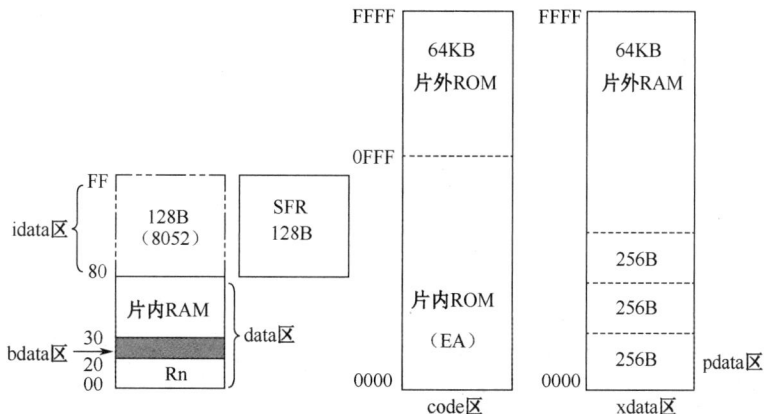

图 3.25　51 单片机存储空间与存储类型的关系示意图

可以看出，片内低 128B RAM 空间被划分成 data 和 bdata 两个存储区，80C52 单片机专有的高 128B RAM 被作为 idata 存储区，片内外统一 ROM 空间被作为 code 存储区，片外 RAM 空间被划分成 xdata 和 pdata 两个存储区。不同存储区各有特点，适合不同类型的变量。C51 的存储类型与存储空间对应关系见表 3.9。

表 3.9　C51 的存储类型与存储空间对应关系

存储类型	存储空间位置	存储容量	特点说明
data	片内低 128B 存储区	128 字节	可作为频繁使用的变量或临时性变量
bdata	片内可位寻址存储区	16 字节或 128 位	允许位与字节数据的混合访问
idata	片内高 128B 存储区	128 字节	只有 52 系列单片机才有此区
pdata	片外分页 RAM	256 字节	用于扩展 I/O 的地址访问
xdata	片外 64KB RAM	64KB	用于不频繁使用或数量较多的变量
code	ROM	64KB	用于存放数据表格等固定信息

由此可见，变量在定义时，只有将其数据类型和存储类型的信息都展现在变量定义式中，才能保证编译器顺利工作。

例如，欲指定变量 cc 为无符号字符型变量，其存储单元位于片内低 128B RAM 中，初值为 0x15，则相应的定义语句为：

```
char data cc=0x15;
```

同理，欲指定变量 xy 为有符号整型变量，其存储单元位于片外 RAM 中，初值为 0，则相应的定义语句为：

```
signed int xdata xy;
```

实际应用中，用户对单片机存储器的需求差别很大，小型系统只需使用片内 RAM 即可满足要求，而大型系统则需扩展片外 RAM 才能满足需求。为此，C51 编译器中设立了 3 种编译模式供用户选择，即 SMALL（小型）编译模式、COMPACT（紧凑）编译模式和 LARGE（大型）编译模式。根据指定的编译模式，编译器在分配变量存储空间时就有了参考依据。

不同编译模式下，系统的默认存储类型、RAM 使用规模和变量使用特点的关系见表 3.10。

表 3.10　三种编译模式的相互关系

编译模式	默认存储类型	RAM 使用规模	变量使用特点
SMALL	data	128B 片内 RAM	CPU 访问数据的速度较快，但存储容量较小
COMPACT	pdata	256B 片外分页 RAM	速度和容量都介于上下两者之间
LARGE	xdata	64KB 片外 RAM	CPU 访问数据的速度较慢，但存储容量较大

如表 3.10 中所示，在 SMALL 编译模式下，如果变量定义语句中省略了存储类型参数，则系统自动默认采用 data 存储类型。同理，COMPACT 编译模式和 LARGE 编译模式时的默认存储类型分别是 pdata 和 xdata。

例如，在 SMALL 编译模式下，变量 a 的定义语句 char a;等价于 char data a;。而在 LARGE 编译模式下，变量 a 的定义语句 char a;则等价于 char xdata a;。

编译模式可以通过"工程选项"对话框指定，具体操作方法如下：单击工具栏上的工程设置按钮⊡或者单击菜单【Project】→【工程设置】命令，在"工程选项"对话框中单击"选项"标签，如图 3.26 所示。

在"值"下拉选项中可以指定相应的编译模式，Proteus 中默认的是 SMALL 模式。

也可通过预处理命令#pragma 修改编译模式。例如，可用如下指令将当前编译模式改为 COMPACT：

其中 pragma 为指令关键词。

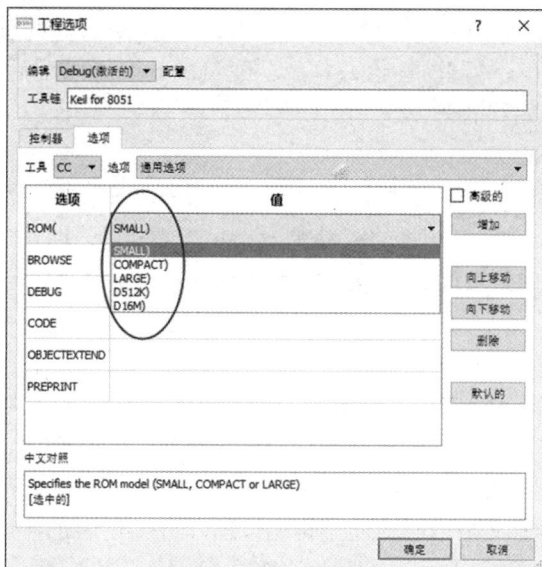

图 3.26　通过"工程选项"对话框指定编译模式

3.3.5　存储种类

到目前为止，我们已经解决了变量中数据的存放格式问题（数据类型）和地址空间问题（存储种类），然而为了提高变量占用存储空间的效率，还需考虑变量的"作用域"问题。

不难想象，为提高变量存储效率，比较科学的做法应该是：①对于仅有当前使用价值的变量，可以让它用完后"自动"释放占用的存储单元，以便编译器重新进行变量存储空间分配；②对于具有长期使用价值的变量，可以让它处于"静态"保护下，在程序运行期间都不释放存储单元；③对于需要在多个程序或函数中传递数据的变量，可以让它只在一处进行定义，而在其他程序或函数中声明它的"外部"属性，从而实现该变量的数据共享；④对于需要频繁改变其值的变量，可以让其数值保存在 CPU 的"寄存器"中，避免反复访问内存，从而获得较高的执行效率。

决定变量上述属性的就是变量四要素中的"存储种类"，以下是关于它们的具体介绍。

1. 存储种类

（1）自动型（auto）

具有 auto 属性的变量称为自动型变量。自动型变量的作用域是在定义该变量的函数体或语句组内。当函数调用结束或语句组执行完毕时，自动型变量所占用的存储单元就被释放。由于存储单元中的值是随机的，因此自动型变量在赋初值前的值也是随机的。自动型是"存储种类"的默认选项，如果变量定义时"存储种类"项省略，则变量被默认为是自动型的。

（2）静态型（static）

具有 static 属性的变量称为静态型变量。静态型变量的作用域是定义它的函数体、程序文件或语句组内。静态型变量具有变量的隐藏性、存储持久性和默认 0 初值 3 个特点。如果希望变量在离开作用域后仍能保持它已经获得的数值不丢失，或者希望变量无法被作用域外的其他同名变量所使用,或者希望变量虽经定义但缺少赋初值时能默认为 0,就可在变量定义时用 static 进行声明。

（3）外部型（extern）

具有 extern 属性的变量称为外部型变量。如果变量的定义与使用不在同一个作用域内，则用 extern 声明后就能将原作用域扩展到声明所在的位置，从而将变量值带到新的作用域内。extern 的这一扩展性与 static 的隐藏性恰好相反。变量做 extern 声明后可分配固定的存储单元，并在程序的整个执行期内始终有效。

（4）寄存器型（register）

具有 register 属性的变量称为寄存器型变量。如果变量在使用中需要频繁地与内存进行数据交换，可以通过 register 定义将变量的存储单元指定为寄存器。但是随着编译器技术的不断优化，现在编译器已能将数据交换过于频繁的变量自动放入寄存器中，因而进行 register 声明的必要性已不大了。

2. 两个重要概念

（1）变量定义和变量声明问题

实际应用中，变量定义和变量声明的概念容易被搞混。简单来说，变量定义既涉及变量特性的约定，也涉及存储单元的分配，而变量声明则是仅涉及变量特性的约定。从广义的角度来讲声明中包含着定义，即定义是声明的一个特例，所以并非所有的声明都是定义。建立存储空间的声明称之为"定义"，而不需要建立存储空间的声明称之为"声明"。例如，int a 既是声明，同时又是定义。然而对于 extern a 来讲，它只是声明不是定义。

（2）全局变量与局部变量问题

根据 C51 规则，变量定义语句放置的位置决定了变量的作用域，其中放在程序开始处（所有函数前面）的称为全局变量，而放在函数内部的称为局部变量。全局变量的作用域是整个源程序范围，变量值可在程序运行期间始终有效，而局部变量值仅在函数调用期间有效，调用结束后就会失效。为了合理利用存储资源，需要根据情况灵活采用全局变量或局部变量，一般情况下应尽量选用局部变量。

到此为止，C51 变量定义中的四要素都介绍完了，下面进行一些变量定义的综合练习（假设都为 SMALL 编译模式）：

```
unsigned char data sys_sta=10;
/*定义sys_sta为无符号字符型自动变量，该变量位于data区中且初值为10*/
static char xdata m, n;
        /*定义m和n为位于xdata区中的有符号字符型静态变量，初值皆为0*/
extern long var4;
/*声明外部定义过的长整型变量var4的作用域扩展至此，句中的类型说明符long可以省略*/
```

3.4　C51 的指针

如前所述，如果在程序中定义了一个变量，在对程序编译时，系统就会给这个变量预留存储单元，此时变量名已转化为存储单元地址。程序运行时，通过地址就能对存储单元进行访问了。这种直接按变量进行的访问，称为"直接访问"方式。

还可以采用另一种称之为"间接访问"的方式，即先将被访问变量的地址存放在另一个变量中，然后利用该变量中的被访问变量的地址，去访问该地址对应的存储单元。这个用来存放变量地址的变量，称作"指针变量"，存放的地址称为"指针"。

【实例3.9】试分析下面程序段的作用。

```
int a;
int *a_pointer;
```

```
    a_pointer=&a;
    *a_pointer =133;
```

【解】分析:

第1句按普通变量定义方法定义了一个整型变量a。

第2句定义了一个指向整型变量的指针变量。式中*是指针声明符,表示后面的变量是指针变量(不是普通变量),指针变量名是a_pointer(不是*a_pointer)。

第3句是将被指向变量a的地址装入指针变量a_pointer中。式中&是取地址运算符,可以取得变量a的地址编码。

第4句是将数字常量133赋给指针变量a_pointer所指向的变量,即变量a。

因此,该程序段的作用是采用指针的间接方式将数字常量133赋给整型变量a。

此外,还有以下几点需要注意。

① 程序段中两次用到的*a_pointer是有不同含义的。第一次表示定义指针变量,可以把*和之前的int看作一个整体,表示一个指向整数的指针。第二次则是表示指针变量所指向的变量,此时*a_pointer与a是等价的。

② 在定义指针变量时,必须指定它所指向变量的数据类型,如第2句中的数据类型int(虽然此时 a_pointer 还不知道被指向的变量名)。这是因为,如果想通过指针访问一个变量,只知道该变量的地址(如指向2000)是不够的,因为无法判定是从地址为2000的一个字节中取出一个字符数据,还是从 2000～2001 两个字节中取出一个整型数据?只有知道了变量的数据类型,才能结合变量地址完整地取出该数据。

③ 可以把第1句和第2句合并成一句,在定义被指向变量和指针变量的同时进行初始化,如:

```
    int *a_pointer=&a;
```

【实例3.10】假设编译器为变量a分配的存储单元首地址为1000,试指出下面程序段执行后指针变量ptr中的值是多少?

```
    long a;
    long *ptr=&a;
    ptr++;
```

【解】分析:根据题意,a是一个具有4字节的长整型变量,指针变量ptr最初装入的指针值为1000。当执行一次ptr++后,指针会移动到下一个长整数位置,即指向1004。

下面分析一个利用指针变量访问整型变量的例子。

【实例3.11】将整型变量a和b中的两个整数(分别为3和6),通过指针的间接访问方式,按照从大到小的顺序重新存入a和b。

【解】分析:先将指针变量分别指向这两个整型变量。如果满足重新排序条件,则对指针变量赋以新值后重新对变量值进行赋值。

编写程序:

```
    //实例3.11
    int a=3,b=6,c=0;
    int *p1=&a,*p2=&b;            //指针变量p1和p2分别指向变量a和b
    void main(void)
    { if(a<b)                     //如果a<b
        {   p1=&b;                //使p1和p2的值互换
        p2=&a;
        c=*p2;                    //使a和b的值互换
        a=*p1;
        b=c;
        }
    while(1);                     //模拟停机
    }
```

程序分析：语句 if(a<b) 是对变量进行了直接访问，而语句组中的 p1=&b，p2=&a，a=*p1 和 b=*p2 则是利用指针对变量进行了间接访问。

操作：经过编辑→编译→单击 STEP 按钮 启动调试→光标移到第 12 行→单击运行到光标按钮 ，到达光标行后的变量监视窗中结果如图 3.27 所示。

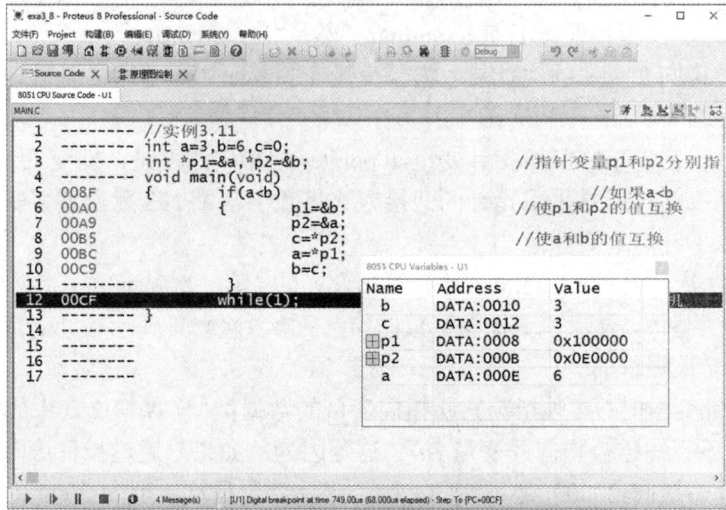

图 3.27　实例 3.11 运行结果

结果：由变量观察窗可知，a 中保存数值 6，b 中保存数值 3，满足题意要求。

实际编程中是不会采用这种烦琐算法的，这里只是为了说明如何利用指针变量进行间接访问而已。

注意：上述指针概念是基于 X86 CPU 架构的标准 C 语言内容，对于基于 51 单片机的 C51 语言还需要进一步扩展。需要解决 51 单片机中的多种存储区域（如 data，idata，xdata 等）带来的相关问题。

对于 C51 来讲，指针变量定义还应该包括以下信息：

① 指针变量自身位于哪个存储区中？

② 被指向变量位于哪个存储区中？

故 C51 指针变量定义的一般形式为：

数据类型〔存储类型 1〕*〔存储类型 2〕指针变量名〔=&被指向变量名〕;

其中，"数据类型"是被指向变量的数据类型，如 char、int、long 等；"存储类型 1"是指被指向变量所在的存储类型，如 data，code，xdata 等，默认时根据被指向变量的定义语句确定；"存储类型 2"是指针变量所在的存储类型，如 data，code，xdata 等，默认时根据 C51 编译模式的默认值确定；指针变量名可按 C51 变量名的规则选取。

例如，已知当前编译模式为 SMALL，若采用以下变量和指针的定义：

```
char xdata a = 'A';
char xdata * ptr = &a;
```

根据 C51 指针规则可知，这里变量 a 是位于 xdata 存储区里的 char 型变量，而 ptr 是位于 data 存储区且固定指向 xdata 存储区的 char 型变量的指针变量。

若采用如下定义：

```
char xdata a = 'A';
char xdata * idata ptr = &a;
```

这里表示 ptr 是固定指向 xdata 存储区的 char 型变量的指针变量，它自身存放在 idata 存储区中，此时 ptr 的值为位于 xdata 存储区中的 char 型变量 a 的地址。

3.5 C51 的数组

以上使用的变量都属于简单的数据类型，适合于少量数据的处理。然而对于批量数据，使用普通变量方法处理起来就会很不方便。例如，一个班有 30 名学生，怎样求这 30 名学生的平均成绩呢？当然，可以用 30 个变量 s0，s1，…，s29 表示每个人的学习成绩，求和再除以 30 即可（注意：在计算机科学里，第 1 个变量总是用下标 0 表示）。但是显然这种做法很烦琐，如果学生人数再多怎么办呢？于是，人们想出这样的办法：将 s0，s1，…，s29 作为一组有序数据的集合，用一个数组名 s 来代表它们，将 s 后面的编号放在方括号里代表数据在数组中的序号，如 s[14]代表学生 s14 的成绩。将这样的数组与 C51 的循环功能结合起来，便可以有效地处理大批量的数据，大大提高了工作效率。

本节介绍在 C51 中怎样使用数组来处理同类型的批量数据问题。

3.5.1 一维数组的定义

一维数组是数组中最简单的，它的元素只需要用数组名加一个下标就能唯一地确定，如上面介绍的学生成绩数组 s 就是一维数组。有的数组，其元素要指定两个下标才能唯一地确定，如用 s[2][3]表示第 3 个班第 4 名学生的成绩（注意：第一个班的第一个学生的成绩用 s[0][0]表示）。还可以有三维甚至更多维数组，熟练掌握一维数组后，对二维或多维数组，很容易举一反三。

要使用一维数组，必须先在程序中进行数组定义，通知计算机由哪些数据组成数组、数组中有多少元素、属于哪个数据类型、存放在哪个存储空间？C51 中定义一维数组的一般形式为：

> 数据类型〔存储类型〕数组名 [常量表达式] 〔={初始化列表}〕；

上述定义式中，数据类型、存储类型和数组名的规则与变量定义规则相同。方括号里的常量表达式可以是常量，如 "int s[30];" 或宏（用 "#define NUM 30" 语句定义过的标识符），如 "int s[NUM];"。若数组定义时方括号里出现变量，一般都是不合法的，如 "int s[n];"，除非是在被调用函数中定义数组时，其长度才可以是变量。此外，定义式中的初始化列表（可省略）可在定义数组的同时给数组各元素赋初值。

例如，下面是对前述学生成绩数组的定义：

> int data s[30];

它表示定义了一个整型数组，数组名为 s，数组长度为 30（共有 30 个元素）。编译器会在 data 存储区里划出一片大小为 2×30=60 个字节的存储单元（见图 3.28）。

| s数组 | s[0] | s[1] | …… | s[28] | s[29] |

图 3.28　学生成绩数组的存储单元

注意：数组的下标是从 0 开始的，故数组元素 s[30]是不存在的。

用 "初始化列表" 进行数组初始化可分为以下几种情况。

① 在定义数组时对全部数组元素赋予初值，例如：

> int data s[30]={75,82,93,…,65};

将数组中各元素的初值顺序地放在一对花括号内，数据间用逗号分隔。编译器会将这些初值一一赋给各个元素，如 s[0]=75，s[1]=82，s[3]=93，…，s[29]=65。

② 可以只给数组中的一部分元素赋值，例如：

> int data s[30]={75,82,93};

定义 s 数组有 30 个元素，但花括号里只提供了 3 个初值，这表示编译器只给前面 3 个元素赋初值，其余 27 个元素将被自动赋初值 0（如果是字符型数组，则赋值为空字符，即'\0')。

③ 如果想使一个数组中全部元素初值都为 0，可以写成：

```
int data s[30]={0};
```
有些编译系统对数组定义时全部没有赋初值的元素也会自动赋以 0 初值。例如：
```
int data a[10];
```
则 a[0]～a[9]全部被赋 0 初值。

④ 在对全部数组赋初值时，可以根据初始化列表中数据个数确定数组长度，例如：
```
int data s[ ]={75,82,93,…,65};
```
即定义时可以不指定数组的长度，而让编译器根据{}中的数据个数确定数组的长度。

当程序中定义了一个数组后，程序运行时就会在存储空间中开辟一个区域用于存放该数组的内容。数组就包含在这个由连续存储单元组成的存储体内。显然，数组、特别是大型数组会占用大量的存储空间。由于 51 单片机存储资源十分有限，因此在进行 C51 编程开发时要仔细根据需要来选择数组的大小，以免造成存储空间不足问题。

3.5.2　一维数组的使用

在定义数组并对各元素赋值后就可以引用数组中的元素了。共有两种引用数组元素的方法，即下标法和指针法。

1. 下标法引用数组元素

通过下标引用数组元素的一般形式是：
```
数组名[下标];
```
需要注意的是，定义数组时用到的"数组名[常量表达式]"和引用数组元素时用的"数组名[下标]"虽然形式相同，但含义不同。例如：
```
int s[30];
t=s[6];
```
前者表示定义包含了 30 个元素的数组 s，而后者表示引用数组 s 中下标为 6 的元素。

被引用的数组元素和一个简单变量的地位与作用相似。一般来说，凡是变量可以出现的地方，都可以用数组元素代替。因此，数组元素可以出现在表达式中，也可以被赋值。例如，下面的赋值表达式包含了对数组 s[i]中具体元素的引用：
```
s[0]=s[5]+s[7]-s[2*3];
```
其中，每一个数组元素都代表一个具体的数值。

【实例 3.12】采用数组方法计算 10～19 之间所有整数的平均值。

对 10 个数组元素一次赋值为 10，11，12，13，14，15，16，17，18，19，然后计算它们的算术平均值，并将结果存放到变量 result 中。

【解】分析：先定义一个长度为 10 的整型数组 a 并用 10～19 初始化。然后利用循环方式对引用的数组元素求和，累加和存入变量 result 中。最后将 result 除以 10 即为平均值。由于 result 中可能包含小数，故应将其定义为浮点型变量。这个算法很简单，可以直接写出如下源程序：

```
//实例3.12
int i,a[10]= {10,11,12,13,14,15,16,17,18,19}; //变量i和数组a
void main(void)
{   float result=0;            //定义结果变量
    for(i=0;i<10;i++)          //循环控制
    result+=a[i];             //求和
    result/=10;               //求平均值
        while(1);             //模拟停机
}
```

需要注意的是，在利用语句 result=result+a[i]进行求和运算时，由于 a[i]为整型元素，而 result 为浮点型变量，执行 result=result+a[i]时将出现不同数据类型的混合运算问题。

根据 C51 规则，如果一个运算符两侧的数据类型不同，则要先自动进行类型转换，使二者具有同一类型，然后进行运算。

数据类型转换的规则比较复杂，使用不当就会产生编译报错。类型转换的一般规律是低级别类型被转换成高级别类型，即 bit→char→int→long→float。同理，有符号数和无符号数的转换规律为 unsigned→signed。

因此，result 与 a[i]相加前，a[i]的 int 型会转换成 result 的 float 型，然后以 float 型进行相加。这一过程虽然无须人工干预，但编程人员应对其原理有所了解，以便在编译报错时能很快找到出错原因。有关数据类型转换内容请参阅相关资料，这里不再赘述。

操作：经过编辑→编译→单击 STEP 按钮 ▶ 启动调试→光标移到第 12 行→单击运行到光标按钮 ➡ 或按快捷键 Ctrl+F10，到达光标行后的变量监视窗中结果如图 3.29 所示。

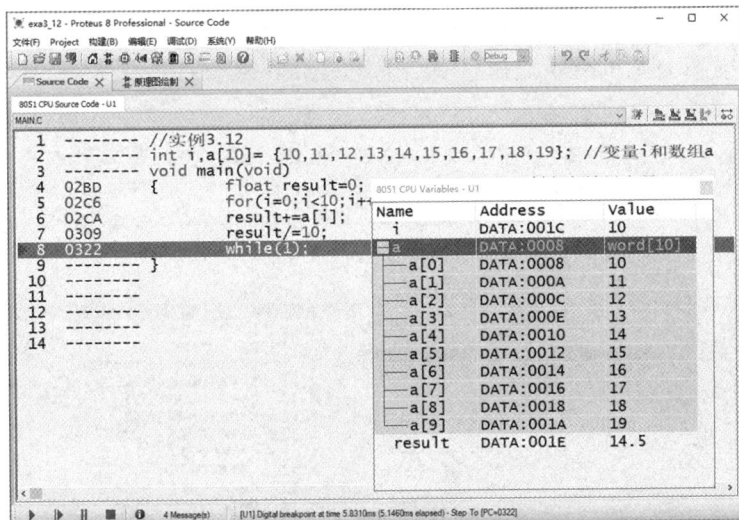

图 3.29　实例 3.12 运行结果

结果：由变量观察窗可知，计算结果已存入变量 result 中，平均值为 14.5，这与用计算器的验证结果吻合。

2．指针法引用数组元素

首先来看如何定义指向数组的指针变量。

根据 C51 的规定，若将一个变量用来存放一个数组的起始地址（数组中下标为 0 的元素的地址），则这个变量就是指向数组的指针变量。

例如，定义一个整型数组 a[10]和一个指向该数组的指针变量 app：

```
int a[10];              /*定义a为包含10个整型元素的数组*/
int *app=&a[0];         /*定义app为指向整型数组a的指针变量*/
```

如同变量名实际上就是为变量分配的若干存储单元的首地址一样，数组名则是为数组分配的连续存储单元的首地址，因而上述第二条语句等价于：

```
int *app=a;
```

指针变量定义和赋值后，指针法引用数组元素可用以下两种形式：

```
① 通过指针引用*(app+i)
② 通过数组名引用*(a+i)
```

式中，i 为数组元素的下标，形式①为经典形式，形式②为下标形式，两者都等价于下标法引用的元素"数组名[i]"。

【实例 3.13】利用指针法重新计算整数 10～19（实例 12）的平均值。

【解】分析：在实例 3.12 中是利用循环变量 i 来控制循环过程的，而在循环体中对下标引用的数组元素进行累加求和。其实，循环过程也可利用指针刷新的次数（app++）来控制，而在循环体内则可对指针变量引用的数组元素（*app）进行累加求和。

```
//实例3.13
int i,a[10]= {10,11,12,13,14,15,16,17,18,19}; //变量i和数组a
int *app;                          //定义指针变量
void main(void)
{    float result=0;                //定义结果变量
     for(app=a;app<(a+10);app++)    //利用指针刷新次数进行循环控制
         result+=*app;             //对指针变量引用的数组元素进行累加求和
     result/=10;                   //求平均值
     while(1);                     //模拟停机
}
```

操作：经过编辑→编译→单击 STEP 按钮 ▶ 启动调试→光标移到第 12 行→单击运行到光标按钮 ▶️，到达光标行后的变量监视窗中结果如图 3.30 所示。

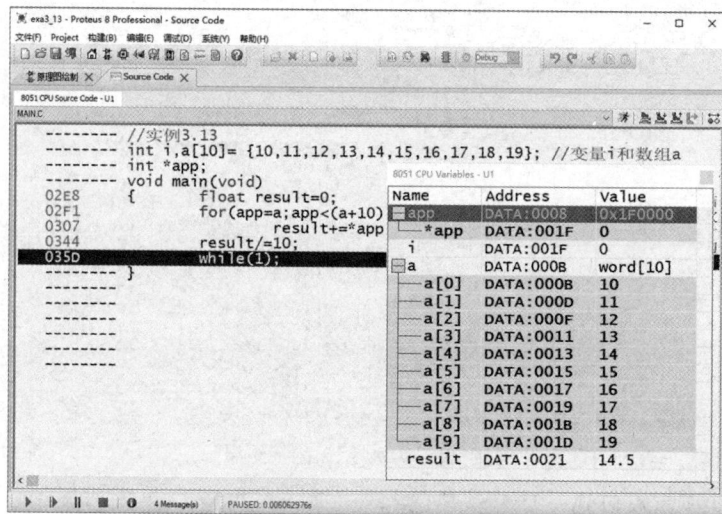

图 3.30　实例 3.13 的程序运行界面

结果：由变量观察窗可知，计算结果已存入变量 result 中，平均值为 14.5，且与计算器的验证结果吻合。

3.5.3　字符数组

用来存放字符型数据的数组称为字符数组。字符数组中的一个元素存放一个字符。定义字符数组的方法与定义数值型数组的方法类似。例如：

```
char c[12]={'G','o','o','d','','m','o','r','n','i','n','g'};
```

把 12 个字符一次分别赋值给 c[0]～c[11]这 12 个元素。

由于字符型数据是以整数形式（ASCII 代码）存放的，因此也可以用整型数组存放字符数据，例如：

```
int c[12]={'G','o','o','d','','m','o','r','n','i','n','g'};
```

遇到这种情况，编译器就会自动根据 ASCII 码将"初始化列表"中的字符转换为整型数据。

如果数组初始化时花括号中的初值个数（字符个数）大于数组长度，则会出现语法错误。如果初值个数小于数组长度，则只将这些字符赋给数组中前面的那些元素，其余的元素自动赋为空字符（'\0'）。从 ASCII 码表中可以查到，ASCII 码为 0 的字符是一个"空操作符"，即它什么也不做。

如果在定义时省略数组长度，则系统会自动根据初值个数确定数组长度。

字符数组初始化还可以采用字符串（用双引号而不是单引号引导）赋值的方法，例如：

```
char c[]="Good morning";
```

C51 系统在处理字符串常量存储时会自动加一个'\0'作为结束符。因此，此时数组 c 的长度不是 12 而是 13。

如前所述，C 语言中只有字符型变量而没有字符串型变量，因此对字符串的处理通常是通过字符数组进行的。为此，C 语言函数库中提供了一些专门用来处理字符串的函数，如 puts（输出字符串）函数、gets（输入字符串）函数、strcat（字符串链接）函数等，需要使用时可以参阅相应的介绍材料。

3.5.4 二维数组

二维数组的定义与一维数组相似，一般形式为：

```
数据类型 〔存储类型〕 数组名[常量表达式1] [常量表达式2] 〔={初始化列表}〕；
```

例如：

```
long a[3][4];
```

定义了一个 long 型的二维数组 a，第一维有 3 个元素，第二维有 4 个元素。

注意上述数组不能写成：

```
long a[3,4];
```

C51 语言中，二维数组中元素排列的顺序是按行存放的，即在存储单元中先顺序存放第 1 行的元素，接着再存放第 2 行的元素，图 3.31 表示长整型数组 a[3][4]在存储单元中的存放顺序。

由图 3.31 可见，若数组 a 的首地址为 2000，一个数组元素占 4 字节，前 16 个存储单元（2000～2015）存放第 0 行中的 4 个元素，接着的 16 个单元（2016～2031）存放第 1 行 4 个元素，以此类推。

可以用下面 3 种方法对二维数组初始化。

① 可以分行给二维数组赋初值，如：

  long a[3][4] ={{1,2,3,4},{5,6,7,8},{9,10,11,12}};

② 可以将所有初值写在一个花括号内，按数组排列的顺序对各元素赋初值。如：

  long a[3][4]={1,2,3,4,5,6,7,8,9,10,11,12};

③ 可以对部分元素赋初值，如：

  long a[3][4]={{1},{5,6}};（见图 3.32（a））

也可以对各行中的某一元素赋初值，如：

long a[3][4]={{1},{0,6},{0,0,11}};（见图 3.32（b））

也可以只对某几行元素赋初值，如：

  long a[3][4]={{1},{5},{9}};（见图 3.32（c））

【实例 3.14】假设有一个 3 行 4 列的二维数组 a[3][4]={{1,2,3,4},{9,8,7,6},{-10,10,-5,2}}，要求编程从中找出具有最大值的元素，即最大值及其所在的行号和列号。

【解】分析：本题可以采用"打擂台算法"，即先找出任一元素，如 a[0][0]作为"擂主"，把它的值赋给变量 max。然后让下一个元素 a[0][1]与 max 比较，如果 a[0][1]>max，则把它的值赋给 max，取代了 max 的原值，同时也将数组的当前下标保存在相应变量中。以此类推，值大的赋给 max，直到全部比对完成后，max 中就是最大的值，最后保存的数组下标就是与 max 对应的行号和列号。

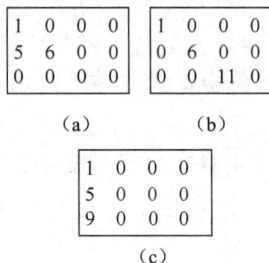

图 3.31　长整型数组 a[3][4]在存储　　　图 3.32　对二维数组的部分元素赋初值
　　　　　单元中的存放顺序

```
//实例3.14
int i,j,row,colum,max;                    //定义工作变量
int a[3][4]={{1,2,3,4},{9,8,7,6},{-10,10,-5,2}};  //定义数组并赋初值
void main(void)
{   max=a[0][0];                          //保存"擂主"值
    for (i=0;i<=2;i++)                    //扫描行元素
    {       for (j=0;j<=3;j++)            //扫描列元素
            if (a[i][j]>max)              //比对当前"擂主"值
                {   max=a[i][j];          //刷新当前"擂主"值
                row=i;                    //刷新"擂主"行下标
                colum=j;                  //刷新"擂主"列下标
                }
    }
    while(1);                             //模拟停机
}
```

操作：经过编辑→编译→单击 STEP 按钮▣启动调试→光标移到第 14 行→单击运行到光标按钮▣，到达光标行后的变量监视窗中结果如图 3.33 所示。

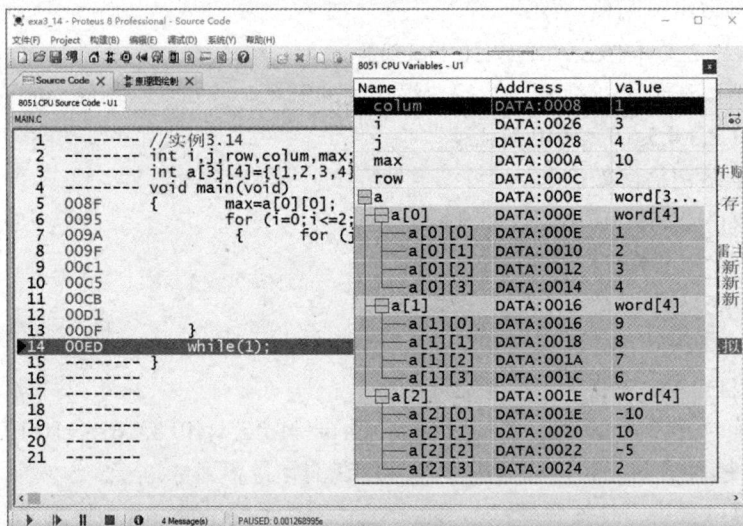

实例 3.14 仿真视频

图 3.33　实例 3.14 运行界面

结果：由变量监视窗可知，计算结果为 max=10，row=2，colum=1，与分析结果一致。

3.6 C51 的函数

3.6.1 函数的基本概念

在前面的章节中已看到，C51 源程序中都只有一个主函数 main( )。对于较大的 C51 程序，为了使程序容易阅读和理解，一般不希望把所有内容都放在主函数中，而是将它们分别放在若干个调用函数中，再由主函数、调用函数和其他语句（如预处理命令、全局变量定义等）一起组成源程序文件。

C51 程序中的函数可作为软件模块被调用。C51 程序中的函数数量不受限制，但只能有一个主函数，整个程序从这个主函数开始执行，也从主函数中结束。

每个函数都由函数头和函数体组成，而函数体又由局部变量定义和执行语句组成。源程序中所有函数互相独立，可以互相调用。C51 源程序文件与函数之间的关系如图 3.34 所示。

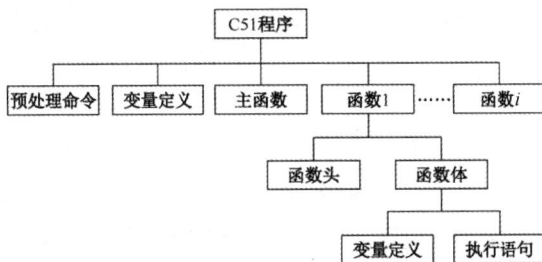

图 3.34 C51 程序与函数之间的关系示意图

从用户使用的角度划分，函数可分为两种类型。

① 标准函数，即库函数。这是由 C51 系统提供的，可满足用户的通用性要求，用户可以直接使用它们（只需在程序中开头处用#include 指令将库函数的文件名包含进来即可）。

② 自定义函数，即用户自己编写的函数，以满足用户在库函数之外的特殊性要求，这部分内容需要用户自行编程解决。

从函数定义的形式来看，函数可分为 3 类。

① 无参函数。在调用无参函数时，主调函数不向被调用函数传递数据。无参函数一般用来完成指定的若干操作，类似于一条命令语句。

② 有参函数。在调用有参函数时，主调函数可通过实际参数向被调函数传递数据，使其具有可变参数值的功能。此外，执行被调用函数时通常会得到一个函数返回值供主调函数使用。

③ 空函数。在调用空函数时，不起任何作用。定义空函数的目的是为了先占好位子，当程序功能扩充时用编好的函数替代它，这样会使程序的结构清晰，可读性好。

3.6.2 函数的定义

如同变量和数组都必须先定义后使用的道理一样，函数也遵循先定义后使用的原则。函数定义的作用是把函数的信息（如函数名、函数类型、函数参数的个数与类型等）通知编译系统，以便区分是函数、变量或其他对象。

C51 函数定义语句称为函数头或函数首部，定义 C51 函数的语法格式如下：

〔返回值类型〕函数名(〔形式参数〕)〔编译模式〕〔reentrant〕〔interrupt x〕〔using y〕

注意：与变量或数组定义不同，函数定义的末尾是没有分号";"的。

相对于标准 C 的函数定义，上述定义已针对 51 单片机做了一些扩展，定义中各项的含义见表 3.11。

表 3.11　C51 函数定义中各项含义一览表

序　号	项　目　名	项　目　含　义	省略时含义
1	返回值类型	指明函数返回值的数据类型	int 型
2	函数名()	函数名	不可省略
3	形式参数	形式参数列表	表示是无参函数
4	函数编译模式	指明函数参数与局部变量的存放空间	按程序的编译模式考虑
5	reentrant	指明函数为可重入函数	表示是不可重入函数
6	interrupt	指明函数为中断函数（C51 扩展）	表示是普通函数
7	x	指明中断号（C51 扩展）	普通函数时无意义
8	using	指明使用工作寄存器组（C51 扩展）	普通函数时无意义
9	y	指明工作寄存器组号（C51 扩展）	普通函数时无意义

上述定义中，除函数名和后面的圆括号不可省略外，其余选项都是可以省略的，这使函数定义变得比较复杂。以下仅对最基本的内容做一介绍，有关中断函数的内容将在第 5 章中另行介绍。

1．函数返回类型

当函数调用结束时，若需要向调用者返回一个执行结果，则这个结果称为"函数返回值"。此时必须在函数定义时明确返回值的数据类型，如 bit、int、char、long 或 float 型等。如果返回类型省略，则系统默认为是 int 型。反之，若无须返回值，则可将"返回类型值"设置为无值型，即 void 型。

2．形式参数

函数定义中的形式参数仅起着占位符的作用，它们将在函数调用时被实际参数值取代，从而实现参数值向函数的传递。

形式参数列表中包括形参类型和形参名。根据任务的需要，函数可以没有形参（称为无参函数），也可以带有形参（称为有参函数）。

3．无参函数的定义

无参函数的参数列表为空或为 void，没有函数返回值时函数类型可为 void 型。

例如，如下延时函数可实现 100×1000 次空循环操作功能。

```
void delay(void)              //定义无返回无形参函数delay()
{ int i,j;                    //定义整型循环变量i,j
  for(i=0;i<100;i++)          //外层嵌套
      for(j=0;j<1000;j++)     //内层嵌套+空循环
}
```

函数体中定义的变量（称为局部变量），如 i，j，仅在函数作用域内有效，离开函数后其值不会得到保存。

4．有参函数的定义

有参函数的多个形参之间要用逗号分隔。有返回值时需要在函数体中使用"return 表达式;"语句，反之则可以不要 return 语句。

例如，可实现计算并返回两数平均值功能的求均值函数：

```
float average(char x,char y)   //定义返回浮点型值的有参函数
{
    float result;              //定义变量
    result=(x+y)/2;
    return result;             //返回result
}
```

由于 return 后面的值可以是表达式，因而该函数可进一步简化为：

```
float average(char x,char y)
{
    return (x+y)/2;                //返回表达结果
}
```

3.6.3 函数的调用

定义函数是为了调用函数，调用的方法很简单，其一般形式为：

函数名 (实参表列)；

如果调用无参函数，则"实参表列"可以为空，但圆括号不能省略。如果实参列表包含多个参数，则各参数间要用英文逗号分隔。根据函数调用在程序中出现的形式和位置来分，可以有 3 种函数调用方法。

① 把函数作为一个独立语句来用，例如：

```
...
delay(void);                     //产生空循环延时
...
```

② 把函数作为一个变量的赋值表达式来用，例如：

```
...
c=average(a,b);                  //将a和b的平均值存入c中
...
```

③ 把函数作为另一个函数调用时的参数来用，例如：

```
...
m=average (a,average(b,c));//将a、b、c三者的平均值存入m
```

在调用函数过程中，系统会把实参的值传递给被调用函数的形参。在调用函数过程中发生的实参与形参间的数据传递，常称为"虚实结合"。

【实例 3.15】将两个整数按大小排序，要求用函数调用方法找到其中的较大者。

【解】分析：将求两个整数中较大者的功能放在自定义函数 max 中，利用主函数调用 max 时传入两个整数，然后获得大数的返回值。

源程序如下：

```
//实例3.15
int a=45,b=77,c;                 //定义实参变量
int max(int x,int y)             //定义函数max，两个形参都为int型
{   int z;                       //定义返回变量z
        z=(x>y)?x:y;             //利用条件赋值语句将较大者赋给z
        return z;                //返回z
}
void main(void)                  //主函数
{   c=max(a,b);                  //调用max函数
    while(1);                    //模拟停机
}
```

程序分析：先定义 max 函数，函数类型定义为 int，两个形参 x 和 y 的类型也都为 int。主函数包含一个函数调用 max (a,b)，其中 a 和 b 是两个整型实参。通过函数调用，a 的值传给 x，b 的值传给 y。在 max 函数中，把较大的数值赋给变量 z，z 的值又通过 return 语句带回到 main 函数并赋给变量 c。

操作：经过编辑→编译→单击 STEP 按钮 ▶ 启动调试→光标移到第 14 行→单击运行到光标按钮 ↳，到达光标行后的变量监视窗中结果如图 3.35 所示。

结果：由变量监视窗可知，运行结果为 c=77，这一结果与题意分析吻合。

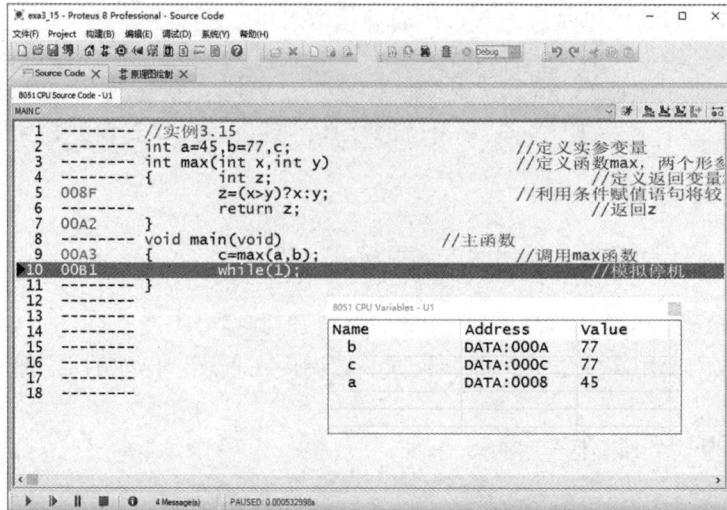

图 3.35 实例 3.15 运行结果

这里需要特别强调的是，一个函数在程序中可以 3 种形式出现：函数定义、函数调用和函数声明。函数定义和函数调用可以不分先后，但若函数调用出现在函数定义之前，那么在函数调用前必须先进行函数声明。这是因为程序进行编译时是从上到下逐行进行的，如果没有函数的声明，当编译到函数调用行时，编译系统就无法确定它是函数还是变量，也无法进行虚实结合检查。这样，在运行阶段出现错误时就很难找到相应原因。反之，若在函数调用前对被调用函数进行了函数声明，编译系统就会记下有关信息，一旦发现函数调用与函数声明不匹配，就会发出语法错误提示，从而容易找到并纠正错误。

函数声明和函数头的定义语句基本是相同的（两者仅差一个分号），因此写函数声明时，可以简单地照写函数头的定义语句，再加一个分号即可（照写不易出错）。实际上，在函数声明中的形参名也可省略，而只写形参的类型即可（显得精炼），因为编译系统只关心和检查形参个数和形参类型，而不检查形参名。这两种形式都可选用，没有差别。

例如，实例 3.15 的程序如果采用主函数在前、max 函数在后的写法，需要在主函数中增加一条对 max 的函数声明语句，具体程序如下：

```
//实例3.15′
int a=45,b=77,c;                      //定义实参变量
void main()                           //主函数
{    int max(int,int);                //max函数声明
     c=max(a,b);                      //调用max函数
}
int max(int x,int y)                  //定义函数max，两个形参都为int型
{    int z;                           //定义返回变量z
     z=(x>y)?x:y;                     //利用条件赋值语句将较大者赋给z
     return z;                        //返回z
}
```

函数声明语句也可加在程序文件的开头，即所有函数之前（此时称为"外部声明"），这样就能使本程序文件中的所有函数都不必对其调用的函数再作声明。当程序文件中包含较多函数时，这样处理会更加简便灵活。

到此为止，除少量与单片机硬件资源相关的 C51 用法外，C51 的语法内容已介绍完了。C51 语言功能强大，使用方便灵活，在 51 单片机开发中得到了广泛的使用。一个有经验的 C51 程序设计人员应不仅能编写出可解决复杂问题的程序，还应能使程序具有运行效率高且占用内存

少的特点，这个要求并非容易达到。要真正学好用好 C51，需要花很大精力多练习多实践。由于本书不是 C51 语言的专著，入选的 C51 内容仅能满足 51 单片机开发应用中的基本要求。要达到更高的水平，还需要掌握更多的 C51 知识，这一点务请读者知晓。

本 章 小 结

本章介绍了 C51 语言的程序结构、编程语句、数据结构和函数等基本内容，也初步了解了 C51 编程工具和程序仿真方法，为下一步进行 51 单片机系统开发奠定了理论基础。本章应掌握的重点内容有：

1. C51 执行语句由表达式语句、选择语句和循环语句 3 类基本语句组成。其中表达式语句是由运算对象与 6 类运算符组成的执行语句；选择语句是由基本 if 语句、if-else 语句、if-else-if 语句和 switch 语句 4 种基本形式组成的执行语句；循环语句则是由 while 语句、do-while 语句和 for 语句 3 种基本形式组成的执行语句。

2. C51 的数据结构由变量、指针和数组等基本元素所组成，在使用前都必须先定义。由于数据结构与单片机的存储结构紧密相关，因而变量、指针和数组在定义时都需要考虑存储种类、数据类型和存储类型对其的影响。

3. 函数是 C51 程序的基本组成单位。有参函数在调用时是通过虚实结合将实参传递给虚参，无参函数调用时仅相当于一条执行语句。使用库函数前，必须用预处理命令#include 对包含库函数的程序文件进行声明，自定义函数可以采用先定义后使用的办法，也可以采用先声明后使用，然后定义的办法。

思考与练习 3

3.1 单项选择题

（1）在 C51 程序中常常把_____作为循环体，用于消耗 CPU 运行时间，产生延时效果。

    A．赋值语句   B．表达式语句   C．循环语句   D．空语句

（2）下列选项中不能作为 if 语句中条件表达式的是_____。

    A．!a   B．a+2   C．&&   D．3

（3）语句(a>b)?(max=a):(max=b);的含义是_____。

    A．如果(a>b)则 max=b，否则 max=a   B．如果(a>b)则 max=a，否则 max=b

    C．如果(a>b 或 max=a)则 max=b   D．如果(a>b 或 max=b)则 max=a

（4）在 C51 程序中，当 do-while 语句中的条件表达式的值为_____时，循环结束。

    A．0   B．1   C．2   D．3

（5）语句 while(i=3);循环执行了_____次空语句。

    A．0   B．1   C．3   D．无限

（6）以下描述中正确的是_____。

    A．continue 语句的作用是结束整个循环体的执行

    B．只能在循环体内和 switch 语句体内使用 break 语句

    C．在循环体内使用 break 和 continue 语句的作用相同

    D．以上三种描述都不正确

（7）以下选项中合法的 C51 变量名是_____。

    A．xdata   B．sbit   C．start   D．interrupt

（8）在 C51 的数据类型中，关键词“sfr”用于定义_____。

    A．指针变量   B．字符型变量   C．无符号变量   D．特殊功能寄存器变量

（9）在 C51 的数据类型中，unsigned char 型的数据长度和值域为_____。

    A．单字节，-128～127   B．双字节，-32768～32767

    C．单字节，0～255   D．双字节，0～65535

（10）在 C51 的数据类型中，关键词"bit"用于定义_____。

    A．位变量   B．字节变量

    C．无符号变量   D．特殊功能寄存器变量

（11）已知 P1 口第 0 位的位地址是 0x90，将其定义为变量 P1_0 的正确命令是_____。

    A．bit P1_0 = 0x90;   B．sbit P1_0 = 0x90;

    C．sfr P1_0 = 0x90;   D．sfr16 P1_0 = 0x90;

（12）将 aa 定义为片外 RAM 区的无符号字符型变量的正确写法是_____。

    A．unsigned char data aa;   B．signed char xdata aa;

    C．extern signed char data aa;   D．unsigned char xdata aa;

（13）将 bmp 定义为片内 RAM 区的有符号字符型变量的正确写法是_____。

    A．char data bmp;   B．signed char xdata bmp;

    C．signed char data bmp;   D．unsigned char xdata bmp;

（14）设编译模式为 SMALL，将 csk 定义为片内 RAM 区的无符号字符型变量的正确写法是_____。

    A．char data csk;   B．unsigned char csk;

    C．signed char data csk;   D．unsigned char xdata csk;

（15）对于 char key[10]={0x10,0x20,0x30};定义的数组，下列描述中，_____是正确的。

    A．数组元素 key[1]的初值为 0x10   B．数组元素 key[4]的初值为 0

    C．数组 key 中共有 11 个元素   D．以上三种描述都不正确

（16）下面是对一维数组 s 的初始化，其中不正确的是_____。

    A．char s[5]={ "abc"};   B．char s[5]={'a','b', 'c'};

    C．char s[5]=" ";   D．char s[5]="abcdef";

（17）下列语句中，_____是正确的：定义一个指向位于 xdata 存储区（SMALL 编译模式）中 char 型变量的指针变量 px。

    A．char *xdata px;   B．char xdata *px;   C．char data *xdata px;   D．char *px xdata;

（18）下面叙述中不正确的是_____。

    A．一个 C51 程序可以由一个或多个函数组成

    B．一个 C51 程序必须包含一个 main( )函数

    C．在 C51 程序中，注释语句只能位于一条语句的后面

    D．C51 程序的基本组成单位是函数

（19）C51 程序总是从_____开始执行的。

    A．主函数   B．形参函数   C．库函数   D．自定义函数

（20）在 C51 程序中，函数类型是由_____决定的。

    A．return 语句中表达式的存储类型   B．函数形参的数据类型

    C．定义函数时指定的返回类型   D．编译系统的编译模式

（21）对于用 void delay (int time);声明的函数，下列描述中，_____是不正确的。

    A．delay 函数是 void 型的   B．delay 函数是有参函数

    C．delay 函数的返回参数是 time   D．delay 函数的形参是 int 型的

（22）在 Source Code 调试工具栏中，单步运行按钮是左数_____。

A. 第 4 个   B. 第 3 个   C. 第 1 个   D. 第 2 个

（23）在 Source Code 标签页中启动 C51 程序编译的命令是在_____菜单项中。

A. Project   B. 编辑   C. 调试   D. 构建

（24）在 Source Code 仿真工具栏中，左数第 2 个按钮是_____。

A. 运行仿真   B. 单步仿真   C. 暂停仿真   D. 停止仿真

3.2 问答思考题

（1）C51 语言与汇编语言相比有哪些优势？怎样实现两者的互补？

（2）写出至少 5 种 Source Code 程序调试命令，并分别说明其功能。

（3）Source Code 有几种工作界面？各有什么作用？有什么差异？

（4）C51 中有哪几类运算符和哪些表达式？

（5）C51 中的 while 和 do-while 语句的不同点是什么？

（6）若在 C51 的 switch 的语句组中漏掉 break，会发生什么问题？

（7）C51 变量的定义包含哪些要素？其中哪些是不能省略的？

（8）sbit 型变量与 bit 型变量都是位变量，二者的不同点在哪里？

（9）在 C51 中为何要尽量采用无符号的字节变量或位变量？

（10）为了加快程序的运行速度，C51 中频繁使用的变量应定义在哪个存储区？

（11）何为自动型变量？它有哪些特点？

（12）对于 C51 来讲，指针变量定义还应该包括标准 C 以外的哪些信息？

（13）求数组元素中最大值时常采用"打擂台"算法，其编程原理是什么？

（14）何为库函数？怎样使用库函数？

（15）函数定义与函数声明有何不同？什么情况下需要函数声明？

（16）怎样打开 Source Code 界面中的变量监视窗？它有何特点？对于程序调试能起到什么作用？

（17）何为程序编译的 Debug 状态和 Release 状态？两者有何不同？如何发挥两者的作用？

第4章 单片机的通用 I/O 口方式应用

内容概述：

本章按照入门与进阶两个层次，介绍几个基于单片机通用 I/O 口方式的典型应用实例，以便将已学理论与应用尽快联系起来。本章介绍的几种外部设备的接口原理和编程算法都有一定的典型性和实用性，可为后续章节的学习打下坚实基础。

教学目标：

● 掌握流水灯控制、开关状态检测、行列式键盘、数码动态显示等典型应用的设计方法；
● 掌握利用 Proteus 进行单片机电路设计、编程和仿真调试的基本技能。

并行 I/O 口是 51 单片机基本结构中的重要组成部分，共有 P0、P1、P2 和 P3 四个 8 位端口。单片机与外设的连接有两种方式，一是采用通用 I/O 口方式（以下简称为 I/O 口方式），二是采用片外三总线方式。前者的接口原理比较简单，应用容易实现，但受 I/O 口线数量限制，只能用于少量外设的场合。后者的接口原理相对复杂，通常需要外围器件配合才能连接外设，但可以节省 I/O 口线，便于外设扩展。本章仅介绍基于通用 I/O 口方式的单片机应用技术，总线方式应用技术将在第 8 章中介绍。

本章的教学目标有两个：一是在学完第 2 章的基础上，尽快掌握 I/O 口方式的应用，使理论与实践尽快结合起来；二是在学完第 3 章的基础上，尽快掌握编程常用算法，并熟悉开发工具的使用，为单片机全面应用打好基础。

为此本章的教学内容分为 2 部分，即 I/O 口方式的简单应用和 I/O 口方式的进阶应用。

需要指出的是，本章编写时有意忽略了 I/O 口外设的信号驱动概念，这样做的原因是，没有信号驱动不会影响编程与仿真运行效果，却有利于突出重点和弱化难点。有关信号驱动内容将在本书第 8 章中介绍。

4.1 I/O 口方式的简单应用

4.1.1 基本输入/输出电路

发光二极管（Light Emitting Diode，LED）是最基本的输出设备，具有电路简单、功耗低、寿命长、响应速度快等特点。

LED 与单片机的接口可以采用低电平驱动和高电平驱动两种方式。图 4.1（a）为低电平驱动，I/O 口输出 0 可使 LED 点亮，反之输出 1 可使 LED 关断。同理，图 4.1（b）为高电平驱动，点亮电平和关断电平分别为 1 和 0。

由于低电平驱动时，单片机 I/O 口可提供较大的输出电流（详见本书 2.4.1 节），故低电平驱动电路最为常用。LED 的限流电阻通常取为 100～200Ω。

按键或开关是最基本的输入设备，通常与单片机 I/O 口直接连接，如图 4.2 所示。当按键或开关闭合时，对应 I/O 口的电平就会发生反转，CPU 通过读 I/O 口电平即可识别是哪个按键或开关闭合。

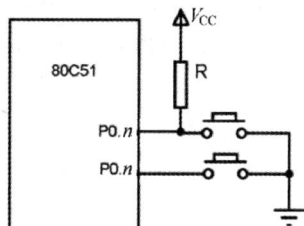

需要注意的是，图 4.2 所示的按键开关与 51 单片机的两种接线方式是有差别的。其中，有上拉电阻时可以检测到 1 和 0 两种状态，其中按键抬起为 1，按下为 0；无上拉电阻时只能检测到是否为 0 状态，其中按键抬起时的状态为不确定，按下为 0。这是因为 P0 口内部结构为漏极开路状态，有外部上拉电阻时，引脚才有确定的电平状态。

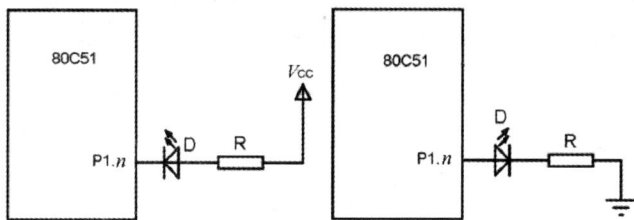

（a）低电平驱动　　　　　（b）高电平驱动

图 4.1　发光二极管与 51 单片机的接口关系　　　图 4.2　按键开关与 51 单片机的接口关系

反之，若图 4.2 的两种输入电路接在 P1～P3 口，则无论有无外部上拉电阻都可检测到 1 和 0 两种电平，这是因为 P1～P3 口内部是有上拉电阻的，引脚已有确定电平状态。

【实例 4.1】独立按键识别。

根据图 4.3 电路编写程序，要求实现如下功能：开始时 LED 均为熄灭状态，随后根据按键动作点亮相应 LED（要求在按键释放后能继续保持亮灯状态，直至新的按键压下时为止）。

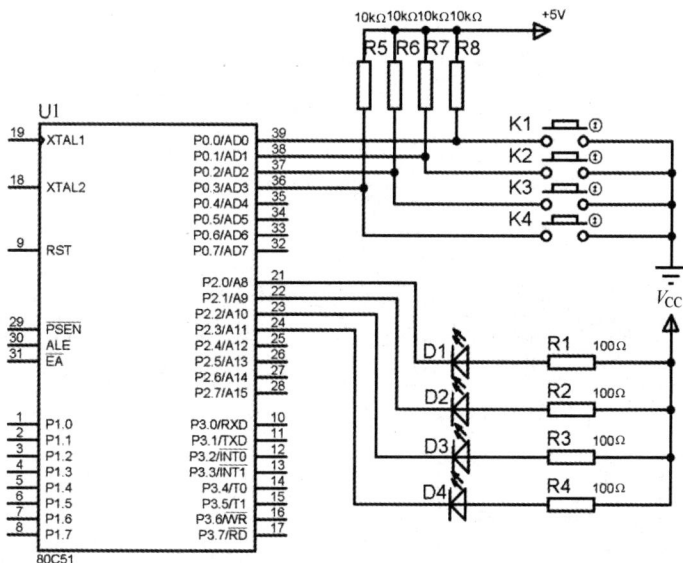

图 4.3　实例 4.1 电路图

【解】分析：由于 P0 口高 4 位 P0.4～P0.7 引脚是空置的，电平为不确定值。为在读取 P0 口时得到一个仅与按键状态有关的读入值，需要将高 4 位强制为 0，为此可对读取的 P0 口值进行 0x0f 与操作，然后将结果赋值给键值变量 key，即 key = P0 & 0x0f，这样便能使 key 值高 4 位始终为 0。

为避免将按键释放后读到的 key 值写入 P2 口，可以利用语句 if(key!= 0x0f) P2=key，使得 key 值不为 0x0f 时（有键按下）才向 P2 输出 key 值，这样就能保持先前的亮灯状态，直至有新的按键压下时才刷新显示。

实例 4.1 的源程序如下：

```
//实例 4.1 独立按键识别
#include <REG51.H>
```

```
    void main() {
        char key = 0;                           //变量定义
        while(1){                               //循环体
            key = P0 & 0x0f;                    //读取按键状态
            if (key != 0x0f). P2 = key;         //输出到 LED
        }
    }
```

操作：改写程序模板完成源程序输入，单击【构建】→【构建工程】命令，单击仿真运行按钮 ▶，实例 4.1 的编程界面和运行效果分别如图 4.4 和图 4.5 所示。

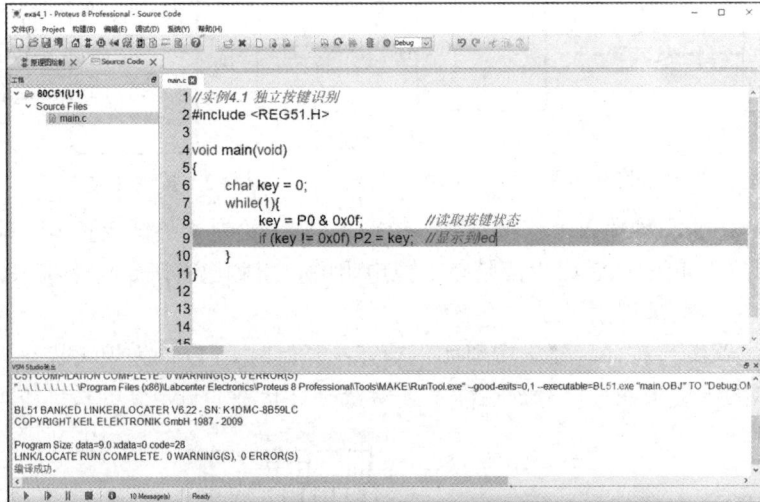

图 4.4　实例 4.1 的编程界面

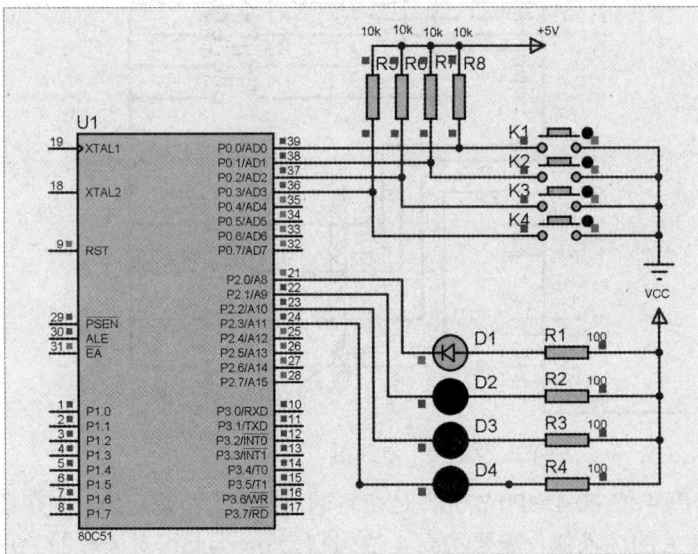

图 4.5　实例 4.1 的运行效果

实例 4.1 仿真视频

结果：按键 K1～K4 对应着发光二极管 D1～D4 的亮暗状态，控制效果符合题意要求，实例 4.1 完成。

【实例 4.2】键控流水灯。

在实例 4.1 电路图的基础上，编写可键控的流水灯程序。要求实现功能为：当 K1 按下时，流水灯由上往下流动；K2 按下时停止流动，且全部灯灭；K3 按下时使灯由上往下流动，K4 按下时则使灯由下往上流动。

【解】分析：本例的编程思路要点有 3 个。

① 通过读取键值引导程序进行分支控制。为此，需要设立两个可根据键值修改的标志变量，然后根据标志变量的组合关系控制流水灯的流向与启停，上述实现分支控制的流程图如图 4.6 所示。

② 将预存在显示数组里的花样数据循环输出，使之产生 LED 灯的流水效果。4 个 LED 灯的亮暗电平可以作为花样数据保存在显示数组 led 的 4 个单元中，然后利用数组下标法依次将其输出到 P2 口。

③ 流水灯切换速度可通过调用延时函数来解决。我们知道，CPU 执行任何一条语句都是要消耗一定机时的，如果让变量在循环体内进行空运转就能产生累计的机时消耗，这就是延时函数的原理。为此可以编写一个自定义的延时函数，在程序中需要延时的地方调用一次延时函数即可。

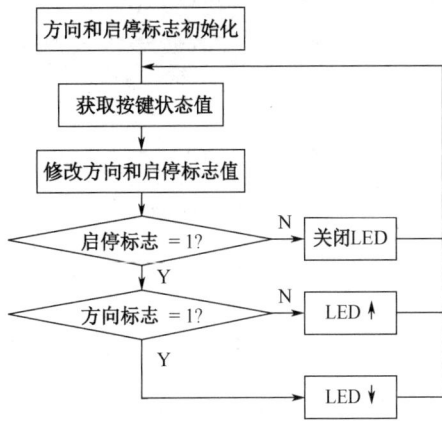

图 4.6　实例 4.2 实现分支控制的流程图

实例 4.2 的源程序如下：

```c
//实例 4.2 键控流水灯
#include "reg51.h"
unsigned char led[]={0xfe,0xfd,0xfb,0xf7};  //LED 灯的花样数据
void delay(unsigned char time)              //自定义的延时函数
{    unsigned int j=15000;
     for(;time>0;time--)  for(;j>0;j--);
}
void main()
{    bit dir=0,run=0;                       //标志位定义及初始化
     char i;
     while(1)
     {    switch (P0 & 0x0f){               //读取键值
          case 0x0e:run=1,dir=1;break;      //K1 动作，设 run=dir=1
          case 0x0d:run=0;break;            //K2 动作，设 run=0
          case 0x0b:dir=1;break;            //K3 动作，设 dir=1
          case 0x07:dir=0;break;            //K4 动作，设 dir=0
          }
          if (run)                          //若 run=dir=1，自上而下流动
             if(dir)
                for(i=0;i<=3;i++)
                {   P2=led[i];
                    delay(200);
                }
             else                           //若 run=1，dir=0，自下而上流动
                for(i=3;i>=0;i--)
                {   P2=led[i];
                    delay(200);
                }
          else P2=0xff;                     //若 run=0，灯全灭
     }
}
```

操作：改写程序模板完成源程序输入，单击【构建】→【构建工程】命令，单击仿真运行按钮 ▶，实例 4.2 的编程界面如图 4.7 所示（程序运行截面图同图 4.5，省略）。

结果：实例 4.2 的仿真运行可以产生题意要求的效果，但流水灯在按键操作时的切换会有明显滞后现象。这是由于 CPU 在执行流水灯数据输出过程中无法及时检测到按键状态导致的。解决这一问题的最好方法是将按键检测置于中断函数中，改进方法将在第 5 章介绍。

图 4.7　实例 4.2 的编程界面

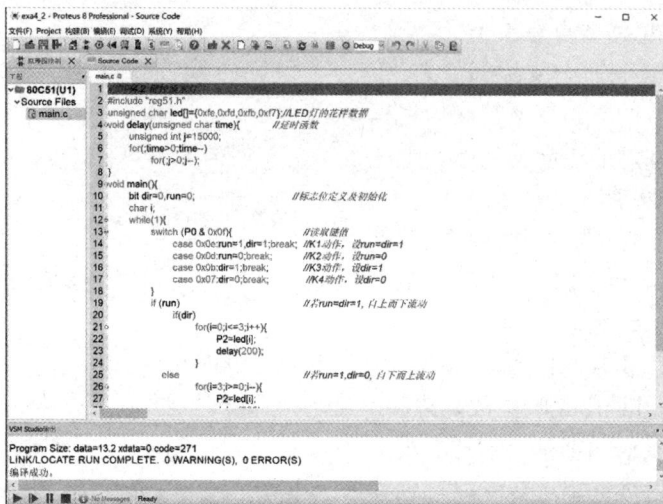

实例 4.2 仿真视频

【实例 4.3】流水灯控制。

在 P2 口连接 8 个低电平驱动的 LED（见图 4.8）。要求采用循环移位法实现如下功能：首先点亮 D8，延时一定时间后熄灭，再点亮 D7，如此依次顺序点亮每个 LED，直至最后的 D1，然后从点亮 D8 开始，无限循环，产生流水灯效果。

【解】分析：由于本题采用低电平驱动方案，因而 P2 口的 0 电平对应于 LED 点亮。但不同于实例 4.2 从显示数组中循环提取花样数据的方案，本例采用循环移位法产生流水灯效果。

循环移位法的灯控原理是：首先让 P2 口输出的花样值中仅使 1 个 LED 亮其他 7 个 LED 全灭，然后利用移位算法让花样值产生移位，改变亮灯的位置。根据题意要求，从下而上的流水灯应该对应着 P2 口数值的循环右移。

循环右移可以采用定义函数的做法，但为了简化编程工作量，也可以直接使用库函数。部分内部库函数一览表见表 4.1。

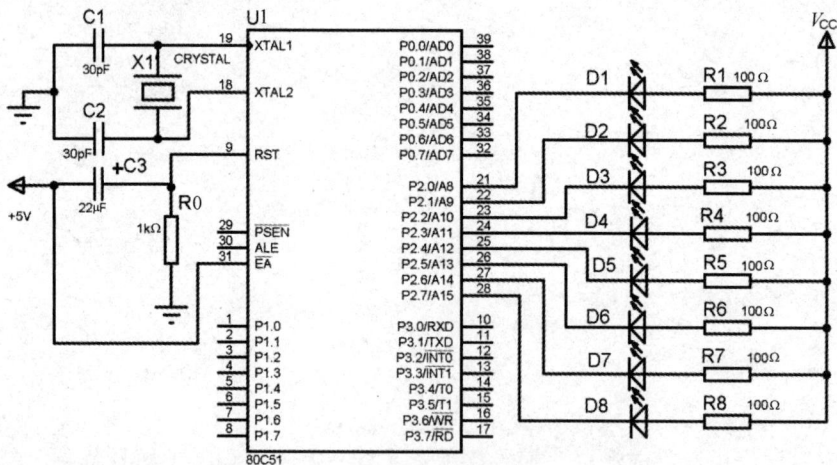

图 4.8　实例 4.3 电路原理图

表 4.1　部分内部库函数一览表

函 数 名	函 数 声 明	功　　能
crol	unsigned char _crol_ (unsigned char, unsigned char);	将字符型数据按照二进制循环左移 n 位
irol	unsigned int _irol_ (unsigned int, unsigned char);	将整型数据按照二进制循环左移 n 位

函 数 名	函 数 声 明	功 能
lrol	unsigned long _lrol_ (unsigned long, unsigned char);	将长整型数据按照二进制循环左移 n 位
cror	unsigned char _cror_ (unsigned char, unsigned char);	将字符型数据按照二进制循环右移 n 位
iror	unsigned int _iror_ (unsigned int, unsigned char);	将整型数据按照二进制循环右移 n 位
lror	unsigned long _lror_ (unsigned long, unsigned char);	将长整型数据按照二进制循环右移 n 位
nop	void _pop_ (unsigned char _sfr);	使单片机程序产生延时
testbit	bit _testbit_ (bit);	对字节中的一位进行测试

可以看出，_cror_ 函数具有将低位移出值补到高位的功能。该函数有两个无符号字符型的形参，前者用来存放被移位的数据，后者用来存放移位次数，函数返回值是无符号字符型数据。由此可知，利用 P2 = _cror_(P2,1) 语句便可得到循环右移一位的结果。

还要指出的是，调用_cror_库函数需要在源程序开头处添加一条预处理命令"#include <intrins.h>"。

实例 4.3 的源程序如下：

```
//实例 4.3 流水灯控制
#include <reg51.h>
#include <intrins.h>          //包含右循环移位库函数的头文件

void delay(void)              //定义延时函数
{   unsigned char i,j;
    for(i=1;i<=100;i++)
        for(j=1;j<=200;j++);
}
void main()
{   P2=0x7f;                  //P2 初值，即 01111111B，对应于 D8 亮其余灭
    delay();                  //延时
    while(1)                  //无限循环
    {   P2=cror(P2,1);        //调用右循环移位库函数将 P2 右循环 1 位
        delay();              //延时
    }
}
```

操作：改写程序模板完成源程序输入，单击【构建】→【构建工程】命令，单击仿真运行按钮 ▶，实例 4.3 的编程界面和运行效果分别如图 4.9 和图 4.10 所示。

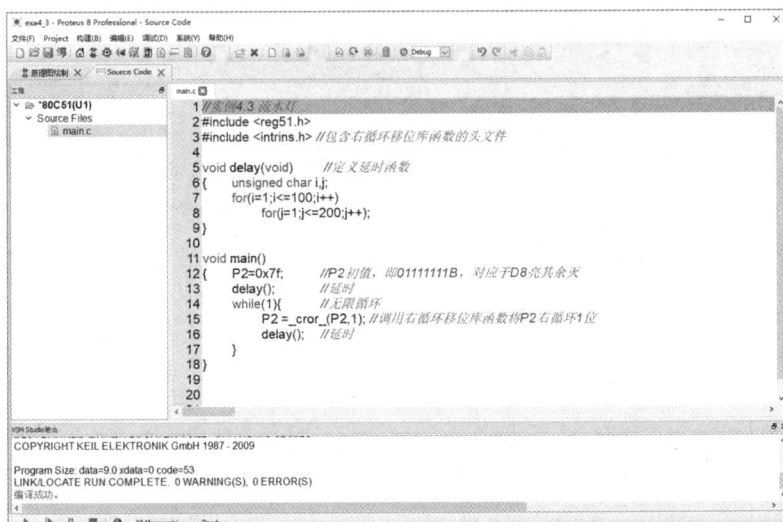

图 4.9 实例 4.3 的编程界面

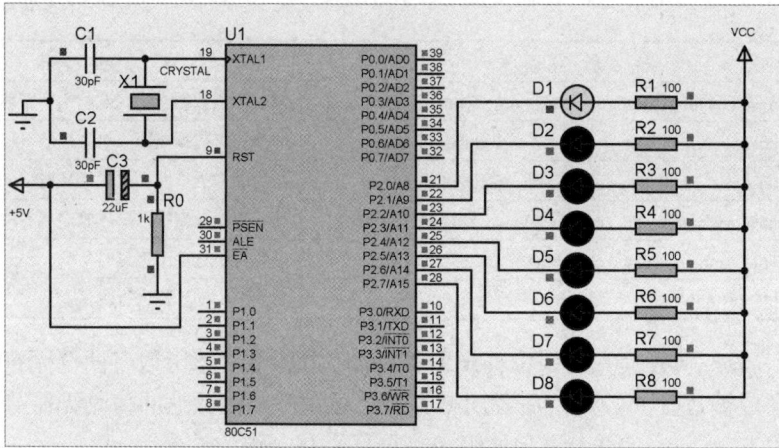

图 4.10　实例 4.3 的运行效果

结果：实现了从 D8→D1 无限循环的流水灯效果，程序可满足题意要求，实例 4.3 完成。

4.2.2　数码管原理与静态显示

LED 数码管具有显示亮度高，响应速度快的特点。最常用的是七段 LED 数码管，七段 LED 数码管内部由 7 个条形发光二极管和一个小圆点发光二极管组成。这种显示器有共阴极和共阳极两种类型：共阳极数码管的所有 LED 阳极连接在一起，为公共端引脚，所有 LED 阴极单独接出作为段码引脚，如图 4.11（a）所示；同理，共阴极数码管的所有 LED 阴极连接在一起，为公共端引脚，所有 LED 阳极单独接出作为段码引脚，如图 4.11（b）所示。LED 数码管引脚与段位的对应关系如图 4.11（c）所示，其中 com 为公共端。

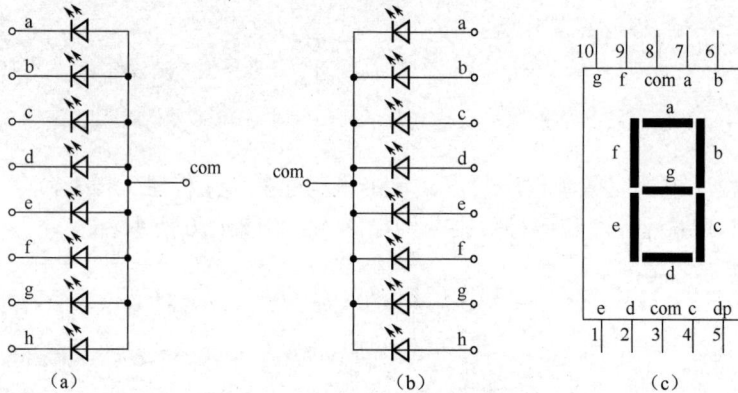

图 4.11　七段 LED 数码管工作原理

由于 LED 具有正向连接时点亮，反向连接时熄灭的特性，改变笔段 a～g 的组合电平就能形成不同的字形，这种组合电平称为显示字模、显示码或段码。常用字符的段码见表 4.2。

表 4.2　常用字符的段码表

字　符	DP	g	f	e	d	c	b	a	段码（共阴极）	段码（共阳极）
0	0	0	1	1	1	1	1	1	3FH	C0H
1	0	0	0	0	0	1	1	0	06H	F9H
2	0	1	0	1	1	0	1	1	5BH	A4H
3	0	1	0	0	1	1	1	1	4FH	B0H
4	0	1	1	0	0	1	1	0	66H	99H
5	0	1	1	0	1	1	0	1	6DH	92H

【实例 4.4】 LED 数码管显示。

图 4.12 所示为一个 8 位数码管显示电路，其中 80C51 的 P0 口引脚与共阴极数码管的段码引脚相连。要求编程实现循环显示 0～9 字符，时间间隔为 500 循环步的功能。

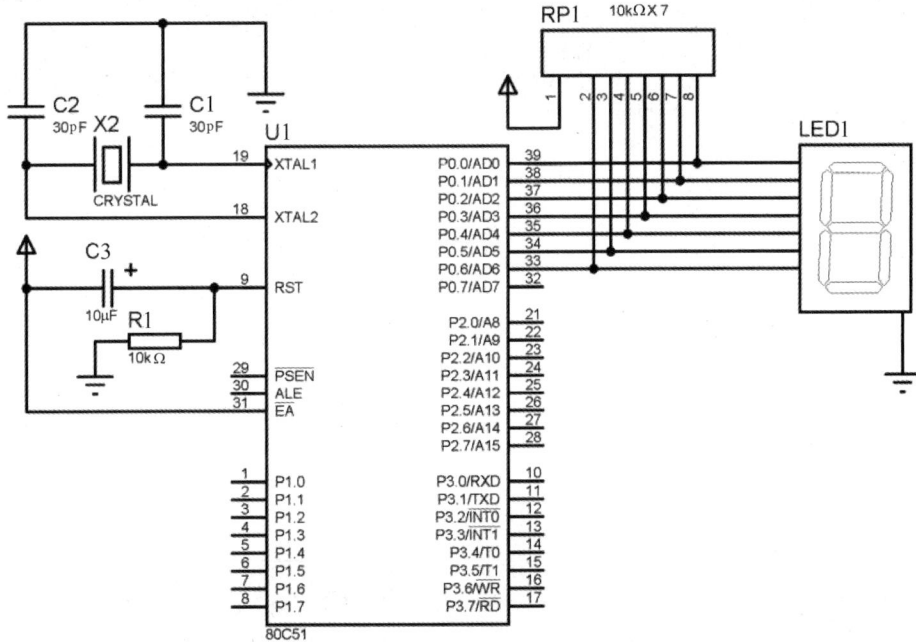

图 4.12　实例 4.4 电路图

【解】 分析：数码管的显示字符与显示字模之间没有特别的规律可循。通常的做法是：将显示字模按显示字符代表的数值大小顺序存入一字符数组中，例如字符 0～9 的共阴极显示字模的数组为 led_mod[]={0x3f,0x06,0x5b,0x4f,0x66,0x6d,0x7d,0x07,0x7f,0x6f}。使用时，只需用待显示值作为下标变量调用该数组，即可取得相应的字模。本例中只要提取出 0～9 的显示字模并送P0 口输出，便可实现题意要求的功能。

实例 4.4 的源程序如下：

```
//实例 4.4 LED 数码管显示
#include <reg51.h>                    //51 头文件
char led_mod[]={0x3f,0x06,0x5b,0x4f,0x66,0x6d,0x7d,0x07,0x7f,0x6f};
                                      //LED 显示字模
void delay(unsigned int time){
    unsigned int j=0;
    for(;time>0;time--)               //采用传入的实参值作为 time 初值
        for(j=0;j<125;j++);
}
void main()
{   char i=0;
    while(1)
    {   for(i=0;i<=9;i++)
        {    P0=led_mod[i];           //提取字模输出到 P0 口
             delay(500);
        }
    }
}
```

操作：改写程序模板完成源程序输入，单击【构建】→【构建工程】命令，单击仿真运行按钮 ▶ ，实例 4.4 的编程界面和运行效果分别如图 4.13 和图 4.14 所示。

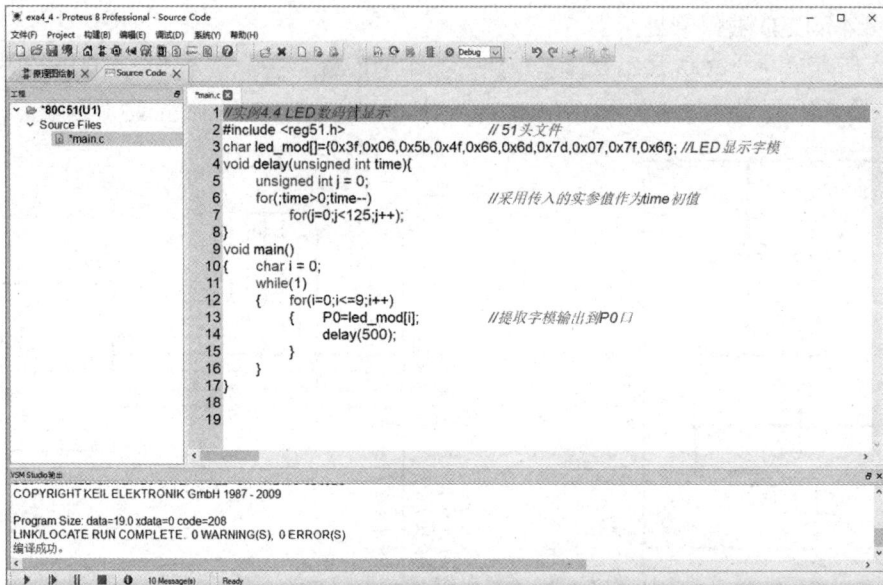

图 4.13　实例 4.4 的编译界面

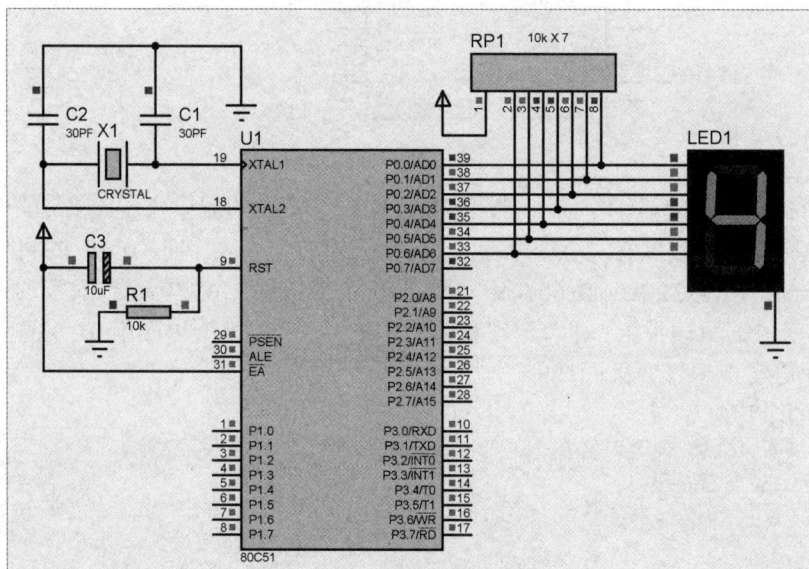

图 4.14　实例 4.4 的运行效果

结果：实现了字符 0～9 循环显示功能，程序可满足题意要求，实例 4.4 完成。

【实例 4.5】计数显示器。

图 4.15 为某计数显示器的电路原理图，要求编程实现如下功能：数码管的显示初值为 0，单击按键后，按增量 1 进行累加，累加值实时显示在数码管上。当累加值达到 99 后，清 0 重新开始计数，如此无限循环。

【解】分析：本实例需要设置一个计数器变量 count 用于统计按键闭合次数，然后将统计的计数值送到 P0 口和 P2 口输出，即可实现题意要求。然而有两个关键问题需要引起注意。

（1）按键的防抖处理问题

按键通常为机械式弹性开关。当机械触点断开、闭合时，由于触点的弹性作用，按键开关在闭合时不会马上稳定地接通，在断开时也不会一下子断开。因而在闭合及断开的瞬间均伴随有一连串的抖动，抖动造成的电压波动情况如图 4.16 所示。

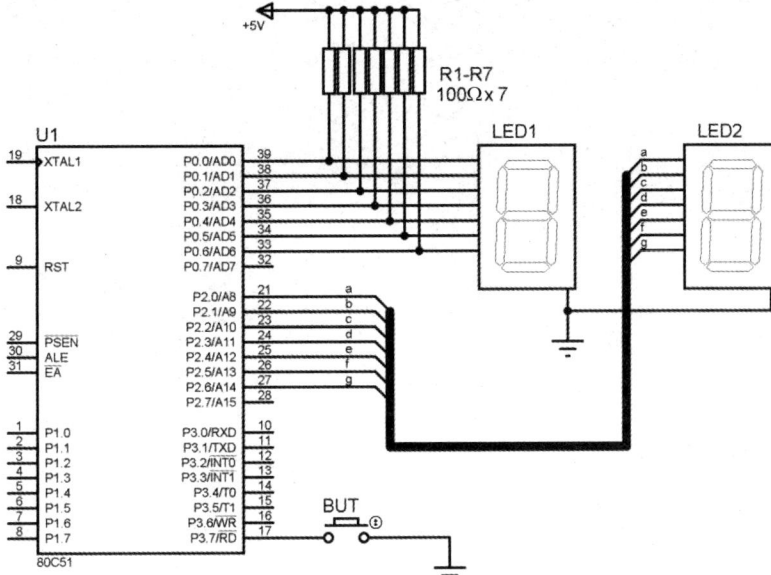

图 4.15　实例 4.5 电路图

图 4.16　按键抖动的波形

　　显然，按键抖动会造成难以判断按键闭合状态的问题。按键消抖最简单的方法是软件消抖法，即当检测到有键按下时，先用软件延时 10ms，然后检测按键的状态。若仍是闭合状态电平，则可认为是真正有键按下；反之，则应作为误判处理。同理，按键释放时的检测也需做类似的处理。虽然电路仿真时不可能有按键抖动问题，但在程序设计时还是应该按实际电路的消抖考虑。

　　此外，为避免按键在压下期间被连续统计，确保一次单击仅能被统计一次，计数值应该在按键先被压下然后又被释放之后才能更新。

　　（2）计数值的拆分显示

　　为使计数器变量 count 中的两位十进制数能分别显示在两个数码管上，需要将计数值先进行拆分再送交显示。拆分的原理是：将 count 用取模运算（count%10）拆出个位值，用整除运算（count/10）拆出十位值。

　　实例 4.5 的源程序如下：

```
//实例 4.5 计数显示器
#include <reg51.H>                    //51 头文件
sbit P3_7=P3^7;
unsigned char code table[]={0x3f,0x06,0x5b,0x4f,0x66,0x6d,0x7d,0x07,0x7f,0x6f};
unsigned char count;                  //定义全局变量
void delay(unsigned int time)         //延时函数
{    unsigned int j = 0;
     for(;time>0;time--)  for(j=0;j<125;j++);
}
void main()
{ count=0;                            //计数器赋初值
  P0=table[count/10];                 //P0 显示十位初值
  P2=table[count%10];                 //P2 显示个位初值
```

```
        while(1)                            //进入无限循环
    {   if(P3_7==0)                         //检测按键是否压下
        { delay(10);                        //消抖延时
          if(P3_7==0)                       //若按键确实被压下
        {   count++;                        //计数器增 1
            if(count==100)  count=0;        //如循环超限计数器清 0
            P0=table[count/10];             //P0 口输出显示
            P2=table[count%10];             //P2 口输出显示
            while(P3_7==0);                 //等待按键松开，防止连续计数
          }
        }
      }
    }
```

操作：改写程序模板完成源程序输入，单击【构建】→【构建工程】命令，单击仿真运行按钮 ▶，实例 4.5 的编程界面和运行效果分别如图 4.17 和图 4.18 所示。

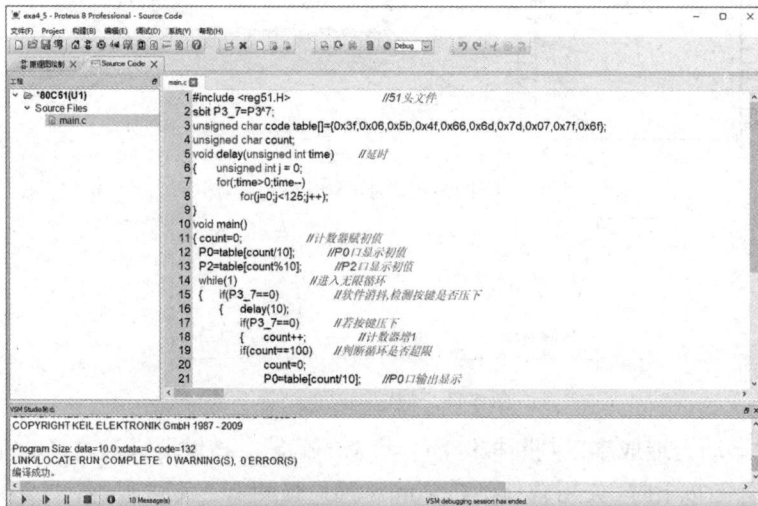

图 4.17　实例 4.5 的编译界面

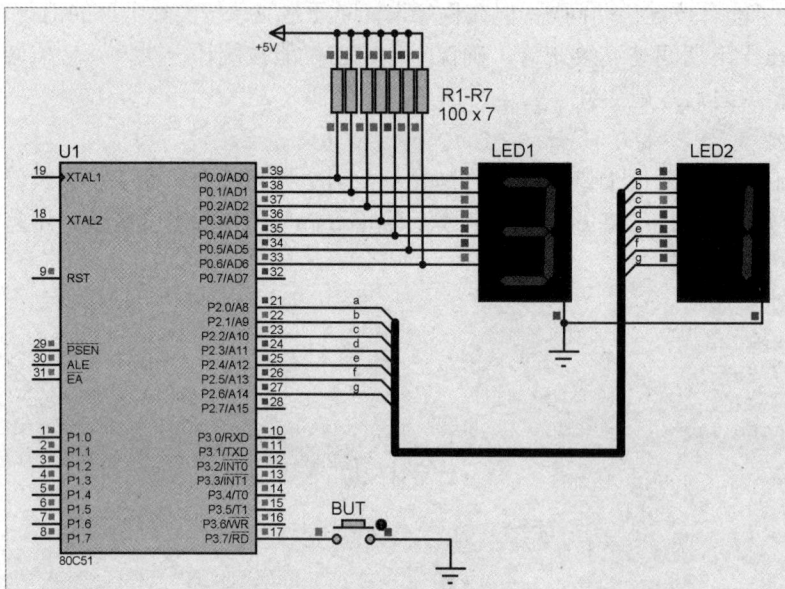

图 4.18　实例 4.5 的运行效果

实例 4.5 仿真视频

结果：实现了 0～99 循环加 1 的按键计数显示功能，程序符合题意要求，实例 4.5 完成。

4.2 I/O 口方式的进阶应用

4.2.1 数码管动态显示原理与应用

LED 数码管与单片机的接口方式有静态显示接口和动态显示接口之分。静态显示接口是一个并行口接一个数码管。采用这种接法的优点是被显示数据只要送入并行口后就不再需要 CPU 干预，因而显示亮度稳定。但该方法占用资源较多，例如，n 个数码管就需要 n 个 8 位的并行口。4.1 节中实例 4.4 和实例 4.5 都是采用静态显示的接口。

动态显示接口采用的做法则完全不同，它是将多个数码管相同段码引脚并联起来接在一个 8 位并行口上，而每个数码管的位码引脚（公共端）分别由一根 I/O 口线控制，其动态显示接口原理如图 4.19 所示。

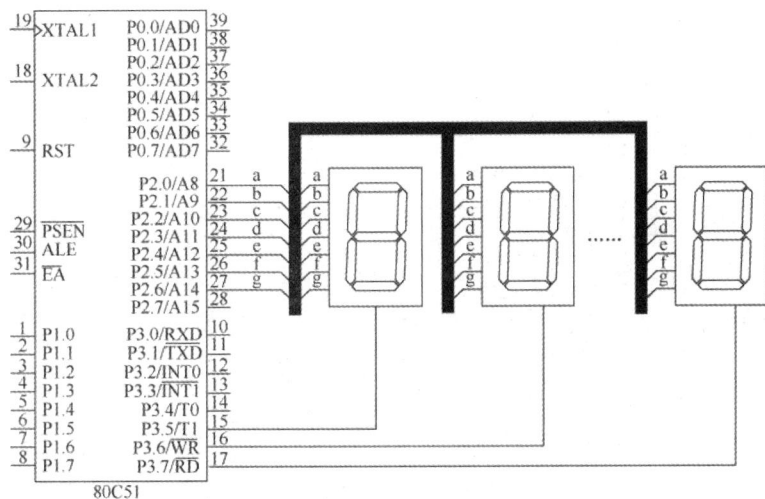

图 4.19　数码管动态显示接口原理图

动态显示过程采用循环导通或循环截止各个数码管的做法，即快速（如 10ms）切换段码值和位码值，使每一时刻只有一个数码管被驱动。由于人眼的暂留特性，就将看不出数码管在闪烁，而看到的是连续图像。动态显示接口的突出特点是占用资源较少，但由于显示值需要 CPU 随时刷新，故其占用机时较多。

【实例 4.6】数码管动态显示。

图 4.20 所示为采用共阴极 LED 数码管的电路原理图，要求采用动态显示原理显示字符"L2"。

【解】分析：图中的双联 LED 数码管是 Proteus 提供的控件模型，相当于段码位在内部做了并联而位码位独立接出的两个数码管。将位码 0x02 和 0x01 先后送入 P3 口，可依次使能左、右两个数码管。此时若将 0x38 和 0x5b 两个段码（显示字模）依次送到 P2 口，便可产生"L2"的动态显示效果。具体对应关系如下：

led_mode[0]=0x38→P2,　　2-0 =2=0000 0010B→P3

led_mode[1]=0x5b→P2,　　2-1 =1=0000 0001B→P3

可见，数组中的下标值起着穿针引线的作用，如果将其设为变量 led_point，就可利用它"算出"段码（P2）和位码（P3）的当前值。计算流程图如图 4.21 所示。

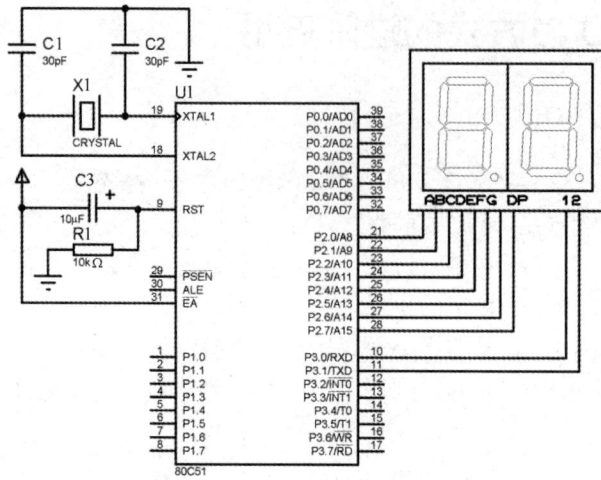

图 4.20　实例 4.6 电路原理图

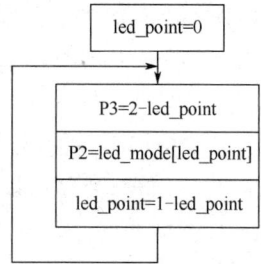

图 4.21　段码和位码的计算流程图

实例 4.6 的源程序如下：

```
//实例 4.6 数码管动态显示
#include <REG51.H>                //51 头文件
char led_mod[] = {0x38,0x5B}; //LED 字模"L2"
void delay(unsigned int time);
//delay 函数声明
void main()
{    char led_point=0;
     while (1)
     {    P3=2-led_point;          //输出 LED 位码
          P2=led_mod[led_point]; //输出字模
          led_point=1-led_point; //刷新 LED 位码
          delay(30);
     }
}
void delay(unsigned int time)          //延时函数
{    unsigned int j=0;
     for(;time>0;time--)
        for(j=0;j<125;j++);
}
```

操作：改写程序模板完成源程序输入，单击【构建】→【构建工程】命令，单击仿真运行按钮 ▶，实例 4.6 的编程界面和运行效果分别如图 4.22 和图 4.23 所示。

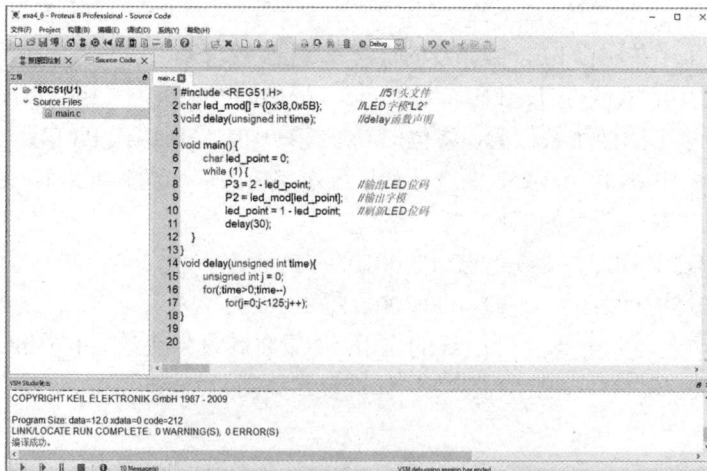

图 4.22　实例 4.6 编译界面

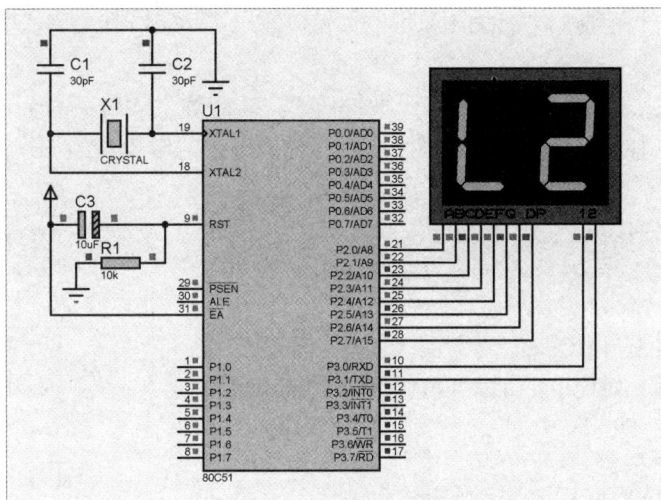

图 4.23　实例 4.6 运行效果

结果：实现了动态显示原理显示字符"L2"的功能，程序符合题意要求，实例 4.6 完成。

4.2.2　行列式键盘原理与应用

本章实例 4.1 和实例 4.2 中介绍的按键都是每个键分别接在一根 I/O 口线上，构成所谓的独立式键盘。其特点是电路简单，易于编程，但占用的 I/O 口线较多，当需要较多按键时可能产生 I/O 资源紧张问题。

为此，可以采用行列式（或矩阵式）键盘方案，具体做法是：将 I/O 口线分为行线和列线，按键设置在跨接行线和列线的交点上，列线通过上拉电阻接正电源。4×4 行列式键盘的典型硬件电路如图 4.24 所示。

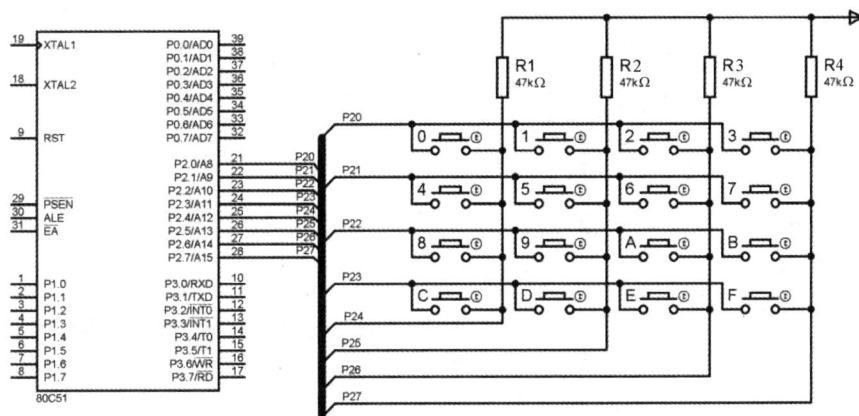

图 4.24　4×4 行列式键盘硬件电路图

行列式键盘的特点是占用 I/O 口线较少（例如，图 4.24 中 16 个按键仅用了 8 根 I/O 口线），但软件部分较为复杂。

行列式键盘的检测可采用软件扫描查询法，即根据按键压下前后，所在行线的 I/O 口电平是否出现翻转，判断有无按键闭合动作。下面以外接于 P2 口的 4×4 行列式键盘为例说明其检测过程。

（1）键盘列扫描

由 P2 口循环输出一组扫描码（可事先存放在一个字符数组中，如 key_scan[]={0xef,0xdf,0xbf,

0x7f}），使键盘的 4 个行线电平全为 1，列电平轮流有一列为 0，其余为 1。

（2）按键判断

利用条件表达式（P2&0x0f）判断有无按键压下。若行线低 4 位不全为 1，说明至少有一个按键压下，此时 P2 口的读入值必为根据按键闭合规律确定的键模数组 key_buf[]值之一。

```
key_buf[]= {0xee,0xde,0xbe,0x7e,
            0xed,0xdd,0xbd,0x7d,
            0xeb,0xdb,0xbb,0x7b,
            0xe7,0xd7,0xb7,0x77};
```

（3）键值计算

若将行列式键盘中自左至右、自上而下的排列顺序号作为其键值，则通过逐一对比 P2 口读入值与键模数组，可求得闭合按键的键值 j，即：

```
for(j=0;j<16;j++)
{ if(key_buf[j]==P2) return j;
}
return -1;        //无键闭合时定义键值为-1
```

上述 4×4 键盘的检测过程可以流程图形式示于图 4.25。

【实例 4.7】行列式键盘。

图 4.26 所示为 4×4 行列式键盘和 1 位共阴极数码管的电路原理图。要求编程实现以下功能：开机后数码管暂为黑屏状态，按下任意键后数码管立即显示该键的键值字符（0～F）。若没有新键按下，则维持前次按键结果。

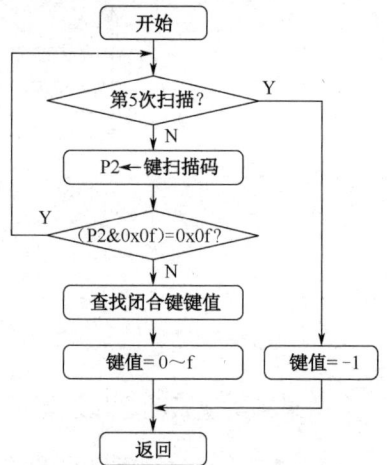

图 4.25　4×4 键盘的检测流程

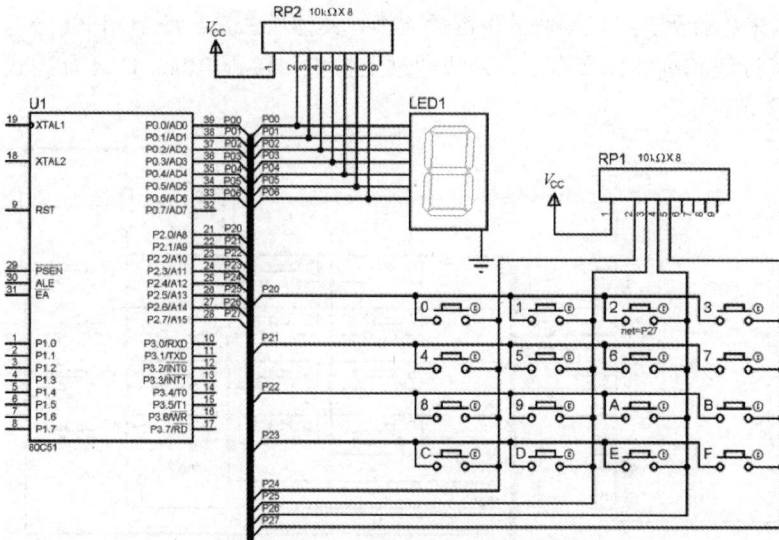

图 4.26　实例 4.7 电路原理图

【解】分析：根据上述行列式键盘检测流程，不难完成源程序的编写。

实例 4.7 源程序如下：

```
//实例 4.7 行列式键盘
#include <reg51.h>
char led_mod[]={0x3f,0x06,0x5b,0x4f,0x66,0x6d,0x7d,0x07,   //LED 显示码
                0x7f,0x6f,0x77,0x7c,0x58,0x5e,0x79,0x71};
char key_buf[]={0xee,0xde,0xbe,0x7e,0xed,0xdd,0xbd,0x7d,   //键值
                0xeb,0xdb,0xbb,0x7b,0xe7,0xd7,0xb7,0x77};
char getKey(void)
{   char key_scan[]={0xef,0xdf,0xbf,0x7f};        //键扫描码
```

```
        char i=0,j=0;
        for(i=0;i<4;i++)
        {   P2=key_scan[i];                    //P2 送出键扫描码
            if((P2&0x0f)!=0x0f)                 //判断有无键闭合
            {   for(j=0;j<16;j++)
                { if(key_buf[j]==P2) return j;   //查找闭合键键号
                }
            }
        }
    }
    return-1;                                    //无键闭合
}
void main(void) {
    char key=0;
    P0=0x00;                                     //开机黑屏
    while(1){
        key=getKey();                            //获得闭合键号
        if(key!=-1)P0=led_mod[key];              //显示闭合键号
    }
}
```

操作：改写程序模板完成源程序输入，单击【构建】→【构建工程】命令，单击仿真运行按钮 ▶，实例 4.7 的编程界面和运行效果分别如图 4.27 和图 4.28 所示。

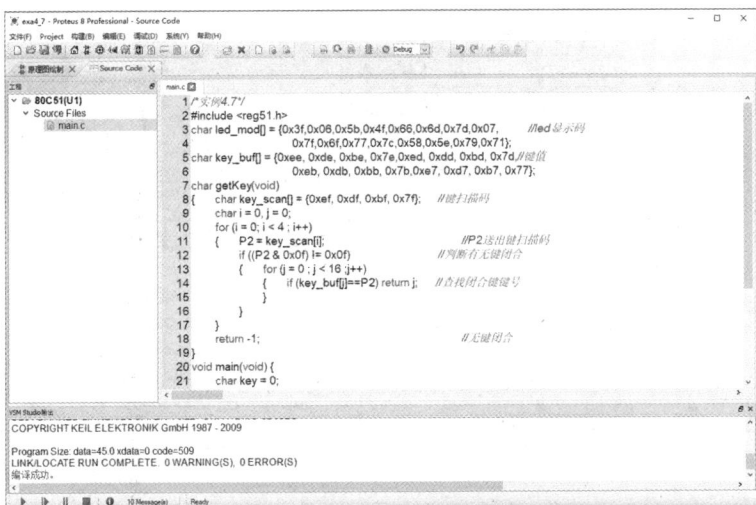

图 4.27　实例 4.7 编译界面

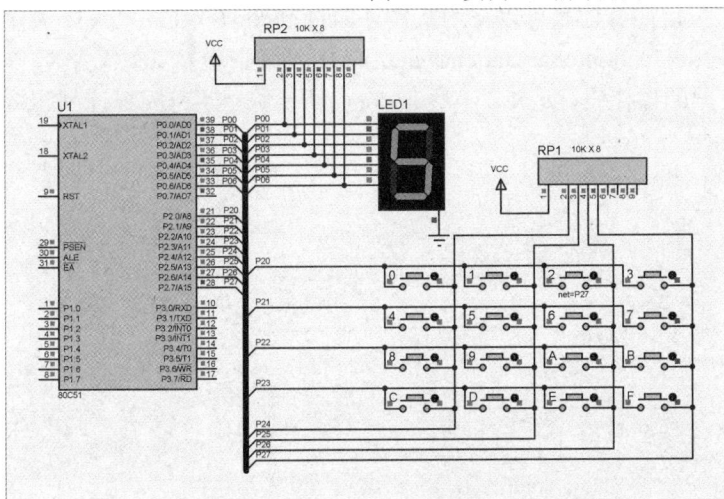

图 4.28　实例 4.7 运行效果

实例 4.7 仿真视频

结果：实现了由 4×4 行列式键盘和 1 位数码管组成的键盘值采集与显示功能，程序符合题意要求，实例 4.7 完成。

【实例 4.8】 1 位密码锁。

假定某 1 位密码锁的功能是：用 16 个按键分别代表字符 0～9 和 A～F，开锁密码为字符 7；系统上电后 LED 灭（代表上锁），数码管显示闪烁"8"，约 1s 后改为"–"（待机状态）；单击按键表示输入一位密码，若密码输入正确，则显示"P"，LED 灯亮（代表开锁），持续约 3s 后自动进入待机状态（表示过期自动上锁）；否则显示"E"，LED 保持灯灭（表示开锁错误），持续约 3s 后自动进入待机状态。如此反复无限循环。试根据上述要求完成一个基于 51 单片机的软硬件系统设计。

【解】 分析：根据任务要求，硬件系统中可以用一位共阴极 LED 数码管作为显示器件，采用静态连接方式；16 个按键采用 4×4 行列式键盘连接方式；一个 LED 作为密码锁开锁开关。电路如图 4.29 所示。

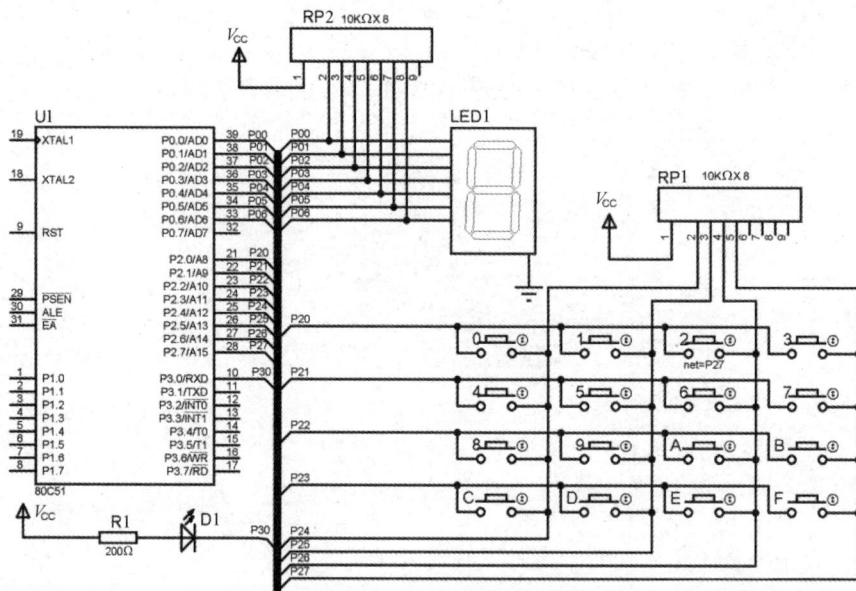

图 4.29　实例 4.8 电路原理图

源程序的设计思路如下：按键闭合检测可以采用实例 4.7 的 getkey( )函数；LED 操作和数码管显示可以交给自定义有参函数 action(char stat,char num)完成，其中形参 stat 代表 8、P 和 E 的显示码，num 代表开锁和上锁的操作码。此外，函数 action( )还要承担字符闪烁控制和待机字符显示的任务。

实例 4.8 的源程序如下：

```
//实例 4.8 1 位密码锁
#include <reg51.h>              //51 头文件
sbit lock=P3^0;                 //定义端口变量
char key_buf[]={0xee,0xde,0xbe,0x7e,0xed,0xdd,0xbd,0x7d,//定义键值
               0xeb,0xdb,0xbb,0x7b,0xe7,0xd7,0xb7,0x77};
unsigned char init=0x7f,on=0x73,off=0x79,lock_on=0,lock_off=1;//定义操作变量
char getKey(void)                       //定义读键值函数
{   char key_scan[]={0xef,0xdf,0xbf,0x7f};  //键扫描码
    char i=0,j=0;
    for(i=0;i<4;i++)
    {   P2=key_scan[i];                 //P2 送出键扫描码
        if((P2&0x0f)!=0x0f)             //判断有无键闭合
```

```
                for(j=0;j<16;j++)
                    if(key_buf[j]==P2) return j;  //查找闭合键键号
            }
        return-1;                                   //无键闭合返回-1
    }
    void delay(void)                                //定义延时函数
    {   unsigned int i,j;
        for(i=1;i<=400;i++)
            for(j=1;j<=200;j++);
    }
    void action(char stat,char num)                 //定义操控函数
    {   unsigned char i;
        lock=num;                                   //定义开锁状态变量
        for(i=1;i<=2;i++)                            //显示字符闪烁控制
        {       P0=stat;
                delay();
                P0=0x0;
                delay();
        }
        P0=0x40;                                    //显示待机字符"-"
        lock=1;                                     //上锁
    }
    void main(void)                                 //主函数
    {   char key=0;                                 //键值初始值
        action(init,lock_off);                      //初始化
        while(1)                                    //无限循环
        {   key=getKey();                           //获得闭合键号
            if(key!=-1)
            {   if(key!=7) action(off,lock_off);    //密码不符,上锁
                else action(on,lock_on);            //密码符合,先开锁再上锁
            }
        }
    }
```

操作：改写程序模板完成源程序输入，单击【构建】→【构建工程】命令，单击仿真运行按钮▶，实例 4.8 的编程界面和运行效果分别如图 4.30 和图 4.31 所示。

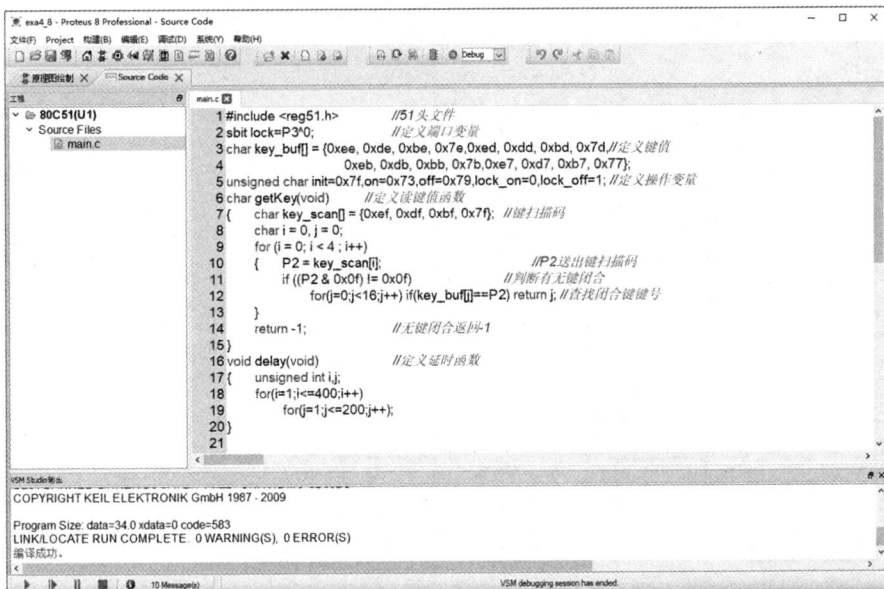

图 4.30 实例 4.8 编译界面

图 4.31 实例 4.8 运行效果

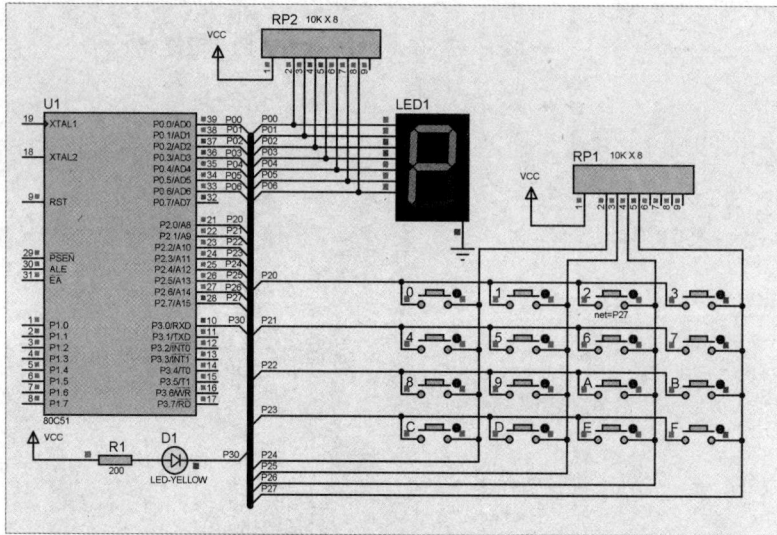

实例 4.8 仿真视频

结果：实现了基于给定规则的 1 位密码锁功能，程序符合题意要求，实例 4.8 完成。

本 章 小 结

本章着重介绍了基于通用 I/O 口方式的输入、输出类应用的软硬件设计内容，具体包括：

1. 发光二极管控制、开关状态检测、行列式键盘、数码管静态和动态显示等接口电路原理。

2. 软件延时、流水灯控制、按键闭合检测、数码管静态和动态显示及密码锁的 C51 编程方法。

3. Proteus 电路原理图的绘制、Proteus 环境下的 C51 编程、编译、调试和仿真运行等技能。

思考与练习4

4.1 单项选择题

（1）以下基于通用 I/O 口方式的输出电路图中，正确的是_____。

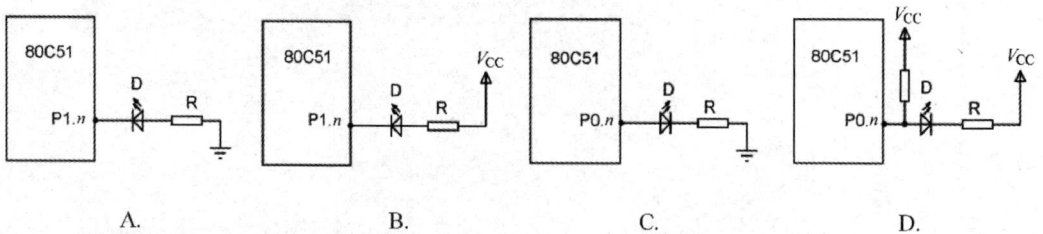

A. B. C. D.

（2）以下基于通用 I/O 口方式的输入电路图中，正确的是_____。

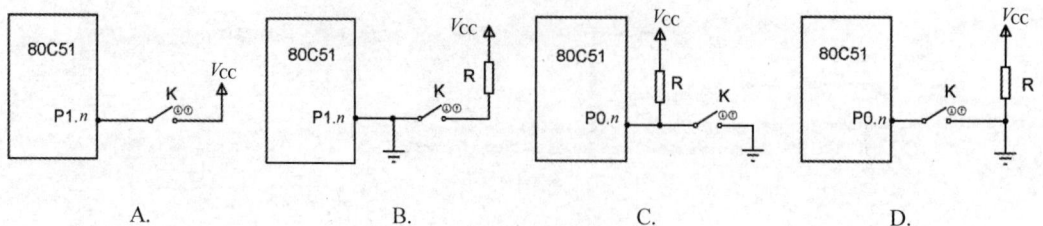

A. B. C. D.

（3）在如下的原理图仿真工具栏中，运行仿真按钮是左数第_____。

A．第 2 个 　　　　B．第 1 个 　　　　C．第 4 个 　　　D．第 3 个

（4）实例 4.2 运行时流水灯的方向切换会有明显滞后的现象，其主要原因是_____。

    A．80C51 运算速度慢 　　　　　　　　B．P2 口输出数据时无法检测 P0 口的状态

    C．共阴极 LED 驱动能力差 　　　　　　D．按键切换时有抖动产生误差

（5）实例 4.3 中用到的将字符型数据按照二进制循环右移 *n* 位的库函数名是_____。

    A．_crol_ 　　　　B．_cror_ 　　　　C．_iror_ 　　　D．_lror_

（6）实例 4.4 的程序中如果取消#include<reg51.h>语句会引起变量_____的定义错误。

    A．time 　　　　B．j 　　　　C．P0 　　　　D．i

（7）实例 4.5 有关计数值拆分内容的表述中，_____是正确的。

    A．count 中是全局变量所以需要拆分 　　B．用取模运算（count%10）能拆出十位的值

    C．用整除运算（count/10）能拆出个位的值 　　D．需要先对 count 值进行拆分再送交显示

（8）如果想对实例 4.5 中的延时函数内部进行跟踪调试，应该采用_____方式。

    A．连续的单步运行 　　　　　　　　　B．跳出函数的单步运行

    C．进入函数的单步运行 　　　　　　　D．上述方式都不合适

（9）下面关于实例 4.8 的 action(char stat,char num)函数描述中，_____是错误的。

    A．形参 stat 代表 8、P 和 E 的显示码 　　B．num 代表开锁和上锁的操作码

    C．action 函数是个自定义无参函数 　　　D．action 函数承担字符闪烁控制和待机字符显示的任务

（10）下列关于单片机 C51 程序编译的说法中，_____是正确的。

    A．使用 Proteus 8.x 版本后，无须再使用 C51 编译软件了

    B．使用 Proteus 8.x 版本后，还需要在计算机中安装 C51 编译软件

    C．使用 Proteus 8.x 版本后，还需要人工启动 C51 编译软件

    D．使用 Proteus 8.x 版本后，可以卸载掉计算机中的 C51 编译软件了

（11）共阳极 LED 数码管显示字符"5"的显示码是_____。

    A．0x06 　　　　B．0x7d 　　　　C．0x82 　　　　D．0x92

（12）若 LED 数码管显示字符"8"的字模是 0x80，则可以断定该数码管是_____。

    A．共阴极数码管 　　　　　　　　　　B．共阳极数码管

    C．动态显示原理 　　　　　　　　　　D．静态显示原理

（13）在共阴极 LED 数码管使用中，若仅显示小数点，则其显示字模是_____。

    A．0x80 　　　　B．0x10 　　　　C．0x40 　　　　D．0x7f

（14）假设单片机 P0.0～P0.3 引脚接有 4 个独立开关，P0.4～P0.7 为空置未用，为使读到的 P0 口中高 4 位值为 0，应采用如下_____语句进行处理。

    A．P0 = P0 &0x0f; 　　B．P0 = P0 &0xf0; 　　C．P0 = P0 |0x0f; 　　D．P0 = P0 |0xf0;

（15）如果将实例 4.4 中的由下向上的流水灯方向改为由上向下，并改用循环左移库函数_crol_进行控制，则 P2 的初始化值应为_____。

    A．0x0f 　　　　B．0xf7 　　　　C．0x7f 　　　　D．0xfe

（16）若将 LED 数码管用动态显示，必须_____。

    A．将各个数码管的位码线并联 　　　　B．将各个数码管的位码线串联

    C．将各个数码管的相同段码线并联 　　　D．将各个数码管的相同段码线串联

（17）下列关于 LED 数码管动态显示的描述中，_____是正确的。

    A．只有共阴极数码管可用于动态显示

B．只有 P2 口支持数码管的动态显示方式

C．每个 I/O 口都可用于数码管的动态显示

D．动态显示具有占用 CPU 机时少，发光亮度稳定的特点

（18）假设某单片机应用系统需要连接 10 个按键，则应优先考虑_____方案。

A．独立式按键　　　　B．行列式按键　　　　C．动态键盘　　　　D．静态键盘

（19）下列关于行列式键盘的描述中，_____是正确的。

A．每个按键独立接在一根 I/O 口线上，根据 I/O 口线电平判断按键的闭合状态

B．按键跨接在行线和列线的交叉点上，根据行线电平有无反转判断按键闭合状态

C．独立式键盘的特点是占用 I/O 口线较少，适合按键数量较多时的应用场合

D．行列式键盘的特点是占用 I/O 口线较多，适合按键数量较少时的应用场合

（20）在实例 4.7 的行列式键盘中，使 P2 依次输出 0xef，0xdf，0xbf，0x7f 四个值后，可以使得_____。

A．键盘的 4 个列线电平全为 1，行电平轮流有一行为 0 其余为 1

B．键盘的 4 个行线电平全为 1，列电平轮流有一列为 0 其余为 1

C．键盘的 4 个行线和 4 个列线的电平全为 1

D．键盘的 4 个行线和 4 个列线的电平全为 0

（21）下列关于按键消抖的描述中，_____是不正确的。

A．机械式按键在按下和释放瞬间会因弹簧开关变形而产生电压波动

B．按键抖动会造成检测时按键状态不易确定的问题

C．单片机编程时常用软件延时 10ms 的办法消除抖动影响

D．按键抖动问题对晶振频率较高的单片机基本没有影响

（22）已知共阴极 LED 数码管中，a 笔段对应于字模的最低位。若需显示字符 H，则它的字模应为_____。

A．0x76　　　　　B．0x7f　　　　　C．0x80　　　　　D．0xf6

4.2　问答思考题

（1）单片机与外部设备相连有哪两种方式？各有什么特点？

（2）什么是单片机与 LED 接口的高电平驱动？为何低电平驱动较为常用？

（3）实例 4.1 中点亮了的 LED 不会随着对应按键的释放而熄灭，实现这一功能的编程方法是什么？

（4）实例 4.2 中采用的流水灯控制原理是什么？

（5）实例 4.3 中采用的流水灯控制原理是什么？

（6）软件法消除机械式按键抖动的原理是什么？

（7）简述 LED 数码管的字符显示原理。

（8）假设变量 count 中存有两位十进制数，现欲将其拆分为个位和十位两个数，简述拆分计算的做法。

（9）何为数码管静态显示接口？其特点是什么？

（10）何为数码管动态显示接口？其特点是什么？

（11）独立式按键的接口与特点是什么？

（12）行列式键盘的接口与特点是什么？

（13）试对实例 4.7 中 4×4 行列式键盘的软件扫描查询做法进行归纳。

第5章 单片机的中断系统

内容概述:

中断系统是单片机的重要内部资源,对单片机实时性应用具有举足轻重的作用。本章从中断的基本概念入手,通过查询法和中断法实例对比,展示中断用法的价值。随后将介绍 51 单片机的中断结构组成、中断控制原理、中断响应过程及中断源的扩展。在此基础上,通过几个典型应用实例,介绍中断函数的 C51 编程方法和注意事项,使读者全面掌握中断的知识。

教学目标:
- 了解单片机中断系统的硬件组成;
- 了解中断产生与响应过程;
- 了解中断编程方法。

5.1 中断的概念

现代计算机都具有实时处理能力,能对突然发生的事件,如人工干预、外部事件及意外故障作出及时的响应或处理,这是依靠它的中断系统来实现的。

首先以现实生活中的例子说明中断的概念。例如,某人正在看报纸时忽然电话铃响了,他可能放下报纸去接电话。电话打完后,他再重新开始看报纸。这种停止手头任务去执行一项更紧急的任务,等到紧急任务完成后再继续执行原来任务的概念就是中断。不仅如此,还可能有更复杂的情形(见图 5.1),如人在看报纸的时候电话铃突然响了,在接电话过程中又发现厨房的水开了,这时必须立刻中止电话交谈,先去厨房关煤气、灌开水,然后接着打电话。电话打完后,才能继续看报纸。这一过程包含了电话铃响和水开了两个突发事件,看报纸的活动被连续两次突发事件中断。

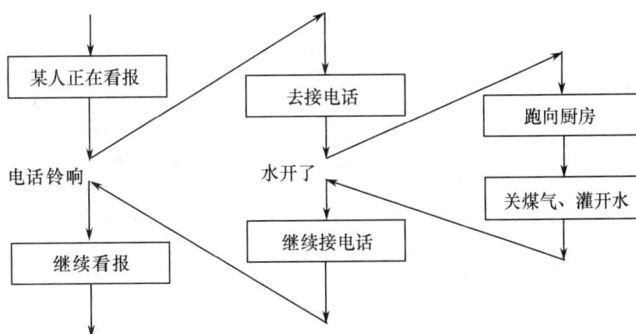

图 5.1 生活中的中断实例

同理,单片机中也可有类似的中断问题,例如,若规定按键扫描处理优先于显示器输出处理,则 CPU 在处理显示器内容的过程中,可以被按键的动作所打断,转而处理键盘扫描问题。待扫描结束后,再继续进行显示器处理过程。由此可见,所谓中断是指计算机在运行当前程序的过程中,若遇紧急或突发事件,可以暂停当前程序的运行,转向处理该突发事件,处理完成后再从当前程序的间断处接着运行。

如果把人比作单片机中的 CPU，大脑就相当于 CPU 的中断管理系统。由中断管理系统处理突发事件的过程，称为 CPU 的中断响应过程。中断管理系统能够处理的突发事件称为中断源，中断源向 CPU 提出的处理请求称为中断请求，针对中断源和中断请求提供的服务函数称为中断服务函数（或中断函数）。在中断服务过程中执行更高级别的中断服务称为中断嵌套。具有中断嵌套功能的系统称为多级中断系统，反之称为单级中断系统。二级中断系统如图 5.2 所示。

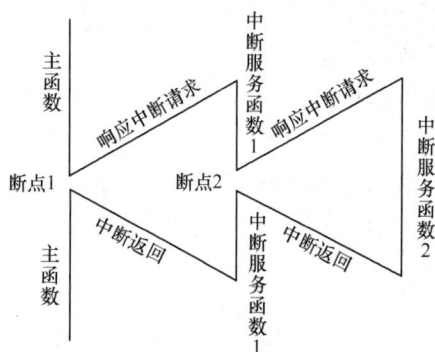

图 5.2　二级中断系统

图 5.2 表明，中断过程与调用一般函数过程有许多相似性，如两者都需要保护断点、都可实现多级嵌套等。但中断过程与调用一般函数过程从本质上讲是不同的，主要表现在服务时间和服务对象方面。

首先，调用一般函数过程是程序设计者事先安排的，而调用中断函数过程却是系统根据工作环境随机决定的。因此，前者在调用函数中的断点是明确的，而后者的断点则是随机的。其次，主函数与调用函数之间具有主从关系，而主函数与中断函数之间则是平行关系。最后，一般函数调用是纯粹的软件处理过程，而中断函数调用却是需要软硬件配合才能完成的过程。

中断是计算机的一个重要功能，采用中断技术能够实现以下功能。

① 分时操作：计算机的中断系统可以使 CPU 与多个外设同时工作。CPU 在启动外设后，便继续执行主程序；而外设被启动后，开始进行准备工作。当某一外设准备就绪时，就向 CPU 发出中断请求，CPU 响应该中断请求并为其服务完毕后，返回到原来的断点处继续运行主程序。外设在得到服务后，也继续进行自己的工作。因此，CPU 可以使多个外设同时工作，并分时为各外设提供服务，从而大大提高了 CPU 的利用率和输入/输出的速度。

② 实时处理：当计算机用于实时控制时，请求 CPU 提供服务是随机发生的。有了中断系统，CPU 就可以立即响应并加以处理。

③ 故障处理：计算机在运行时往往会出现一些故障，如电源断电、存储器奇偶校验出错、运算溢出等。有了中断系统，当出现上述情况时，CPU 可及时转去执行故障处理程序，自行处理故障而不会死机。

【实例 5.1】按键状态检测。

在图 5.3 所示的单片机电路中，P2.0 引脚接有一个发光二极管 D1，P3.2 引脚接有一个按键。要求分别采用查询法和中断法编程，实现按键每压下一次，D1 的发光状态反转一次的功能。

【解】分析：反复读取 P3.2 引脚的电平，如果为 0 电平，就使 P2.0 的输出值反转一次；否则就继续读取 P3.2。

查询法的程序如下：

```
#include<reg51.h>
sbit p2_0=P2^0;                 //定义位变量
sbit p3_2=P3^2;                 //定义位变量
void main(void){                //主函数
    while(1){                   //无限循环
        if(p3_2==0) p2_0=!p2_0; //如果按键压下，D1 电平翻转
}}
```

可见，程序中只有 p3_2 为 0 电平时才将 p2_0 变量值取反，而其余时间一直在进行循环检测。显然这一过程要消耗大量主函数的检测机时。

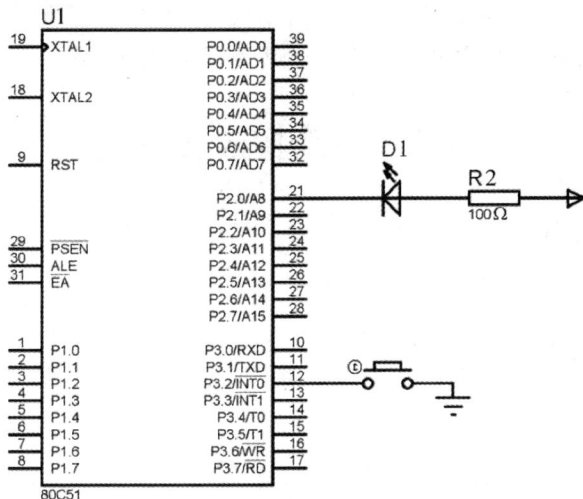

图 5.3　按键状态检测电路

中断法编程的思路是：让系统在后台等待被测源 P3.2 的状态变化，一旦有变就中断主函数的任务，转而执行 P2.0 的输出。

中断法的程序如下：

```
#include<reg51.h>
sbit p2_0=P2^0;                    //定义位变量
int0_srv() interrupt 0{            //中断函数
    p2_0=!p2_0;                     //输出翻转电平
}
void main(void){                   //主函数
    IT0=1;                          //中断初始化
    IE=0x81;                        //中断初始化
    while(1);                       //无限循环
}
```

程序由主函数和中断函数组成，中断函数 int0_srv( )完成 p2_0 电平翻转作用，主函数中的 while(1)语句则模拟任意任务。查询法和中断法的程序运行效果都如图 5.4 所示。

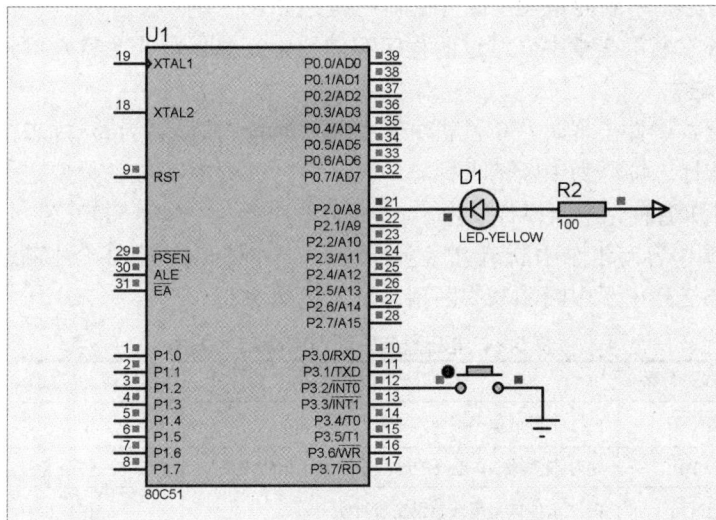

图 5.4　实例 5.1 的程序运行效果

结果：相比于查询法，中断法在主函数中没有按键检测语句，不会消耗主函数的检测机时，因而检测效率远高于查询法。

但没有按键检测语句，中断函数又是如何自动执行的？该主函数中的两条变量赋值语句起什么作用？要回答这些问题，需要进一步了解中断控制系统的内容。

5.2 中断控制系统

5.2.1 中断系统结构

1. 中断源

如前所述，中断源是中断管理系统能够处理的突发事件。显然，中断源的数量和种类越多，单片机处理突发事件的能力就越强。51单片机中断源的数量因具体机型而异，最典型的80C51共有5个中断源，见表5.1。

表5.1 80C51的中断源

中断源	中断源名称	中 断 向 量	中 断 号
P3.2 引脚的电平/脉冲状态	$\overline{INT0}$	0003H	0
定时/计数器 0 的溢出标志位状态	T0	000BH	1
P3.3 引脚的电平/脉冲状态	$\overline{INT1}$	0013H	2
定时/计数器 1 的溢出标志位状态	T1	001BH	3
串行口数据缓冲器的工作状态	TX/RX	0023H	4

表 5.1 中，$\overline{INT0}$ 和 $\overline{INT1}$ 都是以单片机特定引脚上的电平或脉冲状态为中断事件的，统称为外部中断；而其余 3 个中断源都是以单片机内部某个标志位的电平状态为中断事件的，统称为内部中断。

中断事件出现后，系统将调用与该中断源相对应的中断函数进行中断处理。汇编语言中规定了 5 个特殊的 ROM 单元用于引导中断服务程序的调用，这些单元的地址称为中断向量。汇编编程时，需要在此单元处放置一条指向中断服务程序入口地址的跳转语句，以便引导中断服务程序的执行。对于 C51 语言，调用中断函数时不用中断向量，而要用到与中断源相应的中断号。80C51 的中断源、中断向量及中断号的对应关系如表 5.1 所示。

至此便可理解本书第 2 章中介绍过的程序存储器中需要保留 5 个特殊单元的目的。

2. 中断请求标志

当中断源的突发事件出现时，单片机中某些特殊功能寄存器的特殊标志位将被硬件方式自动修改，这些特殊标志位称为中断请求标志。程序运行过程中，CPU 只要定期查看中断请求标志是否为 1，便可知道有无中断事件发生。

0~3 号中断源中各有 1 个中断请求标志，而 4 号中断源对应有 2 个中断请求标志（但公用1 个中断号）。表 5.2 列出了中断源与中断请求标志的关系。

表5.2 中断源与中断请求标志的关系

中断源名称	中断触发方式	中断请求标志及取值
$\overline{INT0}$	P3.2 出现低电平或负跳变脉冲后	IE0=1
T0	定时/计数器 T0 接收的脉冲数达到溢出程度后	TF0=1
$\overline{INT1}$	P3.3 出现低电平或负跳变脉冲后	IE1=1
T1	定时/计数器 T1 接收的脉冲数达到溢出程度后	TF1=1
TX/RX	一帧串行数据被发送出去后	TI=1
	一帧串行数据被接收进来后	RI=1

可见，中断源出现某种特定信号时，相应的中断请求标志将自动置 1。中断请求标志清 0 问题比较复杂，将在中断撤销的内容中介绍。为了更好地理解表 5.2，下面分别介绍中断请求标志的工作原理。

（1）外部中断源（$\overline{\text{INT0}}$ 和 $\overline{\text{INT1}}$）

$\overline{\text{INT0}}$ 信号通过 P3.2 引脚输入，$\overline{\text{INT1}}$ 信号通过 P3.3 引脚输入，输入的信号有电平和脉冲两种形式。$\overline{\text{INT0}}$ 中断请求原理如图 5.5 所示。

图 5.5 中，$\overline{\text{INT0}}$ 信号可以通过 IT0 逻辑开关切换后，分两路作用到中断请求标志单元 IE0 上。其中，若 IT0 =0，则 $\overline{\text{INT0}}$ 信号可经非门到达 IE0。此时，若 $\overline{\text{INT0}}$ 为高电平，则 IE0 硬件清 0；若 $\overline{\text{INT0}}$ 为低电平，则 IE0 硬件置 1。若 IT0 =1，则 $\overline{\text{INT0}}$ 信号可经施密特触发器到达 IE0。此时，若 $\overline{\text{INT0}}$ 为正跳变脉冲，则 IE0 硬件清 0；若 $\overline{\text{INT0}}$ 为负跳变脉冲，则 IE0 硬件置 1。可见，在 IT0 的控制下，上述两种 $\overline{\text{INT0}}$ 信号都可影响中断请求标志 IE0。

同理，可以说明 $\overline{\text{INT1}}$ 信号与 IE1 标志的关系。

（2）内部中断源（T0 和 T1）

51 单片机内部有两个完全相同的定时/计数器 T0 和定时/计数器 T1。在 T0 或 T1 中装入初值并闭合逻辑开关后，T0 或 T1 中便会自动累加注入的脉冲信号。T0 中断源的工作原理如图 5.6 所示。

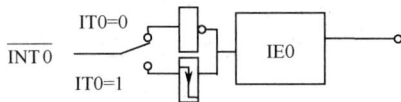

图 5.5　$\overline{\text{INT0}}$ 中断请求原理

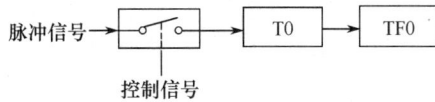

图 5.6　T0 中断源工作原理

当 T0 被充满溢出后，可向位寄存器 TF0 "进位"，产生硬件置 1 的效果。TF0 在系统响应中断请求后才会被硬件清 0，否则将一直保持溢出时的高电平状态。

同理可以说明中断源 T1 与中断请求标志 TF1 的关系。有关 T0 和 T1 的具体工作原理将在第 6 章中进一步介绍。

（3）内部中断源（TX/RX）

51 单片机具有内部发送控制器和接收控制器，可对串行数据进行收发控制，如图 5.7 所示。

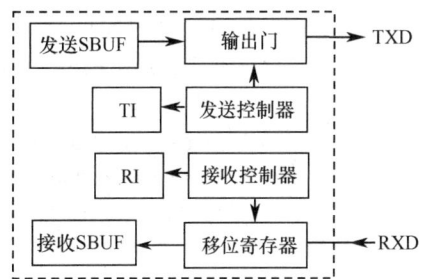

图 5.7　TX/RX 中断源工作原理

若来自 RXD 引脚的一帧数据经过移位寄存器被送入 "接收 SBUF" 单元后，接收控制器将使位寄存器 RI 硬件置 1；同理，若来自 "发送 SBUF" 单元的一帧数据经过输出门发送出去后，发送控制器将使位寄存器 TI 硬件置 1。与前 4 种中断源不同的是，系统响应中断后，RI 和 TI 都不会硬件清 0，而是需要由软件方式清 0。有关 RI 和 TI 的具体工作原理将在第 7 章中进一步介绍。

5.2.2　中断的控制

用户对单片机中断系统的操作是通过控制寄存器实现的。为此，80C51 设置了 4 个控制寄存器，即定时控制寄存器 TCON、串行口控制寄存器 SCON、中断优先级控制寄存器 IP 及中断允许控制寄存器 IE。这 4 个控制寄存器都是特殊功能寄存器，由它们组成的中断系统如图 5.8 所示。

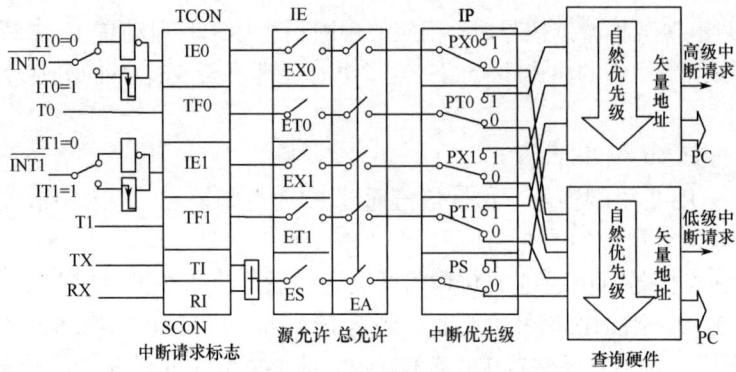

图 5.8　中断系统的组成

图 5.8 中显示，中断信号的传送是分别沿着 5 条水平路径由左向右进行的，4 个控制寄存器在中断中的作用已经清楚地表现出来了，下面分别进行介绍。

1. TCON 寄存器

TCON 为定时控制寄存器（Timer/Counter Control Register），字节地址为 88H，可位寻址。该寄存器中有 6 个位寄存器与中断有关，2 个位寄存器与定时/计数器有关，TCON 寄存器的位定义如图 5.9 所示。

TF1	TR1	TF0	TR0	IE1	IT1	IE0	IT0
8FH	8EH	8DH	8CH	8BH	8AH	89H	88H
位7	位6	位5	位4	位3	位2	位1	位0

位 7：定时/计数器 T1 的溢出中断请求标志位，TF1
　　　启动 T1 计数后，T1 从初值开始加1计数，当最高位产生溢出时，由硬件将 TF1 置1，并向 CPU 申请中断，CPU 响应 TF1 中断时，将 TF1 清0

位 5：定时/计数器 T0 的溢出中断请求标志位，TF0
　　　作用同 TF1

位 3：外部中断1的中断请求标志位，IE1
　　　IT1=0：在每个机器周期对 $\overline{\text{INT1}}$ 引脚进行采样，若为低电平，则 IE1=1，否则 IE1=0
　　　IT1=1：当某一个机器周期采样到 INT1 引脚从高电平跳变为低电平时，IE1=1，此时表示外部中断1正在向 CPU 申请中断。当 CPU 响应中断转向中断服务程序时，由硬件将 IE1 清0

位 2：外部中断1的中断触发方式控制位，IT1
　　　0：电平触发方式，引脚 $\overline{\text{INT1}}$ 上低电平有效
　　　1：边沿触发方式，引脚 $\overline{\text{INT1}}$ 上的电平从高到低的负跳变有效
　　　可由软件置1或清0

位 1：外部中断0的中断请求标志位，IE0
　　　作用同 IE1

位 0：外部中断0的中断触发方式控制位，IT0
　　　作用同 IT1

图 5.9　TCON 寄存器的位定义

由图 5.9 可知，与中断有关的位寄存器分别是：$\overline{\text{INT0}}$ 的中断请求标志位 IE0(TCON^1)、T0 的中断请求标志位 TF0(TCON^5)、$\overline{\text{INT1}}$ 的中断请求标志位 IE1(TCON^3)、T1 的中断请求标志位 TF1(TCON^7)、$\overline{\text{INT0}}$ 的中断触发方式选择位 IT0(TCON^0) 和 $\overline{\text{INT1}}$ 的中断触发方式选择位 IT1(TCON^2)。本章实例 5.1 中的 IT0=1 语句，就是令 $\overline{\text{INT0}}$ 为脉冲触发方式的中断初始化设置。

另外，还有两个位寄存器——TR1 和 TR0，它们都与中断无关（与定时/计数器 T1 和 T0 有关），其功能将在第 6 章中进行介绍。51 单片机复位后，TCON 初值为 0，即默认为无上述 4 个

中断请求，且为电平触发外部中断方式。

2. SCON 寄存器

SCON 为串行口控制寄存器（Serial Control Register），字节地址为98H，可位寻址。SCON 中只有两位与中断有关，即接收中断请求标志位 RI（SCON^0）和发送中断请求标志位 TI（SCON^1），SCON 寄存器的位定义如图 5.10 所示。

						TI	RI
						99H	98H
位7	位6	位5	位4	位3	位2	位1	位0

位 1：串行口发送中断请求标志位，TI

　　　CPU将一字节的数据写入发送缓冲器SBUF时，就启动一帧串行数据的发送，每发送完一帧串行

　　　数据后，硬件自动将TI置1。但CPU响应中断时，并不清除TI，而必须在中断服务程序中用软件

　　　对TI进行清0

位 0：串行口接收中断请求标志位，RI

　　　当串行口允许接收时，每接收完一个串行帧，硬件自动将RI置1。CPU在响应本中断时，并不清除

　　　RI，而必须在中断服务程序中用软件对RI进行清0

图 5.10　SCON 寄存器的位定义

结合图 5.8 可知，TI 和 RI 虽然是两个中断请求标志位，但在 SCON 之后经或门电路合成为一个信息，统一接受中断管理，其具体内容将在第 7 章中介绍。

3. IE 寄存器

IE 为中断允许控制寄存器（Interrupt Enable Register），字节地址为 A8H，可位寻址。中断请求标志硬件置 1 后，能否得到 CPU 中断响应取决于 CPU 是否允许中断。允许中断称为中断开放，不允许中断称为中断屏蔽。

从图 5.8 中可以看出，中断请求标志要受两级"开关"的串联控制，即 5 个源允许和 1 个总允许。当中断允许总控制位 EA=0 时，所有的中断请求都被屏蔽；当 EA=1 时，CPU 开放总中断。每个源允许位对中断请求的控制作用都是单项的，可以根据需要分别使其处于开放（=1）或屏蔽（=0）状态。IE 寄存器的位定义如图 5.11 所示。

EA			ES	ET1	EX1	ET0	EX0
AFH			ACH	ABH	AAH	A9H	A8H
位7	位6	位5	位4	位3	位2	位1	位0

位 7：中断允许总控制位，EA

　　　1：CPU开放中断

　　　0：CPU屏蔽所有的中断请求

位 4：串行口中断允许位，ES

　　　1：允许串行口中断

　　　0：禁止串行口中断

位 3：定时/计数器T1的溢出中断允许位，ET1

　　　1：允许T1中断

　　　0：禁止T1中断

位 2：外部中断1中断允许位，EX1

　　　1：允许外部中断1中断

　　　0：禁止外部中断1中断

位 1：定时/计数器T0的溢出中断允许位，ET0

　　　作用同ET1

位 0：外部中断0中断允许位，EX0

　　　作用同EX1

图 5.11　IE 寄存器的位定义

单片机复位后，IE 的初值为 0，因此默认为是整体中断屏蔽。若要在程序中使用中断，必须通过软件方式进行中断初始化。实例 5.1 中的 IE=0x81 语句，就是令 EA 和 EX0 置 1，其余位保持为 0 的中断初始化设置。

4. IP 寄存器

IP 寄存器为中断优先级控制寄存器（Interrupt Priority Register），字节地址为 B8H，可位寻址。IP 寄存器的位定义如图 5.12 所示。

			PS	PT1	PX1	PT0	PX0
			BCH	BBH	BAH	B9H	B8H
位7	位6	位5	位4	位3	位2	位1	位0

位 4：串行口中断优先级控制位，PS
　　1：串行口中断定义为高优先级中断
　　0：串行口中断定义为低优先级中断
位 3：定时/计数器 T1 中断优先级控制位，PT1
　　1：定时/计数器 T1 定义为高优先级中断
　　0：定时/计数器 T1 定义为低优先级中断
位 2：外部中断 1 中断优先级控制位，PX1
　　1：外部中断 1 定义为高优先级中断
　　0：外部中断 1 定义为低优先级中断
位 1：定时/计数器 T0 中断优先级控制位，PT0
　　作用同 PT1
位 0：外部中断 0 中断优先级控制位，PX0
　　作用同 PX1

图 5.12　IP 寄存器的位定义

根据图 5.12，51 单片机的每个中断源都可被设置为高优先级中断（=1）或低优先级中断（=0）。其中，运行中的低优先级中断函数可被高优先级中断请求所打断（实现中断嵌套），而运行中的高优先级中断函数则不能被低优先级中断请求所打断。此外，同级的中断请求不能打断正在运行的同级中断函数。

为了实现上述中断系统的优先级功能，51 单片机的中断系统有两个不可寻址的优先级状态触发器。其中一个指出 CPU 是否正在执行高优先级中断服务程序，如果该触发器置 1，所有后来的中断请求均被阻止；另一个指出 CPU 是否正在执行低优先级中断服务程序，该触发器置 1 时，所有同级的中断请求都被阻止，但不阻止高优先级的中断请求。

当多个同级中断源同时提出中断请求时，CPU 将依据表 5.3 所示的自然优先级查询中断请求，自然优先级高的中断请求优先得到响应。

结合图 5.8 可知，通过设置 IP 寄存器，每个中断请求都可被划分到高级中断请求或低级中断请求的队列中，每个队列中又可依据自然优先级排队。如此一来，用户就能根据需要指定中断源的重要等级。

51 单片机复位后，IP 初值为 0，即默认为全部低级中断。例如实例 5.1 就是这一默认设置。

表 5.3　中断向量单元地址和自然优先级

中断源名称	中断号	中断自然优先级
INT0	0	最高
T0	1	
INT1	2	↓
T1	3	
TX/RX	4	最低

5.3 中断控制过程

中断处理包括中断请求、中断响应、中断服务、中断返回等环节。其中中断请求在前面已有介绍,中断返回与 C51 编程关系不大,故本节仅对与中断响应、中断服务有关的内容介绍如下。

1. 中断响应

中断响应是指 CPU 从发现中断请求,到开始执行中断函数的过程。CPU 响应中断的基本条件为:

① 有中断源发出中断请求;

② 中断允许总控制位 EA=1,即 CPU 开中断;

③ 申请中断的中断源的中断允许位为 1,即没有被屏蔽。

满足以上条件后,CPU 一般都会响应中断。但如果遇到一些特殊情况,中断响应还将被阻止,例如 CPU 正在执行某些特殊指令,或 CPU 正在处理同级的或更高优先级的中断等。待这些中断情况撤销后,若中断标志尚未消失,则 CPU 还可继续响应中断请求,否则中断响应将被中止。

CPU 响应中断后,由硬件自动执行如下功能操作:

① 中断优先级查询,对后来的同级或低级中断请求不予响应;

② 保护断点,即把程序计数器 PC 的内容压入堆栈保存;

③ 清除可清除的中断请求标志位(见中断撤销);

④ 调用中断函数并开始运行;

⑤ 返回断点继续运行。

可见,除中断函数运行是软件方式外,其余中断处理过程都是由单片机硬件自动完成的。

2. 响应时间

从查询中断请求标志到执行中断函数第一条语句所经历的时间,称为中断响应时间。不同中断情况,中断响应时间是不一样的,以外部中断为例,最短的响应时间为 3 个机器周期。这是因为,CPU 在每个机器周期的 S6 期间查询每个中断请求的标志位。如果该中断请求满足所有中断条件,则 CPU 从下一个机器周期开始调用中断函数,而完成调用中断函数的时间需要 2 个机器周期。这样中断响应共经历了 1 个查询机器周期加 2 个调用中断函数周期,总计 3 个机器周期,这也是对中断请求作出响应所需的最短时间。

如果中断响应受阻,则需要更长的响应时间,最长响应时间为 8 个机器周期。一般情况下,在一个单中断系统里,外部中断的响应时间在 3~8 个机器周期之间。如果是多中断系统,且出现了同级或高优级级中断正在响应或正在服务中,则需要等待响应,那么响应时间就无法计算了。

这表明,即使采用中断处理突发事件,CPU 也存在一定的滞后时间。在可能的范围内提高单片机的时钟频率(缩短机器周期),可减少中断响应时间。

3. 中断撤销

中断响应后,TCON 和 SCON 中的中断请求标志位应及时清 0,否则中断请求将仍然存在,并可能引起中断误响应。不同中断请求的撤销方法是不同的。

对于定时/计数器中断,中断响应后,由硬件自动对中断标志位 TF0 和 TF1 清 0,中断请求可自动撤销,无须采取其他措施。

对于脉冲触发的外部中断请求,在中断响应后,也由硬件自动对中断请求标志位 IE0 和 IE1 清 0,即中断请求的撤销也是自动的。

对于电平触发的外部中断请求,情况则不同。中断响应后,硬件不能自动对中断请求标志位 IE0 和 IE1 清 0。中断的撤销,要依靠撤除 $\overline{INT0}$ 和 $\overline{INT1}$ 引脚上的低电平,并用软件使中断请求标志位清 0 才能有效。由于撤除低电平需要有外加硬件电路配合，比较烦琐，因而采用脉冲触发方式便成为常用的做法。

对于串行口中断，其中断标志位 TI 和 RI 不能自动清 0。因为在中断响应后，还要测试这两个标志位的状态，以判定是接收操作还是发送操作，然后才能清除。所以串行口中断请求的撤销是通过软件方法实现的。

4．中断函数

中断服务是针对中断源的具体要求进行设计的，需要用户自己编写。C51 中断函数采用如下定义格式：

```
void 函数名 (void)interrupt n 〔using m〕
{ 函数体语句 }
```

这里 interrupt 和 using 都是 C51 扩展的关键词，其中：

整数 n 是与中断源相对应的中断号，使用 interrupt n 可以让编译器知道相应中断向量地址（=8n+3），并在这个地址上自动安排一个指向该中断函数首地址的无条件跳转指令。由于无须人工处理跳转，编写 C51 中断函数要比编写汇编语言中断服务程序更加简明快捷。由表 5.1 可知，C51 中断号 n 与 80C51 中断源的关系为：从 n=0～4 依次对应于 $\overline{INT0}$，T0，$\overline{INT1}$，T1，TX/RX。

整数 m 是工作寄存器组的组号，C51 组号 m 与 80C51 工作寄存器组的关系如表 5.4 所示。使用 using m 可以切换工作寄存器组，省去中断响应时为保护断点进行的压栈操作，从而提高中断处理的实时性。using m 省略时默认采用当前工作寄存器组（由特殊功能寄存器 PSW 的 RS1 和 RS0 位设定）。

表5.4　组号 m 与工作寄存器组的关系

组号 m	工作寄存器组	字节地址	RS1　RS0
0	第 0 组：R0～R7	0～0x07	0　　0
1	第 1 组：R0～R7	0x08～0x0f	0　　1
2	第 2 组：R0～R7	0x10～0x17	1　　0
3	第 3 组：R0～R7	0x18～0x1f	1　　1

本书 3.6.2 节中曾介绍过 C51 一般函数的定义格式：

〔返回值类型〕函数名（〔形式参数〕）〔编译模式〕〔reentrant〕〔interrupt x〕〔using y〕

比较这两个函数的定义格式可见，C51 中断函数是 C51 一般函数的一个特例：

① 中断函数是没有返回值的 void 型函数；

② 中断函数是没有形参的无参函数；

③ 中断函数采用系统默认的编译模式；

④ 中断函数不是可重入的函数。

使用 C51 中断函数还需要注意以下几点。

① 允许在中断函数中使用 return 语句（表示结束中断），但不能使用带有表达式的 return 语句，如 return(z)。

② 可以通过使用全局变量，将变量值传入或传出中断函数，以此弥补无参和无返回值的使用限制。

③ 中断函数只能被系统调用，不能被其他任意函数调用。

④ 为提高中断响应的实时性，中断函数应尽量简短，并尽量使用简单变量类型及简单算术运算。一种常用的编程做法是，在中断函数中仅更新全局性标志变量值，而在主函数或其他函数中根据该标志变量值再做相应处理，这样就能较好地发挥中断对突发事件的应急处理能力。

5.4 中断编程和应用实例

5.4.1 中断应用实例

为了更好地理解中断原理，下面将分析一些中断应用实例。

【实例5.2】中断扫描法行列式键盘。

试比较查询法键盘和中断扫描法键盘的差异，并完成中断扫描法键盘的硬件设计和软件编程。

【解】在第4章中已介绍过行列式键盘的工作原理，并编写了相应的键盘扫描程序。但应注意的是，在单片机应用系统中，键盘扫描只是 CPU 工作的内容之一。CPU 在忙于各项工作任务时，需要兼顾键盘扫描，既保证不失时机地响应键操作，又不过多地占用 CPU 时间。因此，可以采用中断扫描方式来提高 CPU 的效率，即只有在键盘有键按下时，才执行键盘扫描程序；如果无键按下，则将键盘视为不存在。

图 5.13 所示为采用中断方式的键盘接口。由图可见，与图 4.26 电路相比，图 5.13 电路中增加了一个型号为 4082 的 4 与门集成元件。4 个与门输入端分别与 4 条行线并联，与门输出端则与 $\overline{INT0}$ （P3.2）引脚相连。

当各列电平都为 0 时，无论按下哪个按键，与门的输出端都可形成 $\overline{INT0}$ 的中断请求信号。这样便可将按键的扫描查询工作放在中断函数中进行，从而达到既快速响应按键动作，又提高 CPU 工作效率的目的。

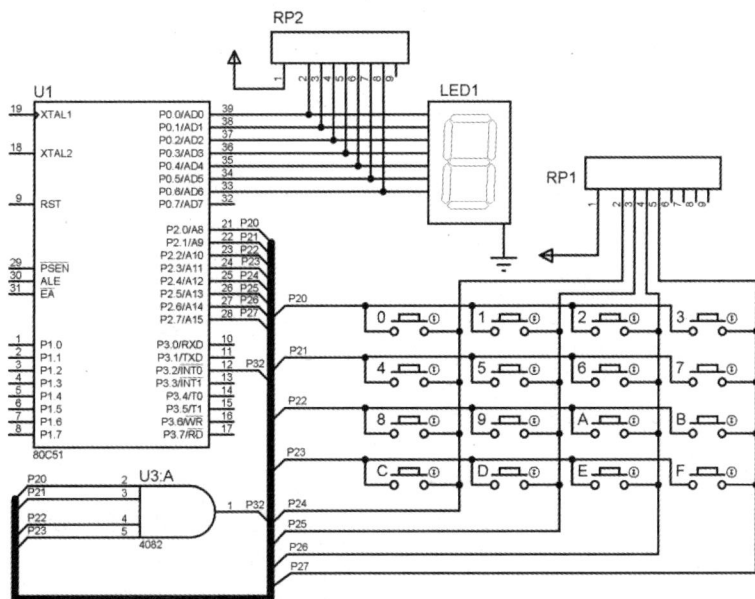

图 5.13　中断方式的键盘接口

实例 5.2 的参考程序如下：

```
//实例 5.2 中断扫描法行列式键盘
#include<reg51.h>
char led_mod []={0x3f,0x06,0x5b,0x4f,0x66,0x6d,0x7d,0x07,     //led 字模
0x7f,0x6f,0x77,0x7c,0x58,0x5e,0x79,0x71};

char key_buf []={0xee,0xde,0xbe,0x7e,0xed,0xdd,0xbd,0x7d,      //键值
0xeb,0xdb,0xbb,0x7b,0xe7,0xd7,0xb7,0x77};

void getKey() interrupt 0{                         // INT0中断函数
   char key_scan []={0xef,0xdf,0xbf,0x7f};    //键扫描码
```

```
        char i=0,j=0;
        for(i=0;i<4;i++) {
            P2=key_scan [i] ;                        //输出扫描码
            for(j=0;j<16;j++) {
                if(key_buf [j] ==P2 ){               //读键值并判断键号
                    P0=led_mod [j] ;                 //显示闭合键键号
                    break;
}}}
        P2=0x0f;                                     //为下次中断做准备
}
    void main(void) {
        P0=0x00;                                     //开机黑屏
        IT0=1;                                       //脉冲触发
        EX0=1;                                       // INT0 允许
        EA=1;                                        //总中断允许
        P2=0x0f;                        //为首次中断做准备，列线全为 0，行线全为 1
        while(1);                                    //模拟其他程序功能
```

操作：改写程序模板完成源程序输入，单击【构建】→【构建工程】命令，单击仿真运行按钮▶，实例 5.2 的编程界面和运行界面分别如图 5.14 和图 5.15 所示。

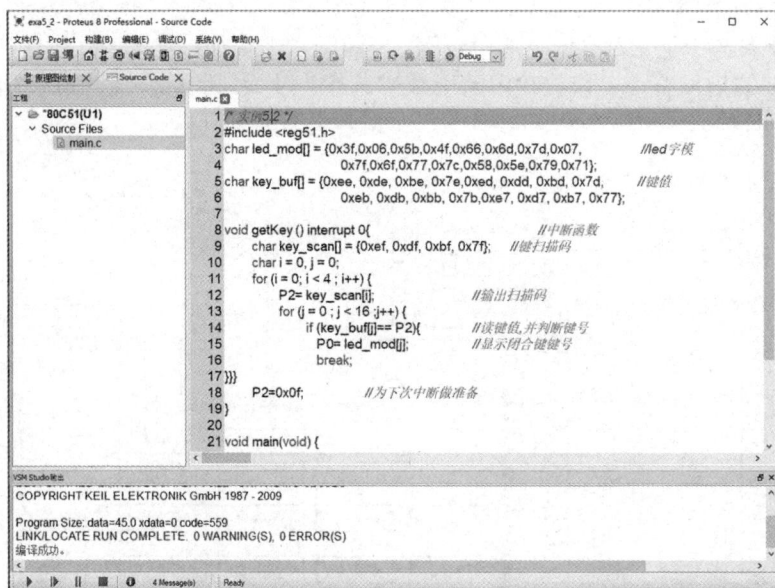

图 5.14　实例 5.2 程序界面

结果：实现了中断扫描方式的行列式键盘运行，响应速度更快，符合题意要求，实例 5.2 完成。

【实例 5.3】中断方式的键控流水灯。

试将第 4 章实例 4.2 用查询法进行按键检测的流水灯示例，改为用中断法进行按键检测的流水灯示例（包括硬件电路和软件编程）。

【解】在第 4 章的实例 4.2 中，按键检测是采用查询法进行的，其流程图如图 5.16 所示。

由于按键查询、标志位修改及流水灯循环几个环节是串联关系，当 CPU 运行于流水灯循环环节时，将因不能及时检测按键状态而使按键操作效果不灵敏。

解决这一问题的思路是，利用外部中断监测按键的状态，一旦有按键动作发生，系统可立即更新标志位。这样，就能保证系统及时按新标志位值控制流水灯运行。为此，需要先对原电路图（见图 4.3）进行改造，加装一个 4 输入与门电路（输入端与 P0 口并联），这样就能将按键闭合电平转化为 $\overline{INT0}$ 中断信号。改造后的电路原理图如图 5.17 所示。

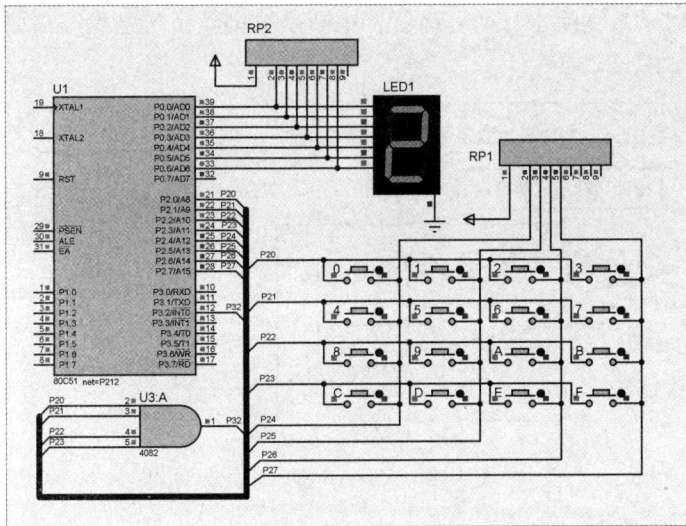

图 5.15　实例 5.2 运行界面

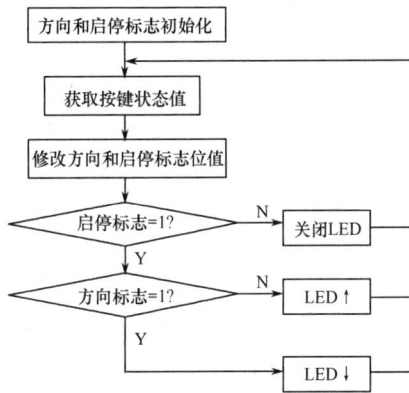

图 5.16　查询法键控流水灯流程图

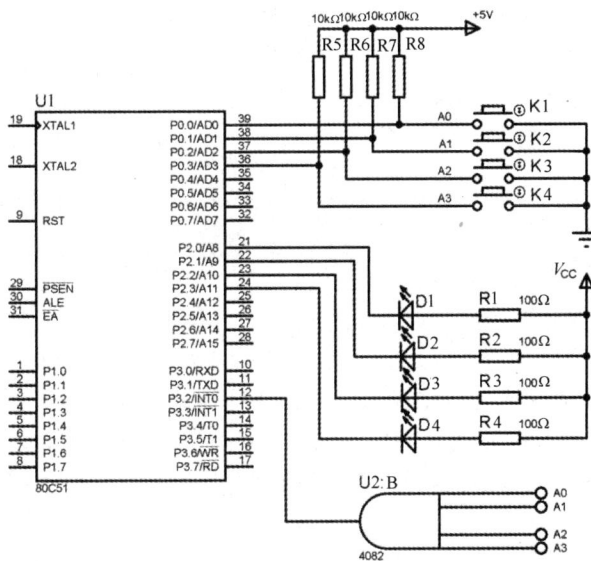

图 5.17　实例 5.3 电路原理图

编程时，主函数只负责流水灯循环运行，中断函数则负责按键检测与标志位刷新，流程图如图 5.18 所示。

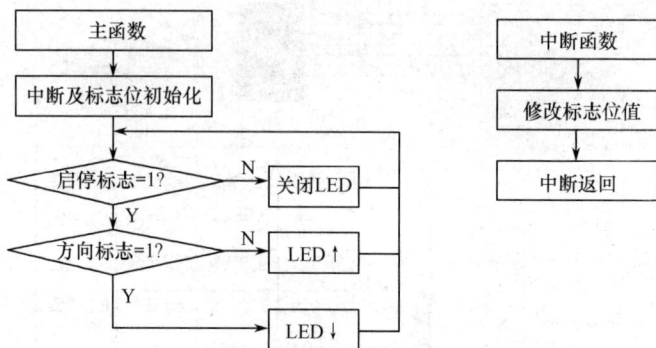

图 5.18　实例 5.3 程序流程图

实例 5.3 参考程序如下：

```c
//实例 5.3 中断方式的键控流水灯
#include "reg51.h"
char led [] ={0xfe,0xfd,0xfb,0xf7};        //LED 亮灯控制字
bit dir=0,run=0;                           //全局变量
void delay(unsigned int time);
key() interrupt 0{                         //键控中断函数
    switch(P0&0x0f){                       //修改标志位状态
    case 0x0e:run=1,dir=0;break;
    case 0x0d:run=0;break;
    case 0x0b:dir=1;break;
    case 0x07:dir=0;break;
}}
void main(){
    char i;
    IT0=1;EX0=1;EA=1;                      //边沿触发、INT0 允许、总中断允许
    while(1){
    if(run)
        if(dir)                            //若 run=dir=1,自上而下流动
            for(i=0;i<=3;i++){
                P2=led [i];
                delay(200);
            }
        else                               //若 run=1, dir=0,自下而上流动
            for(i=3;i>=0;i--){
                P2=led [i];
                delay(200);
            }
    else P2=0xff;                          //若 run=0,灯全灭
}}
void delay(unsigned int time){
    unsigned int j=0;
    for(;time>0;time--)
    for(j=0;j<125;j++);
}
```

操作：改写程序模板完成源程序输入，单击【构建】→【构建工程】命令，单击仿真运行按钮▶，实例 5.3 的编程界面和运行界面分别如图 5.19 和图 5.20 所示。

结果：实现了外部中断法监测按键动作的流水灯控制功能，使切换灵敏度明显增强，实例 5.3 完成。

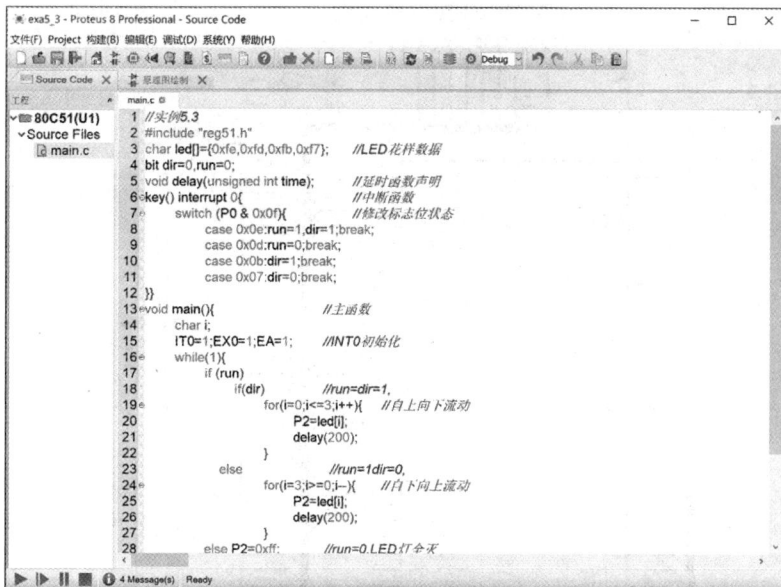

图 5.19　实例 5.3 程序编译界面

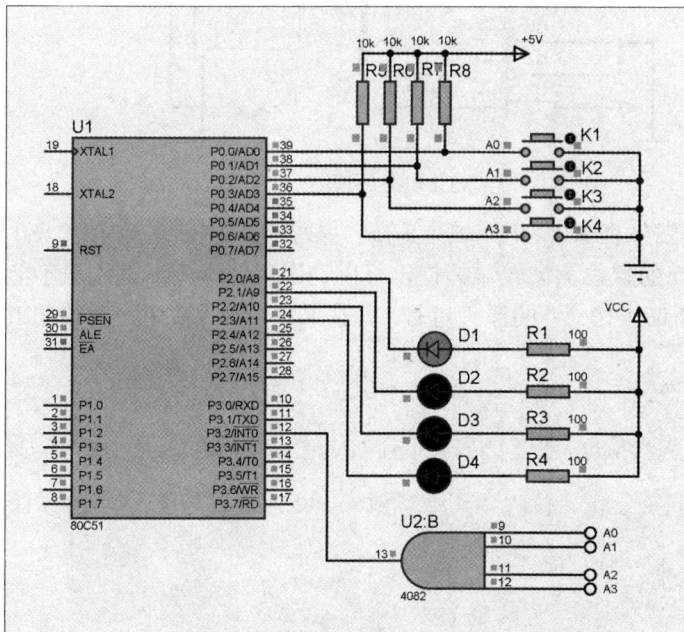

图 5.20　实例 5.3 程序运行界面

实例 5.3 仿真视频

【实例 5.4】中断嵌套演示。

根据图 5.21 所示的数码管显示与按键电路图，编程实现两级外部中断嵌套演示效果。其中 K0 为低优先级中断源，K1 为高优先级中断源。此外，利用发光二极管 D1 验证外部中断请求标志位 IE0 在脉冲触发中断时的硬件置位与撤销过程。

【解】分析：

① 3 个数码管可分别进行字符 1～9 的循环计数显示，其中主函数采用无限计数显示，K0 和 K1 的中断函数则采用单圈计数显示。

② 由于 K0 的自然优先级（接 $\overline{INT0}$ 引脚）高于 K1（接 $\overline{INT1}$ 引脚），故需要将 K1 的中断级别设为高优先级，即 PX1=1，PX0=0。

· 125 ·

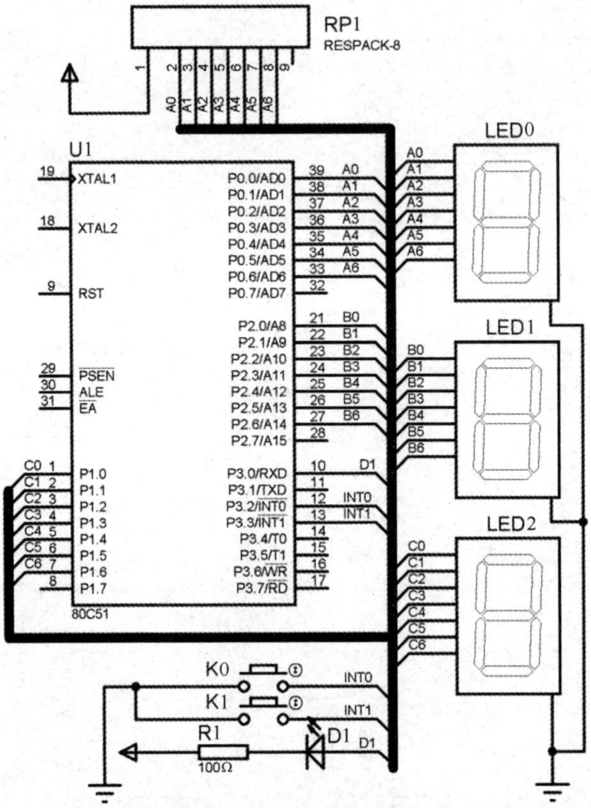

图 5.21　实例 5.4 电路原理图

③ 由于 IE0 的撤销过程发生在 K0 响应中断的瞬间，故在 K0 中断函数中将 IE0 值送 P3.0 输出可验证这一过程。而 IE0 的置位信息较难捕捉，可以利用"低级中断请求虽不能中止高级中断响应过程，但可保留中断请求信息"的原理进行，即在 K1 中断函数中设置输出 IE0 语句。

实例 5.4 的源程序如下：

```
//实例 5.4 中断嵌套演示
#include "reg51.h"
char led_mod[]={0x3f,0x06,0x5b,0x4f,0x66,0x6d,0x7d,0x07, 0x7f,0x6f}; //字模
sbit D1=P3^0;
void delay(unsigned int time){          //延时
    unsigned char j=250;
    for(;time>0;time--)
        for(;j>0;j--);
}
key0() interrupt 0{                      //K0 中断函数
    unsigned char i;
    D1=!IE0;                             //IE0 状态输出
    for(i=0;i<=9;i++){                   //字符 0～9 循环一圈
        P2=led_mod [i];
        delay(35000);
    }P2=0x40;                            //结束符"-"
}
key1() interrupt 2{                      //K1 中断函数
    unsigned char i;
    for(i=0;i<=9;i++){                   //字符 0～9 循环一圈
        D1=!IE0;                         //IE0 状态输出
        P1=led_mod [i];
        delay(35000);
    }P1=0x40;                            //结束符"-"
}
```

```
void main(){
    unsigned char i;
    TCON=0x05;                              //脉冲触发方式
    PX0=0;PX1=1;                            //INT1优先
    D1=1;P1=P2=0x40;                        //输出初值
    IE=0x85;                                //开中断
    while(1){
        for(i=0;i<=9;i++){                  //字符0~9无限循环
            P0=led mod [i];
            delay(35000);
}}}
```

操作：改写程序模板完成源程序输入，单击【构建】→【构建工程】命令，单击仿真运行按钮▶，实例 5.4 的编程界面和运行界面分别如图 5.22 和图 5.23 所示。

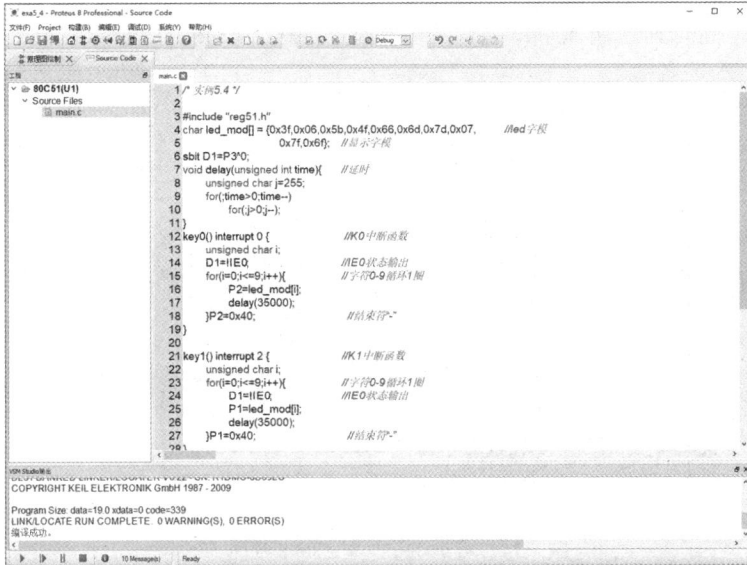

图 5.22　实例 5.4 编译界面

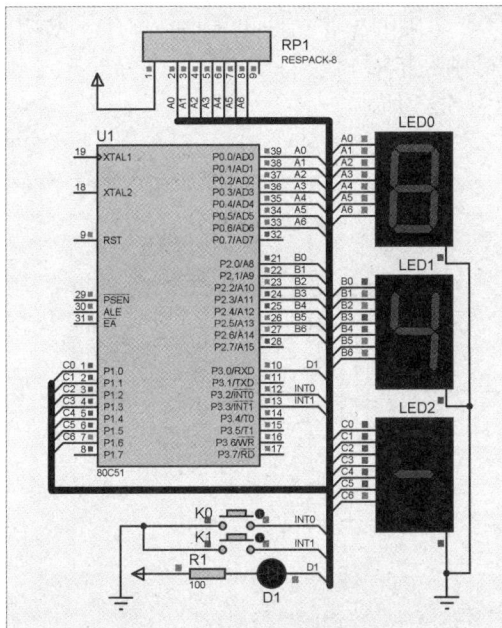

实例 5.4 仿真视频

图 5.23　实例 5.4 程序运行效果

结果：实现了两级外部中断嵌套，以及中断请求标志位的建立与撤销过程的演示效果，可加深对中断原理的理解，实例 5.4 完成。

5.4.2　扩充外部中断源

MCS-51 单片机设置了两个外部中断源输入引脚 $\overline{\text{INT0}}$ 和 $\overline{\text{INT1}}$ 。当所设计的应用系统需要两个以上外部中断源时，就要进行外部中断源的扩展。扩展方式主要有：

1. 利用定时/计数器扩展外部中断源

可以将没用到的定时/计数器中断源作为外部中断源使用（参见第 6 章的实例 6.3）。

2. 利用查询法扩展外部中断源

利用查询法扩展外部中断源的基本思路是，每条中断输入线可以通过"线或"的关系连接多个外部中断源，同时利用输入端口线作为各个中断源的识别线。电路原理图如图 5.24 所示。

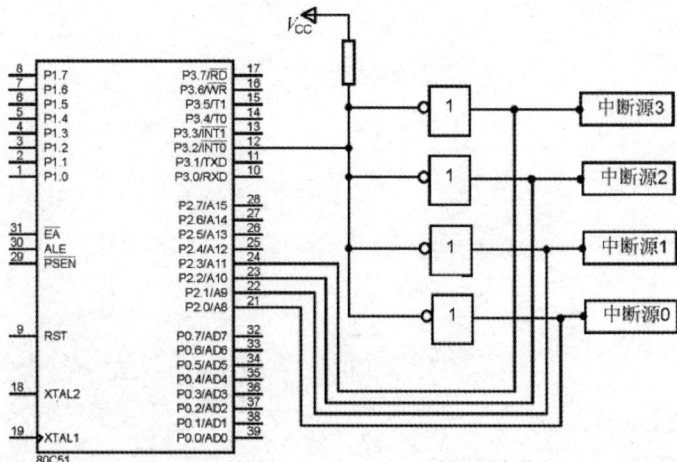

图 5.24　查询法扩展外部中断源电路

由图 5.24 可见，无论哪个外部中断源发出的高电平信号，都会使 $\overline{\text{INT0}}$ 引脚的电平变低产生中断请求，然后通过程序查询 P2.0～P2.3 引脚的电平，即可知道是哪个中断源的中断请求。

3. 采用优先权解码芯片 74LS148 进行中断扩展

解码芯片扩展外部中断源电路原理如图 5.25 所示。

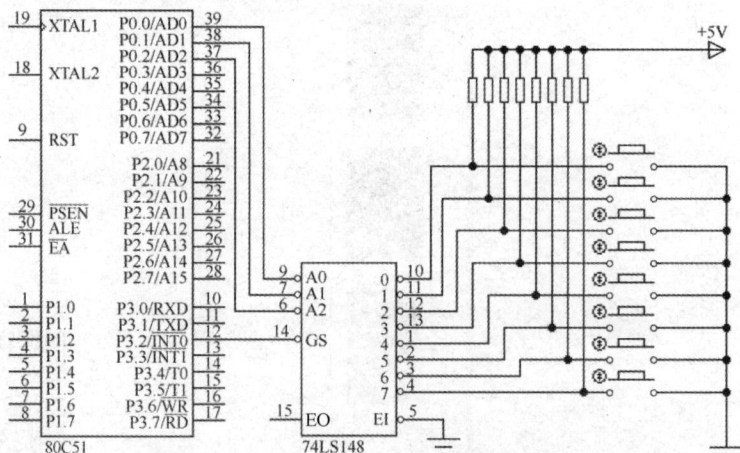

图 5.25　解码芯片扩展外部中断源电路原理

当 8 个任意按键按下时，解码芯片 74LS148 的 GS 引脚都将使 80C51 的 $\overline{\text{INT0}}$ 引脚产生中断请求。中断函数只需保存解码芯片形成的中断分支码，并置位自定义中断标志位即可返回。在主函数中，则可根据中断标志位判断有无中断发生，并根据中断分支码判断中断请求分支号，据此可实现 8 路外部中断源的扩展。

【实例 5.5】扩展 8 路外部中断源。

图 5.26 为模拟解码芯片 74LS148 扩展 8 路外部中断源应用的电路图。试编写程序，实现用数码管的显示值模拟扩展后的中断分支程序的功能。

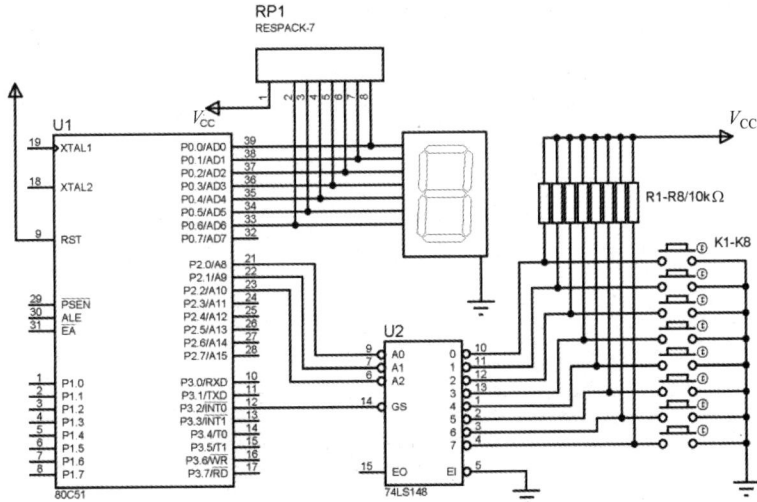

图 5.26　实例 5.5 电路图

【解】分析：P2 中包含了解码芯片 74LS148 的 3 位编码输出值 7~0 和 5 位悬空引脚的高电平。为使其变换为 0~7 的编码信息，可以对 P2 进行取反后再屏蔽高 5 位的运算，即~P2&0x07。然后将变换结果作为分支跳转条件和数码管字模数组指针，实现模拟扩展外部中断函数的效果。

实例 5.5 的源程序如下：

```
//实例 5.5 扩展 8 路外部中断源
#include <reg51.h>
char led_mod[] = {0x3f,0x06,0x5b,0x4f,0x66,0x6d,0x7d,0x07};    //led 字模
unsigned char status;
bit flag;
void service_int0(void) interrupt 0{              //中断服务程序
    flag=1;                                        //设置中断标志
    status=~P2&0x07;                               //保存中断分支号
}
void main(void){
    IT0=1;EX0=1;EA=1;                              //开中断，CPU 开中断
    P0=0x40;                                       //显示初始字符"-"
    for(;;){                                        //无限循环
        if (flag){
            switch(status){                        //根据中断分支号
            case 0:P0=led_mod[status];break;       //显示字符0模拟0#中断服务程序
            case 1:P0=led_mod[status];break;       //显示字符1模拟1#中断服务程序
            case 2:P0=led_mod[status];break;
            case 3:P0=led_mod[status];break;
            case 4:P0=led_mod[status];break;
            case 5:P0=led_mod[status];break;
            case 6:P0=led_mod[status];break;
            case 7:P0=led_mod[status];break;       //显示字符7模拟7#中断服务程序
            }
```

操作：改写程序模板完成源程序输入，单击【构建】→【构建工程】命令，单击仿真运行按钮 ▶，实例 5.5 的编程界面和运行界面分别如图 5.27 和图 5.28 所示。

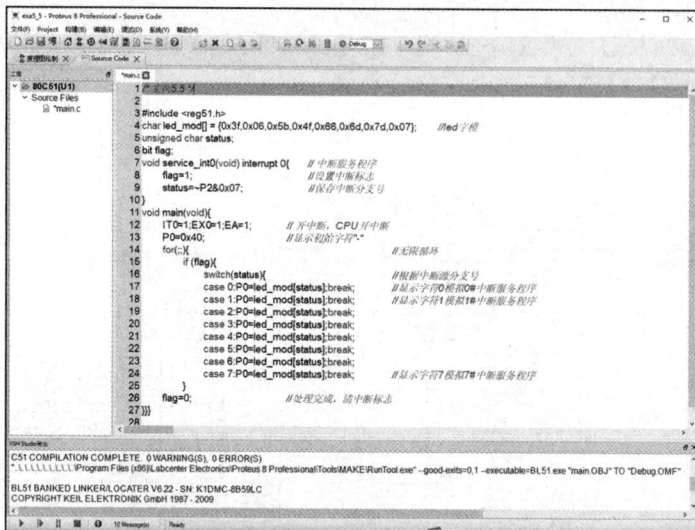

图 5.27　实例 5.5 编程界面

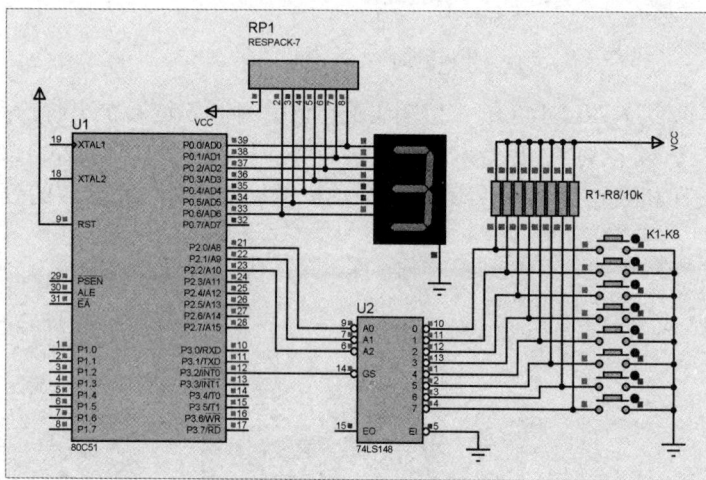

图 5.28　实例 5.5 仿真运行

实例 5.5 仿真视频

结果：实现了利用解码芯片 74LS148 进行中断扩展，并模拟扩展后中断函数的运行，结果符合题意要求，实例 5.5 完成。

本 章 小 结

1. 80C51 共有 5 个中断源，包括两个外部中断源（$\overline{INT0}$、$\overline{INT1}$）和 3 个内部中断源（T0、T1、TX/RX）。中断触发方式分别为：外部引脚上出现低电平或负跳变脉冲（$\overline{INT0}$ 和 $\overline{INT1}$）、定时/计数器中接收的脉冲数达到溢出程度（T0 和 T1）、完成一帧串行数据的发送或接收（TX/RX）。

2. 中断优先级原则为：①高级中断请求可以打断执行中的低级中断，同级中断请求不能打断执行中的同级或高级中断；②多个同级中断源同时提出中断请求时，CPU 将依据自然优先级查询中断请求；③$\overline{INT0}$、T0、

$\overline{INT1}$、T1、TX/RX 的自然优先级依次降低；④单片机复位时，所有中断源都默认为低优先级中断。

3. 中断系统具有 4 个控制寄存器：TCON（定时控制寄存器）、SCON（串行口控制寄存器）、IP（中断优先级控制寄存器）及 IE（中断允许控制寄存器）。

4. CPU 响应中断的基本条件为：①有中断源发出中断请求；②总中断允许控制位 EA=1（开中断）；③中断源的中断允许位为 1（非屏蔽）。

5. 中断函数既没有返回值，也没有调用参数；中断函数只能由系统调用，不能被其他函数调用。中断函数的定义格式为：

```
void  函数名 (void) interrupt n 〔using m〕
  {函数体语句}
```

其中，n 是中断号（n=0～4），m 是工作寄存器组号（m=0～3）。

6. 外部中断应用的要点是：①硬件上保证 $\overline{INT0}$ 和 $\overline{INT1}$ 所需的中断触发信号；②主函数中的中断初始化；③中断函数中的中断请求标志撤销。

思考与练习 5

5.1 单项选择题

（1）外部中断 0 允许中断的 C51 语句为_____。

    A．RI=1;   B．TR0=1;   C．IT0=1;   D．EX0=1;

（2）按照中断源自然优先级顺序，优先级别最低的是_____。

    A．$\overline{INT1}$ B．TX/RX   C．T1   D．$\overline{INT0}$

（3）当 CPU 响应 T1 中断请求后，程序计数器 PC 里自动装入的地址是_____。

    A．0003H   B．000BH   C．0013H   D．001BH

（4）当 CPU 响应外部中断 $\overline{INT0}$ 的中断请求后，程序计数器 PC 里自动装入的地址是_____。

    A．0003H   B．000BH   C．0013H   D．001BH

（5）当 CPU 响应外部中断 $\overline{INT1}$ 的中断请求后，程序计数器 PC 里自动装入的地址是_____。

    A．0003H   B．000BH   C．0013H   D．001BH

（6）在 80C51 中断自然优先级里，级别倒数第二的中断源是_____。

    A．$\overline{INT1}$ B．T0   C．T1   D．$\overline{INT0}$

（7）在 80C51 中断自然优先级里，级别正数第二的中断源是_____。

    A．$\overline{INT1}$ B．T0   C．T1   D．TX/RX

（8）为使 P3.2 引脚出现的外部中断请求信号能得到 CPU 响应，必须满足的条件是_____。

    A．ET0=1   B．EX0=1   C．EA=EX0=1   D．EA=ET0=1

（9）为使定时/计数器 T0 的中断请求信号能得到 CPU 的中断响应，必须满足的条件是_____。

    A．ET0=1   B．EX0=1   C．EA=EX0=1   D．EA=ET0=1

（10）下列关于中断函数的描述中，_____是不正确的。

    A．中断函数是 void 型函数   B．中断函数是无参函数

    C．中断函数是无须定义的函数   D．中断函数是只能由系统调用的函数

（11）80C51 外部中断 $\overline{INT1}$ 和外部中断 $\overline{INT0}$ 的触发方式选择位是_____。

    A．TR1 和 TR0   B．IE1 和 IE0   C．IT1 和 IT0   D．TF1 和 TF0

（12）CPU 对外部中断请求作出响应所需的最短时间为_____机器周期。

    A．1 个   B．2 个   C．3 个   D．8 个

（13）80C51 定时/计数器 T0 的溢出标志 TF0，当计数满在 CPU 响应中断后_____。

    A. 由硬件清 0   B. 由软件清 0   C. 软硬件清 0 均可   D. 随机状态

（14）CPU 响应中断后，由硬件自动执行如下操作的正确顺序是_____。

    ① 保护断点，即把程序计数器 PC 的内容压入堆栈保存

    ② 调用中断函数并开始运行

    ③ 中断优先级查询，对后来的同级或低级中断请求不予响应

    ④ 返回断点继续运行

    ⑤ 清除可清除的中断请求标志位

    A. ①③②⑤④   B. ③②⑤④①   C. ③①②⑤④   D. ③①⑤②④

（15）80C51 有 4 个中断控制寄存器，其中的 IP 寄存器又称为_____寄存器。

    A. 中断允许   B. 串口控制   C. 定时/计数器控制   D. 中断优先级

（16）80C51 的中断服务程序入口地址是指_____。

    A. 中断服务程序的首句地址   B. 中断服务程序的返回地址

    C. 中断向量地址   D. 主程序调用时的断点地址

（17）下列关于 C51 中断函数定义格式的描述中，_____是不正确的。

    A. n 是与中断源对应的中断号，取值为 0～4

    B. m 是工作寄存器组的组号，省略时由 PSW 的 RS0 和 RS1 确定

    C. interrupt 是 C51 的关键词，不能作为变量名

    D. using 也是 C51 的关键词，不能省略

（18）下列关于 $\overline{\text{INT0}}$ 的描述中，_____是正确的。

    A. 中断触发信号由单片机的 P3.0 引脚输入

    B. 中断触发方式选择位 ET0 可以实现电平触发方式或脉冲触发方式的选择

    C. 在电平触发时，高电平可引发 IE0 自动置位，CPU 响应中断后 IE0 可自动清 0

    D. 在脉冲触发时，下降沿引发 IE0 自动置位，CPU 响应中断后 IE0 可自动清 0

（19）下列关于 TX/RX 的描述中，_____是不正确的。

    A. 51 单片机的内部发送控制器和接收控制器都可对串行数据进行收发控制

    B. 若待接收数据被送入"接收 SBUF"单元后，接收控制器可使 RI 位硬件置 1

    C. 若"发送 SBUF"单元中的数据被发送出去后，发送控制器可使 TI 位硬件置 1

    D. 系统响应中断后，RI 和 TI 都会被硬件自动清 0，无须软件方式干预

（20）下列关于中断控制寄存器的描述中，_____是不正确的。

    A. 80C51 共有 4 个与中断有关的控制寄存器

    B. TCON 为串行口控制寄存器，字节地址为 98H，可位寻址

    C. IP 为中断优先级控制寄存器，字节地址为 B8H，可位寻址

    D. IE 为中断允许控制寄存器，字节地址为 A8H，可位寻址

（21）下列关于中断优先级的描述中，_____是不正确的。

    A. 80C51 每个中断源都有两个中断优先级，即高优先级中断和低优先级中断

    B. 低优先级中断函数在运行过程中可以被高优先级中断所打断

    C. 相同优先级的中断运行时，自然优先级高的中断可以打断自然优先级低的中断

    D. 51 单片机复位后 IP 初值为 0，此时默认为全部中断都是低级中断

5.2　问答思考题

（1）试举例说出一个生活或学习中的两级中断嵌套示例。

（2）简述中断、中断源、中断优先级和中断嵌套的概念。

（3）简述 51 单片机各种中断源的中断请求原理。

（4）怎样理解图 5.8 展示的 51 单片机中断系统的组成？

（5）何为中断向量地址？中断向量与中断号的关系是什么？

（6）何为中断响应？51 单片机的中断响应条件是什么？

（7）何为中断撤销？简述 51 单片机中断请求标志撤销的做法。

（8）何为中断优先级？在中断请求有效并已开放中断的前提下，能否保证该中断请求能被 CPU 立即响应？

（9）80C51 只有两个外部中断源，若要扩充外部中断源，可以采用的方法有哪些？

（10）与实例 4.7 的行列式键盘相比，实例 5.2 的行列式键盘做了哪些改进？后者实现的原理是什么？

（11）与实例 4.2 的按键检测方法相比，实例 5.3 做了哪些改进？两者的切换效果有何差异？

（12）为提高中断响应的实时性，中断函数可采用哪些措施以使函数更加简洁？

第6章 单片机的定时/计数器

内容概述：

定时/计数器是单片机的重要系统组成，用软件初始化后可按硬件方式独立运行，大大降低了 CPU 占用时间，对实现定时控制和计数统计具有非常重要的应用价值。

本章从单片机计数的基本原理入手，讲述定时/计数器的结构组成、控制与工作方式设置。在此基础上，通过几个典型应用实例，介绍单片机脉冲波形发生、外部脉冲统计、未知脉冲测量的 C51 编程方法，使读者系统地掌握定时/计数器的应用知识。

教学目标：

- 了解单片机定时/计数器的结构与工作原理；
- 了解单片机定时/计数器的各种工作方式及其差异；
- 了解单片机的编程方法。

在单片机应用系统中，常常会有定时控制的需要，如定时输出、定时检测、定时扫描等，也经常要对外部事件进行计数。虽然利用单片机软件延时方法可以实现定时控制（如第 4 章实例 4.2），用软件检查 I/O 口状态方法可以实现计数统计（如第 4 章实例 4.6），但这些方法都要占用大量 CPU 机时，故应尽量少用。MCS-51 单片机片内集成了两个可编程定时/计数器（Timer/Counter）T0 和 T1，它们既可以用于定时控制，也可以用于脉冲计数，还可作为串行口的波特率发生器。本章将对此进行系统介绍，为简化表述关系，本章约定涉及 Tx、THx、TLx、TFx 等名称代号时，x 均作为 0 或 1 的简记符。

6.1 定时/计数器的工作原理

6.1.1 基本原理

在本书 5.2.1 节中，我们已初步建立起 T0 和 T1 的计数概念，为了更全面地了解定时/计数器的基本原理，还需从更一般的视角对其进行分析。图 6.1 为一个由加 1 计数器组成的计数单元。

由图 6.1 可知，逻辑开关闭合后，脉冲信号将对加 1 计数器充值。若计数器的容量为 2^n（n 为整数），则当数值达到满计数值后将产生溢出，使中

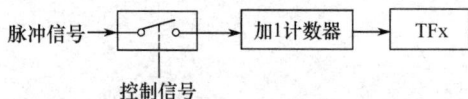

图 6.1 定时/计数器的基本原理

断请求标志 TFx 进位为 1，同时加 1 计数器清 0。如果在启动计数之前将 TFx 清 0，并将一个称为计数初值 a 的整数先置入加 1 计数器，则当观察到 TFx 为 1 时表明已经加入了（2^n-a）个脉冲，如此便能计算出脉冲的到达数量了。

如果上述脉冲信号是来自单片机的外部信号，则可通过这一方法进行计数统计，即可作为计数器使用。如果上述脉冲信号是来自单片机内部的时钟信号，则由于单片机的振荡周期非常精准，故而溢出时统计的脉冲数便可换算成定时时间，因此可作为定时器使用。

可见，上述定时器和计数器的实质都是计数器，差别仅在于脉冲信号的来源不同，通过逻

辑切换可以实现两者的统一。这就是单片机中将定时器和计数器统称为定时/计数器的原因。51单片机的定时/计数器工作原理如图 6.2 所示。

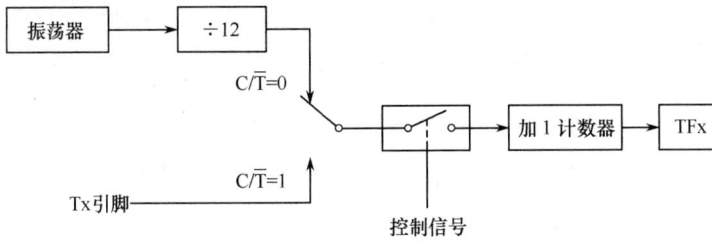

图 6.2　定时/计数器的工作原理

图 6.2 中来自系统内部振荡器经 12 分频后的脉冲（机器周期）信号和来自外部引脚 Tx 的脉冲信号，通过逻辑开关 C/$\overline{\text{T}}$ 的切换可实现两种功能：C/$\overline{\text{T}}$=0 时为定时器方式，C/$\overline{\text{T}}$=1 时为计数器方式。

根据上述原理，定时器方式下的定时时间 t 可表示为

$$t =(计数器满计数值-计数初值)\times 机器周期$$

$$= (2^n - a)\cdot \frac{12}{f_{osc}}$$

可见，t 与 n、a、f_{osc}（时钟频率，MHz）3 个因素有关，在时钟频率 f_{osc} 和计数器容量 n 一定的情况下，定时时间 t 与计数初值 a 有关，计数初值越大，定时时间越短。

同理，计数器方式下的计数值 N 可表示为

$$N =计数器满计数值-计数初值= 2^n - a$$

稍后会看到，计数器的满计数值（M）与定时/计数器的工作方式有关。

6.1.2　结构组成

51 单片机的定时/计数器结构组成如图 6.3 所示。

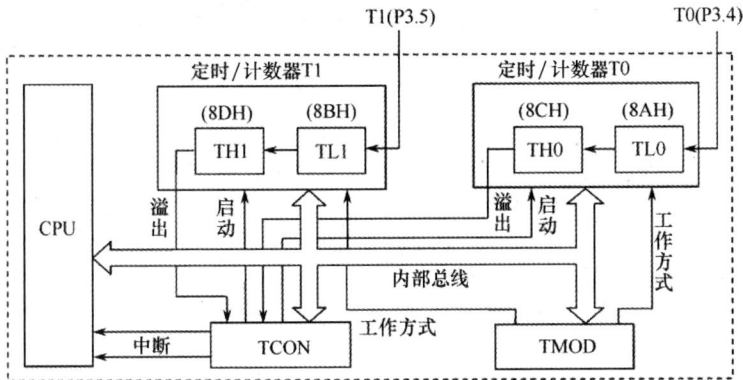

图 6.3　定时/计数器的结构组成

由图 6.3 可知，T0 和 T1 分别由高 8 位和低 8 位两个特殊功能寄存器组成，即 T0 由 TH0（字节地址 8CH）、TL0（字节地址 8AH）组成，T1 由 TH1（字节地址 8DH）、TL1（字节地址 8BH）组成。

定时/计数器的控制是通过两个特殊功能寄存器实现的，其中，TMOD 是定时方式控制寄存器，由它确定定时/计数器的工作方式和功能；TCON 是定时控制寄存器，用于管理 T0 和 T1 的启停、溢出和中断。

定时/计数器 T0 和定时/计数器 T1 各有一个外部引脚 T0（P3.4）和 T1（P3.5），用于接入外部计数脉冲信号。

当用软件方式设置 T0 或 T1 的工作方式并启动计数器后，它们就会按硬件方式独立运行，无须 CPU 干预，直到计数器计满溢出时才会通知 CPU 进行后续处理，这样便可大大降低 CPU 的操作时间。

6.2 定时/计数器的控制

如同中断系统需要在特殊功能寄存器的控制下工作一样，定时/计数器的控制也是通过特殊功能寄存器进行的。其中，TMOD 寄存器用于设置其工作方式，TCON 寄存器用于控制其启动和中断申请。

6.2.1 TMOD 寄存器

TMOD 是定时方式控制寄存器（Timer/Counter Mode Control Register），字节地址为 89H，其位定义如图 6.4 所示。

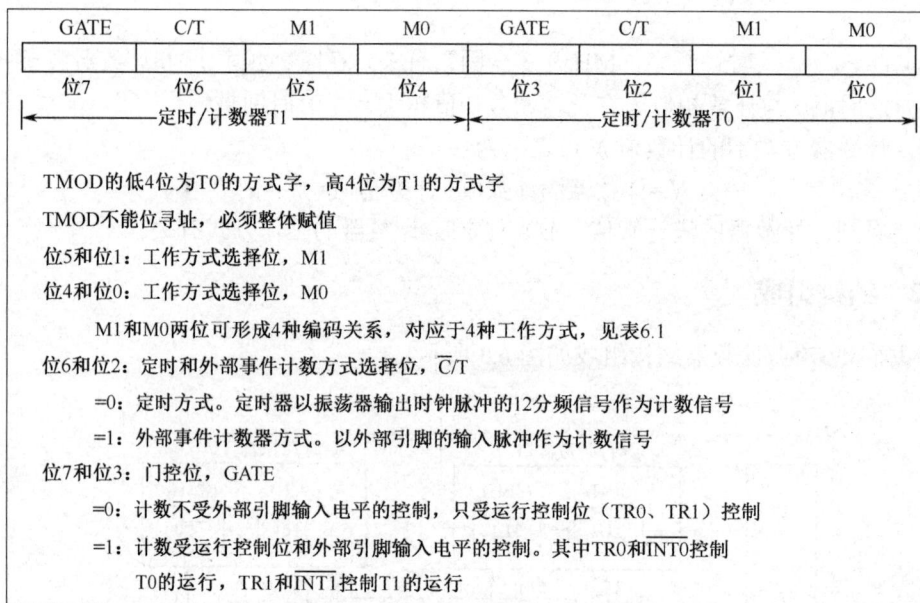

GATE	C/T	M1	M0	GATE	C/T	M1	M0
位7	位6	位5	位4	位3	位2	位1	位0

定时/计数器T1 ←————————→ ←———————— 定时/计数器T0 ————————→

TMOD的低4位为T0的方式字，高4位为T1的方式字

TMOD不能位寻址，必须整体赋值

位5和位1：工作方式选择位，M1

位4和位0：工作方式选择位，M0

　　M1和M0两位可形成4种编码关系，对应于4种工作方式，见表6.1

位6和位2：定时和外部事件计数方式选择位，$\overline{C/T}$

　　=0：定时方式。定时器以振荡器输出时钟脉冲的12分频信号作为计数信号

　　=1：外部事件计数器方式。以外部引脚的输入脉冲作为计数信号

位7和位3：门控位，GATE

　　=0：计数不受外部引脚输入电平的控制，只受运行控制位（TR0、TR1）控制

　　=1：计数受运行控制位和外部引脚输入电平的控制。其中TR0和$\overline{INT0}$控制

　　　　T0的运行，TR1和$\overline{INT1}$控制T1的运行

图 6.4 TMOD 寄存器的位定义

可见，TMOD 的低 4 位为 T0 的方式字，高 4 位为 T1 的方式字，两部分的定义完全对称，以下以 T0 为例进行介绍。

$C/\overline{T}$：定时/计数功能选择位，当 $C/\overline{T}=0$ 时为定时方式，$C/\overline{T}=1$ 时为计数方式。在定时方式时，定时器从初值开始在每个机器周期内自动加 1，直至溢出。而在计数器方式时，计数器在外部脉冲信号的负跳变时使计数器加 1，直至溢出。

GATE：门控位。一个完整的定时/计数器 T0 的 GATE 门控位的控制关系如图 6.5 所示。

由图 6.5 可见，当 GATE=1 时，只有 TR0=1 和 $\overline{INT0}$ 引脚都为高电平时，B 点的逻辑开关才能闭合（启动 T0）。反之，当 TR0=1 和 $\overline{INT0}$ 引脚为低电平时，B 点的逻辑开关可被断开（停止 T0）。这种工作状态可以用来测量在 $\overline{INT0}$ 引脚出现的正脉冲的宽度。当 $\overline{INT0}$ 引脚为高电平时，虽然 TR0 也能使 B 点断开，但没有实际意义。

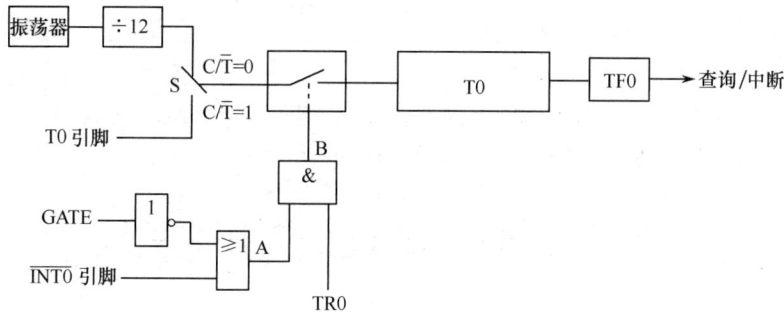

图 6.5　GATE 门控位的控制关系

当 GATE=0 时，则只要 TR0=1 就能使 T0 启动，TR0=0 就能使 T0 停止，而与 $\overline{INT0}$ 的状态无关。因此，GATE=0 又称为"允许 TR0 启动计数器"，GATE=1 称为"允许 $\overline{INT0}$ 启动计数器"。

M1、M0：工作方式选择位，其具体定义如表 6.1 所示。

可见，T0 共有 4 种工作方式，除工作方式 3 外，每种工作方式都有定时和计数两种方式。对于 T1，其 $C/\overline{T}$ 和 GATE 控制位的定义与 T0 的 $C/\overline{T}$ 和 GATE 完全相同，无须重述。但 T1 的 M1、M0 只能选择前 3 种工作方式，即 T1 没有工作方式 3，这是

表 6.1　工作方式选择

M1	M0	工作方式	功能说明
0	0	0	13 位定时/计数器
0	1	1	16 位定时/计数器
1	0	2	8 位自动重装定时/计数器
1	1	3	3 种定时/计数器关系

因为 T0 的工作方式 3 中占用了 T1 的部分硬件资源，详见 6.3.4 节。T0 和 T1、定时方式和计数方式、工作方式 0~3 这些因素的组合构成了单片机定时/计数器的完整体系。由于组合关系较多，学习时应特别注意，防止概念混淆。

应注意的是，由于 TMOD 不能进行位寻址，因此只能用字节方式设置 TMOD。单片机复位时，TMOD 为 0，这意味着上电后的默认设置是：T0 和 T1 均为定时器方式 0，允许 TR0 和 TR1 启动计数器。

6.2.2　TCON 寄存器

TCON 为定时控制寄存器（Timer/Counter Control Register），字节地址为 88H，可位寻址，其位定义如图 6.6 所示。

TF1	TR1	TF0	TR0	IE1	IT1	IE0	IT0
8FH	8EH	8DH	8CH	8BH	8AH	89H	88H
位 7	位 6	位 5	位 4	位 3	位 2	位 1	位 0

位 7：定时/计数器 T1 溢出标志位，TF1

　　　T1 溢出时，硬件自动使 TF1 置 1，并向 CPU 申请中断。当进入中断服务程序时，硬件自动将 TF1 清 0。TF1 也可以用软件清 0

位 6：定时/计数器 T1 运行控制位，TR1

　　　由软件置位和清 0。GATE ＝0 时，T1 的计数仅由 TR1 控制，TR1 为 1 时允许 T1 计数，TR1 为 0 时禁止 T1 计数。GATE ＝1 时，仅当 TR1 为 1 且 $\overline{INT1}$ 输入为高电平时才允许 T1 计数，TR1 为 0 或 $\overline{INT1}$ 输入低电平都将禁止 T1 计数

位 5：定时/计数器 T0 溢出标志位，TF0，其功能和操作情况同位 7

位 4：定时/计数器 T0 运行控制位，TR0，其功能和操作情况同位 6

位 3 ~ 0：外部中断 $\overline{INT1}$ 和 $\overline{INT0}$ 请求及请求方式控制位，其功能见第 5 章

图 6.6　TCON 寄存器的位定义

在本书 5.2.2 节已介绍过其中 6 个与中断有关的位定义，故此处不再赘述。

TR1 和 TR0：T1 和 T0 的运行控制位。在门控位 GATE 的配合下，控制定时/计数器的启动或停止。

系统复位时，TCON 初值为 0，即默认的设置为：TR0 和 TR1 均为关闭状态、电平中断触发方式、没有外部中断请求，也没有定时/计数器中断请求。

6.3 定时/计数器的工作方式

51 单片机定时/计数器具有 4 种工作方式（方式 0、方式 1、方式 2 和方式 3），以下按照难度由简到繁的顺序分别予以介绍。

6.3.1 方式 1

当 M1M0=01 时，定时/计数器工作于方式 1。方式 1 由高 8 位 THx 和低 8 位 TLx 组成一个 16 位的加 1 计数器，满计数值为 2^{16}。T0 和 T1 在方式 0 至方式 2 时的逻辑关系是完全相同的，故以下除方式 3 外，均以 T1 为例进行介绍。

工作方式 1 的逻辑结构图如图 6.7 所示。

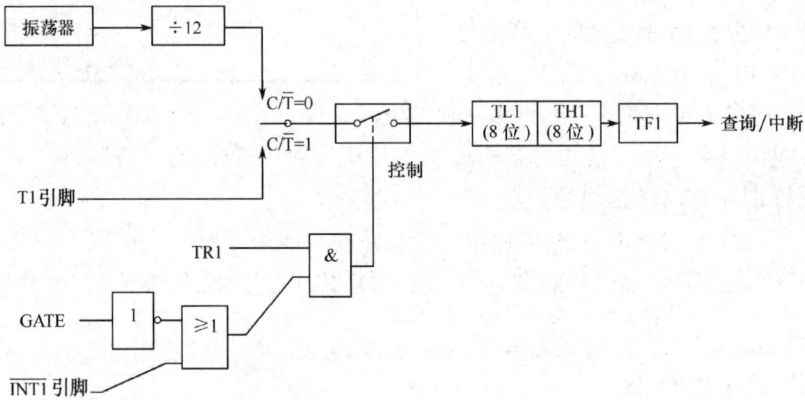

图 6.7 工作方式 1 的逻辑结构图

如图 6.7 所示，当 C/$\overline{\text{T}}$=0 时，T1 为定时器工作方式。逻辑开关 C/$\overline{\text{T}}$ 向上接通，此时以振荡器的 12 分频信号作为 T1 的计数信号。若 GATE=0，定时器 T1 的启动和停止完全由 TR1 的状态决定，而与 $\overline{\text{INT1}}$ 引脚的状态无关。

若计数初值为 a，则其定时时间 t 按下式计算

$$t = (2^{16} - a) \cdot \frac{12}{f_{\text{osc}}}$$

由此可知，当时钟频率为 12MHz，方式 1 的定时范围为 1～65536μs。

当 C/$\overline{\text{T}}$=1 时，T1 为计数器工作方式。逻辑开关 C/$\overline{\text{T}}$ 向下接通，此时以 T1（P3.5）引脚的外部脉冲（负跳变）作为 T1 的计数信号。由于检测一个负跳变需要 2 个机器周期，即 24 个振荡周期，故最高计数频率为 $\frac{1}{24} f_{\text{osc}}$。若 GATE=0，计数器 T1 的启动和停止完全由 TR1 的状态决定，而与 $\overline{\text{INT1}}$ 状态无关。

计数初值 a 与计数值 N 的关系为

$$N = 2^{16} - a$$

由此可知，方式 1 的计数范围为 1～65536 个脉冲。

【实例6.1】定时方式 1 应用。

设单片机的 f_{osc}=12MHz，采用 T1 定时方式 1 使 P2.0 引脚上输出周期为 2ms 的方波，并采用 Proteus 中的虚拟示波器观察输出波形，电路原理图如图 6.8 所示。

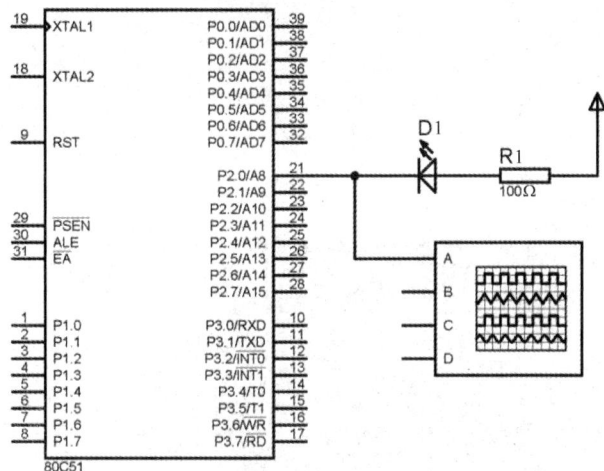

图 6.8　实例 6.1 电路原理图

【解】分析：要产生周期为 2ms 的方波，可以利用定时器在 1ms 时产生溢出，再通过软件方法使 P2.0 引脚的输出状态取反。不断重复这一过程，即可产生周期为 2ms 的方波。

根据定时方式 1 的定时时间表达式，计数初值 a 可计算为

$$a = 2^{16} - t \cdot f_{osc}/12 = 2^{16} - 1000 \times 12/12 = 64536 = 0xfc18$$

将十六进制的计数初值分解成高 8 位和低 8 位，即可进行 TH1 和 TL1 的初始化。需要注意的是，定时器在每次计数溢出后，TH1 和 TL1 都将变为 0。为保证下一轮定时的准确性，必须及时重装载计数初值。

计数溢出后 TF1 硬件置 1，采用软件查询法和中断法均可检测到这一变化，因此可以采用两种方式进行随后的处理工作。

（1）采用查询方式编程，参考程序如下：

```
#include <reg51.h>
sbit P2_0=P2^0;
void main (void){
    TMOD=0x10;                    //T1 方式 1（0001 0000B）
    TR1=1;                        //启动 T1
    for( ; ; ){
        TH1=0xfc;                 //装载计数初值
        TL1=0x18;
        do{ } while(!TF1);        //查询等待 TF1 置位
P2_0=!P2_0;                       //定时时间到 P2.0 反相
        TF1=0;                    //软件清 TF1
}}
```

（2）采用中断方式，参考程序如下：

```
#include <reg51.h>
sbit P2_0=P2^0;
timer1() interrupt 3{             //T1 中断函数
    P2_0=!P2_0;                   //P2.0 取反
    TH1=0xfc;                     //装载计数初值
    TL1=0x18;
}
main(){
```

```
        TMOD=0x10;                          //T1 定时方式 1
        TH1=0xfc;                           //装载计数初值
        TL1=0x18;
        EA=1;                               //开总中断
        ET1=1;                              //开 T1 中断
        TR1=1;                              //启动 T1
        while(1);
    }
```

比较两种编程方法可知，查询法以软件方式检查 TF1 状态，并由软件复位 TF1；而中断法则由系统自动检查 TF1，并自动复位 TF1。两种方法都需要进行计数初值的重装载。

两种编程的运行效果相同，仿真波形如图 6.9 所示。

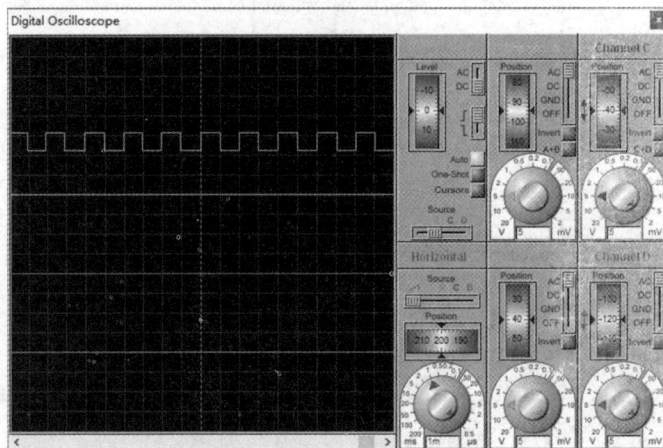

图 6.9　实例 6.1 仿真波形图

结果：实现了周期为 2ms 的方波输出，程序满足题意要求，实例 6.1 完成。

单片机定时/计数器的编程步骤小结如下：

① 设定 TMOD，即明确定时/计数器的工作状态：是使用 T0 还是 T1？采用定时器还是计数器？具体工作方式是方式 0、方式 1、方式 2 还是方式 3？

② 计算计数初值，并初始化寄存器 TH0、TL0 或 TH1、TL1。

定时计数初值 $a = 2^n - t \cdot f_{osc}/12$，其中 t 以 μs 为单位，f_{osc} 以 MHz 为单位。

$$TH0 = (2^n - t \cdot f_{osc}/12)/256$$

$$TL0 = (2^n - t \cdot f_{osc}/12)\%256$$

③ 确定编程方式。若使用中断方式，则需要进行中断初始化和编写中断函数：

```
        ETx=1;                              //开定时 x 中断，x=0 或 1
        EA=1;                               //开总中断
        …
        tx_srv() interrupt n{               //n=1 或 3
        …
        }
```

若使用查询方式，则需要使用类似如下的条件判断语句：

```
        do {}while (!TFx){                  //x=0 或 1
        …
        }
```

④ 启动定时器：TR0=1，或 TR1=1。

⑤ 执行一次定时或计数结束后的任务。

⑥ 为下次定时/计数做准备（TFx 复位+重装载计数初值）：若是中断方式，TFx 会自动复位；若是查询方式，需要软件复位 TFx。

6.3.2 方式 2

当 M1M0=10 时，定时/计数器工作于方式 2。方式 2 采用 8 位寄存器 TLx 作为加 1 计数器，满计数值为 2^8。另一个 8 位寄存器 THx 用以存放 8 位初值。工作方式 2 的逻辑结构图如图 6.10 所示。

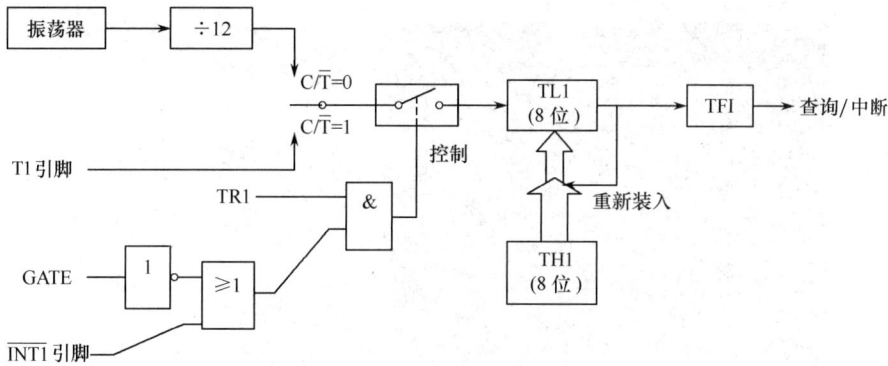

图 6.10　工作方式 2 的逻辑结构图

由图 6.10 可知，若 TL1 计数溢出，TH1 会自动将其初值重新装入 TL1 中。重新装入的过程不改变 TH1 中的值，故可多次循环重装入，直到命令停止计数为止（初始化时 TH1 和 TL1 由软件赋予相同的初值）。

若 TH1 中装载的计数初值为 a，定时方式 2 的定时时间 t 和计数初值分别按下式计算

$$t = (2^8 - a) \cdot \frac{12}{f_{osc}}$$

$$a = 2^8 - t \cdot f_{osc} / 12$$

方式 2 可产生非常精确的定时时间，尤其适合于作为串行口波特率发生器。

同理，方式 2 的计数初值 a 与计数值 N 的关系为

$$N = 2^8 - a$$

【实例 6.2】定时方式 2 应用。

采用 T0 定时方式 2 在 P2.0 输出周期为 0.5ms 的方波（设单片机的 f_{osc}=12MHz）。

【解】定时/计数器编程需要考虑以下内容：

① 设定 TMOD：TMOD=0x02

② 确定计数初值：a =(256-250)% 256=0x06

③ 进行中断初始化：EA、ET0

实例 6.2 的源程序如下：

```
//实例6.2 定时方式2应用
#include<reg51.h>
sbit P2_0=P2^0;
timer0() interrupt 1{          //T0 中断函数
    P2_0=!P2_0;                //取反 P2^0
}
main(){
    TMOD=0x02;                 //设置 T0 定时方式2
    TH0=0x06;                  //计数初值 a=(256-250)%256=6
    TL0=0x06;
    EA=1;                      //开总中断
    ET0=1;
    TR0=1;                     //启动 T0
```

```
        while(1);
    }
```

可以看出，由于计数初值只在程序初始化时进行过一次装载，其后都是自动重装载的，因而可使编程得以简化，更重要的是避免了计数初值在软件重装载过程中造成的定时不连续问题，应用于波形发生时可得到更加精准的时序关系。实例 6.2 的仿真波形图如图 6.11 所示。

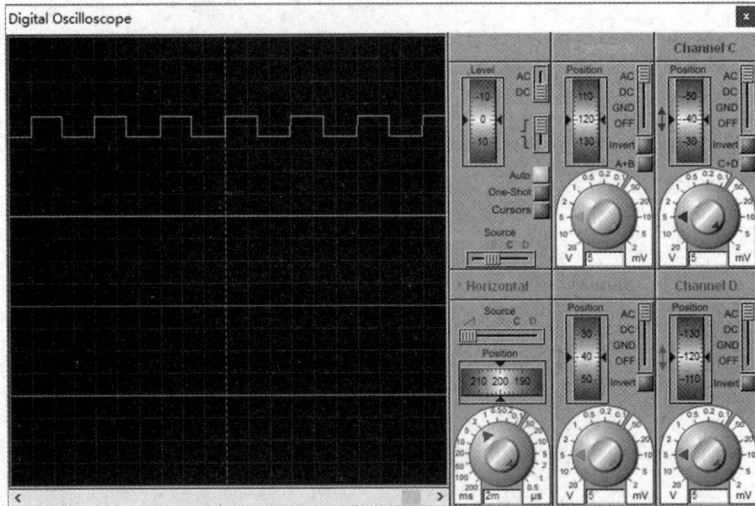

图 6.11　实例 6.2 仿真波形图

结果：实现了周期为 0.5ms 的方波输出，程序满足题意要求，实例 6.2 完成。

【实例 6.3】计数方式 2 应用。

将第 4 章实例 4.5 "计数显示器" 中的软件查询按键检测改用 T0 计数器方式 2，并以中断方式编程。

【解】原图中按键是由 P3.7 引脚接入的，本实例需要将其改由 T0（P3.4）引脚接入，改进后的电路原理图如图 6.12 所示。

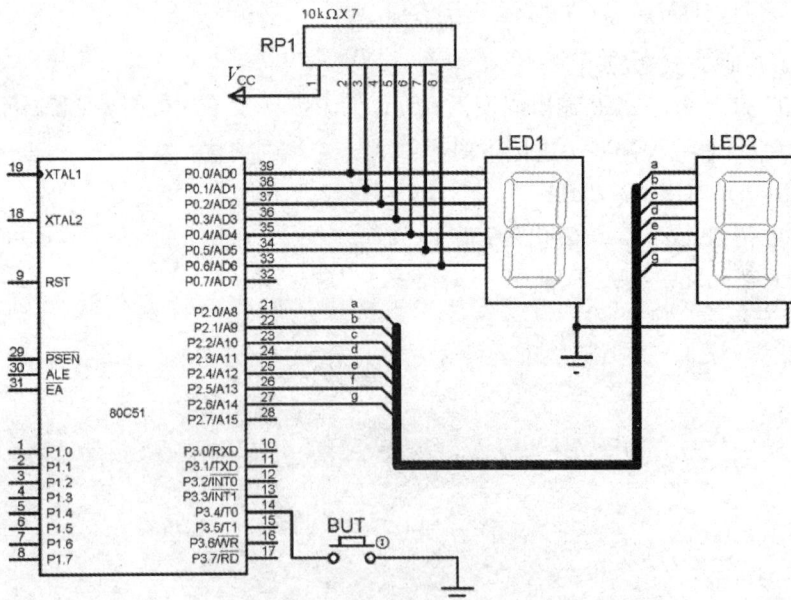

图 6.12　实例 6.3 电路原理图

由图 6.12 可知，当 T0 工作在计数器方式时，计数器一旦因外部脉冲造成溢出，便可产生中断请求。这与利用外部脉冲产生外部中断请求的做法在使用效果上并无差异。换言之，利用计数器中断原理可以起到扩充外部中断源数量的作用。

编程分析：将 T0 设置为计数器方式 2，设法使其在一个外部脉冲到来时就能溢出（计数溢出次数为 1）产生中断请求。故计数初值为

$$a = 2^8 - 1 = 255 = 0\text{xff}$$

初始化 TMOD=0000 0110B=0x06。

实例 6.3 的源程序如下：

```
//实例 6.3 计数方式 2 应用
#include<reg51.h>
unsigned char code table [] ={0x3f,0x06,0x5b,0x4f, 0x66,0x6d,0x7d,0x07,
0x7f,0x6f};
unsigned char count=0;                  //计数器赋初值
int0_srv() interrupt 1{                 //T0 中断函数
    count++;                            //计数器增 1
    if(count==100) count=0;             //判断循环是否超限
    P0=table [count/10];                //显示十位数值
    P2=table [count%10];                //显示个位数值
}
main(){
P0=P2=table [0];                        //显示初值"00"
    TMOD=0x06;                          //设置 T0 计数方式 2
    TH0=TL0=0xff;                       //计数初值
    ET0=1;
    EA=1;                               //开总中断
    TR0=1;                              //启动 T0
    while(1);
}
```

程序运行效果如图 6.13 所示。

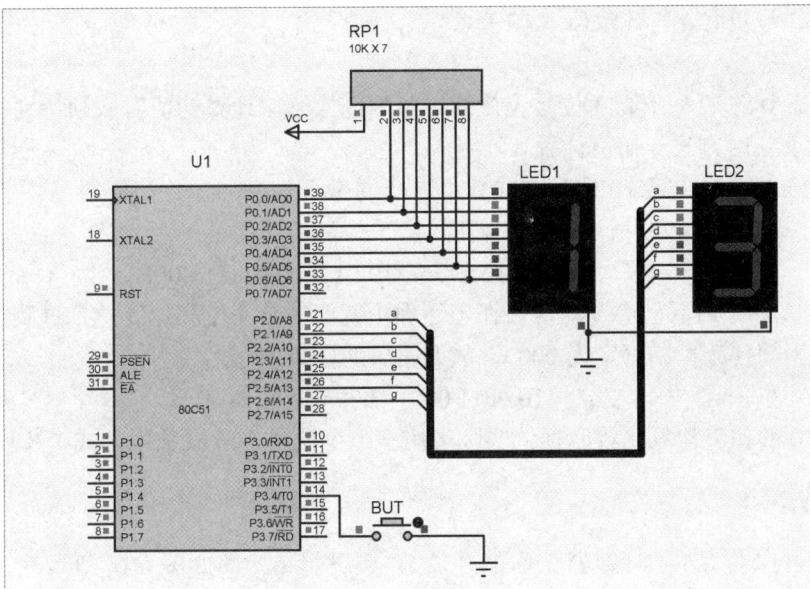

图 6.13　实例 6.3 仿真运行效果

结果：这种计数中断的效果等同于使用了外部中断方式，可作为外部中断源不足时的替代方案。程序满足题意要求，实例 6.3 完成。

6.3.3　方式 0

当 M1M0=00 时，定时/计数器工作于方式 0。方式 0 采用低 5 位 TLx 和高 8 位 THx 组成一个 13 位的加 1 计数器，满计数值为 2^{13}，初值不能自动重装载。图 6.14 是 T1 方式 0 的逻辑结构图。

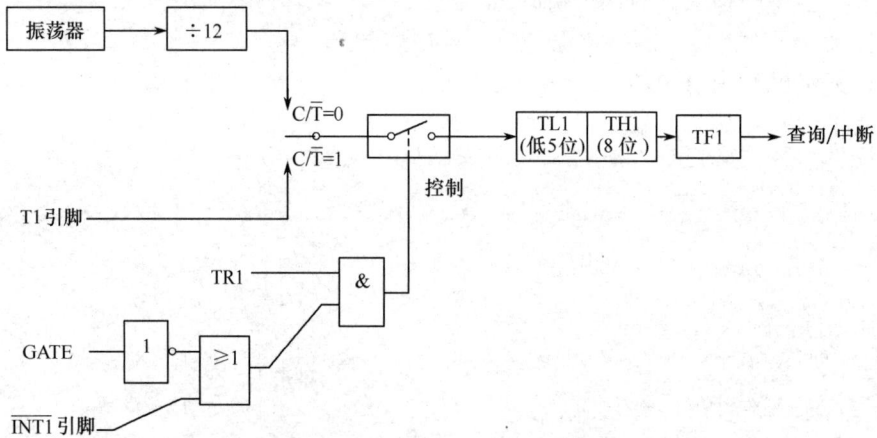

图 6.14　工作方式 0 的逻辑结构图

可见，除计数器的位数不同外，方式 0 与方式 1 的逻辑结构并无差异。方式 0 采用 13 位计数器是为了与早期产品 MCS-48 系列单片机兼容。

方式 0 的定时时间 t 和计数初值分别按下式计算

$$t = (2^{13} - a) \cdot \frac{12}{f_{osc}}$$

$$a = 2^{13} - t \cdot f_{osc} / 12$$

方式 0 的计数初值 a 与计数值 N 的关系为

$$N = 2^{13} - a$$

注意：方式 0 的 TLx 中高 3 位是无效的，可为任意值，计算初值时必须特别留意。

【实例 6.4】定时方式 0 初值计算。

设 f_{osc}=12MHz，试计算 T0 定时方式 0 用以产生 5ms 定时的计数初值。

【解】由方式 0 的计数初值表达式，可得

$$a = 2^{13} - 5000 \times 12 / 12 = 3192 = 1100\ 0111\ 1000B$$

由于方式 0 采用 13 位计数器，需要在上述理论初值的第 4 位和第 5 位二进制数之间插入 3 位二进制数（为简便起见，可定为 000），故调整后的计数初值为

$$a = 110\ 0011\ 0001\ 1000 = 0x6318$$

由于方式 0 的初值计算比较麻烦，实际应用中很少使用，一般采用方式 1 替代。

6.3.4　方式 3

当 M1M0=11 时，定时/计数器工作于方式 3，其逻辑结构图如图 6.15 所示。

由图 6.15 可知，方式 3 时，单片机可以组合出 3 种定时/计数器关系：① TH0+TF1+TR1 组成的带中断功能的 8 位定时器；② TL0+TF0+TR0 组成的带中断功能的 8 位定时/计数器；③ T1 组成的无中断功能的定时/计数器。

特点：方式 3 下 T0 可有两个具有中断功能的 8 位定时器（增加了一个额外的 8 位定时器）；在定时器 T0 用作工作方式 3 时，T1 仍可设置为工作方式 0～2（但没有方式 3 状态），通常将

T1 定时方式 2 作为波特率发生器使用（参见第 7 章）。

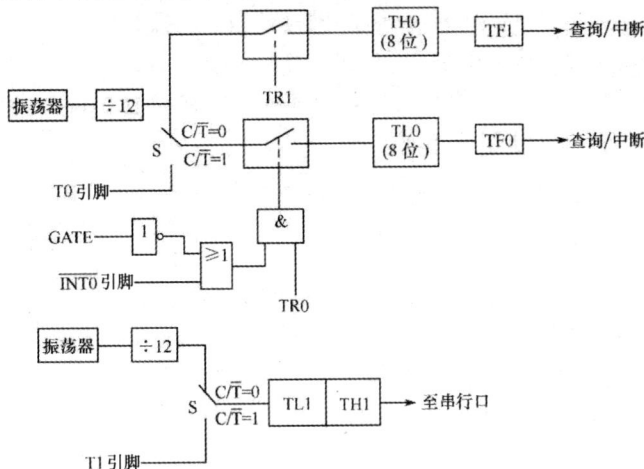

图 6.15　工作方式 3 的逻辑结构图

6.4　定时/计数器的应用实例

MCS-51 单片机内部定时/计数器的应用广泛，当它作为定时器使用时，可用来对被控系统进行定时控制，或作为分频器发生各种不同频率的方波；当它作为计数器使用时，可用于计数统计等。但对于较复杂的应用，靠单纯定时或单纯计数的方法往往难以解决问题，这就需要将两者结合起来，灵活应用。本节将对这类应用的编程方法进行介绍。

【实例 6.5】产生同步脉冲信号。

由 P3.4 引脚输入一个外部低频窄脉冲信号。当该信号出现负跳变时，由 P3.0 引脚输出宽度为 500μs 的同步脉冲，如此往复。要求据此设计一个波形展宽程序。本例采用 6MHz 晶振，电路原理图如图 6.16 所示。

【解】分析：为了产生题意要求的低频窄脉冲信号，可以使用 Proteus 内置的虚拟信号发生器。具体方法是，单击原理图标签页的"激励源模式"工具按钮🌀→单击对象选择器中的 PULSE（脉冲信号发生器）→将 PULSE 置入电路图中并与单片机 P3.4 引脚相连，如图 6.16 所示。

双击 PULSE，弹出属性对话框，根据题意选择输入脉冲信号频率为 2kHz，占空比 80%，幅度 5V DC。如图 6.17 所示。单击"确定"按钮关闭对话框。

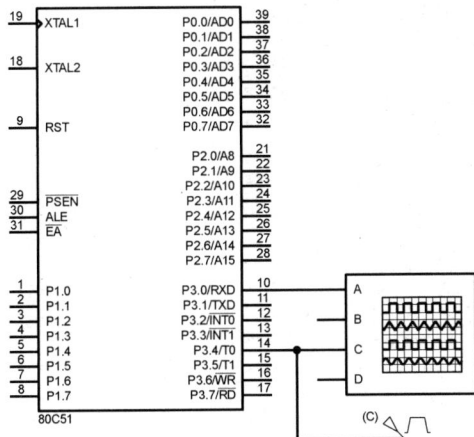

图 6.16　实例 6.5 电路原理图

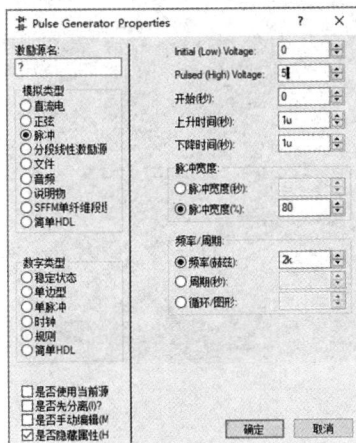

图 6.17　脉冲信号参数的选择

为实现题意要求，可以采用如图 6.18 所示的波形生成方案，具体做法如下：

① 采用 T0 计数方式 2 对 P3.4 的外部脉冲进行计数，选择初值 0xff（=256-1）使其一次脉冲即产生 T0 溢出，如此监测 P3.4 引脚负脉冲的出现；

② 当 TF0=1 时改用 T0 定时方式 2 进行定时操作，选择初值 0x06（=256-500×6/12）使其产生 500μs 定时，同时使 P3.0 输出低电平；

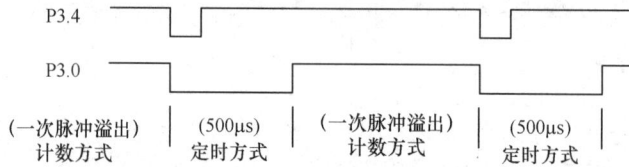

图 6.18　实例 6.5 的波形生成方案

③ 当 TF0 再次为 1 时，使 P3.0 输出高电平，再改用 T0 计数方式 2，如此往复进行。

实例 6.5 的源程序如下：

```
//实例 6.5 产生同步脉冲信号
#include<reg51.h>
sbit P3_0=P3^0;
void main(){
    TMOD=0x06;              //T0 计数器，方式 2
    TL0=0xff;              //一个外来脉冲即产生溢出
    TR0=1;
    while(1){
    while(!TF0);           //等待脉冲溢出
    TF0=0;                 //TF0 复位
    TMOD=0x02;             //设置 T0 定时方式 2
    TL0=0x06;              //500μs 定时初值
    P3_0=0;                //P3.0 清 0
    while(!TF0);           //等待定时溢出
    TF0=0;                 //TF0 复位
    P3_0=1;                //P3.0 置位
    TMOD=0x06;             //设置 T0 计数方式 2
    TL0=0xff;              //计数初值
}}
```

实例 6.5 的仿真波形图如图 6.19 所示。

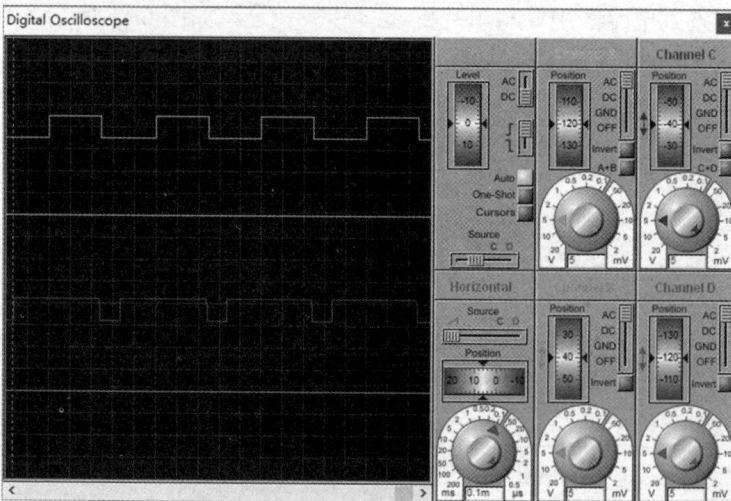

图 6.19　实例 6.5 仿真波形图

实例 6.5 仿真视频

结果：实现了宽度为 500μs 的同步脉冲波形输出，程序满足题意要求，实例 6.5 完成。

【实例 6.6】产生占空比信号。

采用 10MHz 晶振，在 P2.0 引脚上输出周期为 2.5s、占空比为 20%的脉冲信号。该例题的电路原理图与实例 6.1 相同。

【解】相对于 10MHz 晶振，定时方式 1 的最大理论定时量为 78.643ms[$(=2^{16}-0)\times 12/10$]，显然不能直接产生 2.5s 的长时定时。但若采用定时与软件计数联合的办法，如将 250 次的 10ms 定时累计起来，便可达到 2.5s 的定时效果。占空比 20%的要求则可采用 50 次 10ms 定时的做法控制高电平的输出时间来实现。

计数初值为

$$a = 2^{16} - 10000 \times 10 / 12 = 57203 = 0xdf73$$

中断函数的流程图如图 6.20 所示，即先对代表中断次数的全局变量进行累加，然后进行超限判断，并根据判断结果调整输出电平或变量清 0。

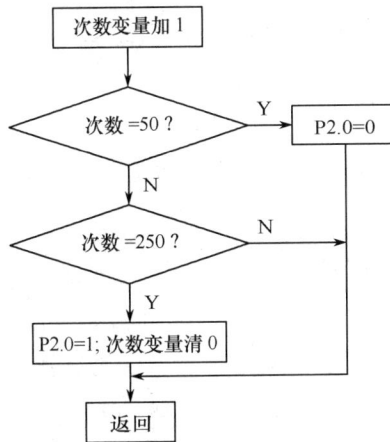

图 6.20　中断函数的流程图

实例 6.6 的源程序如下：

```
//实例 6.6 产生占空比信号
#include<reg51.h>
#define uchar unsigned char        //定义 uchar,方便后面使用
uchar time;                        //定义全局变量
uchar period=250;
uchar high=50;
timer0() interrupt 1{              //T0 中断函数
    TH0=0xdf;                      //重载计数初值
    TL0=0x73;
    if(++time==high) P2=0;         //高电平时间到 P2.0 变低
    else if(time==period)          //周期时间到 P2.0 变高
        {time=0; P2=1; }
}
main(){
    TMOD=0x01;                     //T0 定时方式 1
    TH0=0xdf;                      //计数初值
    TL0=0x73;
    EA=1;                          //开总中断
    ET0=1;
    TR0=1;                         //启动 T0
    do{} while(1);
}
```

结果：实例 6.6 的仿真波形图如图 6.21 所示。

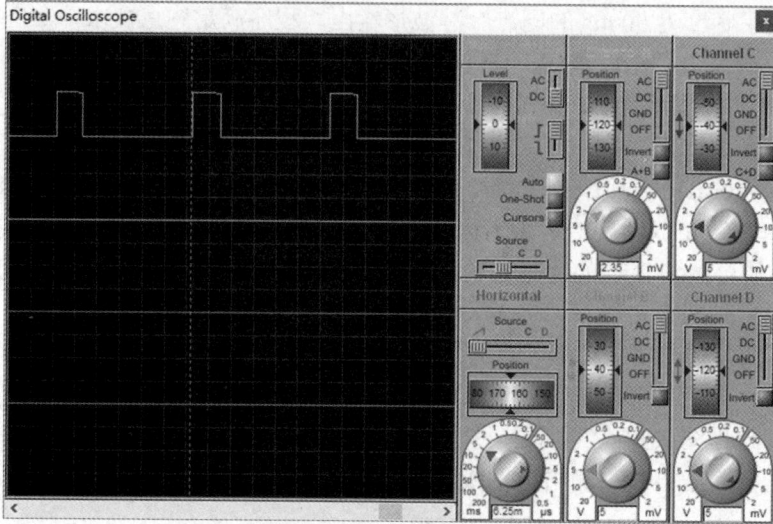

图 6.21　实例 6.6 仿真波形图

结果：实现了周期为 2.5s、占空比为 20%的脉冲信号输出，程序满足题意要求，实例 6.6 完成。

【实例 6.7】 定时中断控制的流水灯。

采用定时中断方法实现图 6.22 流水灯的控制功能，要求流水灯的闪烁速率约为每秒 1 次。电路原理图如图 6.22 所示。

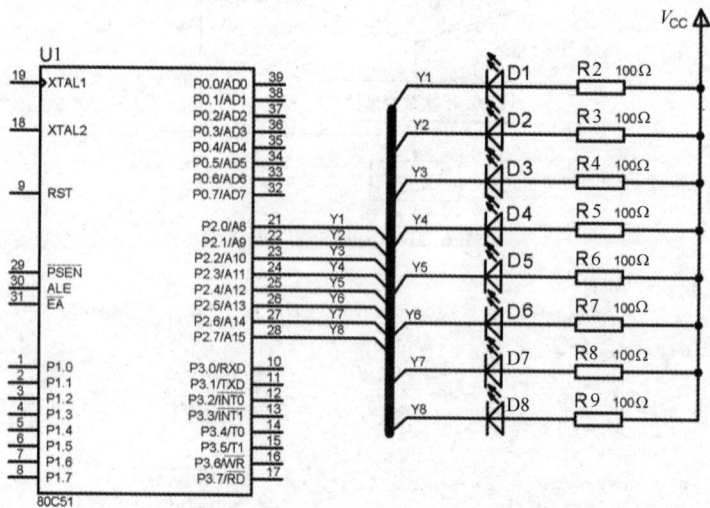

图 6.22　实例 6.7 电路原理图

【解】 分析：如果按照实例 6.6 的思路，本例的流水灯数组指针更新和数组元素输出都应放在中断函数内进行。但这样做会使中断函数内执行的任务过多，耗时太长，总体定时准确性将下降。为此，可以采用中断函数中仅做中断次数统计和计数初值重入，而将流水灯数据输出改在主函数中进行的新方案。

初值计算为：1s 定时可视为 20 次 50ms 定时的累计量。若采用 12MHz 频率定时方式 1，则计数初值 $a = 2^{16} - 50000 \times 12/12 = 0x3cb0$。

实例 6.7 源程序如下：

```
//实例 6.7 定时中断控制的流水灯
#include<reg51.h>
#define uchar unsigned char              //定义以方便后面使用
bit ldelay=0;                            //长定时溢出标记
```

```
        uchar t=0;                              //定时溢出次数
        void main(){
            uchar code ledp[8]={0xfe,0xfd,0xfb,0xf7,0xef,0xdf,0xbf,0x7f};
        //流水灯花样参数
            uchar ledi;                         //指示显示顺序
            TMOD=0x01;                          //定义 T0 定时方式 1
            TH0=0x3c;                           //T0 初值
            TL0=0xb0;
            TR0=1;                              //启动 T0
            ET0=1;
            EA=1;                               //开总中断
            while(1){
                if(ldelay){                     //有溢出标记，进入处理
                    ldelay=0;                   //清除标记
                    P2=ledp[ledi];              //花样数据输出
                    ledi++;                     //指向下一个花样数据
                    if(ledi==8)ledi=0;          //循环控制
        }}}
        timer0() interrupt 1{                   //T0 中断函数
                t++;                            //统计溢出次数
                if(t==20) {t=0; ldelay=1; }     //判断累计时间
                TH0=0x3c; TL0=0xb0;             //重置 T0 初值
        }
```

实例 6.7 仿真运行界面如图 6.23 所示。

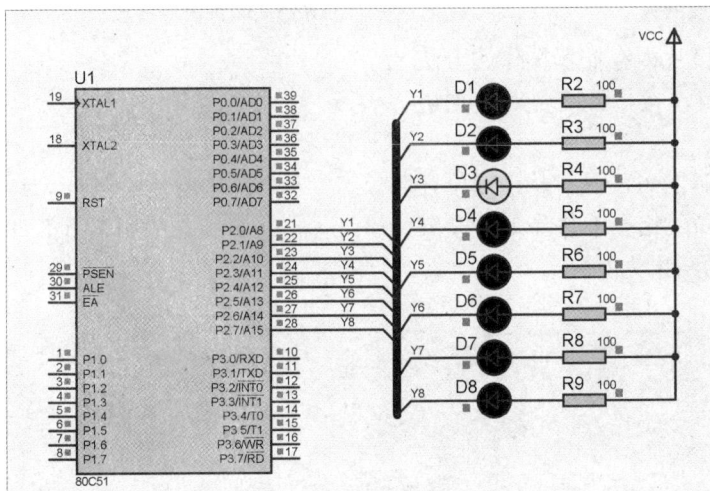

图 6.23　实例 6.7 仿真运行界面

实例 6.7 仿真视频

结果：采用新的中断函数方案有利于提高定时的准确性，实现了题意要求的流水灯频率控制，实例 6.7 完成。

【实例 6.8】脉冲宽度测试。

测量从 P3.2 输入的正脉冲宽度，要求测量结果以 BCD 码形式存放在片内 RAM 40H 开始的单元处（40H 存放个位，系统晶振为 12MHz，被测脉冲信号周期不超过 100ms）。

【解】根据题意在原理图的单片机 P3.2 引脚处添加虚拟数字时钟信号发生器，如图 6.24 所示。

双击时钟信号发生器 U2，在属性对话框中进行参数设置，设置周期为 100ms（脉冲宽度为 50ms），时钟类型为"低—高—低"，如图 6.25 所示。

分析：

（1）根据定时/计数器工作原理，当 GATE=TR0=1 时，允许 $\overline{INT0}$ 引脚脉冲控制定时器的启停，即 $\overline{INT0}$ =1 可启动定时器，$\overline{INT0}$ =0 可关闭定时器。为此，测量未知脉冲宽度的思路是：

利用查询方式找到①点的出现时刻→利用 $\overline{INT0}$ 信号的上升沿在②点启动 T0 定时方式 1→利用 $\overline{INT0}$ 信号的下降沿在③点中止 T0 定时→取出反映了脉冲宽度的 T0 计数值（参见图6.26）。

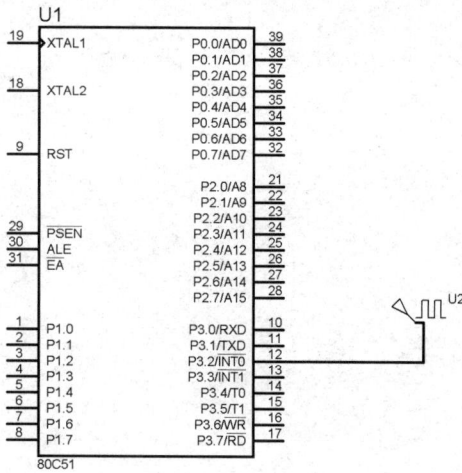

图6.24　实例6.8电路原理图

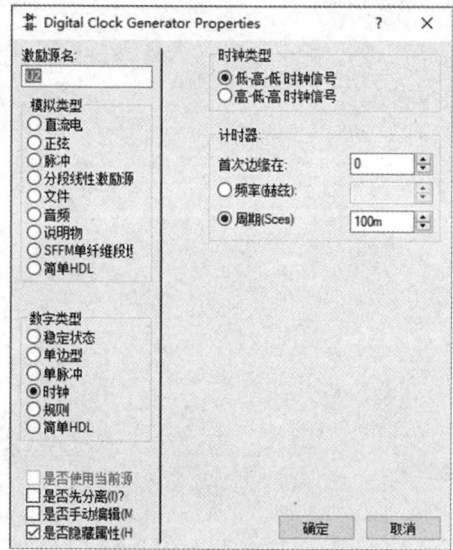

图6.25　时钟信号设置

（2）在 C51 中进行单片机片内存储器操作的方法是，定义指针变量并赋地址值→按指针变量对数据进行读/写操作。

（3）十六进制数转 BCD 码的方法是：从最低位开始进行模 10 计算→删去最末位（相当于整除 10）→继续模 10 计算，直至整除 10 的结果为 0。

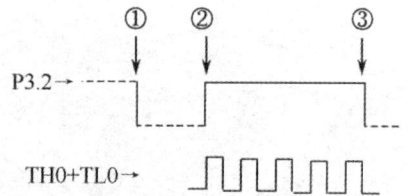

图6.26　测量未知脉冲宽度的编程思路

实例6.8 的源程序如下：

```
//实例6.8 脉冲宽度测试
#include <reg51.h>
sbit P3_2=P3^2;
main(){
    unsigned char *P;
    unsigned int a;
    P=0x40;                    //指针指向片内40H单元
    TMOD=0x09;                 //T0定时方式1，允许INT0启动计数器
    TH0=TL0=0;                 //装入计数初值
    do{} while(P3_2==1);       //等待INT0 INT0变低
    TR0=1;                     //启动计数器（允许INT1启动计数器）
    while(P3_2==0);            //等待脉冲上升沿，上升沿启动计数器
    while(P3_2==1);            //等待脉冲下降沿，下降沿停止计数器
    TR0=0;                     //关闭T0，防止下一个上升沿启动计数器
    a=TH0*256+TL0;             //将TH0和TL0中的数合成到整形变量a中
    for(a;a!=0;){              //循环，直到a为零
        *P=a%10;               //分解a，个位存放在40单元，其他以此递增
        a=a/10;                //删除最末位
        P++;                   //存放地址加1
    }
    while(1){a=0;}             //原地等待(没有{}项不会影响运行，但无法设置断点)
}
```

为了查看程序执行结果，需要用到断点、单步或运行到光标等调试方法，使程序运行到最后一行语句时暂停，如图6.27 所示。

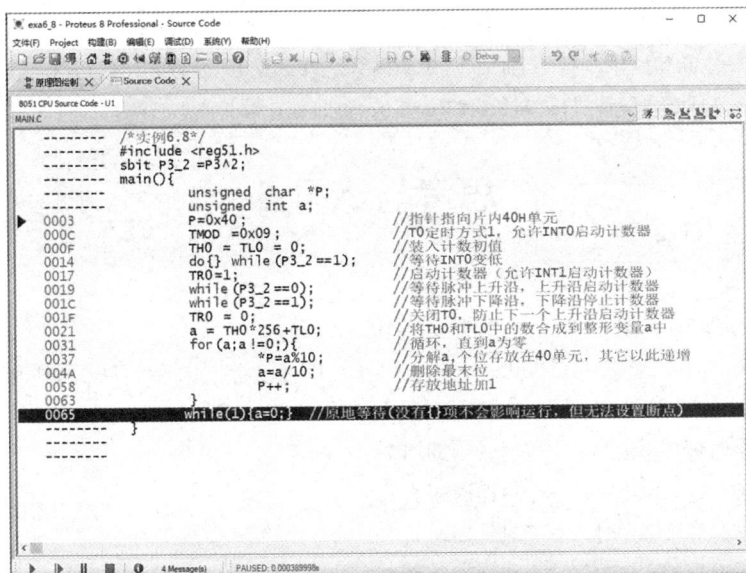

图 6.27　程序运行至最后一行语句暂停

打开 51 单片机片内 RAM 调试窗口，可以观察到脉冲测量结果的存放情况，如图 6.28 所示。

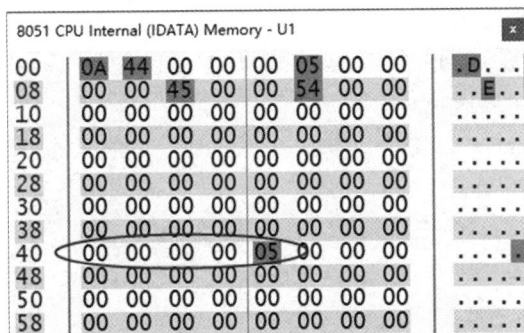

图 6.28　脉冲测量结果

实例 6.8 仿真视频

结果：脉宽测量值已放入片内 RAM 40H 开始的单元中，为 BCD 码 50000，相当于 $1\mu s \times$ 50000=50ms，这与信号发生器的设置参数是吻合的。实例 6.8 完成。

本 章 小 结

1．定时/计数器的工作原理是，利用加 1 计数器对时钟脉冲或外来脉冲进行自动计数。当计满溢出时，可引起中断标志（TFx）硬件置 1，据此表示定时时间到或计数次数到。定时器本质上是计数器，前者是对时钟脉冲进行计数，后者则是对外来脉冲进行计数。

2．51 单片机包括两个 16 位定时/计数器 T0（TH0、TL0）和 T1（TH1、TL1），还包括两个控制寄存器 TCON 和 TMOD。通过 TMOD 控制字可以设置定时与计数两种模式，设置方式 0～3 四种工作方式；通过 TCON 控制字可以管理计数器的启动与停止。

3．方式 0～2 分别使用 13 位、16 位、8 位工作计数器，方式 3 具有 3 种定时/计数器状态。

4．定时/计数器主要编程步骤：

① 确定定时/计数器的工作状态，设定 TMOD。

② 确定计数初值，$a = 2^n - t \cdot f_{osc} / 12$，装载计数初值。

③ 编程方法要点：

● 中断方式——中断初始化，启动定时器，中断函数，TFx 清 0，重装载计数初值。

● 查询方式——启动定时器，TFx 判断，TFx 清 0，重装载计数初值。

思考与练习 6

6.1 单项选择题

（1）使 80C51 定时/计数器 T0 停止计数的 C51 语句为_____。

    A. IT0=0;   B. TF0=0;   C. IE0=0;   D. TR0=0;

（2）80C51 的定时/计数器 T1 用作定时方式时是_____。

    A. 由内部时钟频率定时，一个时钟周期加 1

    B. 由内部时钟频率定时，一个机器周期加 1

    C. 由外部时钟频率定时，一个时钟周期加 1

    D. 由外部时钟频率定时，一个机器周期加 1

（3）80C51 的定时/计数器 T0 用作计数方式时是_____。

    A. 由内部时钟频率定时，一个时钟周期加 1

    B. 由内部时钟频率定时，一个机器周期加 1

    C. 由外部计数脉冲计数，一个脉冲加 1

    D. 由外部计数脉冲计数，一个机器周期加 1

（4）80C51 的定时/计数器 T1 用作计数方式时，_____。

    A. 外部计数脉冲由 T1（P3.5）引脚输入

    B. 外部计数脉冲由内部时钟频率提供

    C. 外部计数脉冲由 T0（P3.4）引脚输入

    D. 外部计数脉冲由 P0 口任意引脚输入

（5）下列关于定时/计数器工作方式 3 的描述中，_____是错误的。

    A. 单片机可以组合出 3 种定时/计数器关系

    B. T0 可以组合出两个具有中断功能的 8 位定时器

    C. T1 可以设置成无中断功能的 4 种定时/计数器，即方式 0～3

    D. 可将 T1 定时方式 2 作为波特率发生器使用

（6）设 80C51 的晶振频率为 12MHz，若用定时器 T0 方式 1 产生 1ms 定时，则计数初值应为_____。

    A. 0xfc18   B. 0xf830   C. 0xf448   D. 0xf060

（7）80C51 的定时/计数器 T1 用作定时方式 1 时，工作方式的初始化 C51 语句为_____。

    A. TCON=0x01;   B. TCON=0x05;   C. TMOD=0x10;   D. TMOD=0x50;

（8）80C51 的定时/计数器 T1 用作定时方式 2 时，工作方式的初始化 C51 语句为_____。

    A. TCON=0x60;   B. TCON=0x02;   C. TMOD=0x06;   D. TMOD=0x20;

（9）80C51 的定时/计数器 T0 用作定时方式 0 时，工作方式的初始化 C51 语句为_____。

    A. TMOD=0x21;   B. TMOD=0x32;   C. TMOD=0x20;   D. TMOD=0x22;

（10）使用 80C51 的定时器 T0 时，若允许 TR0 启动定时器，应使 TMOD 中的_____。

    A. GATE 位置 1   B. C/$\overline{T}$位置 1   C. GATE 位清 0   D. C/$\overline{T}$位清 0

（11）使用 80C51 的定时器 T0 时，若允许 $\overline{INT0}$ 启动定时器，应使 TMOD 中的_____。

    A. GATE 位置 1   B. C/$\overline{T}$位置 1   C. GATE 位清 0   D. C/$\overline{T}$位清 0

（12）启动定时/计数器 T0 开始计数的指令是使 TCON 的_____。

    A．TF0 位置 1   B．TR0 位置 1   C．TF0 位清 0   D．TF1 位清 0

（13）启动定时器 T1 开始定时的 C51 语句是_____。

    A．TR0=0;   B．TR1=0;   C．TR0=1;   D．TR1=1;

（14）使 80C51 的定时/计数器 T0 停止计数的 C51 语句是_____。

    A．TR0=0;   B．TR1=0;   C．TR0=1;   D．TR1=1;

（15）使 80C51 的定时/计数器 T1 停止定时的 C51 语句是_____。

    A．TR0=0;   B．TR1=0;   C．TR0=1;   D．TR1=1;

（16）80C51 的 TMOD 定时方式控制寄存器，其中 GATE 位表示的是_____。

    A．门控位   B．工作方式定义位

    C．定时/计数功能选择位   D．运行控制位

（17）若采用计数器 T1 方式 1 每计满 10 次便产生溢出标志，则 TH1、TL1 的 C51 初始值是_____。

    A．0xff,0xf6   B．0xf6,0xf6   C．0xf0,0xf0   D．0xff,0xf0

（18）80C51 采用 T0 计数方式 1 时，应用指令_____初始化编程。

    A．TCON=0x01;   B．TMOD=0x01;   C．TCON=0x05;   D．TMOD=0x05;

（19）采用 80C51 的定时/计数器 T0 定时方式 2，则应启动 T0 前先向_____。

    A．TH0 装入计数初值，TL0 置 0，以后每次重新计数前都要重新装入计数初值

    B．TH0、TL0 装入计数初值，以后每次重新计数前都要重新装入计数初值

    C．TH0、TL0 装入不同的计数初值，以后不再装入

    D．TH0、TL0 装入相同的计数初值，以后不再装入

（20）80C51 的 TMOD 定时方式控制寄存器，其中 C/$\overline{\text{T}}$ 位表示的是_____。

    A．门控位   B．工作方式定义位

    C．定时/计数功能选择位   D．运行控制位

（21）若采用查询法进行 80C51 定时/计数器 T1 溢出状态检测，则溢出标志 TF1_____。

    A．应由硬件清 0   B．应由软件清 0   C．应由软件置 1   D．可不处理

（22）80C51 定时/计数器 T0 的溢出标志 TF0，当计满产生溢出时，其值为_____。

    A．0   B．0xff   C．1   D．计数值

（23）80C51 的定时/计数器在工作方式 1 时的计数器满计数值 M 为_____。

    A．$M=2^{13}=8192$ B．$M=2^8=256$ C．$M=2^4=16$ D．$M=2^{16}=65536$

6.2　问答思考题

（1）与单片机延时子程序的定时方法相比，利用 80C51 的定时/计数器进行定时有何优点？

（2）怎样理解 51 单片机的定时器和计数器的实质都是计数器，差别仅在于脉冲信号的来源不同？

（3）51 单片机定时/计数器定时时间 t 的影响因素有哪些？计数器计数次数 N 的影响因素有哪些？

（4）80C51 中的寄存器 TH0、TL0、TH1 和 TL1 与定时/计数器是什么关系？

（5）定时/计数器 T0 作为计数器使用时，对被测脉冲的最高频率有限制吗？为什么？

（6）当定时/计数器方式 1 的最大定时时间不够用时，可以考虑哪些办法来增加其定时长度？

（7）怎样使定时/计数器的计数初值能在计满溢出后自动重新装载？

（8）对于定时/计数器的溢出标志进行检测有哪些可用办法？各有什么优缺点？

（9）利用定时/计数器进行外部脉冲宽度测量的工作原理是什么？

（10）如何利用闲置的定时/计数器扩展外部中断源？

（11）定时/计数器溢出得到中断响应后，TF0 或 TF1 标志需要采用什么办法予以撤销？

第7章 单片机的串行口

内容概述：

可编程全双工串行通信控制器是 51 单片机的重要系统组成，可以作为通用异步接收/发送器用，也可作为同步移位寄存器用，是单片机除 I/O 口外的又一种信息交换新途径，对实现单片机串并转换、点对点和主从式通信具有重要应用价值。

本章从单片机串行通信的基本原理入手，讲述串行口控制器的结构组成和工作方式设置。在此基础上，通过 4 个典型应用实例，介绍 4 种串行口工作方式的 C51 编程方法，使读者系统掌握单片机串行口通信的应用知识。

教学目标：

● 了解串行通信基本概念和各种工作方式的基本原理；
● 了解串行通信的编程方法；
● 了解串行通信的基本应用。

7.1 串行通信概念

计算机与外部设备的基本通信方式有两种（见图 7.1）。

① 并行通信——数据的各位同时进行传送（见图 7.1（a））。其特点是传送速度快、效率高。但因数据有多少位就需要有多少根传输线，当数据位数较多和传送距离较远时，就会导致通信线路成本提高，因此它适合于短距离传输。

② 串行通信——数据一位一位地按顺序进行传送（见图 7.1（b））。其特点是只需要一对传输线就可以实现通信。当传输距离较远时，它可以显著减少传输线，降低通信成本，但是串行传送的速度较慢，不适合高速通信。尽管如此，串行通信因经济实用，在计算机通信中获得了广泛应用。

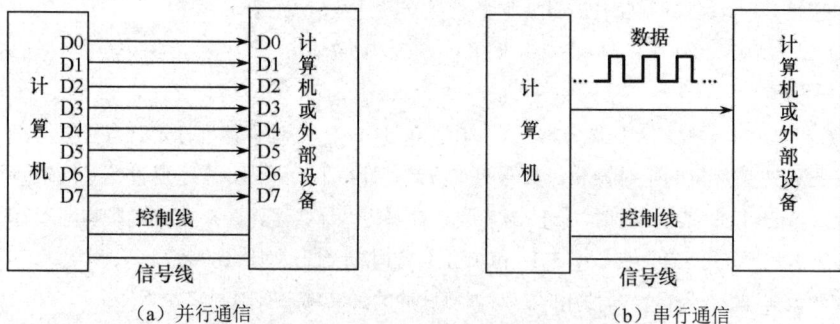

图 7.1 并行通信与串行通信

在串行通信中，数据是在两个站之间进行传送的。按照数据传送方向，串行通信可分为单工（simplex）、半双工（half duplex）和全双工（full duplex）3 种方式，如图 7.2 所示。

在单工方式下，通信线的一端为发送器，一端为接收器，数据只能按照一个固定的方向传送，如图 7.2（a）所示。

在半双工方式下，系统的每个通信设备都由一个发送器和一个接收器组成，如图 7.2（b）所示。因而数据能从 A 站传送到 B 站，也可以从 B 站传送到 A 站，但是不能同时在两个方向上传送，即只能一端发送、一端接收。收发开关一般用软件方式切换。

在全双工方式下，系统的每端都有发送器和接收器，可以同时发送和接收，即数据可以在两个方向上同时传送，如图 7.2（c）所示。

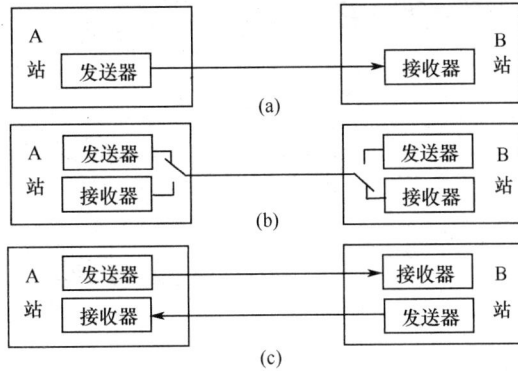

图 7.2 串行通信的 3 种方式

在实际应用中，尽管多数串行通信接口电路具有全双工功能，但一般情况下，还是工作在半双工方式下，这是其用法简单、实用所致。

串行通信的数据是按位进行传送的，每秒传送的二进制数码的位数称为波特率，单位是 bps（bit per second），即位/秒。波特率指标用于衡量数据传送的速率，国际上规定了标准波特率系列作为推荐使用的波特率。标准波特率的系列为：110bps、300bps、600bps、1200bps、1800bps、2400bps、4800bps、9600bps、19200bps。接收端和发送端的波特率分别设置时，必须保证两者相同。

串行通信有两种基本通信方式：异步通信和同步通信。

（1）异步通信

以字符（或字节）为单位组成数据帧进行的传送称为异步通信。如图 7.3 所示，一帧数据由起始位、数据位、可编程校验位和停止位组成。

图 7.3 异步通信的字符帧格式

起始位：位于数据帧开头，占 1 位，始终为低电平，标志传送数据的开始，用于向接收设备表示发送端开始发送一帧数据。

数据位：要传输的数据信息，可以是字符或数据，一般为 5～8 位，由低位到高位依次传送。

可编程校验位：位于数据位之后，占 1 位，用于校验串行发送数据的正确性，可根据需要采用奇校验、偶校验或无校验。在多机串行通信时，还用此位传送联络信息。

停止位：位于数据帧末尾，占 1 位，始终为高电平，用于向接收端表示一帧数据已发送完毕。

由此可见，传输线未开始通信时为高电平状态，当接收端检测到传输线上为低电平时就可知发送端已开始发送，而当接收端接收到数据帧中的停止位就可知一帧数据已发送完成。

（2）同步通信

数据以块为单位连续进行的传送称为同步通信。在发送一块数据时，首先通过同步信号保证发送端和接收端设备的同步（该同步信号一般由硬件实现），然后连续发送整块数据。发送过程中，不再需要发送端和接收端的同步信号。同步通信的数据格式如图 7.4 所示。

为保证传输数据的正确性，发送和接收双方要求用准确的时钟实现两端的严格同步。同步通信常用于传送数据量大、传送速率要求较高的场合。

图 7.4　同步通信的数据格式

7.2　MCS-51 的串行口控制器

7.2.1　串行口内部结构

MCS-51 单片机内部有一个可编程的全双工串行通信接口，可以作为通用异步接收/发送器（Universal Asynchronous Receiver/Transmitter，UART），也可作为同步移位寄存器。它的数据帧格式可为 8 位、10 位和 11 位 3 种，可设置多种不同的波特率，通过引脚 RXD（P3.0）和 TXD（P3.1）与外界进行通信。单片机中与串行通信相关的结构组成如图 7.5 所示。

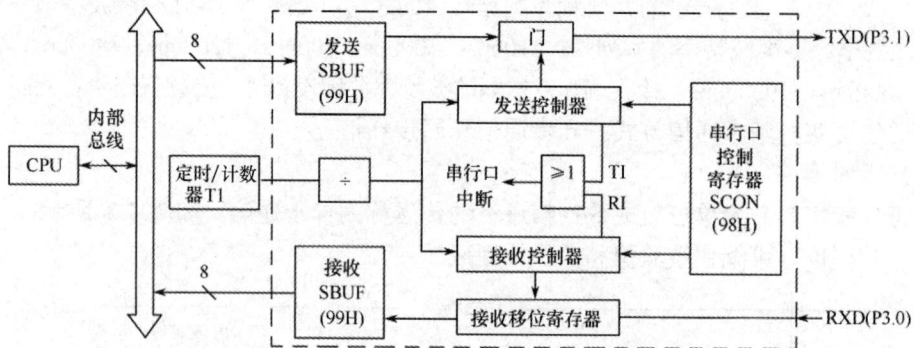

图 7.5　单片机中与串行通信相关的结构组成

在图 7.5 中，虚线框部分为串行口结构，其内包括两个数据缓冲器 SBUF、串行口控制寄存器 SCON、接收移位寄存器、发送控制器和接收控制器。除此之外，该模块还与定时/计数器 T1 和单片机内部总线相关。

两个数据缓冲器 SBUF 在物理上是相互独立的，一个用于发送数据（SBUF发）、一个用于接收数据（SBUF收）。但 SBUF发只能写入数据，不能读出数据，SBUF收只能读出数据，不能写入数据。所以两个 SBUF 可公用一个地址（99H），通过读/写指令区别是对哪个 SBUF 的操作。

发送控制器的作用是在门电路和定时/计数器 T1 的配合下，将 SBUF发中的并行数据转为串行数据，并自动添加起始位、可编程校验位、停止位。这一过程结束后，可使发送中断请求标志位 TI 自动置 1，用以通知 CPU 已将 SBUF发中的数据输出到了 TXD 引脚。

接收控制器的作用是在接收移位寄存器和定时/计数器 T1 的配合下，使来自 RXD 引脚的串行数据转换为并行数据，并自动过滤掉起始位、可编程校验位、停止位。这一过程结束后，可使接收中断请求标志位 RI 自动置 1，用以通知 CPU 接收的数据已存入 SBUF收。

从数据发送和接收过程看出，发送的数据从 SBUF发直接送出，接收的数据则经过接收移位寄存器后才到达 SBUF收。当接收数据进入 SBUF收后，接收端还可以通过接收移位寄存器接收下一帧数据。由此可见，发送端为单缓冲结构，接收端为双缓冲结构，这样可以避免在第 2 帧接收数据到来时，CPU 因未及时将第 1 帧数据读走而引起两帧数据重叠的错误。

定时/计数器 T1 的作用是产生用以收发过程中节拍控制的通信时钟（方波脉冲），如图 7.6 所示。其中，发送数据时，通信时钟的下降沿对应于数据移位输出（见图 7.6（a））；接收数据时，通信时钟的上升沿对应于数据位采样（见图 7.6（b））。通信时钟频率（波特率）由 T1 的控制寄存器管理。

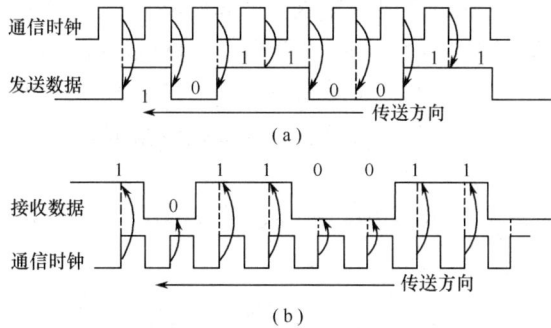

图 7.6　通信时钟脉冲

7.2.2　串行口控制寄存器

51 单片机用于串行通信控制的特殊功能寄存器有两个：串行口控制寄存器 SCON 和电源控制寄存器 PCON。

1．SCON 寄存器

SCON 是串行口控制寄存器（Serial Control Register），字节地址为 98H，可位寻址。SCON 中有两位与中断有关，其余都与串行通信有关，其位定义如图 7.7 所示。

图 7.7　SCON 寄存器的位定义

RI 和 TI：串行通信中断请求标志，第 5 章已有介绍，不再赘述。

SM0 和 SM1：串行工作方式定义位。通过 SM0 和 SM1 不同的取值，可定义 4 种串行通信工作方式，具体如表 7.1 所示。

表 7.1　工作方式选择

SM0	SM1	方　式	功能说明
0	0	0	8 位同步移位寄存器方式
0	1	1	10 位数据异步通信方式
1	0	2	11 位数据异步通信方式
1	1	3	11 位数据异步通信方式

上述 4 种工作方式中，第 1 种方式不属于异步通信方式，而是同步移位寄存器方式（主要用于串并转换），后 3 种才是严格意义上的异步通信。

RB8 和 TB8：接收数据第 9 位和发送数据第 9 位。在工作方式 2 和工作方式 3 时，存放待发送数据帧和已接收数据帧的第 9 位的内容，主要用于多机通信或奇偶校验，具体用法稍后介绍。

SM2：多机通信控制位。用于多机通信和点对点通信的选择，也将稍后介绍。

REN：允许接收控制位。用于允许或禁止串行口接收数据。

2．PCON 寄存器

PCON 为电源控制寄存器（Power Control Register），字节地址为 87H，不可位寻址，其位定义如图 7.8 所示。

SMOD	—	—	—	GF1	GF0	PD	TDL
8EH	8DH	8CH	8BH	8AH	89H	88H	87H
位7	位6	位5	位4	位3	位2	位1	位0

位0：空闲控制位，TDL

位1：掉电控制位，PD

位2和位3：通用标志位，GF0和GF1

位4～位6：没有定义

位7：波特率选择位，SMOD

=0：波特率保持原来数值

=1：波特率在原有基础上加倍

图 7.8　PCON 寄存器的位定义

SMOD：波特率选择位，用于决定串行通信时钟的波特率是否加倍。

如前所述，51 单片机串行通信以定时/计数器 T1 为波特率信号发生器，其溢出脉冲经过分频单元（图 7.5 中的除号框）后送到收、发控制器中。分频单元的内部结构如图 7.9 所示。

图 7.9 中，T1 溢出脉冲可以有两种分频路径，即 16 分频或 32 分频，SMOD 就是决定分频路径的逻辑开关。分频后的通信时钟波特率为

图 7.9　波特率信号的分频单元结构

$$\text{通信时钟波特率} = \frac{1}{t} \cdot \frac{2^{\text{SMOD}}}{32}$$

式中，t 为 T1 的定时时间，为

$$t = (2^n - a) \cdot \frac{12}{f_{\text{osc}}}$$

合并上面两式可得

$$\text{通信时钟波特率} = \frac{f_{\text{osc}}}{12 \times (2^n - a)} \cdot \frac{2^{\text{SMOD}}}{32}$$

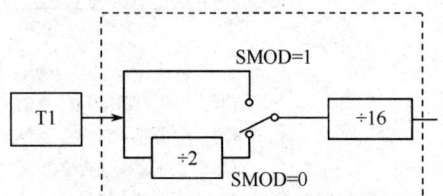

这说明，晶振频率 f_{osc} 一定后，波特率的大小取决于 T1 的工作方式 n 和计数初值 a，也取决于波特率选择位 SMOD。

还需说明一点：串行口通信在不同工作方式时的波特率是不同的，上述波特率只适用于工作方式 1 和方式 3，方式 0 和方式 2 的波特率分别见本章 7.3 和 7.5 节。

7.3 串行口工作方式 0 及其应用

当 SM0 SM1=00 时为串行口工作方式 0，图 7.10 给出了工作方式 0 的逻辑结构示意图。

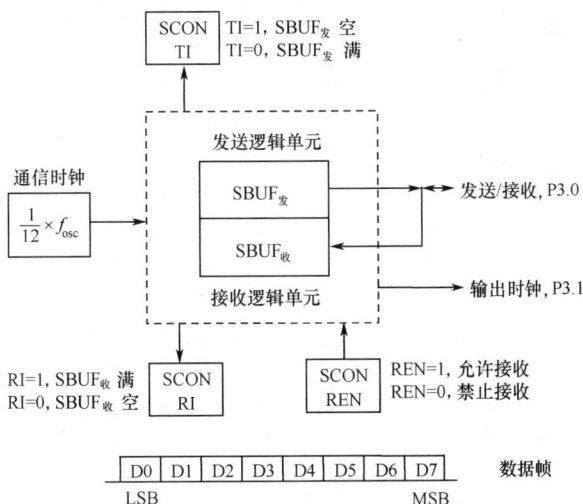

图 7.10　串行口方式 0 的逻辑结构示意图

图 7.10 中，虚线框表示 51 单片机串行口的主要硬件资源（为直观起见，SCON 被放在虚线框外）。发送和接收的数据帧都是 8 位为 1 帧，低位先传输，不设起始位和停止位，且都经由 P3.0 引脚出入；通信时钟波特率固定为十二分频晶振，除供给内部收、发逻辑单元使用外，还通过引脚 P3.1 输出，作为接口芯片的移位时钟信号。

图 7.10 中标出了 SCON 中 TI、RI、REN 三个标志位的相关信息，编程时可以参考。

如前所述，工作方式 0 不是用于异步串行通信，而是用于串并转换，达到扩展单片机 I/O 口数量的目的。工作方式 0 通常需要与移位寄存器芯片配合使用。

以下举例说明工作方式 0 与部分移位寄存器的使用方法。

【实例 7.1】工作方式 0 应用。

采用图 7.11 所示电路，在电路分析和程序分析的基础上，编程实现发光二极管的自上而下循环显示功能。

【解】（1）电路分析：图中使用的 74LS164 是一种 8 位串入并出移位寄存器，其引脚与内部结构如图 7.12 所示。

图 7.12 中，A、B 为两路数据输入端，经与门后接 D 触发器输入端 D；CP 为移位时钟输入端，$\overline{MR}$ 为清 0 端，$\overline{MR}$ 为低电平时可使 D 触发器输出端清 0；Q0～Q7 为数据输出端（也是各级 D 触发器的 Q 输出端）；带圈数字表示芯片引脚编号。

74LS164 的移位过程是借助 D 触发器的工作原理实现的，D 触发器原理已在 2.3.2 节介绍，此处不再赘述。74LS164 的工作原理是：每出现一次时钟脉冲信号，前级 D 触发器锁存的电平便会被后级 D 触发器锁存起来。如此经过 8 个时钟脉冲后，最先接收到的数据位将被最高位 D

触发器锁存，并到达 Q7 端。其次接收到的数据位将被次高位 D 触发器锁存，并到达 Q6 端，以此类推。换言之，逐位输入的串行数据将同时出现在 Q0～Q7 端，从而实现了串行数据转为并行数据的功能。

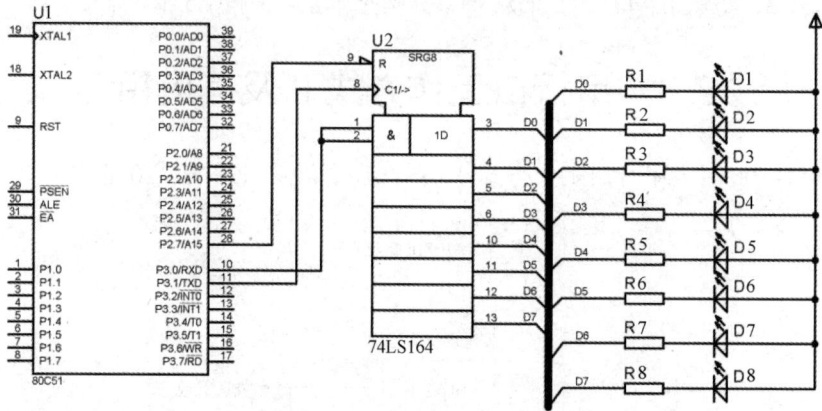

图 7.11　实例 7.1 电路原理图

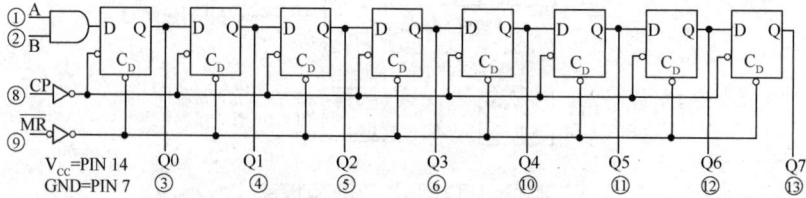

图 7.12　74LS164 的逻辑方框图

基于上述分析，可以很容易地理解图 7.11 中 74LS164 与 51 单片机的接线原理：A 与 B 端并联接在单片机的 RXD（P3.0）端——串行方式 0 的数据发送/接收端；CP 端接在单片机的 TXD（P3.1）端——串行方式 0 的时钟输出端；$\overline{MR}$ 接 V_{CC}——本实例无须清 0 控制；Q0～Q7 端接发光二极管并行电路（参见图 7.11）。

（2）编程分析：编程设计中，首先要对串行口的工作方式进行设置（串行口初始化）。本实例程序中，可利用语句"SCON=0"设置串行口方式 0（SM0 SM1=00），并同时实现串行口中断请求标志位清 0（RI=TI=0）和禁止接收数据（REN=0）的串行口初始化设置。

被发送的字节数据只需赋值给寄存器 SBUF发，其余工作都将由硬件自动完成。但在发送下一字节数据前需要了解 SBUF发是否已为空，以免造成数据重叠。为此可采用中断或软件查询进行判别。

根据图 7.11 电路，使 D1 点亮，D2～D8 熄灭的 Q0～Q7 输出码应为 1111 1110B（0xfe），但考虑到串行数据发送时低位数据在先的原则，故送交 SBUF发的输出码应为 0111 1111B（0x7f）。为实现发光二极管由 Q0 向 Q7 方向点亮，SBUF发的输出码应循环右移，同时最高位用 1 填充，这些功能可通过 C51 语句(LED>>1) | 0x80 实现。

实例 7.1 的源程序如下：

```
//实例 7.1 工作方式 0 应用
#include<reg51.h>
void delay() {                          //延时
    unsigned int i;
    for(i=0; i<20000; i++) {}
}
void main(){
    unsigned char index,LED;            //定义循环指针和输出码变量
```

```
        SCON=0;                              //串行口初始化
        while(1){
            LED=0x7f;                        //输出码初值（D1亮，其余灭）
            for(index=0; index<8; index++){  //控制循环范围
                SBUF=LED;                    //发送输出码
                do{}while(!TI);              //判断发送是否结束
                LED=((LED>>1)|0x80);         //右移1位且高位填充1
                delay();
        }}}
```

程序运行效果如图 7.13 所示。

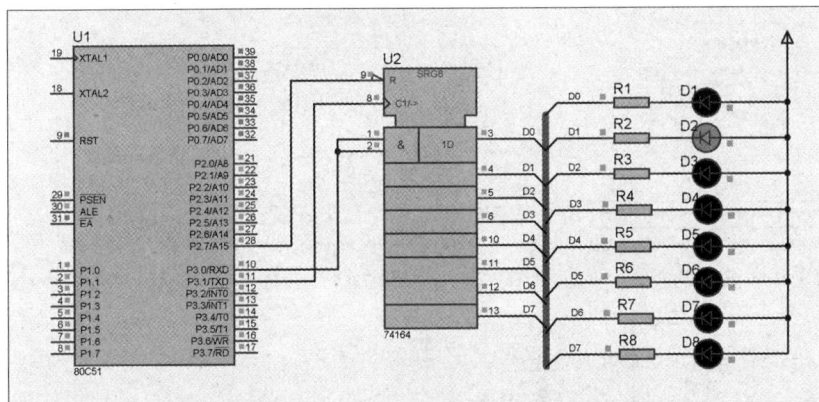

图 7.13　实例 7.1 程序运行效果

实例 7.1 仿真视频

结果：实现了用工作方式 0 串入并出扩展的流水灯功能，程序满足题意要求，实例 7.1 完成。

7.4　串行口工作方式 1 及其应用

当 SM0 SM1=01 时为串行口工作方式 1，图 7.14 给出了工作方式 1 的逻辑结构示意图。由图 7.14 可知，与工作方式 0 相比，工作方式 1 发生了如下变化。

① 通信时钟波特率是可变的，可由软件设定为不同速率，其值为

$$\frac{f_{osc}}{12 \times (2^n - a)} \cdot \frac{2^{SMOD}}{32}$$

这表明，T1 初始化时需要设置 TMOD（GATE、C/$\overline{T}$、M1、M0）、PCON（SMOD），并确定计数初值 a。

② 发送数据由 TXD（P3.1）输出，接收数据由 RXD（P3.0）输入，且需经接收移位寄存器缓冲输入。初始化时，需要设置 SCON（RI、TI、REN、SM0、SM1）。

③ 数据帧由 10 位组成，包括 1 位起始位+8 位数据位+1 位停止位。

④ 工作方式 1 是 10 位异步通信方式（有 8 位数据位），主要用于点对点串行通信。通常采用 3 线式接线（见图 7.15），即主机 TXD、RXD 分别与外设 RXD、TXD 相接，两机共地。

【实例 7.2】工作方式 1 应用。

两个 51 单片机进行串行口工作方式 1 通信，其中两机 f_{osc} 约为 12MHz，波特率为 2.4kbps。甲机循环发送数字 0～9，并根据乙机的返回值决定发送新数（返回值与发送值相同时）或重复当前数（返回值与发送值不同时）；乙机接收数据后直接返回接收值；双机都将当前值以十进制数形式显示在各机的共阴极数码管上。电路原理图如图 7.16 所示。

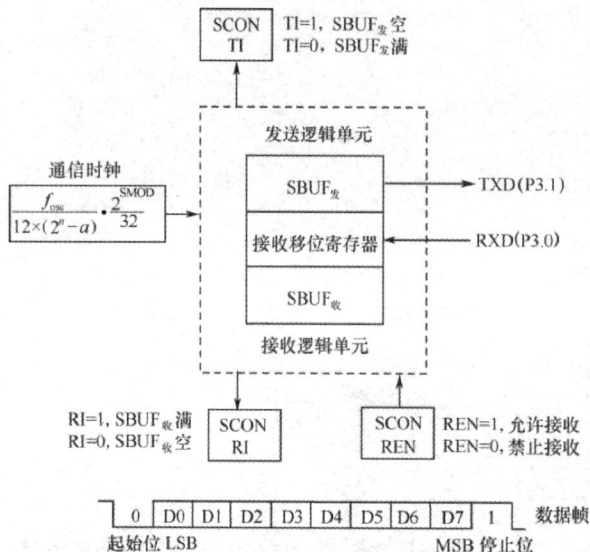

图 7.14　串行口工作方式 1 的逻辑结构示意图

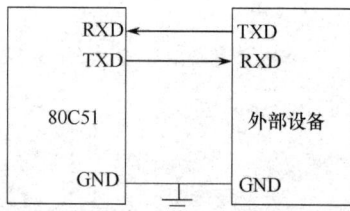

图 7.15　点对点串行通信连接关系

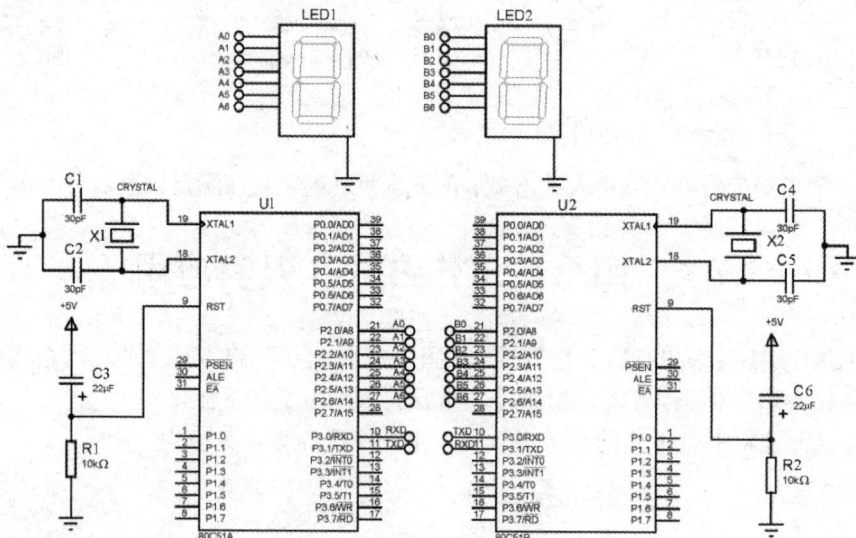

图 7.16　实例 7.2 电路原理图

【解】分析：

（1）初始化工作包括设置串行口工作方式、定时器工作方式、定时计数初值等。如前所述，51 单片机串行口波特率已限定由 T1 提供，但定时工作方式并无限定。由于定时方式 2 具有自动重装载计数初值的优点，定时精度较高，故一般多以方式 2 为准。表 7.2 给出晶振频率为 11.0592MHz、定时方式 2 时的标准波特率参数设置。

可见，按题意要求，2400bps 波特率的对应参数可取为 SMOD=0、TH1=TL1=0xf4。

（2）实例 7.2 对通信的实时性要求不高，故双机都可采用软件查询 TI 和 RI 的做法。程序流程图如图 7.17 所示。

表 7.2　定时方式 2 时的标准波特率参数表

序号	波特率（bps）	SMOD	a
1	62500	1	0xff
2	19200	1	0xfd
3	9600	0	0xfd
4	4800	0	0xfa
5	2400	0	0xf4
6	1200	0	0xe8

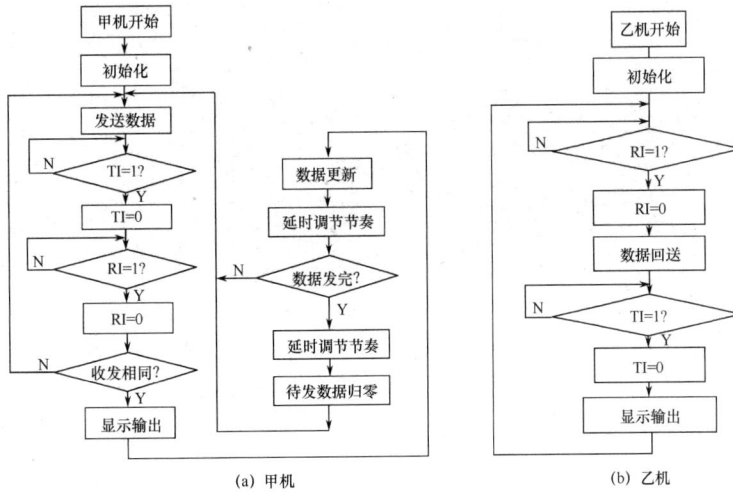

图 7.17　实例 7.2 程序流程图

实例 7.2 的源程序如下：

```
//实例 7.2 发送程序
#include<reg51.h>
#define uchar unsigned char
char code map[]={0x3F,0x06,0x5B,0x4F,0x66,0x6D,0x7D,0x07,0x7F,0x6F};
//'0'~'9'

void delay(unsigned int time){
    unsigned int j = 0;
    for(;time>0;time--)
        for(j=0;j<125;j++);
}
void main(void){
    uchar counter=0;                //定义计数器
    TMOD=0x20;                      //T1 定时方式 2
    TH1=TL1=0xf4;                   //2400bps
    PCON=0;                         //波特率不加倍
    SCON = 0x50;                    //串行口工作方式 1,TI 和 RI 清 0,允许接收
    TR1=1;                          //启动 T1
    while(1){
      SBUF = counter;               //发送联络信号
      while(TI==0);                 //等待发送完成
      TI = 0;                       //清 TI 标志位
      while(RI==0);                 //等待乙机回答
      RI = 0;
      if(SBUF ==counter){           //若返回值与发送值相同,组织新数据
        P2 = map[counter];          //显示已发送值
        if(++counter>9) counter=0;  //修正计数器值
        delay(500);
        }
    }
}
//实例 7.2 接收程序
#include<reg51.h>
#define uchar unsigned char
char code map[]={0x3F,0x06,0x5B,0x4F,0x66,0x6D,0x7D,0x07,0x7F,0x6F};//'0'~'9'

void main(void){
    uchar receiv;                   //定义接收缓冲
    TMOD=0x20;                      //T1 定时方式 2
    TH1=TL1=0xf4;                   //2400bps
    PCON=0;                         //波特率不加倍
    SCON=0x50;                      //串行口工作方式 1,TI 和 RI 清 0,允许接收
```

```
        TR1=1;                              //启动 T1
        while(1){
            while(RI==1){                   //等待接收完成
                RI = 0;                     //清 RI 标志位
                receiv = SBUF;              //取得接收值
                SBUF = receiv;              //结果返送主机
                while(TI==0);               //等待发送结束
                TI = 0;                     //清 TI 标志位
                P2 = map[receiv];           //显示接收值
            }
        }
    }
```

创建实例 7.2 项目后，Source Code 标签页中起初只有一个 80C51 项目树，即只能添加甲机的 C51 源程序。为了添加第 2 个 80C51 项目树，要在原理图编辑区中双击乙机 80C51（U2）打开"编辑元件"对话框，如图 7.18（a）所示，单击"编辑固件"按钮，打开"新固件项目"对话框，如图 7.18（b）所示。

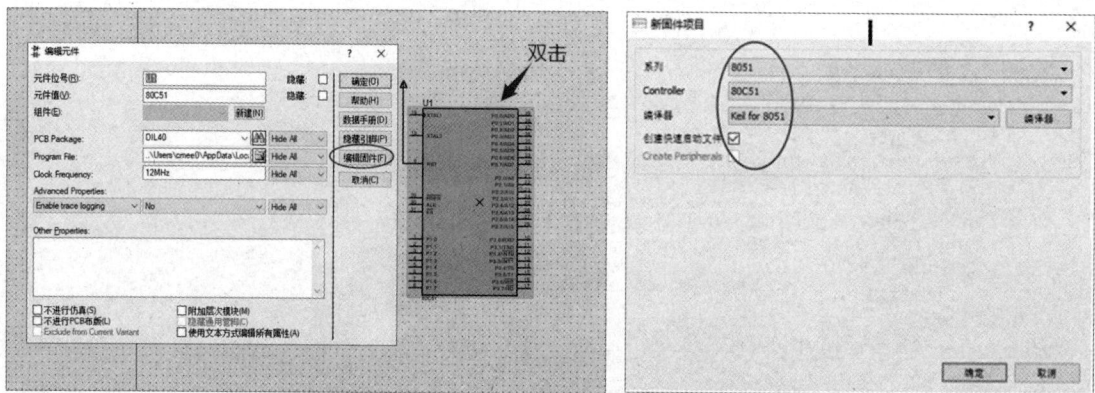

(a) U2 的"编辑元件"对话框   (b) U2 的"新固件项目"对话框

图 7.18　第 2 个 80C51 项目树设置

做好相应的设置，单击"确定"按钮返回 Source Code 标签页，此时便可看到项目窗口中已有两个项目树，代码编辑区中也有两个初始程序模板了，如图 7.19 所示。

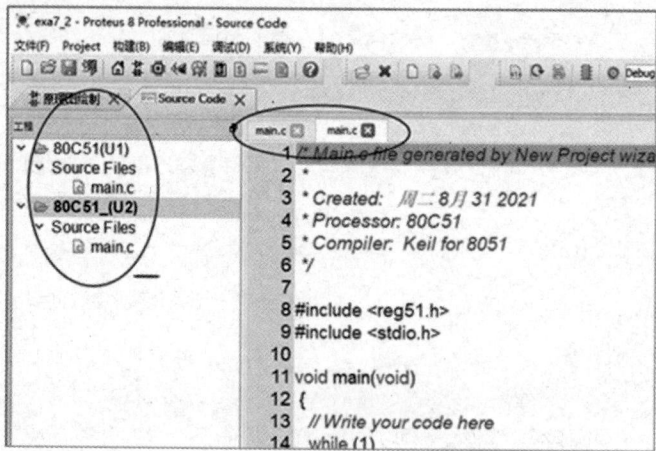

图 7.19　添加了第 2 个项目树

接着就可按照常规做法，分别在两个程序模板中编辑各自的程序。程序编辑完成后，要分别对两个项目树进行程序编译，即先单击项目窗口的 80C51（U1），单击菜单【构建】→【构建工程】命令，编译甲机的程序；然后单击 80C51（U2），再编译乙机的程序。这样就能获得两个目标代码文件并分别加载到实例 7.2 的两个 80C51 中（仿照这一做法，稍后还要进行 3 机通信的实例开发）。如果编译都成功，便可进行仿真运行，运行效果如图 7.20 所示。

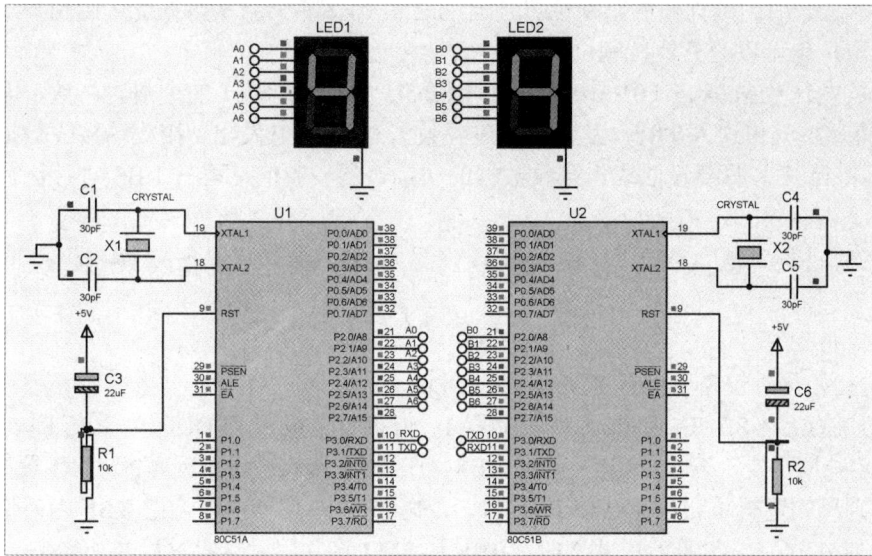

图 7.20　实例 7.2 的程序运行效果

结果：实现了采用串行口工作方式 1 的双机通信功能，程序满足题意要求，实例 7.2 完成。

7.5　串行口工作方式 2 及其应用

当 SM0 SM1=10 时为串行口工作方式 2，其逻辑结构示意图如图 7.21 所示。

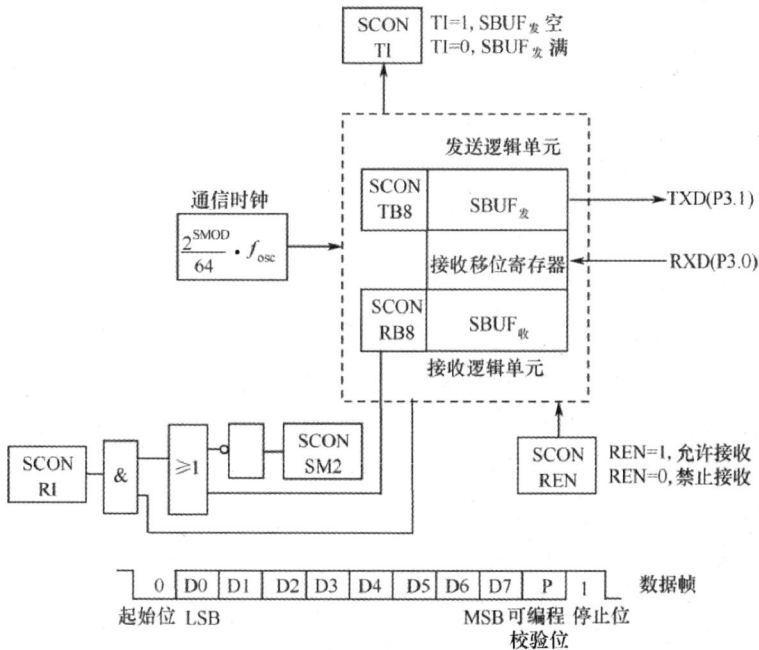

图 7.21　串行口工作方式 2 的逻辑结构示意图

由图 7.21 可知，与方式 1 相比，方式 2 发生了如下变化。

① 方式 2 为 11 位异步通信方式，数据帧由 11 位组成，包括 1 位起始位+8 位数据位+1 位可编程校验位+1 位停止位。在发送时，TB8 的值可被自动添加到数据帧的第 9 位，并随数据帧一起发送。在接收时，数据帧的第 9 位可被自动送入 RB8 中。第 9 数据位可由用户安排，可以是奇偶校验位，也可以是其他控制位。

例如，欲发送数据 0x45（0100 0101B），因 0x45 中二进制数 1 的个数为奇数，因此奇偶校验值为 1。将该校验值送入 TB8，发送时可连同数据 0x45 一起发出。接收端接收数据时会将该数取出放入 RB8 中。只要设法求出接收数据的实际奇偶校验值，再与 RB8 进行比较，即可判断收发过程是否有误。

② 通信时钟频率是固定的，可由 SMOD 设置为 1/32 或 1/64 晶振频率，即

$$\frac{2^{\text{SMOD}}}{64} \cdot f_{\text{osc}}$$

这表明，T1 初始化时仅需要设置 PCON（SMOD）。

③ 发送完成后（SBUF发为空），TI 自动置 1；但接收完成后（SBUF收为空），RI 的状态要由 SM2 和 RB8 共同决定。若 SM2=1，仅当 RB8 为 1 时，接收逻辑单元才能使 RI 置 1。若此时 RB8 为 0，则接收逻辑单元也无法使 RI 置 1。反之，若 SM2=0，则无论 RB8 为何值，接收逻辑单元都能使 RI 置 1。可见，方式 2 时，RB8 和 SM2 将共同对接收过程施加影响。

【实例 7.3】工作方式 2 应用。

采用实例 7.2 的双机通信电路（见图 7.16），晶振频率为 11.0592MHz，串行口工作方式 2，通信时钟波特率为 0.3456Mbps。通信中增加奇偶校验功能，即甲机在循环发送数据（0～9）的同时发送相应的奇偶校验码，乙机接收后先进行奇偶校验。若结果无误，在向甲机返回的接收值中使可编程校验位清 0；若结果有误，则使可编程校验位置 1。甲机根据返回值中的可编程校验位作出发送新数据或重发当前数据的抉择。甲、乙两机都在各自数码管上显示当前数据。

【解】分析：

（1）对于晶振频率 11.0592MHz，0.3456Mbps 的通信时钟波特率相当于 1/32 晶振频率，即应初始化 PCON 为 0x80（波特率加倍）。由于不是多机通信，故 SM2 为 0，据此可以初始化 SCON 为 0x90。

（2）为获得发送或接收数据的奇偶校验位，每次发送或接收到数据后，要将数据存入累加器 ACC，从而获得奇偶标志位值。发送数据的校验位通过写入 TB8 输出，接收数据的校验位从 RB8 读取。

实例 7.3 的源程序如下：

```
//实例7.3 发送程序
#include<reg51.h>
#define uchar unsigned char
char code map [] ={0x3F,0x06,0x5B,0x4F,0x66,0x6D,0x7D,0x07,0x7F,0x6F};
//0~9的字模
void delay(unsigned int time){
    unsigned int j=0;
    for(;time>0;time--)
        for(j=0;j<125;j++);
}
void main(void){
    uchar counter=0;                        //定义计数器
    PCON=0x80;                              //波特率加倍
    SCON=0x90;                              //工作方式2，SM2=TI=RI=0，允许接收
    while(1){
        ACC=counter;                       //提取奇偶标志位值
        TB8=P;                             //组装奇偶标志位
```

```
        SBUF=counter;                          //发送数据
        while(TI==0);                          //等待发送完成
        TI=0;                                  //清 TI 标志位
        while(RI==0);                          //等待乙机回答
        RI=0;
        if(RB8==0){                            //判断 RB8=1?
P2=map [counter] ;                             //若为 0, 则显示已发送值
if(++counter>9) counter=0;                     //刷新发送数据
delay(500);                                    //调整程序节奏
}}}
//实例 7.3 接收程序
#include<reg51.h>
#define uchar unsigned char

void main(void){
uchar receive;                                 //定义接收缓冲
char code map[] ={0x3F,0x06,0x5B,0x4F,0x66,0x6D,0x7D,0x07,0x7F,0x6F};
//0~9 的字模
    PCON=0x80;                                 //波特率加倍
    SCON=0x90;                                 //串行口工作方式 2, TI 和 RI 清 0, 允许接收
    while(1){
    while(RI==1){                              //等待接收完成
        RI=0;                                  //清 RI 标志位
        receive=SBUF;                          //取得接收值
        ACC=receive;                           //提取奇偶标志位值
        if(P==RB8) TB8=0;                      //将校验结果装入第 9 位
          else TB8=1;
        SBUF=receive;                          //接收的结果返回主机
        while(TI==0);                          //等待发送结束
        TI=0;                                  //清 TI 标志位
        P2=map [receive] ;                     //显示接收值
}}}
```

运行效果如图 7.22 所示。

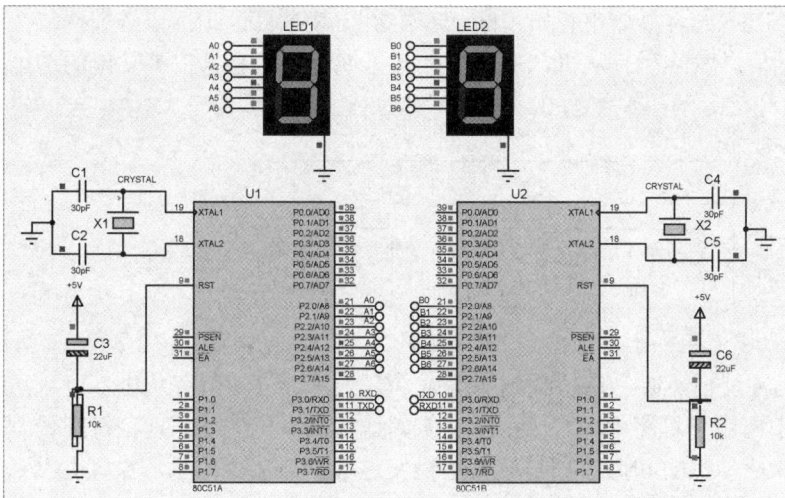

图 7.22　实例 7.3 的程序运行效果

实例 7.3 仿真视频

结果：实现了含有奇偶校验的双机通信功能，程序满足题意要求，实例 7.3 完成。

7.6　串行口工作方式 3 及其应用

当 SM0 SM1=11 时为串行口工作方式 3，其逻辑结构示意图如图 7.23 所示。

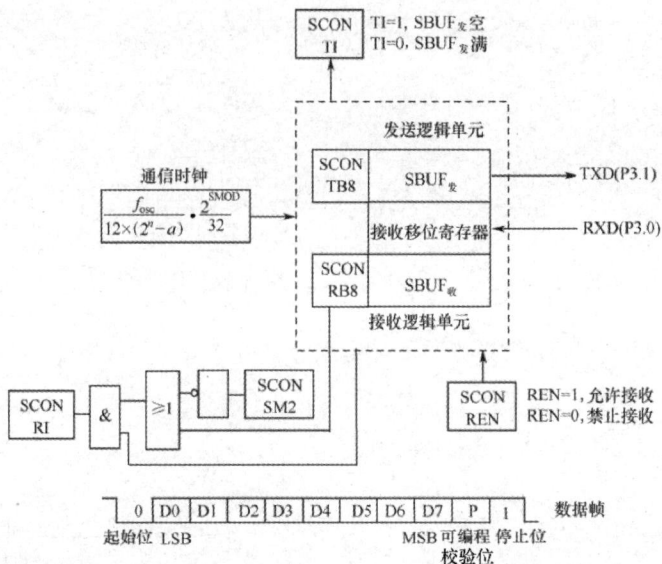

图 7.23 串行口工作方式 3 的逻辑结构示意图

由图 7.23 可知，方式 3 的波特率为可变的（与方式 1 相同），即

$$\frac{f_{osc}}{12 \times (2^n - a)} \cdot \frac{2^{SMOD}}{32}$$

方式 3 也为 11 位异步通信方式（有 9 位数据位），主要用于要求进行错误校验或主从式系统通信的场合。

主从式系统组成示意图如图 7.24 所示。该图为 80C51 多机系统，其中包含 1 个主机和 3 个从机。每个从机都有各自独立的地址，如 00H、01H 和 02H。从机初始化时都设置为串行口方式 2 或方式 3，并使 SM2=REN=1，开放串行口中断。在主机向某个目标从机传送数据或命令前，要先将目标从机的地址信息发给所有从机，随后才是数据或命令信息。主机发出的地址信息的第 9 位为 1，数据或命令信息的第 9 位为 0。

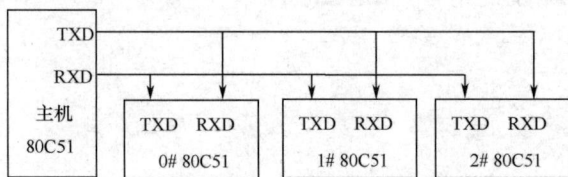

图 7.24 主从式系统组成示意图

当主机向所有从机发送地址信息时，从机收到的第 9 位信息都是 1，所有从机都可激活中断请求标志 RI。在各自的中断服务程序中，对比主机发来的地址与本机地址，若相符则使本机的 SM2 为 0，若不相符则保持本机的 SM2 为 1。接着主机发送数据或命令信息，各从机收到的 RB8 都为 0，此时只有目标从机（SM2 为 0）可激活 RI，转入中断服务程序，接收主机的数据或命令；其他从机（SM2 为 1）不能激活 RI，所接收的数据或命令信息被丢弃，从而实现主机和从机的一对一通信。

主从式系统中，从机与从机之间的通信只能经过主机才能实现。

【实例 7.4】通信方式应用。

设有如图 7.25 所示的 1+2 主从式串行通信系统。K1、K2 为从机发送激发键，每按 1 次，主机向相应从机顺序发送 1 位 0~F 间的字符，发送的字符可用虚拟终端 TERMINAL 观察。从机收到地址帧后使发光二极管状态反转 1 次，收到数据帧后在其共阳极数码管上显示出来。系统晶振频率为 11.0592MHz。要求通信采用串行口工作方式 3，波特率为 9600bps，发送编程采用查询法，接收编程采用中断法。

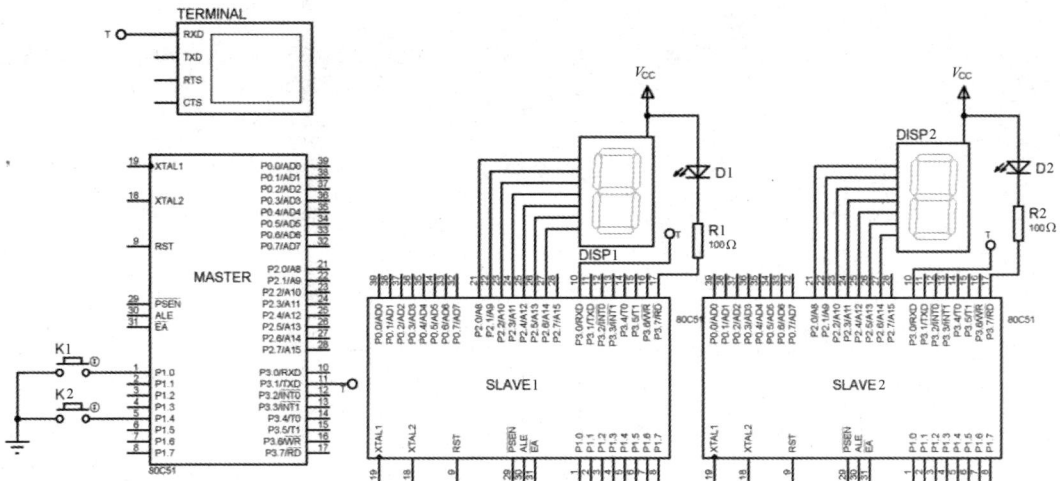

图 7.25　1+2 主从式单片机系统原理图

【解】图中 TERMINAL 是 Proteus 提供的用于观察串行通信数据的虚拟仪器，使用时只需将其 TXD 和 RXD 端分别与单片机 RXD 和 TXD 相连（本例主机无须 RXD，从机无须 TXD）。接线后双击可弹出参数设置对话框，如图 7.26 所示。

根据题意要求，在参数设置对话框内选择 9600 波特率、8 位数据、无奇偶校验等参数。

程序分析：查看表 7.2 可知，波特率初始化时选择 T1 为定时工作方式 2，TH1=TL1=0xfd，SMOD=0，可满足 9600bps 要求。

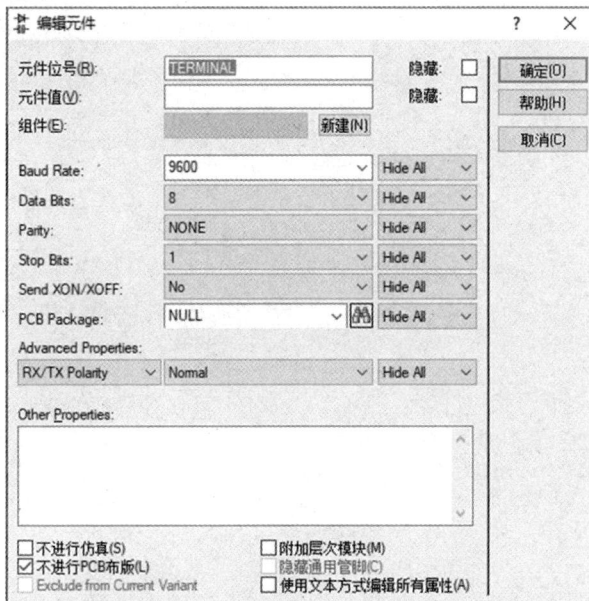

图 7.26　虚拟终端参数设置对话框

程序设计方法：主机在主函数中以查询法进行按键检测，并以键值作为发送函数的传递参数。在发送函数中查询 TI 标志位，分两步发送地址帧和数据帧；从机在初始化后进入等待状态。

在中断接收函数中，先对地址帧进行判断，随后将接收的字符转化为数组顺序号，通过查表输出其显示字模。

实例 7.4 的源程序如下：

```
//实例7.4 多机通信（主机）程序
#include<reg51.h>
#define uchar unsigned char      //将 unsigned char 宏定义为 uchar，方便编程
#define NODE1_ADDR 1                         //1#从机地址
#define NODE2_ADDR 2                         //2#从机地址
uchar KeyValue=0;                            //键值
uchar code str []="0123456789ABCDEF";       //字符集
uchar pointer_1=0,pointer_2=0;              //从机当前发送字符指针

void delay(uchar time){                     //延时
    uchar i,j;
    for(i=0;i<130;i++)
        for(j=0;j<time;j++);
}
void proc_key(uchar node_number){           //发送程序
    delay(200);
    SCON=0xc0;                  //串行口工作方式3、多机通信、禁止接收、中断标志清0
    TMOD=0x20;                  //T1定时方式2
    TH1=TL1=0xfd;              //9600bps
    TR1=1;                     //启动T1
    TB8=1;                     //发送地址帧
    SBUF=node_number;
    while(TI==0);              //等待地址帧发送结束
    TI=0;                      //清TI标志
    TB8=0;                     //准备发送数据帧
    switch(node_number){       //切换从机
        case 1: {
            SBUF=str [pointer_1++] ;          //1#从机字符帧
            if(pointer_1>=16) pointer_1=0;    //修改发送指针
            break;
        }
        case 2: {
            SBUF=str [pointer_2++] ;          //2#从机字符帧
            if(pointer_2>=16) pointer_2=0;    //修改发送指针
            break;
        }
        default: break;
    while(TI==0);                             //等待数据帧发送结束
    TI=0;
}}
main(){
  while(1){
        P1=0xff;
        while(P1==0xff);                      //检测按键
        switch(P1){                           //切换从机
            case 0xfe: proc_key(NODE1_ADDR);break;
            case 0xef: proc_key(NODE2_ADDR);break;
}}}

//实例7.4 多机通信（1#从机）程序
#include<reg51.h>
#define NODE1_ADDR 1
#define uchar unsigned char
```

```
sbit P3_7=P3^7;
uchar code table [16]={0xc0,0xf9,0xa4,0xb0,0x99,0x92,0x82,0xf8,
                       0x80,0x90,0x88,0x83,0xc6,0xa1,0x86,0x8e};
void display(uchar ch){
    if((ch>=48)&&(ch<=57)) P2=table [ch-48];
    else if((ch>=65)&&(ch<=70)) P2=table [ch-55];
}
main(){
    SCON=0xf0;                  //串行口工作方式 3、多机通信、允许接收、中断标志清 0
    TMOD=0x20;                  //T1 定时方式 2
    TH1=TL1=0xfd;               //9600bps
    TR1=1;                      //启动 T1
    ES=1;EA=1;                  //开中断
    while(1);
}

void receive(void) interrupt 4{
    RI=0;
    if(RB8==1){
        if(SBUF==NODE1_ADDR){
            SM2=0;
            P3_7=!P3_7;
        }
        return;
    }
    display(SBUF);
    SM2=1;
}

//实例 7.4 多机通信（2#从机）程序
#include<reg51.h>
#define NODE2_ADDR 2
#define uchar unsigned char
sbit P3_7=P3^7;
uchar code table [16]={0xc0,0xf9,0xa4,0xb0,0x99,0x92,0x82,0xf8,
                       0x80,0x90,0x88,0x83,0xc6,0xa1,0x86,0x8e};
void display(uchar ch){
    if((ch>=48)&&(ch<=57)) P2=table [ch-48];
    else if((ch>=65)&&(ch<=70)) P2=table [ch-55];
}
main(){
SCON=0xf0;                      //串行口工作方式 3、多机通信、允许接收、中断标志清 0
    TMOD=0x20;                  //T1 定时方式 2
    TH1=TL1=0xfd;               //9600bps
    TR1=1;                      //启动 T1
    ES=1;EA=1;                  //开中断
    while(1);
}
void receive(void) interrupt 4{
    RI=0;
    if(RB8==1){
        if(SBUF==NODE2_ADDR){
            SM2=0;
            P3_7=!P3_7;
        }
        return;
    }
    display(SBUF);
    SM2=1;
}
```

可以看出，除地址编号外，两个从机的程序完全相同。实例 7.4 的程序运行效果如图 7.27

所示。将虚拟终端界面放大后（见图 7.28）可以看出，主机发送的字符与从机接收的字符完全一致。

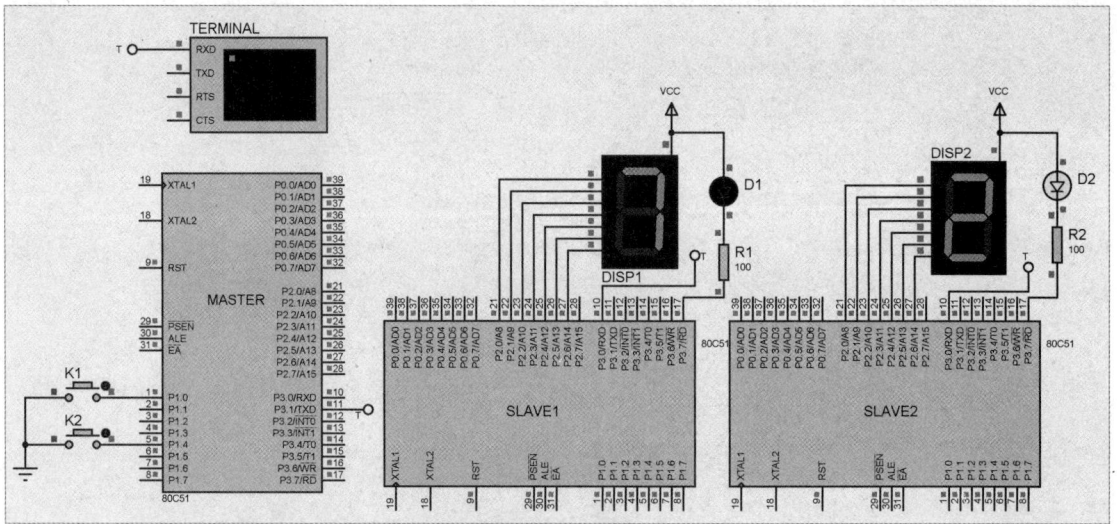

图 7.27　实例 7.4 的程序运行效果

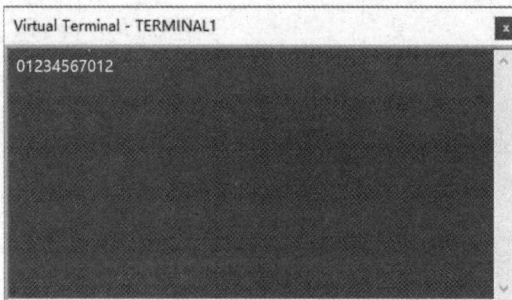

图 7.28　实例 7.4 的虚拟终端界面

实例 7.4 仿真视频

结果：实现了 1+2 主从式串行通信功能，程序满足题意要求，实例 7.4 完成。

本 章 小 结

1. 串行通信的数据是按位进行传送的，每秒传送的二进制数码的位数称为波特率。串行通信只需要一对传输线就可以实现通信，其特点是通信成本低，但传送速度较慢。串行通信可分为单工、半双工和全双工 3 种方式。以字符或字节为单位组成数据帧进行的传送称为异步通信，以数据块为单位连续进行的传送称为同步通信。

2. MCS-51 单片机内置有可编程的全双工异步串行通信接口，包括两个在物理上相互独立的数据缓冲器 SBUF，两个串行口控制寄存器，即 SCON 和 PCON。定时/计数器 T1 作为波特率信号发生器。

3. 方式 0 是同步移位寄存器方式，采用 8 位数据帧格式，没有起始位和停止位，先发送或接收最低位。方式 0 主要用于单片机 I/O 口的扩展。

4. 方式 1 采用 10 位数据帧格式，包括 1 个起始位、8 个数据位和 1 个停止位。方式 1 主要用于点对点通信。

5. 方式 2 和方式 3 采用 11 位数据帧格式，包括 1 个起始位、8 个数据位、1 个可编程校验位、1 个停止位。方式 2 和方式 3 的差异在于前者波特率为固定值，而后者为可变值，主要用于奇偶校验或多机主从式通信。

思考与练习 7

7.1 单项选择题

（1）从串行口接收缓冲器中将数据读入到变量 temp 中的 C51 语句是_____。

    A．temp = SCON;   B．temp = TCON;   C．temp = DPTR;   D．temp = SBUF;

（2）全双工通信的特点是，收发双方_____。

    A．角色固定不能互换   B．角色可换但需切换

    C．互不影响双向通信   D．相互影响、互相制约

（3）80C51 的串行口工作方式中，适合多机通信的是_____。

    A．工作方式 0   B．工作方式 1

    C．工作方式 2   D．工作方式 3

（4）80C51 串行口接收数据的正确次序是下述的顺序_____。

    ①接收完一帧数据后，硬件自动将 SCON 的 RI 置 1   ②用软件将 RI 清 0

    ③接收到的数据由 SBUF 读出   ④置 SCON 的 REN 为 1，外部数据由 RXD(P3.0)输入

    A．①②③④   B．④①②③   C．④③①②   D．③④①②

（5）80C51 串行口发送数据的正确次序是下述的顺序_____。

    ①待发数据送 SBUF   ②硬件自动将 SCON 的 TI 置 1

    ③经 TXD（P3.1）串行发送一帧数据完毕   ④用软件将 SCON 的 TI 清 0

    A．①③②④   B．①②③④   C．④③①②   D．③④①②

（6）80C51 用串行口工作方式 0 时_____。

    A．数据从 RXD 串行输入，从 TXD 串行输出

    B．数据从 RXD 串行输出，从 TXD 串行输入

    C．数据从 RXD 串行输入或输出，同步信号从 TXD 输出

    D．数据从 TXD 串行输入或输出，同步信号从 RXD 输出

（7）在用接口传送信息时，如果用一帧来表示一个字符，且每帧中有一个起始位、一个停止位和若干个数据位，该传送属于_____。

    A．异步串行传送   B．异步并行传送

    C．同步串行传送   D．同步并行传送

（8）80C51 的串行口工作方式中适合点对点通信的是_____。

    A．工作方式 0   B．工作方式 1

    C．工作方式 2   D．工作方式 3

（9）80C51 有关串行口内部结构的描述中，_____是不正确的。

    A．内部有一个可编程的全双工串行通信接口

    B．串行口可以作为通用异步接收/发送器，也可以作为同步移位寄存器

    C．串行口中设有接收控制寄存器 SCON

    D．通过设置串行口通信的波特率可以改变串行口通信速率

（10）80C51 有关串行口数据缓冲器的描述中，_____是不正确的。

    A．串行口中有两个数据缓冲器 SBUF

    B．两个数据缓冲器在物理上是相互独立的，具有不同的地址

    C．SBUF$_发$只能写入数据，不能读出数据

    D．SBUF$_收$只能读出数据，不能发送数据

（11）80C51 串行口发送控制器的作用描述中，_____是不正确的。

　　A．作用一是将待发送的并行数据转为串行数据

　　B．作用二是在串行数据上自动添加起始位、可编程校验位和停止位

　　C．作用三是在数据转换结束后使中断请求标志位 TI 自动置 1

　　D．作用四是在中断被响应后使中断请求标志位 TI 自动清 0

（12）下列关于 80C51 串行口接收控制器的作用描述中，_____是不正确的。

　　A．作用一是将来自 RXD 引脚的串行数据转为并行数据

　　B．作用二是自动过滤掉串行数据中的起始位、可编程校验位和停止位

　　C．作用三是在接收完成后使中断请求标志位 RI 自动置 1

　　D．作用四是在中断被响应后使中断请求标志位 RI 自动清 0

（13）80C51 串行口收发过程中定时/计数器 T1 的下列描述中，_____是不正确的。

　　A．T1 的作用是产生用以串行收发节拍控制的通信时钟脉冲，也可用 T0 进行替换

　　B．发送数据时，该时钟脉冲的下降沿对应于数据的移位输出

　　C．接收数据时，该时钟脉冲的上升沿对应于数据位采样

　　D．通信波特率取决于 T1 的工作方式和计数初值，也取决于 PCON 的设定值

（14）有关集成芯片 74LS164 的下列描述中，_____是不正确的。

　　A．74LS164 是一种 8 位串入并出移位寄存器

　　B．74LS164 的移位过程是借助 D 触发器的工作原理实现的

　　C．8 次移位结束后，74LS164 的输出端 Q0 锁存数据的最高位，Q7 锁存数据的最低位

　　D．74LS164 与 80C51 的串行口工作方式 0 配合，可以实现单片机并行输出口的扩展功能

（15）与串行口工作方式 0 相比，串行口工作方式 1 发生的下列变化中，_____是错误的。

　　A．通信时钟波特率是可变的，可由软件设置为不同速率

　　B．数据帧由 11 位组成，包括 1 位起始位+8 位数据位+1 位可编程校验位+1 位停止位

　　C．发送数据由 TXD 引脚输出，接收数据由 RXD 引脚输入

　　D．工作方式 1 可实现异步串行通信，而工作方式 0 则只能实现串并转换

（16）与串行口工作方式 1 相比，串行口工作方式 2 发生的下列变化中，_____是错误的。

　　A．通信时钟波特率是固定不变的，其值等于晶振频率

　　B．数据帧由 11 位组成，包括 1 位起始位+8 位数据位+1 位可编程校验位+1 位停止位

　　C．发送结束后 TI 可以自动置 1，但接收结束后 RI 的状态要由 SM2 和 RB8 共同决定

　　D．可实现异步通信过程中的奇偶校验

（17）下列关于串行口工作方式 3 的描述中，_____是错误的。

　　A．工作方式 3 的波特率是可变的，可以通过软件设定为不同速率

　　B．数据帧由 11 位组成，包括 1 位起始位+8 位数据位+1 位可编程校验位+1 位停止位

　　C．工作方式 3 主要用于要求进行错误校验或主从式系统通信的场合

　　D．发送和接收过程结束后，TI 和 RI 都可硬件自动置 1

（18）下列关于串行主从式通信系统的描述中，_____是错误的。

　　A．主从式通信系统由 1 个主机和若干个从机组成

　　B．每个从机都要有相同的通信地址

　　C．从机的 RXD 端并联接在主机的 TXD 端，从机的 TXD 端并联接在主机的 RXD 端

　　D．从机之间不能直接传递信息，只能通过主机间接实现

（19）下列关于多机串行异步通信的工作原理描述中，_____是错误的。

A．多机异步通信系统中各机初始化时都应设置为相同波特率

B．各从机都应设置为串行口工作方式 2 或工作方式 3，SM2＝REN＝1，并禁止串行口中断

C．主机先发送一条包含 TB8＝1 的地址信息，所有从机都能在中断响应中对此地址进行查证，但只有目标从机将 SM2 改为 0

D．主机随后发送包含 TB8＝0 的数据或命令信息，此时只有目标从机能响应中断，并接收到此条信息

（20）假设异步串行口按工作方式 1 每分钟传输 6000 个字符，则其波特率应为＿＿＿＿。

    A．800bps   B．900bps   C．1000bps   D．1100bps

（21）在一采用串行口工作方式 1 的通信系统中，已知 f_{osc}＝6MHz，波特率为 2400bps，SMOD＝1，则定时器 T1 在工作方式 2 时的计数初值应为＿＿＿＿。

    A．0xe6   B．0xf3   C．0x1fe6   D．0xffe6

（22）串行通信速率的指标是波特率，而波特率的量纲是＿＿＿＿。

    A．字符/秒   B．位/秒   C．帧/秒   D．帧/分

7.2　问答思考题

（1）串行通信与并行通信有何不同？它们各有什么特点？

（2）按照数据传送方向，串行通信可分为哪几种制式？它们各有什么特点？

（3）何为异步串行通信？一帧数据串由哪些格式位组成？

（4）51 单片机内置 UART 的全称是什么？有哪些基本用途？

（5）51 单片机有两个数据缓冲器，分别用于发送数据和接收数据，为何只有一个公用地址却不会产生冲突？

（6）51 单片机的 UART 中使用哪个定时器作为通信时钟发生器？时钟脉冲与接收和发送的数据有何对应关系？

（7）异步串行通信的数据帧中，自动插入或过滤起始位、可编程校验位、停止位的工作是如何实现的？

（8）在中断允许的前提下，一帧异步串行数据被发送或接收完成后，哪些位寄存器将由硬件自动置 1？

（9）在单片机晶振频率一定后，异步串行通信波特率大小取决于哪些参数？

（10）异步串行通信中断响应后，中断请求标志的撤销需要采用什么方法？

（11）51 单片机串行工作方式 0 为何不是严格意义上的异步串行通信？其主要用途是什么？

（12）集成芯片 74LS164 的移位原理是什么？利用其扩展并行输出口的软硬件做法是什么？

（13）点对点串行通信的双方需要共同遵守哪些约定？程序初始化时需要完成哪些设置？

（14）根据实例 7.3，简述点对点通信时进行奇偶校验的编程原理。

（15）51 单片机主从式异步通信过程中，主机是如何与多个从机进行点对点通信的？

第8章 单片机的外围接口技术

内容概述：

51单片机因片内硬件资源有限，只有通过外围接口技术进行扩展，才能满足复杂应用系统的需要，因而本章内容对单片机系统开发具有重要应用价值。

本章首先介绍有关单片机三总线与地址锁存原理的基本概念，然后在此基础上，介绍简单并行I/O口的扩展原理与应用。在单片机测控应用方面主要介绍D/A转换、A/D转换、功率驱动和液晶显示等接口技术。最后还将介绍5种串行扩展单元的工作原理与应用实例。

教学目标：

● 了解单片机三总线与地址锁存原理、单片机I/O口的主要扩展方法；
● 掌握常用芯片的A/D和D/A接口技术及软件编程方法；
● 了解功率驱动和字符型液晶显示接口的设计与应用技术；
● 了解串行扩展单元的原理与应用技术。

单片机在一块芯片上集成了计算机的基本功能部件，因而一片80C51就是一个最小微机系统。在较简单的应用场合下，可直接采用单片机的最小系统。但在很多情况下，单片机内部RAM、ROM、I/O口功能有限，不能满足使用要求，这就需要扩展。

另外，单片机用于测控目的时，需要实现模拟信号与数字信号的互转、把弱电的开关信号转换为对强电负载的控制、采用液晶显示实现多信息人机互动、采用串行扩展单元增强外设接口能力等，这些都需要了解单片机外围接口技术。掌握这些知识对进一步提高单片机技术的应用能力是不可缺少的。

8.1 51单片机的三总线结构

8.1.1 片外三总线形式

计算机系统是由众多功能部件组成的，每个功能部件分别完成系统整体功能中的一部分，所以各功能部件与CPU之间就存在相互连接并实现信息流通的问题。如果所需连接线的数量非常多，将造成计算机组成结构的复杂化。

为了减少连接线，简化组成结构，把具有共性的连线归并成一组公共连线，就形成了总线。例如，专门用于传输数据的公共连线称为数据总线（Data Bus，DB）；专门用于传输地址的公共连线称为地址总线（Address Bus，AB）；专门用于实施控制的公共连线称为控制总线（Control Bus，CB）。它们统称为"三总线"。

51单片机本质上属于总线型结构，片内各功能部件都是按总线关系设计并集成为整体的。51单片机与外部设备的连接既可采用通用I/O口方式（如前面各章介绍的单片机外接指示灯、按钮、数码管、键盘等应用实例），也可采用本章将要用到的三总线方式。

许多微机的CPU外部都有单独的三总线引脚，而51单片机由于受引脚数量的限制，无法做到数据总线和地址总线都有独立引脚，因而采用了复用P0口的方案，即将P0口分时地作为数据总线和低 8 位地址总线使用。

51 单片机的片外三总线的组成为：数据总线由 P0 口组成（8 位），地址总线由 P0 口和 P2 口组成（16 位），控制总线由 $\overline{RD}$ (P3.7)、$\overline{WR}$ (P3.6)、$\overline{PSEN}$ 和 ALE 组成（4 位）。为了将复用 P0 口的数据信息与地址信息分开，需要在 51 单片机外部增加地址锁存器接口才能形成独立的片外三总线，如图 8.1 所示。

采用总线方式连接外部设备可以充分发挥 51 单片机的总线结构特点，节省 I/O 口线，便于外设扩展，简化编程。外设与片外三总线的连接关系如图 8.2 所示。

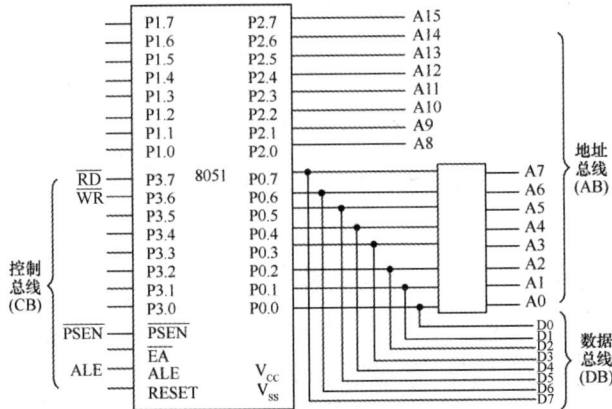

图 8.1　51 单片机片外三总线的构成　　　　图 8.2　外设与片外三总线的连接关系

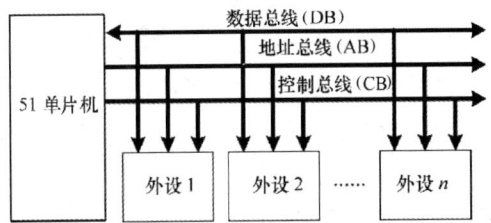

由于 16 位地址总线可寻址 64KB 地址空间，即可控制 65536 个独立单元，因而对于较复杂的 51 单片机应用系统，一般都优先采用三总线连接方式。

8.1.2　地址锁存器的原理与接口

由图 8.1 可以看出，P0 口既要作为数据总线，又要作为低 8 位地址总线使用，若不做处理，两者会发生冲突。为此采用地址锁存器接口芯片，分时公用 P0 口，将地址信息与数据信息隔离开来。一种典型的 P0 口地址/数据接口电路如图 8.3 所示。

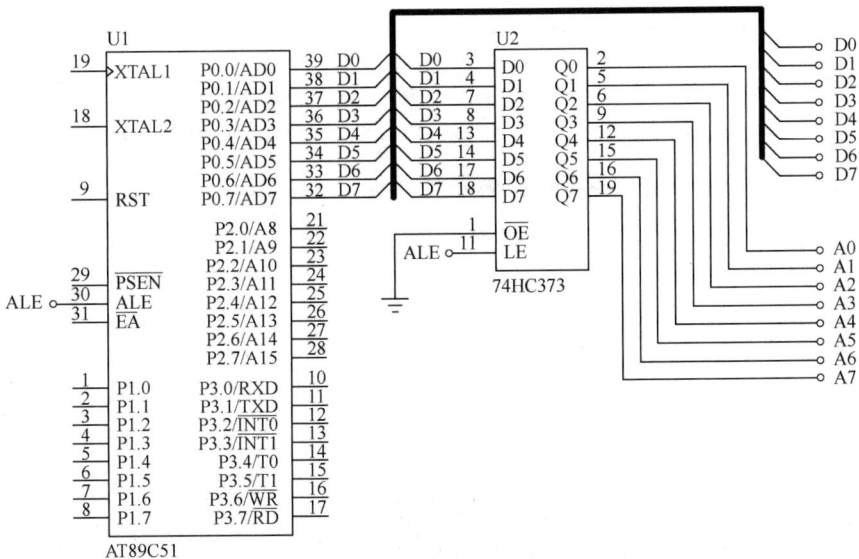

图 8.3　典型的地址/数据接口电路

图 8.3 中，用于地址锁存的接口芯片为 74HC373。与 74HC373 具有相同功能的芯片有多种，如 74LS373、54LS373 等，故一般统称为 74373。74373 的内部结构如图 8.4 所示。

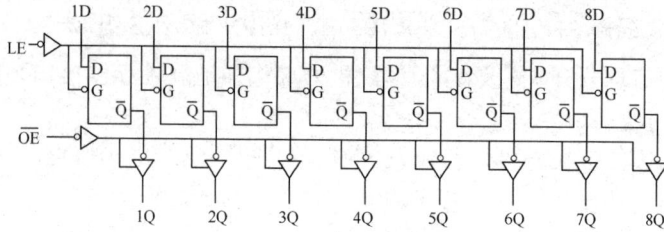

图 8.4 74373 的内部结构

74373 由 8 个负边沿触发的 D 触发器和 8 个负逻辑控制的三态门所组成。其中，$\overline{OE}$ 端为三态门的控制端。当 $\overline{OE}$ 为低电平时三态门导通，D 触发器的 $\overline{Q}$ 端与片外输出端（1Q～8Q）取反后接通。当 $\overline{OE}$ 为高电平时三态门为高阻状态，$\overline{Q}$ 端与片外输出端（1Q～8Q）断开。因此，如果无须输出控制，则可将 $\overline{OE}$ 端接地。

LE 端为 D 触发器的时钟输入端。当 LE 为高电平时，D 端与 $\overline{Q}$ 端接通；LE 由高电平向低电平负跳变时，$\overline{Q}$ 端锁存 D 端数据；LE 为低电平时，$\overline{Q}$ 端则与 D 端隔离。可见，如果在 LE 端接入一个正脉冲信号，便可实现 D 触发器的"接通—锁存—隔离"功能。

如此便能初步理解图 8.3 所示的 74373 接线原理：D0～D7 端接 P0 口，可从单片机中分时地输出地址信息和输入/输出数据信息；$\overline{OE}$ 端接地是为了满足无缓冲直通输出要求；LE 端接单片机的 ALE 引脚是要利用其提供的触发信号。

如本书 2.1.2 节所述，ALE 是 51 单片机的"地址锁存使能输出"引脚，是专为地址锁存设计的。图 8.5 是 xdata 存储区内变量操作时的部分时序图，可以看出在机器周期 S1P2～S2P2 期间 ALE 确有一个正脉冲出现，而在 S2P1～S3P1 期间，P0 引脚上也恰有一段低 8 位地址信息出现（A7～A0）。

显然在此期间，ALE 的高电平可使 D 触发器的 $\overline{Q}$ 端接通 P0 口（读入地址信息），ALE 的下降沿可使 D 触发器的 $\overline{Q}$ 端锁存地址信息，而 ALE 的低电平又使 $\overline{Q}$ 端与 P0 口隔离。在此之后，P0 口上出现的是数据信息（D0～D7）。结合图 8.3 中可知，在 S4P2～S6P2 期间，74373 的输出端为低 8 位地址信息，而 P0 口为 8 位数据信息。这样，在 74373 和 ALE 的配合下，P0 口便实现了分时输出低 8 位地址和输入/输出 8 位数据的功能。

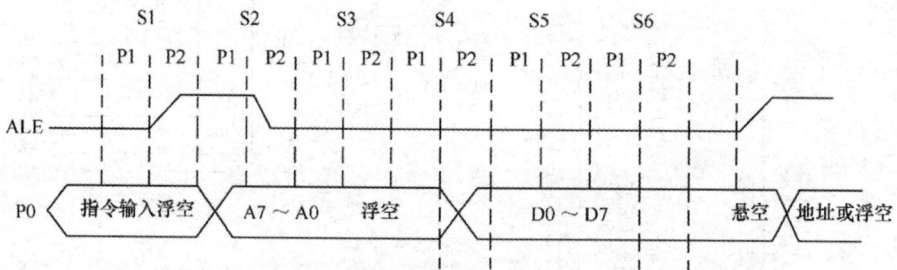

图 8.5 xdata 存储区内变量操作时的部分时序图

当然，P0 口的分时功能最终还是由于其内部具有地址/数据分时复用结构所致（详见本书 2.4.3 节）。

8.2 简单并行扩展的原理与接口应用

51 单片机共有 4 个 8 位并行 I/O 口, 在组成应用系统时, 若用 P0 和 P2 口作为地址/数据总线, 留给用户使用的 I/O 口只有 P1 口和部分 P3 口, 这往往不能满足要求, 因此许多情况下需要扩展并行 I/O 口的数量。

I/O 口的并行扩展通常采用 4 种方法: ①采用锁存或缓冲功能接口的简单并行扩展; ②采用串行口工作方式 0 的串并转换扩展; ③采用可编程并行控制芯片的并行扩展; ④采用通用串并转换器的并行扩展。其中, 串行口工作方式 0 已在第 7 章中介绍, 不再赘述; 可编程并行控制芯片已有淘汰趋势, 也不再介绍; 通用串并转换器的并行扩展将在 8.7.3 节中介绍, 本节先介绍采用锁存或缓冲功能接口的简单并行扩展。

8.2.1 访问扩展接口的软件方法

应当首先明确一点, 采用 51 单片机片外三总线的实质是, 将单片机的 64KB 片外 RAM 作为扩展端口和外接存储器的公用地址空间进行统一编址。单片机对扩展端口的访问其实就是对片外 RAM 地址的访问。

需要指出的是, 当单片机进行 xdata 存储区内变量的读/写操作时, 单片机若干引脚上将出现如图 8.6 所示的时序变化, 其中图 8.6 (a) 对应于变量读操作, 图 8.6 (b) 对应于变量写操作, 理解这些时序对端口扩展电路的设计非常重要。

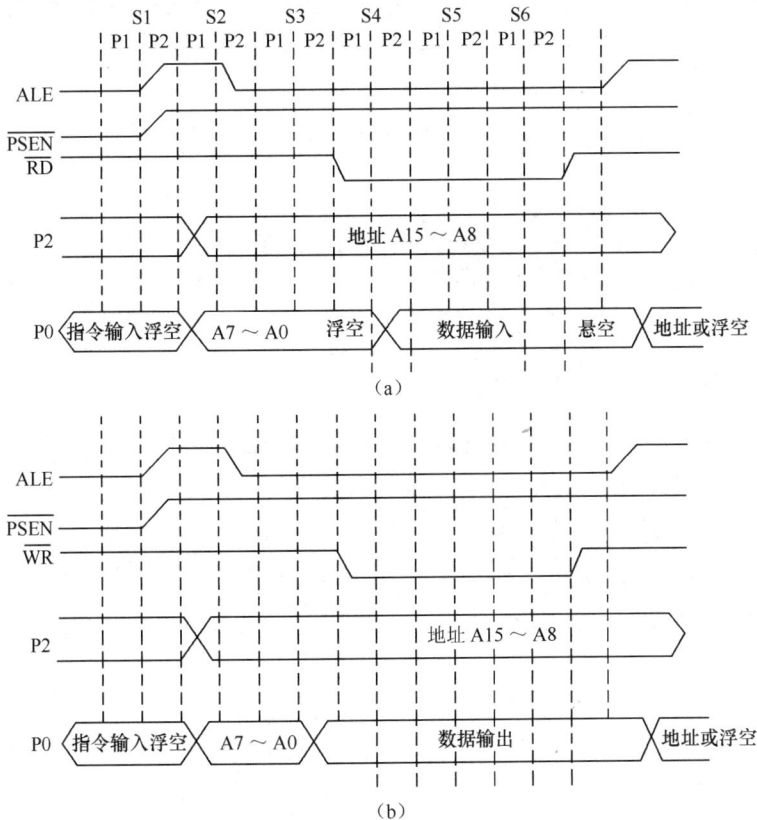

图 8.6 xdata 存储区内变量进行读/写操作时的时序

由图 8.6 可知, 在 S1~S3 期间, CPU 主要进行 P0 口的低 8 位地址锁存过程, 而 S4~S6 期间则是将扩展端口中的数据读入单片机中, 或将单片机中的数据写入扩展端口中的过程。在变量读操作的 S4P1～S6P2 期间出现了一次 $\overline{RD}$ 负脉冲信号，而在同期的变量写操作期间则出现了一次 $\overline{WR}$ 负脉冲信号。$\overline{RD}$ 和 $\overline{WR}$ 信号都有外部相应引脚，即 P3.7（$\overline{RD}$）和 P3.6（$\overline{WR}$），它们是片外控制总线的组成部分。

C51 语言可以使用多种方法进行片外 RAM 绝对地址的访问。

方法 1：采用宏定义文件 absacc.h 定义绝对地址变量

宏定义文件 absacc.h 中包含绝对地址访问的函数原型，为了以字节形式对 xdata 存储空间寻址，需要在程序开始处添加如下两行语句：

```
#include<absacc.h>
#define 端口变量名 XBYTE［地址常数］
```

例如，若对片外 RAM 0x1000 单元进行数据读操作，程序如下：

```
#include<absacc.h>
#define port XBYTE[0x1000]；       //将片外 RAM 0x1000 单元定义为端口变量 port
main(void){
    unsigned char temp;
    temp=port;                      //将 0x1000 单元内容送入 temp
    …
}
```

方法 2：采用指针访问片外 RAM 绝对地址

采用指针可对任意存储器地址进行操作。例如，对片外 RAM 0x1000 单元的操作如下：

```
void main(void){
    unsigned char xdata *xdp;       //定义一个指向 xdata 存储空间的指针
    xdp=0x1000;                     //xdata 指针赋值，指向 xdata 存储器地址 0x1000
    *xdp=0x5a;                      //将数据 0x5a 送到 xdata 的 0x1000 单元
    …
}
```

方法 3：采用_at_关键字访问片外 RAM 绝对地址

使用_at_可对指定存储器空间的绝对地址进行定位，但使用_at_定义的变量只能为全局变量。例如：

```
unsigned char xdata xram[0x80] _at_ 0x1000;
        //在片外 RAM 0x1000 处定义一个 char 型数组变量 xram，元素个数为 0x80
```

需要指出的是，采用上述 C51 语言访问片外 RAM，在本质上与用汇编指令 MOVX 访问片外 RAM 完全相同，都是总线方式的读/写过程，在接口电路中都要用到 $\overline{RD}$ 或 $\overline{WR}$ 引脚。

8.2.2 利用 74273 扩展并行输出口

在单片机的并行口扩展中，常采用 TTL、CMOS 锁存器、缓冲器构成简单扩展接口，这类扩展电路的特点是电路口线少、利用率高。根据接口芯片的功能可以实现输出扩展或输入扩展，选择这类芯片的原则是"输入三态，输出锁存"，即扩展输入端的芯片应具有三态门功能，以使信号可控选通；扩展输出端的芯片则要具有锁存功能，以使输出端可与前级信号隔离。一般用于输出端扩展的芯片有 74273、74373、74573、74574 等。本节以 74273 为例介绍输出端的扩展接口。

74273 的外部引脚与内部逻辑图如图 8.7 所示。由图 8.7（a）可知，74273 为 20 引脚双列直插式芯片，其中 D0～D7 为数据输入端，Q0～Q7 为数据输出端，V_{CC} 和 GND 为工作电源端，CLK 为时钟端，$\overline{MR}$ 为清零端。

由图 8.7（b）可以看出，74273 的内部具有 8 个带清 0 和负边沿触发功能的 D 触发器。时钟引脚 CLK 与 D 触发器的时钟端 CP 相连，当一次负跳变脉冲完成后，可使 D0～D7 引脚的输入数据锁存到 Q0～Q7 端，然后断开 D0～D7 与 Q0～Q7 之间的联系；清零引脚 $\overline{MR}$ 与内部 D 触发器的清零端 CD 相连，当出现低电平时，可使输出端 Q0～Q7 保存的数据清零。此外，输出引脚前的 8 个正相缓冲器使 74273 具有每个引脚 20mA 的电流驱动能力，可作为小电流负载的驱动元件使用。

采用三总线方式扩展输出接口时，74273 的接线方法是：D0～D7 应与单片机的数据总线 P0 口相连，Q0～Q7 应与外设的输入端相连，CLK 应接到可产生负脉冲信号的控制端，$\overline{MR}$ 可接到 V_{CC}（无须输出清零控制时）。

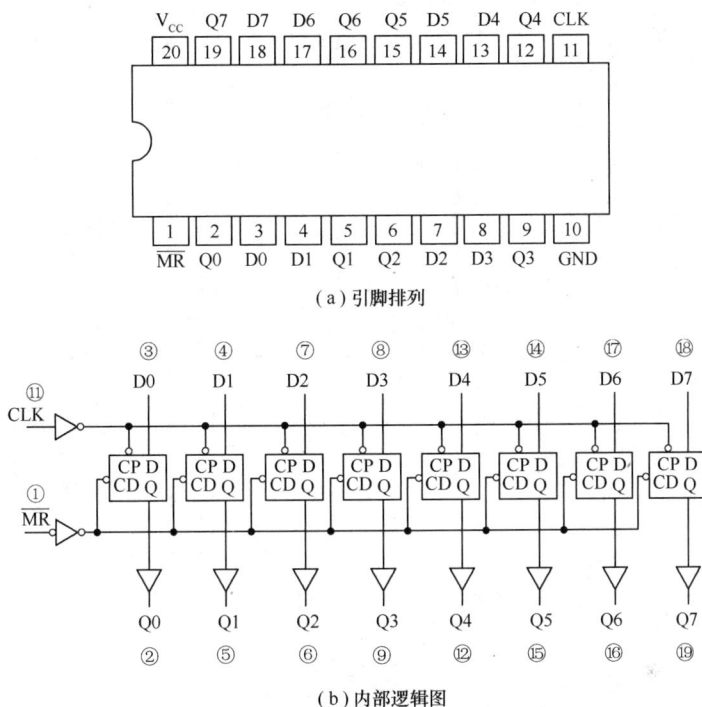

（a）引脚排列

（b）内部逻辑图

图 8.7　74273 芯片的外部引脚与内部逻辑图

【实例 8.1】扩展并行输出口。

利用两片 74273 芯片设计一个单片机输出扩展电路，使 P0 口扩展成 16 位并行输出口，并使其外接的 16 个 LED 按 1010 1010 0000 1111B 的规律亮灯。

【解】分析：要使两片 74273 锁存输出不同的数据，只要给每片 74273 的 CLK 端施加由不同地址信息和负脉冲合成的时钟信号即可。具体做法是：使用两片或门芯片，其输入端各接一根地址线和一根公用的 $\overline{WR}$ 信号线，或门的输出端分别接到两片 74273 的 CLK 端。另外，由于 74273 内部已有端口驱动功能，故本例中的 D1～D16 不必采用通常的低电平驱动方式，也可采用高电平驱动。实例 8.1 的电路原理图如图 8.8 所示。

图 8.8 中，采用 P2.7 和 P2.6 作为地址线。根据或门特点，若两个输入端中有一个输入为 0，则相当于或门"开锁"，其输出值取决于另一输入端。由此可知，当执行写操作的地址中包含 P2.7=0 和 P2.6=1 的信息时，或门 U3:A"开锁"，U2 的 CLK 端可出现 $\overline{WR}$ 负脉冲，U2 可锁存 P0 口数据。相反，U3 的 CLK 端却因 P2.6=1 造成或门 U3:B"上锁"得不到 $\overline{WR}$ 负脉冲，无法锁存 P0 口数据；同理，当执行写操作的地址中包含 P2.7=1，P2.6=0 的信息时，U3 可以锁存 P0

口数据，而 U2 则不能锁存。从而实现了两片 74273 锁存输出不同的数据的要求。

由于本例的 16 位地址中仅有 P2.7 和 P2.6 两根地址线起作用，其余地址线未起作用，即 01xx xxxx xxxx xxxx（因通常无关地址位取值为 1，故 U2 的选通地址为 0x7fff），U3 的选通地址为 10xx xxxx xxxx xxxx（0xbfff）。

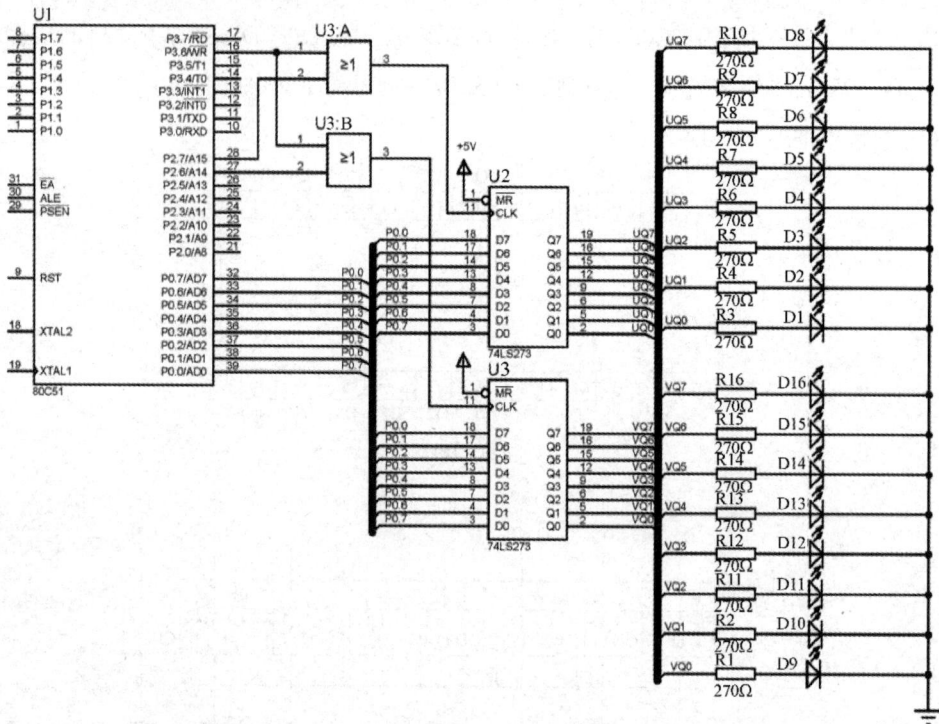

图 8.8　实例 8.1 的电路原理图

实例 8.1 的源程序如下：

```
//实例 8.1 扩展并行输出口
#include<absacc.h>
#define U2 XBYTE[0x7fff]              //定义 U2 为 0x7fff 的端口变量
#define U3 XBYTE[0xbfff]              //定义 U3 为 0xbfff 的端口变量

void main(void){
    U2=0xaa;                          //将亮灯数据 1010 1010B 送入 U2
    U3=0x0f;                          //将亮灯数据 0000 1111B 送入 U4
    while(1);                         //模拟运行结束
}
```

程序中采用了"宏定义文件 absacc.h 定义绝对地址变量"的做法，实例 8.1 的运行效果如图 8.9 所示。

结果：扩展后的并行 LED 灯实现了题意要求的亮灯规律，实例 8.1 完成。

采用三总线方式访问片外 RAM 的编程需特别注意：

① 宏定义文件#include <absacc.h>是不可缺少的；

② 端口定义格式不可弄错：

```
#define 端口变量名 XBYTE 〔端口地址〕
```

8.2.3　利用 74244 扩展并行输入口

单片机扩展输入/输出接口时，也可选用其他具有三态缓冲功能的芯片来实现，如 74244、74245 等。下面以 74244 为例介绍，74244 的引脚及内部逻辑结构如图 8.10 所示。

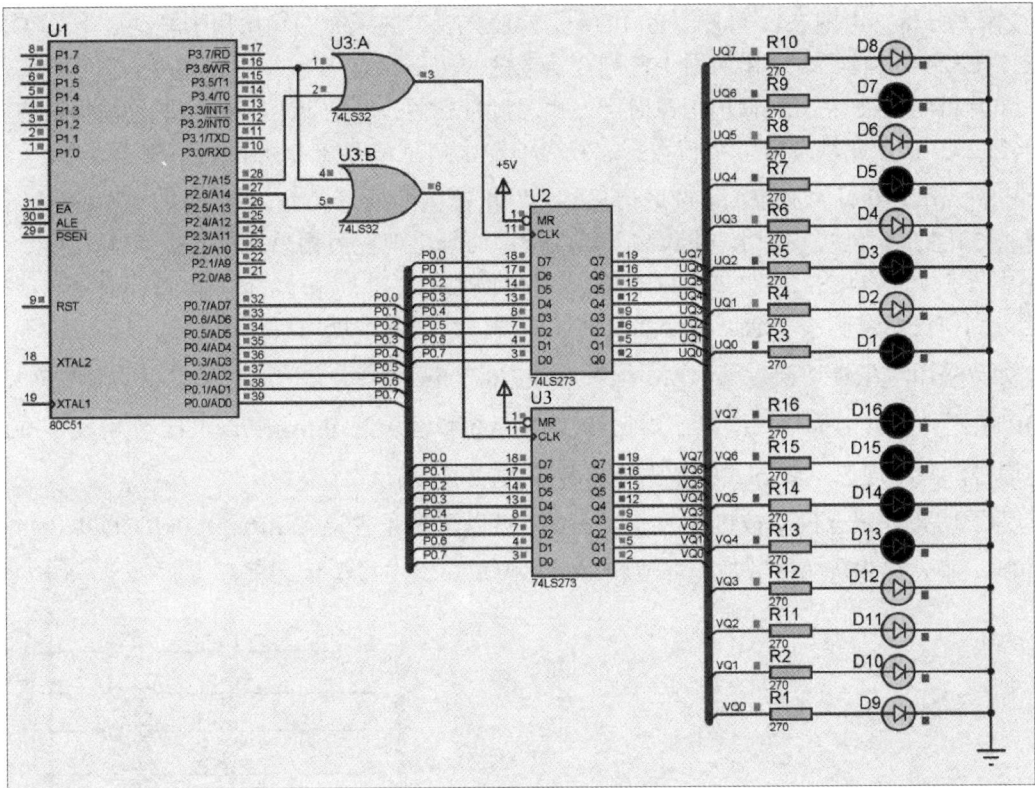

图 8.9 实例 8.1 的运行效果

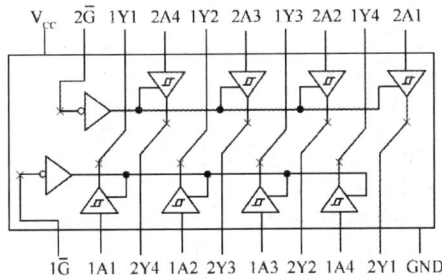

图 8.10 74244 的引脚及内部逻辑结构

由图 8.10 可知，74244 内部有 8 路三态门电路，分为两组。每组由 1 个选通端 $1\overline{G}$ 或 $2\overline{G}$ 控制 4 个三态门。当选通信号 $1\overline{G}$ 和 $2\overline{G}$ 为低电平时，三态门导通，数据从 A 端流向 Y 端。当选通信号 $1\overline{G}$ 和 $2\overline{G}$ 为高电平时，三态门截止，输入和输出之间呈高阻态。由此可知，74244 仅有缓冲输入功能，没有信号锁存功能。

除上述开关作用外，74244 还具有每个引脚 ±20mA~±35mA 的电流驱动能力，因此又称为正相缓冲器或线路驱动器，可以作为小电流负载的驱动元件。

采用三总线方式扩展输入接口时，74244 的接线方法是：选通端 $1\overline{G}$ 或 $2\overline{G}$ 接在可提供低电平信号的元件端，输入端 A 接在外部输入设备的输出端，输出端 Y 接在单片机的 P0 口。

【实例 8.2】扩展并行输入口。

分析图 8.11 所示电路的端口扩展原理，并编程实现如下键控 LED 功能：启动后所有 LED 都先不亮，随后根据按键动作点亮相应的 LED，并使之保持亮灯状态，直至有新的按键按下为止。

【解】分析：由图 8.11 可知，P0 口通过 74LS273 扩展了 8 路输出用于驱动 8 个 LED，又通过 74LS244 扩展了 8 路输入用于检测 8 个按键的按下状态。

单片机向片外 RAM 输出信息时会发出写脉冲信号 $\overline{WR}$，该信号的负脉冲波形可直接选通 74LS273 中的 D 触发器，并使数据总线上的输出信息锁存在 D 触发器中免于丢失。

此外，单片机从片外 RAM 读取信息时会发出读脉冲信号 $\overline{RD}$，该信号的负脉冲波形可直接选通 74LS244 中的三态门，使其输入端的按键信号出现在数据总线上并被 CPU 读走。由于电路中只有 1 个 74LS273（U3）和 1 个 74LS244（U4:A 和 U4:B），因而仅靠 $\overline{WR}$ 和 $\overline{RD}$ 信号就能分别使这两个芯片选通，即选通与地址无关，或任意地址均可选通。

如果采用"指针访问片外 RAM 绝对地址"的方法，并定义访问外部端口的变量为 xdata *PORT，则只要分别执行一次输出语句*PORT=tmp 和输入语句 tmp=*PORT，便可发出 $\overline{WR}$ 和 $\overline{RD}$ 信号，并实现三总线方式的数据输出和输入。

为了使亮灯状态仅与按键触发状态有关，可以采用条件语句 if(tmp!=0xff)*PORT=tmp;进行控制，即只有非全部按键都为释放状态时才向端口输出按键状态采样值。

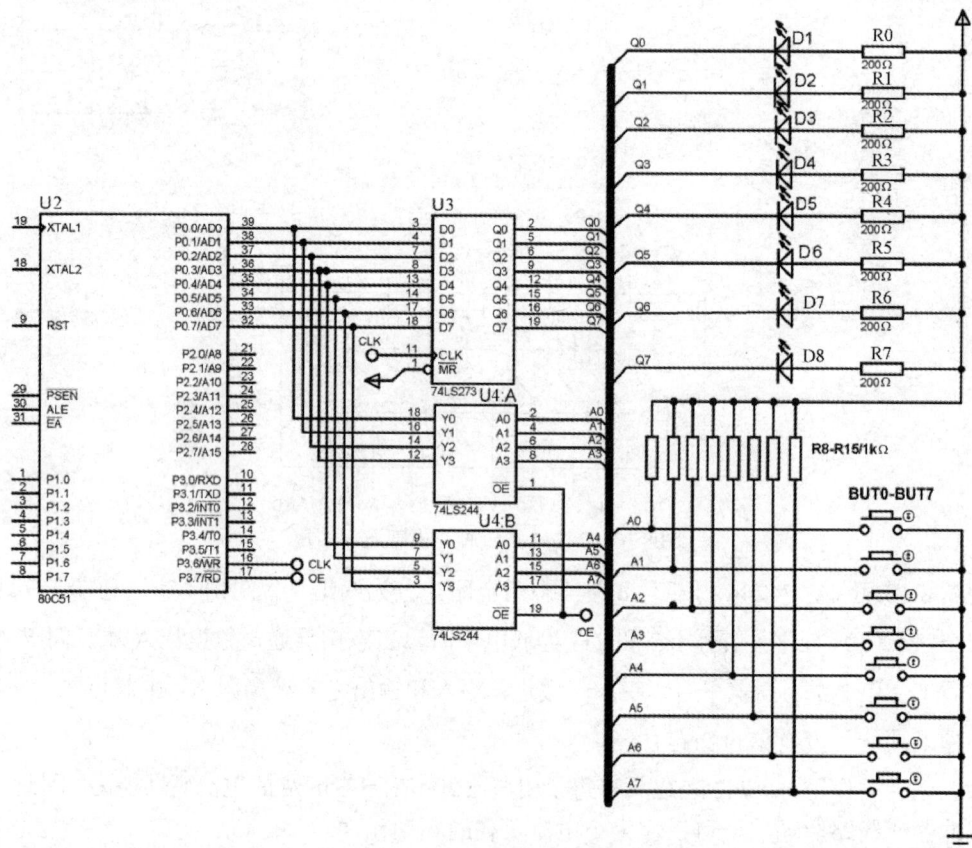

图 8.11　实例 8.2 电路原理图

实例 8.2 的源程序如下：

```
//实例 8.2 扩展并行输出口
unsigned char xdata *PORT;        //定义访问的外部端口变量
void main(){
    unsigned char tmp;
    *PORT=0xff;                   //启动后置黑屏
    while(1){
```

```
        tmp =*PORT;                    //从 74LS244 端口读取数据
        if(tmp!=0xff) *PORT=tmp;      //若有按键动作, 键值送 74LS273
    } }
```

实例 8.2 的程序运行效果如图 8.12 所示。

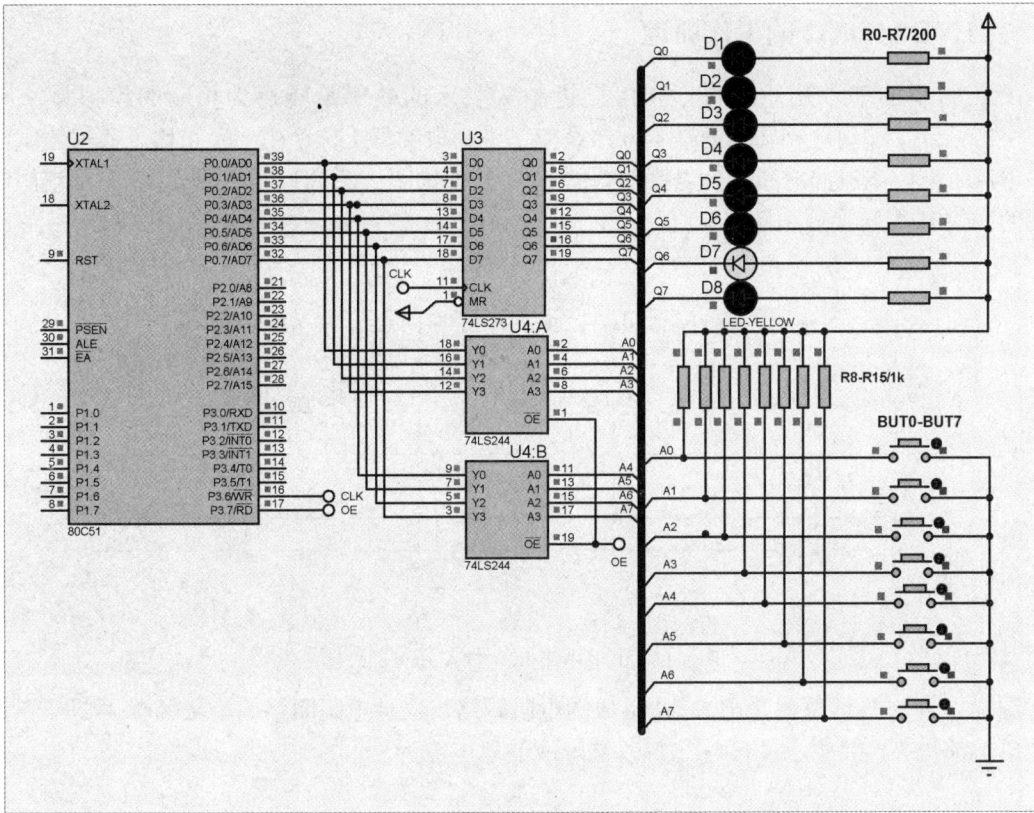

图 8.12　实例 8.2 的程序运行效果

结果: 扩展端口实现了根据按键动作点亮 LED 并使亮灯状态保持到新的按键动作时为止的题意要求, 实例 8.2 完成。

8.3　D/A 转换器的原理与接口应用

D/A 转换器 (Digital to Analog Converter) 是一种能把数字量转换为模拟量的电子器件 (简称为 DAC)。A/D 转换器 (Analog to Digital Converter) 则相反, 它能把模拟量转换成相应数字量 (简称为 ADC)。在单片机测控系统中经常要用到 ADC 和 DAC, 它们的功能及其在实时控制系统中的地位如图 8.13 所示。

图中被控对象的过程信号由变送器或传感器变换成相应的模拟电量, 然后经多路开关汇集

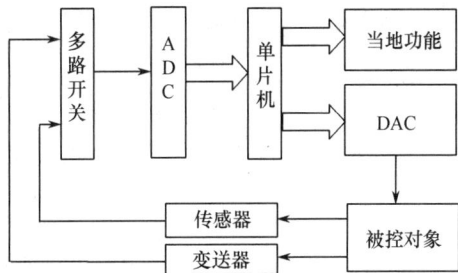

图 8.13　单片机和被控对象间的接口示意图

送给 ADC, 转换后的数字量送给单片机。单片机进行运算和处理, 结果可有两种输出形式: 通过人机交互单元 (如打印、显示等) 报告当前状态 (当地功能); 通过 DAC 变换成模拟电量对被控对象进行调整。如此往复, 以实现目标控制要求。

由此可见，ADC 和 DAC 是连接单片机和被控对象的桥梁，在测控系统中占有重要的地位。由于 A/D 转换需要用到 D/A 转换的原理，故本书先介绍 D/A 转换，然后介绍 A/D 转换。本节以最具代表性的 8 位 D/A 转换芯片 DAC0832 为例，介绍其工作原理及单片机接口方法。

8.3.1 DAC0832 的工作原理

D/A 转换的基本功能是将一个用二进制数表示的数字量转换为相应的模拟量。对于 DAC0832 而言，实现这种转换的基本方法是使二进制数的每 1 位产生一个正比于其权值大小的支路电流。支路电流的总和即为电流形式的 D/A 转换结果。图 8.14 是一种利用 T 形电阻网络实现的 8 位 D/A 转换原理图。

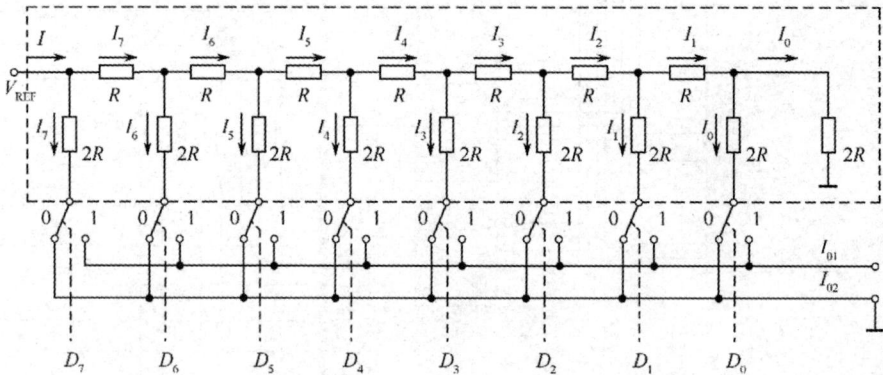

图 8.14 T 形电阻网络 D/A 转换原理图

图 8.14 中，虚线框内是由 R-$2R$ 组成的电阻网络，这种电阻网络无论从哪个 R-$2R$ 节点看，等效电阻都是 R。因此，参考电压 V_{REF} 端形成的总电流为

$$I = \frac{V_{REF}}{R}$$

支路电流与其所在支路位置有关，具体大小为

$$I_i = \frac{I}{2^{n-i}}$$

式中，$n=8$，$i=0 \sim 7$。

由 $D_0 \sim D_7$ 输入的数字量相当于支路的逻辑开关。若某位的值为 0，相应的支路电流将流向电流输出端 I_{02}（内部接地）。反之若某位的值为 1，相应的支路电流将流向电流输出端 I_{01}。显然，I_{01} 中的总电流与"逻辑开关"为 1 的各支路电流的总和成正比，即与 $D_0 \sim D_7$ 输入的二进制数成正比，其简单推导过程为

$$I_{01} = \sum_{i=0}^{n-1} D_i I_i = \sum_{i=0}^{n-1} D_i \frac{I}{2^{n-i}} = \sum_{i=0}^{n-1} D_i \frac{V_{REF}}{R \cdot 2^{n-i}}$$

$$= (D_7 \cdot 2^7 + D_6 \cdot 2^6 + \cdots + D_1 \cdot 2^1 + D_0 \cdot 2^0) \frac{V_{REF}}{256 \cdot R} = B \cdot \frac{V_{REF}}{256 \cdot R}$$

可见，DAC0832 为电流输出型，转换结果取决于参考电压 V_{REF}、待转换的数字量 B 和电阻 R。若在此基础上外接运算放大器，可将输出电流 I_{01} 转换为输出电压 V_o，DAC0832 的电压转换原理如图 8.15 所示。

由图 8.15 可见，采用反相运算放大后，输出电压为

$$V_o = -I_{01} R_{fb} = -B \cdot \frac{V_{REF}}{256 \cdot R} R = -B \cdot \frac{V_{REF}}{256}$$

这表明，将反馈电阻 R_{fb} 取值为 R，转换电压将正比于 V_{REF} 和 B（与 R 无关）。输入数字量 B 为 0 时，V_o 也为 0；输入数字量为 0xff 时，V_o 为最大负值，即 $V_o = -\frac{255 V_{REF}}{256}$。图中虚线框代表 DAC0832 的组成，$R_{fb}$ 已集成在片内。

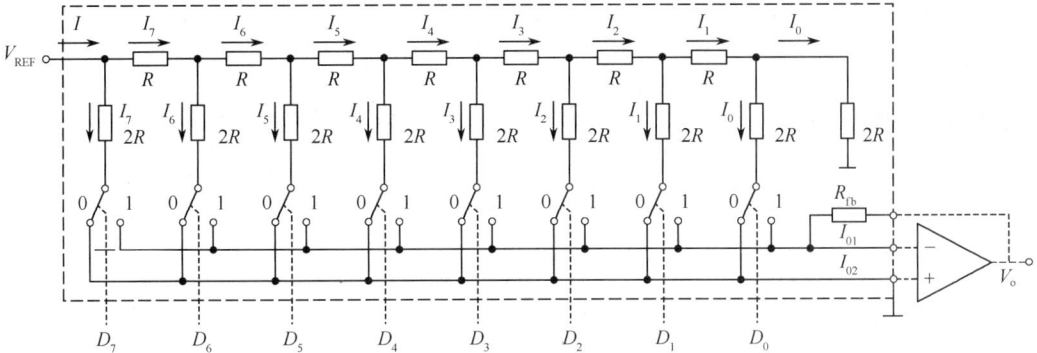

图 8.15 DAC0832 的电压转换原理

DAC 的性能指标很多，但最重要的指标有两个。

1. 分辨率

通常将 DAC 能够转换的二进制数的位数称为分辨率。位数越多，分辨率也越高，一般为 8 位、10 位、12 位、16 位等。分辨率为 8 位时，若满量程电压为 10V，则它能输出可分辨的最小电压为 10V/255≈39.1mV。使用时应根据需要选择分辨率指标，DAC0832 的分辨率为 8 位。

2. 转换时间

转换时间是指将一个数字量转换为稳定模拟信号所需的时间，一般为几十纳秒（ns）至几微秒（μs）。使用时应根据需求选择转换时间，DAC0832 的转换时间为 1μs。

8.3.2 DAC0832 的应用实例

DAC0832 是采用 CMOS 工艺制成的 20 引脚双列直插式 8 位 DAC，工作电压为+5～+15V，参考电压为-10～+10V，其内部结构如图 8.16 所示。

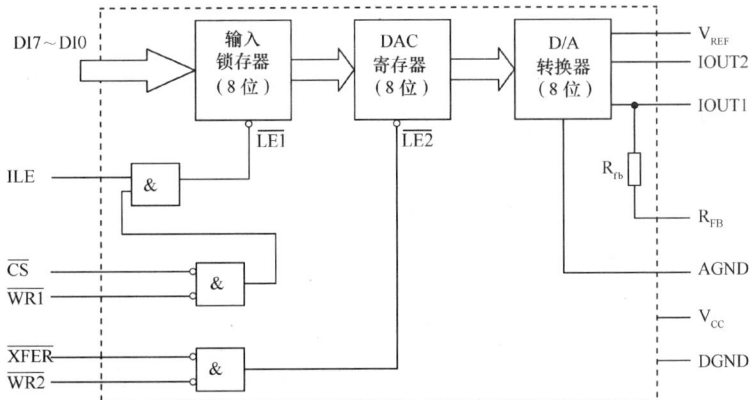

图 8.16 DAC0832 内部结构

由图 8.16 可知，DAC0832 的主体由一个 8 位输入锁存器、一个 8 位 DAC 寄存器和一个 8 位 D/A 转换器构成。输入锁存器可以存放由数字信号输入端 DI0～DI7 送来的数字量，锁存由 $\overline{LE1}$

控制。DAC 寄存器可以存放输入锁存器输出的数字量，锁存由 $\overline{LE2}$ 控制。D/A 转换器则用于实现数字量向模拟量的转换。

输入锁存器和 DAC 寄存器由 5 个外部引脚控制，其中 ILE、$\overline{CS}$ 和 $\overline{WR1}$ 共同决定 $\overline{LE1}$ 的状态，$\overline{WR2}$ 和 $\overline{XFER}$ 共同决定 $\overline{LE2}$ 的状态。当 ILE=1，$\overline{CS}$=0，$\overline{WR1}$=0 时，输入锁存器锁存 D0～D7 的输入信号；当 $\overline{WR2}$=0，$\overline{XFER}$=0 时，DAC 寄存器锁存输入锁存器的输出信号。

采用输入锁存器和 DAC 寄存器二级锁存可增强信号处理的灵活度，可使用户根据实际需要选择直通、单缓冲和双缓冲 3 种工作方式。

1. 直通方式

直通方式时所有 4 个控制端都接低电平，ILE 接高电平。数据一旦由 D0～D7 输入，就可通过输入锁存器和 DAC 寄存器直接到达 D/A 转换器。直通方式时，通常采用通用 I/O 口方式接线，接口关系如图 8.17 所示。

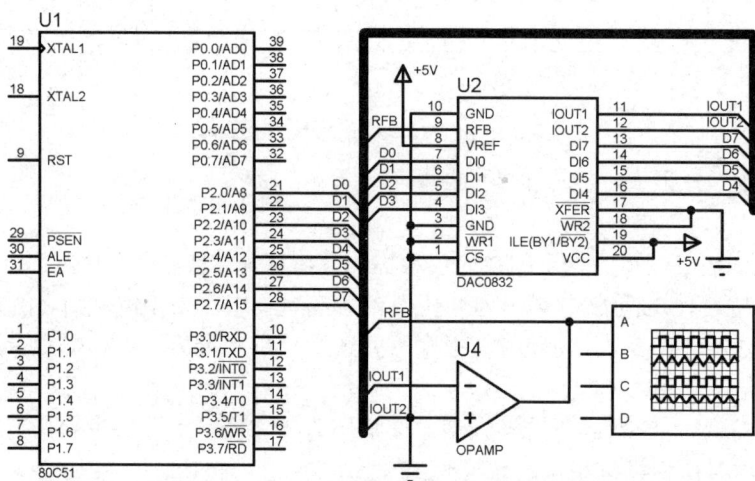

图 8.17　DAC0832 直通方式接口

2. 单缓冲方式

单缓冲方式是指 DAC0832 内部的输入锁存器和 DAC 寄存器有一个处于直通方式，另一个处于受单片机 CPU 控制的锁存方式。在实际使用中，如果只有一路模拟量输出，或虽有多路模拟量输出但并不要求多路输出同步的情况下，就可采用单缓冲方式。如图 8.18 所示为采用三总线扩展方式实现的单缓冲方式电路图，即输入锁存器受控和 DAC 寄存器直通。由于图中 DAC0832 的 $\overline{CS}$ 引脚接 80C51 的 P2.0，故输入锁存器的选通地址为 xxxx xxx0 xxxx xxxx，即 0xfeff。

3. 双缓冲方式

双缓冲方式可使两路或多路并行 DAC 同时输出模拟量。在这种方式下，输入寄存器和 DAC 寄存器都要有独立的地址。工作时可在不同时刻把要转换的数据分别锁存到各输入寄存器中，然后用一个锁存 DAC 寄存器的命令同时启动多个 D/A 转换器，即可实现多通道的同步模拟量数据输出。如图 8.19 所示为采用三总线扩展方式实现的双缓冲方式电路图。

【实例 8.3】双缓冲方式 D/A 转换。

试采用图 8.19 的电路，编程实现两路锯齿波的同步发生功能。

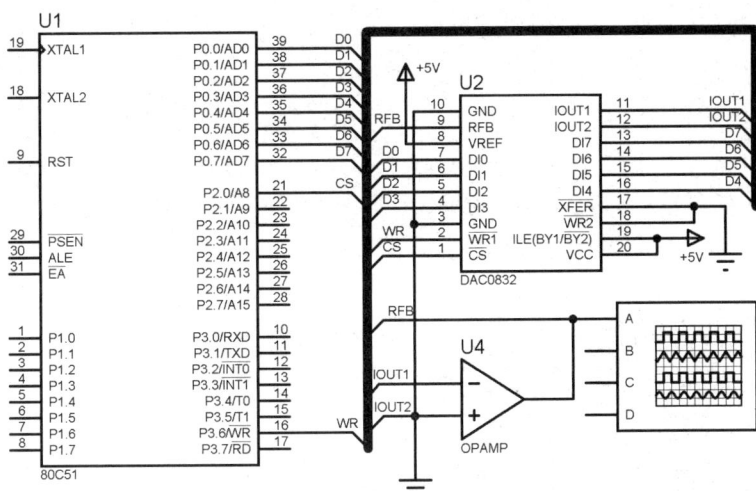

图 8.18 DAC0832 单缓冲方式

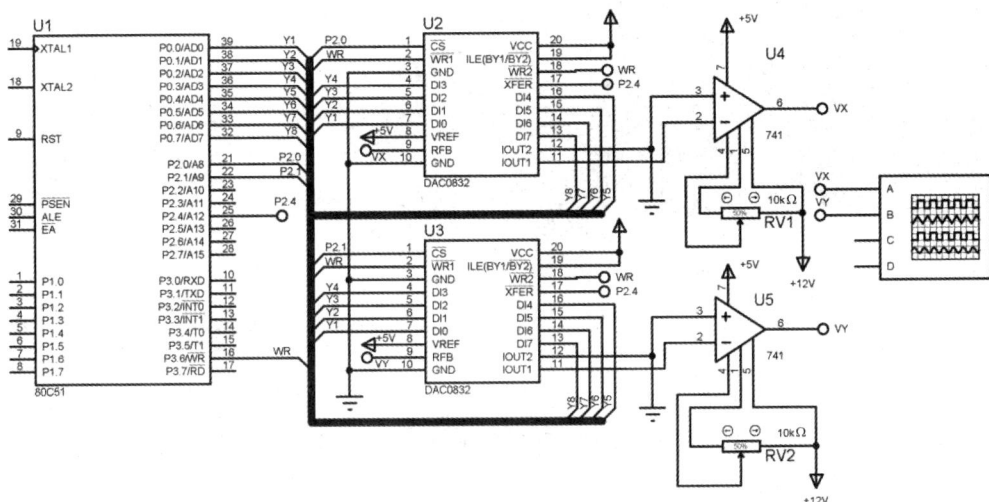

图 8.19 DAC0832 双缓冲方式

【解】分析：图 8.19 中使用了两个 DAC0832，其中 P2.0 和 P2.1 各与一路 DAC0832 的 $\overline{CS}$ 端相连（选通地址分别为 0xfeff 和 0xfdff），用于分别控制两路数据的输入锁存器（一级缓冲）；P2.4 与两路 DAC0832 的 $\overline{XFER}$ 端相连（选通地址为 0xefff），WR 端与 $\overline{WR1}$、$\overline{WR2}$ 端相连，用于同时控制两路数据的 DAC 寄存器（二级缓冲）。为了产生两路同步锯齿波形（为了区别起见，一路设为上锯齿波，另一路设为下锯齿波），只要分两次将输出数字量送入两个一级缓冲器中，然后发出一个选通命令，使两个二级缓冲器都被选通，从而同时启动 D/A 转换并得到两个同步锯齿波。

实例 8.3 源程序如下：

```
//实例8.3 双缓冲方式D/A转换
#include<absacc.h>
#define  DAC1  XBYTE [0xfeff]          //1#DAC 输入锁存器的地址
#define  DAC2  XBYTE [0xfdff]          //2#DAC 输入锁存器的地址
#define  DAOUT XBYTE [0xefff]          //DAC 寄存器的共同地址
void main(void){
    unsigned char num;                 //需要转换的数据
```

```
while(1){
    for(num=0; num<255; num++){
        DAC1=num;           //上锯齿波送入 1#DAC
        DAC2=255-num;       //下锯齿波送入 2#DAC
        DAOUT=num;          //两路同时进行 D/A 转换输出
}}}
```

程序采用宏定义了 3 个绝对地址变量 DAC1、DAC2 和 DAOUT。其中 DAOUT = num; 的作用只是用其发出的 $\overline{WR}$ 信号选通二级缓冲器，这里的 num 取任意数值均可。实例 8.3 的波形图如图 8.20 所示，可见发生的两路波形是完全同步的。

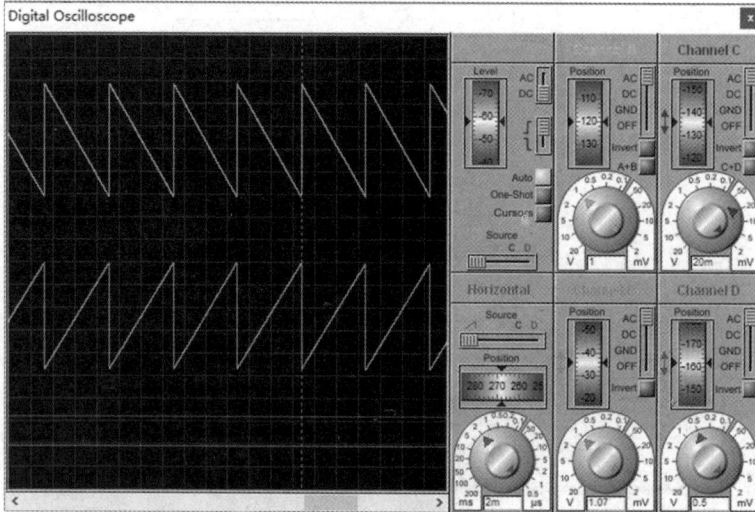

图 8.20 实例 8.3 的波形图

实例 8.3 仿真视频

结果：两路锯齿波的起始点完全相同，说明两个 DAC0832 的输出是同步的，实现了题意要求的功能，实例 8.3 完成。

8.4 A/D 转换器的原理与接口应用

A/D 转换常用技术有计数式 A/D 转换、逐次逼近式 A/D 转换、双积分式 A/D 转换、并行 A/D 转换、串并行 A/D 转换及 V/F 转换等。在这些转换中，主要区别是速度、精度和价格，一般来说速度越快、精度越高，则价格也越高。逐次逼近式 A/D 转换既照顾了速度，又具有一定的精度，应用最多。本节仅针对逐次逼近式 A/D 转换中的 ADC0809 芯片介绍其工作原理和接口应用。

8.4.1 ADC0809 的工作原理

逐次逼近式 ADC 由电压比较器、D/A 转换器、控制逻辑电路、N 位寄存器和锁存缓冲器组成，工作原理图如图 8.21 所示。

逐次逼近的转换方法是用一系列的基准电压同输入电压比较，以逐位确定转换后数据的各位是 1 还是 0，确定次序是从高位到低位进行。当模拟量输入信号（V_X）送入比较器后，启动信号（START）通过控制逻辑电路启动 A/D 转换。

首先，控制逻辑电路使 N 位寄存器最高位（D_{n-1}）置 1，其余位清 0，经 D/A 转换后得到大小为 $(1/2)V_{REF}$ 的模拟电压 V_N。将 V_N 与 V_X 比较，若 $V_X \geqslant V_N$，则保留 $D_{n-1}=1$；若 $V_X < V_N$，则 D_{n-1} 位清 0。随后控制逻辑电路使 N 位寄存器次高位 D_{n-2} 置 1，经 D/A 转换后再与 V_X 比较，确定

次高位的取值。

重复上述过程,直到确定出最低位 D_0 的取值为止,控制逻辑电路发出转换结束信号(EOC)。此时 N 位寄存器的内容就是 A/D 转换后的数字量结果,在锁存信号(OE)控制下由锁存缓冲器输出。整个 A/D 转换过程类似于用砝码在天平上称物体的重量,是一个逐次比较逼近的过程。ADC0809 就是采用这一工作原理的 A/D 转换芯片。

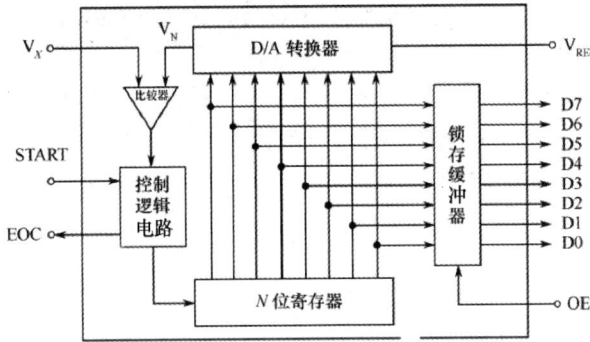

图 8.21 逐次逼近式 ADC 工作原理图

衡量 ADC 的主要技术指标如下。

1. 分辨率

ADC 的分辨率是指转换器对输入电压微小变化的分辨能力。习惯上以转换后输出的二进制数的位数表示,位数越多分辨率越高。例如,对于 8 位的 ADC,其数字输出量的变化范围为 0～255,当输入电压的满刻度为 5V 时,数字量变化一个字所对应输入模拟电压的值为 5V/255≈19.6mV,其分辨能力为 19.6mV。而对于 10 位的 ADC,在 5V 同等条件下,分辨能力约为 4.9mV。常用 ADC 分辨率有 8 位、10 位、12 位、14 位等。ADC0809 的分辨率为 8 位。

2. 转换时间

转换时间是指 ADC 完成一次转换所需要的时间。转换时间的倒数为转换速率,即每秒转换的次数,常用单位是 ksps,表示每秒采样千次。使用时应根据需求选择转换时间,ADC0809 的转换时间约为 100μs,相当于 10ksps。

8.4.2 ADC0809 的应用实例

ADC0809 为双列直插式 28 引脚芯片,工作电压 5V,功耗 15mW,内部结构如图 8.22 所示。

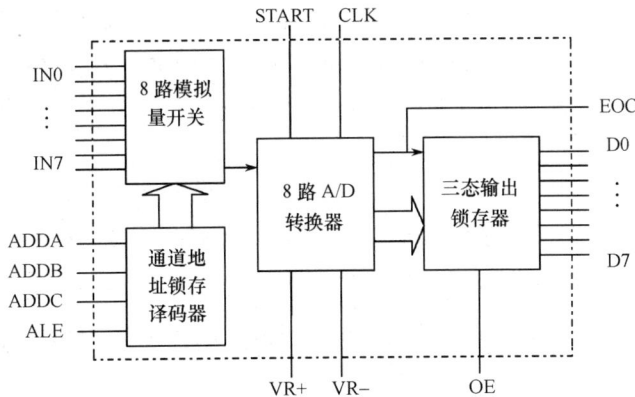

图 8.22 ADC0809 内部结构

ADC0809 内部由 8 路模拟量开关、通道地址锁存译码器、8 位 A/D 转换器和三态数据输出锁存器组成。其中，IN0～IN7 为 8 路模拟量输入端，可以分别连接 8 路单端模拟电压信号。由于芯片内部只有一个 8 位的 A/D 转换器，因此输入的 8 路信号只能由通道地址锁存译码器分时选通。ADDA、ADDB、ADDC 为通道选通端，ALE 为选通控制信号。当 ALE 有效时，3 个选通信号的不同电平组合可选通不同的通道。例如，当 ADDA、ADDB、ADDC 端的电平为 000 时，IN0 通道选通；为 001 时，IN1 通道选通，其余类推。

数据转换过程需要在外部工作时钟的控制下进行，因此，CLK 端应接入适当的时钟源。

ADC0809 工作控制逻辑（时序图）如图 8.23 所示。由图可见：通道选通数据 ADDA、ADDB、ADDC、选通控制信号 ALE 和模拟信号 IN 出现后，START 正脉冲信号可启动 A/D 转换过程（要求不严格时，允许 ALE 与 START 使用同一正脉冲）。

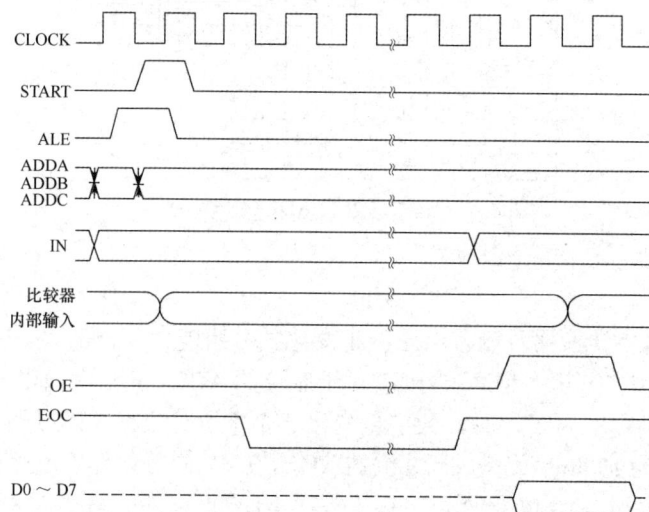

图 8.23　ADC0809 的工作时序图

A/D 转换启动后，EOC 自动从高电平变成低电平。A/D 转换期间，EOC 始终保持低电平。转换结束后，EOC 自动从低电平变成高电平。

在 EOC 维持高电平期间，将 OE 变为高电平，则三态输出锁存器便可导通、锁定来自 A/D 转换器的转换结果并使其出现在 D0～D7 引脚上。待 CPU 读取过 D0～D7 引脚数据后，再将 OE 转为低电平，使三态输出锁存器呈高阻状态，至此一次 A/D 转换过程结束。

【实例 8.4】逐次逼近式 A/D 转换。

根据图 8.24 所示的 ADC0809 数据采集电路，将由 IN7 通道输入的模拟量信号进行 A/D 转换，结果以十六进制数形式显示。设 ADC0809 的工作时钟由虚拟信号发生器提供，频率为 5kHz（注：由于 Proteus 中 ADC0809 模型不可仿真，故可采用性能相近的 ADC0808 模型替代，但在分析中我们仍以 ADC0809 相称）。

【解】分析：图中 80C51 采用三总线方式连接 ADC0809，其中地址总线将 P0.0～P0.2 送出的地址信息锁存在 74LS373 中，用于选通 ADC0809 的模拟量通道；数据总线与 ADC0809 的输出端 D0～D7 相连，用于读取 A/D 转换结果；控制总线通过或非门将 $\overline{WR}$ 接到 ALE 和 START 引脚，用于选通 IN7 通道和启动 A/D 转换，再通过或非门将 $\overline{RD}$ 接到 $\overline{OE}$ 引脚，将 A/D 转换结果从 ADC0809 中取出来。

由于 ADDA、ADDB、ADDC 分别对应于 P0.0、P0.1、P0.2，因此为选通 IN7 通道，P0 口需要送出低 8 位地址 xxxx x111B，即 0xff；由于启动 A/D 转换所需的 START 和 ALE 信号是由

$\overline{WR}$ 和 P2.0 经或非门 U5:A 合成的，输出 A/D 转换结果所需的 $\overline{OE}$ 信号是由 $\overline{RD}$ 和 P2.0 经或非门 U5:B 合成的，因此为启动 A/D 转换和输出 A/D 转换结果，P2 口需要送出高 8 位地址 xxxx xxx0B，即 0xfe。

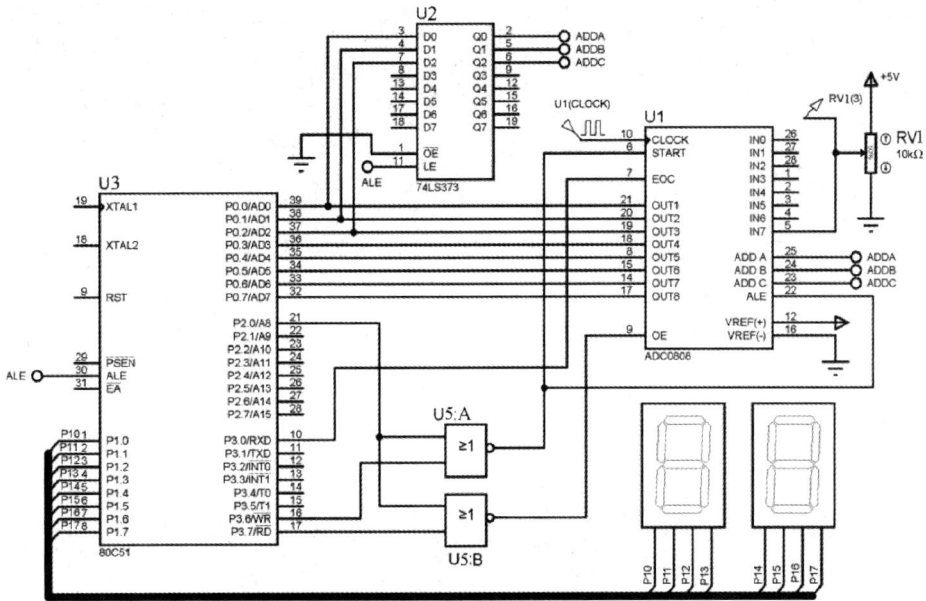

图 8.24　实例 8.4 电路原理图

可见，为选通 IN7 通道并启动 A/D 转换，CPU 需要执行一条向地址 0xfeff 写数据的命令，而为读取 A/D 转换结果，CPU 需要执行一条向地址 0xfeff 读数据的命令。

由于图中 ADC0809 的 EOC 引脚与 80C51 的 P3.0 引脚相连，因此只要查询到 P3.0 引脚的电平不为 0，就说明 A/D 转换结束。

由于图中采用的是两个 BCD 码数码管（7SEG-BCD-xxx），数码管内已有译码模块，因此无须字模转换便可直接将输入的十六进制数显示出来。

对于使用的虚拟信号发生器，需要进行参数设置。双击虚拟信号发生器，在弹出的设置对话框中将工作时钟频率改为"5k"，如图 8.25 所示。

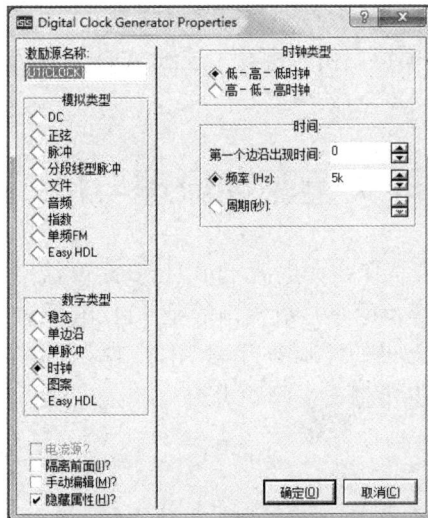

图 8.25　工作时钟频率设置对话框

实例 8.4 源程序如下：

```c
//实例 8.4 逐次逼近式 A/D 转换
#include<reg51.h>
#include<absacc.h>
#define  AD_IN7  XBYTE[0xfeff]          //IN7 通道访问地址
sbit ad_busy=P3^0;                      //A/D 转换结束标志定义
void main(void){
    while(1){
        AD_IN7=0;                       //启动 IN7 通道 A/D 转换
        while(ad_busy==0);              //等待 A/D 转换结束
        P1=AD_IN7;                      //读取并显示 A/D 转换结果
    }}
```

程序中的语句 AD_IN7=0;就是 CPU 向 0xfeff 地址写数据的命令，用于选通 IN7 通道并启动 A/D 转换，其中写入什么数都无关紧要；而语句 P1=AD_IN7;则是 CPU 从 0xfeff 地址读数据的命令，用于将 A/D 转换结果输出到 P0 口的引脚上，然后由 CPU 将其读到 P1 口中供 BCD 码数码管显示。

实例 8.4 的程序运行效果如图 8.26 所示。

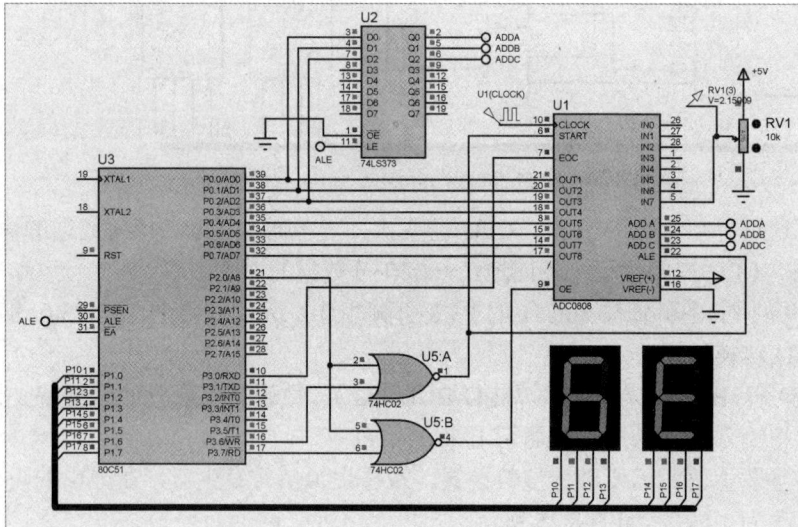

图 8.26 实例 8.4 的程序运行效果

实例 8.4 仿真视频

结果：对 IN7 通道输入的模拟量信号进行了连续 A/D 转换并以十六进制数形式显示出来，实现了题意要求的功能，实例 8.4 完成。

8.5 开关量驱动原理与接口应用

在微机测控系统中，有许多工作在大电流、高电压甚至交流电环境下的外部设备，如电机、继电器、交流接触器、电磁阀等。而单片机输出的是 TTL 电平信号，驱动能力非常有限，因此需要通过驱动接口技术增强对外设的控制能力。常用接口驱动元件有三态门或 OC 门、晶体管、达林顿管、光电耦合器、电磁继电器、晶闸管等。

8.5.1 驱动接口方式

单片机接口本身的驱动能力有限，其中，P0 口输出驱动能力最强，在输出高电平时，可提供 0.8mA 的电流；输出低电平（0.45V）时，吸电流能力也仅能够达到 3.2mA。而 P1、P2、P3 口可提供的驱动电流只有 P0 口的一半。对于这种情况，以前只能采用低电平驱动形式以获得尽可能大的驱动能力。本节将介绍几种常见的驱动接口技术，为单片机测控系统应用打下基础。

1. 三态门缓冲器和 OC 门驱动元件

（1）三态门缓冲器

74244、74245 等门电路芯片内部都有三态门缓冲器，其高电平时的输出电流为 15mA，低电平时的输入电流为 24mA，均大于单片机的通用 I/O 口，一般可用于光电耦合器、LED 数码管等小电流负载的驱动。其中，74244 的内部结构在 8.2.3 节已有介绍，这里不再赘述。

（2）OC 门（集电极开路门）

OC 一词来源于 Open Collector，即集电极开路，指驱动电路的输出端是一个集电极开路的晶体管，所以也称为开集输出，电路原理如图 8.27（a）所示。

由图 8.27（a）可知，输入端为低电平→晶体管 V1 的基极电位小于 0.7V→V1 截止→晶体管 V2 的基极电位为高电平→V2 导通→输出端为低电平。反之，输入端为高电平→V1 导通→V2 截止→输出端为高电平。显然这个电路是在输出端外加一个接至正电源的上拉电阻 R 时才能正常工作，没有上拉电阻 R，V2 的集电极是悬空的即开路状态。虚线框内的这部分电路就是 OC 门电路。

在应用 OC 门组成控制电路时，电源 V+可以比 TTL 电路的 V_{CC}（一般为+5V）高很多，这样 V2 的负载电流就会大于 TTL 的负载电流，从而起到一定的功率驱动作用。在实际应用中，OC 门可以用于低压开关量的输出控制场合，如低压电磁阀、指示灯、直流电机、微型继电器、数码管等。

常用的 OC 门芯片 7407 是一个六高压输出的缓冲器/驱动器，内部结构如图 8.27（b）所示，其 OC 门输出端耐压可达 30V，输出低电平时，吸电流能力可达 40mA。

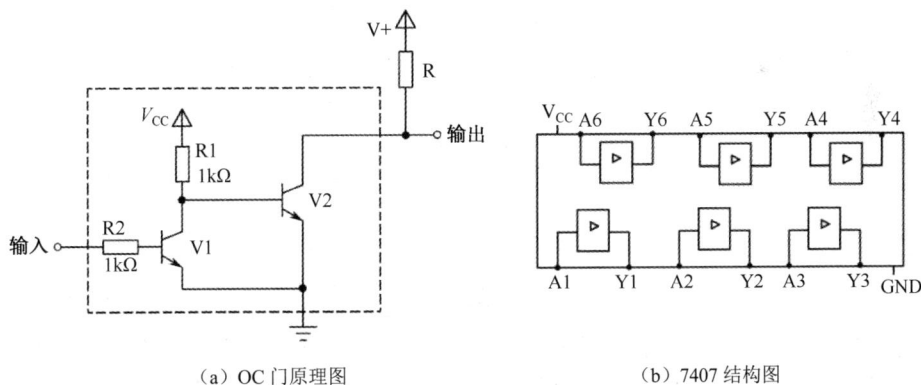

（a）OC 门原理图　　　　　　　　（b）7407 结构图

图 8.27　OC 门驱动电路

2. 晶体管驱动元件

OC 门的驱动电流在几十毫安量级，如果被驱动设备所需驱动电流要求在几十到几百毫安，可以通过晶体管电路驱动。

三极管具有放大、饱和及截止 3 种工作状态，在开关量驱动应用中，一般都使三极管工作在饱和区或截止状态，并尽量减小饱和到截止的过渡时间。

当晶体管作为开关元件使用时，输出电流为输入电流乘以晶体管的增益。例如，某晶体管在 500mA 和 10V 处，典型正向电流增益为 30，则要开关 500mA 的负载电路时，其基极至少应提供 17mA 的电流，故一般晶体管的前级驱动电路常采用 OC 门电路。

采用 74LS07 作为前级驱动的一种晶体管驱动电路如图 8.28 所示,图中 R1 为 74LS07 的输出上拉电阻。常用于功率驱动的 PNP 晶体管有 9013、8050,NPN 晶体管有 9015、8550 等。其中,9013 的驱动能力为 40mA,8050 的驱动能力为 500mA。

3．达林顿管驱动元件

对于晶体管开关电路,输出电流是输入电流乘以晶体管的增益,因此,为保证足够大的输出电流,必须采用增大输入电流的办法。

图 8.28　晶体管驱动电路

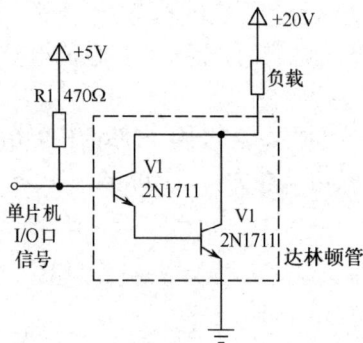

达林顿管内部由两个晶体管构成达林顿复合管,具有输入电流小、输入阻抗高、增益高、输出功率大、电路保护措施完善等特点。在应用中,可直接与单片机的 I/O 口连接驱动外部设备,典型电路如图 8.29(a)所示。达林顿管的输出驱动电流可达几百毫安,能够用于驱动中规模继电器、小功率步进电机、电磁开关等。典型达林顿驱动芯片有 ULN2003、ULN2068 等。

ULN2003 是高耐压、大电流达林顿管阵列,由 7 个硅 NPN 达林顿管组成,能与 TTL 和 CMOS 电路直接相连;工作电压高,灌电流可达 500mA,并且能在关态时承受 50V 的电压,输出还可在高负载电流下并行运行。ULN2003 采用 DP-16 或 SoP-16 塑料封装,其内部逻辑图如图 8.29(b)所示。

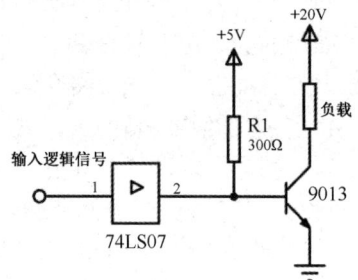

（a）达林顿管接线原理图　　　　（b）ULN2003 内部逻辑图

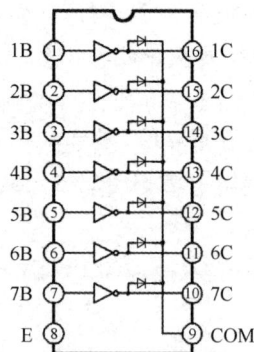

图 8.29　达林顿管驱动电路

4．光电隔离驱动元件

在开关量输出通道中,为防止现场强电磁干扰或工频电压通过输出通道影响测控系统,一般都采用通道隔离技术。实现通道隔离的常用器件是光电耦合器,即由一个发光二极管与一个光敏三极管或光敏晶闸管组成的电-光-电转换器件。

发光二极管中通过一定电流时会发出光信号,被光敏器件接收后可使其导通。而当该电流撤掉后,发光二极管熄灭,光敏器件截止,从而达到信号传递和通道隔离的目的。

光电耦合器也常与其他驱动器件组合在一起,构成既有驱动又有隔离功能的隔离驱动光电耦合器,如达林顿管光电耦合器、晶闸管光电耦合器等。图 8.30 为两种典型的光电耦合器内部结构。

图 8.30（a）为 TLP521-2 型普通型光电耦合器,图 8.30（b）为 HCPL-4701 型达林顿管光电耦合器。以后者为例,其主要参数为:隔离电压,3.75kV;输出电压,18V;封装类型,DIP8。

5．电磁继电器驱动元件

电磁继电器是较为常用的开关量输出方式。与晶体管相比,继电器的输入端与输出端有较强的隔离作用。输入部分通过直流控制，输出部分可以接交流大功率设备，达到通过弱电信号控制高压、交直流大功率设备的目的。

例如，控制线圈为 380Ω 时，可直接通过+5V 输入驱动，驱动电流为 13mA，而触点可通过的电流最高可以达到几十安培。典型直流电磁继电器驱动电路如图 8.31 所示。

图 8.31 中，7407 作为光电耦合器的驱动器，而光电耦合器又作为电磁继电器的隔离驱动器。在继电器关断的瞬间，会产生反向高压冲击电磁线圈，一般需要反接一个保护二极管，用于反向电流的泄放。

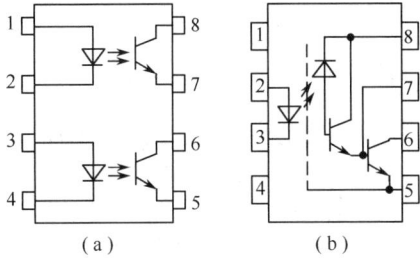

图 8.30　光电耦合器内部结构　　　图 8.31　电磁继电器驱动电路

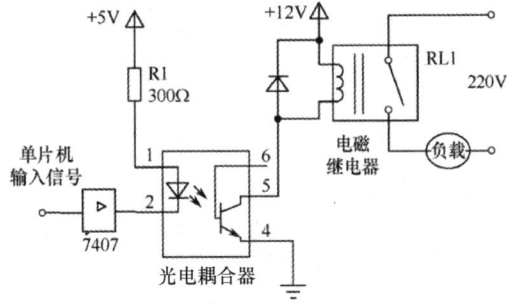

6．晶闸管驱动元件

晶闸管（Silicon Controlled Rectifier，SCR）是一种大功率的半导体器件，具有用小功率控制大功率、开关无触点等特点。晶闸管是一个三端器件，其符号如图 8.32 所示。

图 8.32（a）为单向晶闸管，当阳极（A）与阴极（C）、控制极（G）与阴极之间都为正向电压时，只要控制极电流达到触发电流时，晶闸管将由截止转为导通。此时即使控制极电流消失，晶闸管仍能保持导通状态，所以控制极电流没必要一直存在，故通常采用脉冲触发形式，以降低触发功耗。

图 8.32　晶闸管的符号

晶闸管不具有自关断能力，要切断负载电流，必须使阳极电流减小到触发电流以下，或当阳极与阴极之间加上反向电压才能实现关断。在交流回路中，当电压过零和进入负半周时，晶闸管自动关断。为使其再次导通，必须重新在控制极加触发电流脉冲。

双向晶闸管在结构上相当于两个单向晶闸管的反向并联，但共享一个控制极，当两个电极 A1 和 A2 之间的电压大于 1.5V 时，不论极性如何，均可利用控制极触发电流控制其导通，其符号如图 8.32（b）所示。晶闸管在交直流电机调速系统、调功系统、随动系统中应用广泛。如 MCR12LD 单向晶闸管，工作电流 12A、耐压 400V；S6055M 型双向晶闸管，工作电流 55A、耐压 600V。

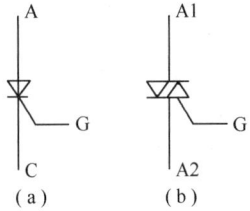

8.5.2　驱动接口的应用实例

为突出数码管显示控制方法，本书前面有意忽略了显示器的驱动问题。事实上，如果电路的驱动能力不够，就会使显示器的亮度降低；若驱动能力过强，则会使器件处于超负荷状态，容易造成器件损坏，因此驱动方式的选择必须恰当。

【实例 8.5】脉冲计数器。

根据如图 8.33 所示电路，编程实现 6 位脉冲计数器功能，即将由 T0 引脚传入的脉冲信号以十进制数形式显示出来。显示电路采用三态门缓冲器 74LS245 和 OC 门 74LS07 作为接口驱动元件，脉冲信号由虚拟信号发生器提供。

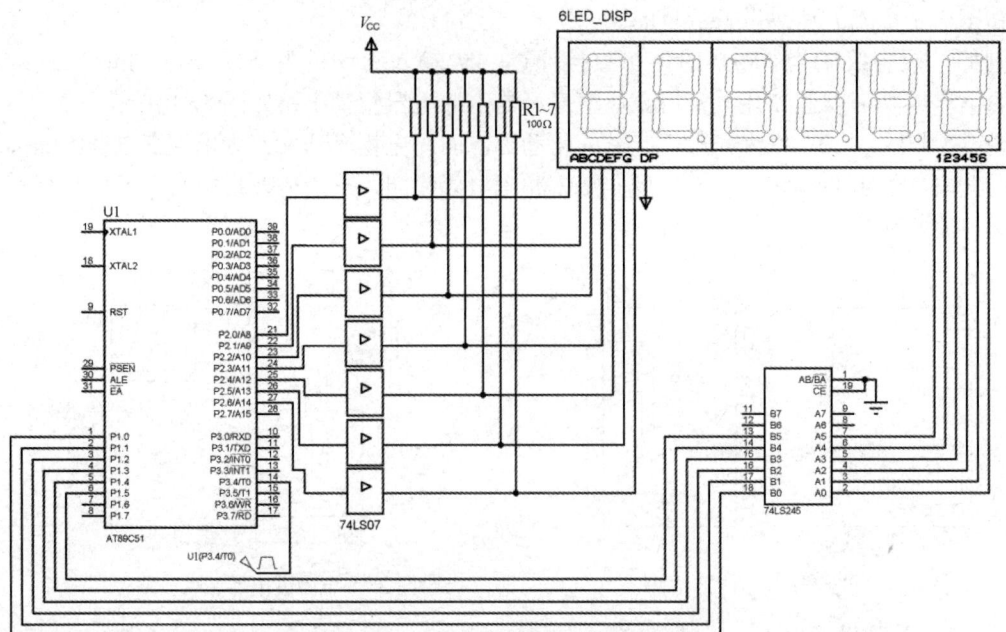

图 8.33　实例 8.5 电路原理图

【解】电路分析：图中数码管显示器与单片机连接采用的是通用 I/O 口方式，其中共阳极六联 LED 数码管采用了动态显示方案，三态门缓冲器 74LS245 和 OC 门 74LS07 组成了数码管的驱动电路。其中，74LS245 用于位码的驱动，其电流驱动能力可达 20～35mA；74LS07 用于段码的驱动，需要外接上拉电阻，输出低电平时的吸电流能力为 30～40mA。74LS245 和 74LS07 配合，可以满足通常数码管的功率驱动要求。

脉冲信号选择频率 50Hz（占空比 30%）、电压幅值 5V 的方波，设置如图 8.34 所示。

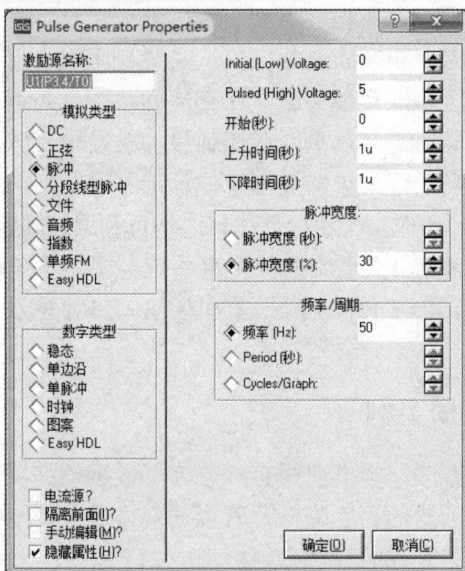

图 8.34　脉冲信号参数的设置

编程分析：

① 将 T0 设为计数方式 1，其最大计数值为 65536。虚拟信号发生器的脉冲输入 T0 后，可

使 TH0 和 TL0 的数值不断累加，利用 count=TH0*256+TL0;可提取到当前总计数值。

② 为使 count 值动态显示在数码管上，可以将 6 个数码管的位码值预存在位编码数组 bit_tab［］中，位码值需确保任何时刻只有一个数码管能显示。

③ 利用语句 for(led_point=0; led_point<6; led_point++)进行动态循环，循环体内需要将查找到的当前位码值由 P1 口输出；利用字模数组 disp_tab［count%10］将 count 的拆分值转换为字形码后由 P2 口输出；调用延时函数控制显示刷新频率。

④ 重复上述步骤，获得计数统计和动态显示效果。

实例 8.5 的源程序如下：

```
//实例 8.5 脉冲计数器
#include<reg51.h>
char bit_tab [] ={0x20,0x10,0x08,0x04,0x02,0x01};    //显示位编码
char disp_tab [] ={0xC0,0xF9,0xA4,0xB0,0x99,0x92,0x82,0xF8,0x80,0x90};
//字形码
void delay(unsigned int time){                       //延时
    char j;
    for(;time>0;time--)
        for(j=225;j>0;j--);
}
void main(){
    unsigned int count;                              //定义 T0 计数值
    unsigned char led_point;                         //定义数码管指针
    TMOD=0x0D;                                        //设置 T0 计数方式 1
    TR0=1;                                            //启动 T0
    while(1){
        count=TH0*256+TL0;                           //获取 T0 计数值
        for(led_point=0; led_point<6; led_point++){  //动态显示环节
            P1=bit_tab [5-led_point];                //输出位码
            P2=disp_tab [count%10];                  //输出计数值
            count/=10;                               //清除计数值末位
            delay(500);
}}}
```

实例 8.5 的程序运行效果如图 8.35 所示。

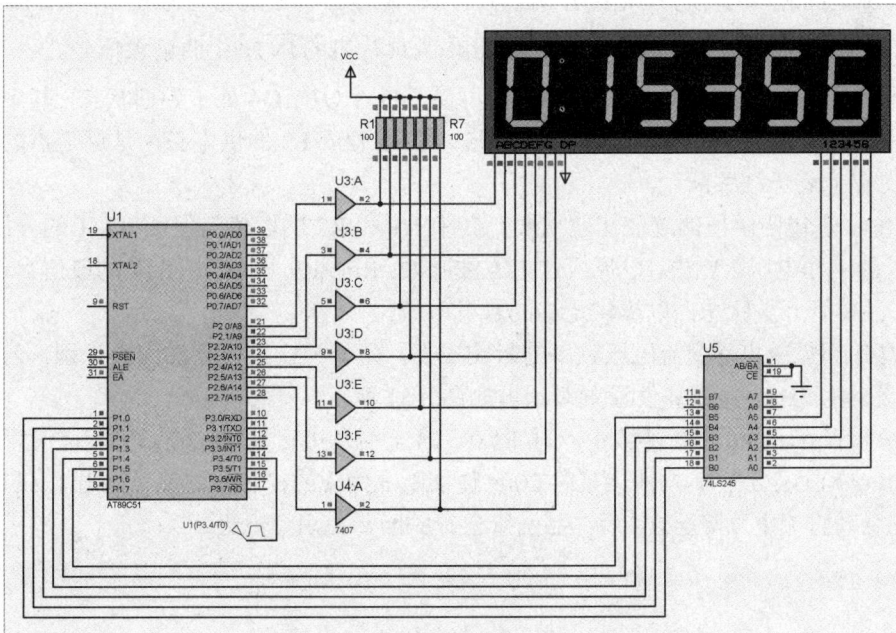

图 8.35　实例 8.5 的程序运行效果

结果：采用三态门缓冲器和 OC 门芯片的驱动接口电路能正常运行，脉冲计数器能连续统计虚拟信号发生器的脉冲数并实时动态显示在数码管上，实现了题意要求的功能，实例 8.5 完成。

【实例 8.6】 晶闸管调光应用。

图 8.36 是单向晶闸管灯光控制电路，负载为 4 个白炽灯。试在电路分析的基础上进行编程，实现 4 个白炽灯均在电压过零时刻由左向右循环点亮的功能。

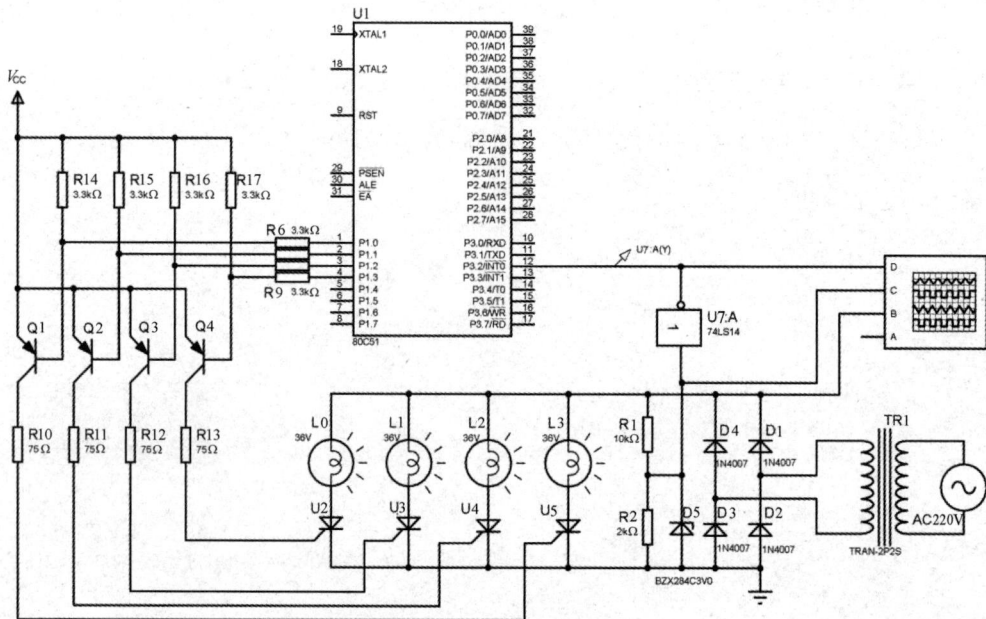

图 8.36　实例 8.6 电路原理图

【解】 电路分析：电源 AC220V 经变压器 TR1 降压至 36V 后由二极管 D1～D4 进行全波整流，电阻 R2 上的脉动直流分压先经齐纳二极管 D5 稳压，再经施密特触发器 74LS14 整形后可形成与交流电压零点对应的正脉冲信号，以此作为单片机的 $\overline{\text{INT0}}$ 中断请求信号。

单片机 P1.0～P1.4 引脚输出的"0"电平可使三极管 Q1～Q4 处于导通状态，其集电极电流作为单向晶闸管 U2～U5 的触发电流。U2～U5 与负载 L0～L3 的供电必须是过零点的脉动直流电压，否则晶闸管无法关断。

图 8.36 中，电阻阻值的选取比较重要，其中 R1 和 R2 的取值需保证 R2 上的分压处于 D5 和 74LS14 的工作电压范围内，以形成过零方波脉冲；R6～R9 与 R14～R17 的取值需保证 Q1～Q4 工作在晶体管开关状态，以提供足够的触发电流。

白炽灯的闪烁效果受交流电压频率的影响很大，高于 5Hz 后便无法肉眼识别，为此本例将电源频率设置为 5Hz。电源属性设置对话框如图 8.37 所示。

编程分析：在 $\overline{\text{INT0}}$ 中断函数中，对 P1.0～P1.4 引脚进行循环控制，先使晶闸管过零触发导通（输出 0→白炽灯亮），导通后延时 20μs 便切断晶闸管的控制极电流（输出 1→白炽灯继续亮），直到脉动直流电压降至 0V 后，晶闸管自行关断，白炽灯熄灭。

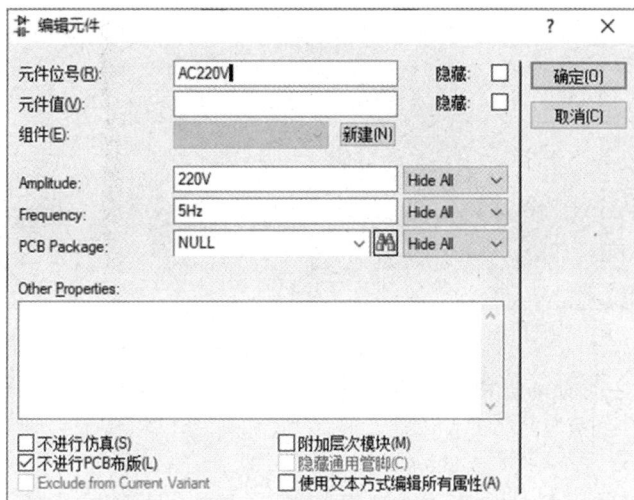

图 8.37　电源属性设置对话框

实例 8.6 的源程序如下：

```c
//实例 8.6 晶闸管调光应用
#include<reg51.h>
unsigned char delay_par=0x8;            //闪灯次数初值

unsigned char light_code=0xf7;          //闪灯位置初值
void delay(){                           //20μs 触发维持时间
    unsigned char i=5;
    if(i>=0)i--;
}
void main(){
    TCON=0x01;                          //中断下降沿触发方式
    EA=1;                               //开中断
    EX0=1;
    while(1);
}
void INT0_srv(void) interrupt 0{
    P1=light_code;                      //触发晶闸管
    delay();                            //延时 20μs
    P1=0xff;                            //关断触发
    delay_par--;                        //控制闪灯次数
    if(delay_par==0){                   //控制闪灯位置
        switch(light_code){
            case 0xf7:light_code=0xfb;break;
            case 0xfb:light_code=0xfd;break;
            case 0xfd:light_code=0xfe;break;
            case 0xfe:light_code=0xf7;break;
            default:break;
        }
        delay_par=0x8;                  //重置闪灯次数
}}
```

实例 8.6 程序运行后可实现白炽灯循环闪烁功能，如图 8.38（a）所示，其示波器观察结果如图 8.38（b）所示。

结果：示波器由上至下的 3 条波形依次为：全波整流电压、稳压管输出电压、施密特触发器输出电压。电路运行和波形输出正常，实现了题意要求的功能，实例 8.6 完成。

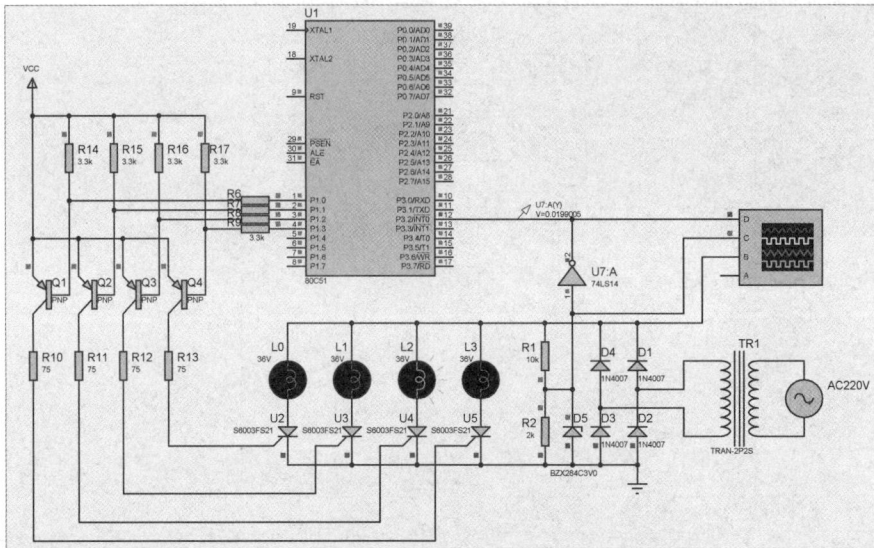

（a）实例 8.6 运行效果

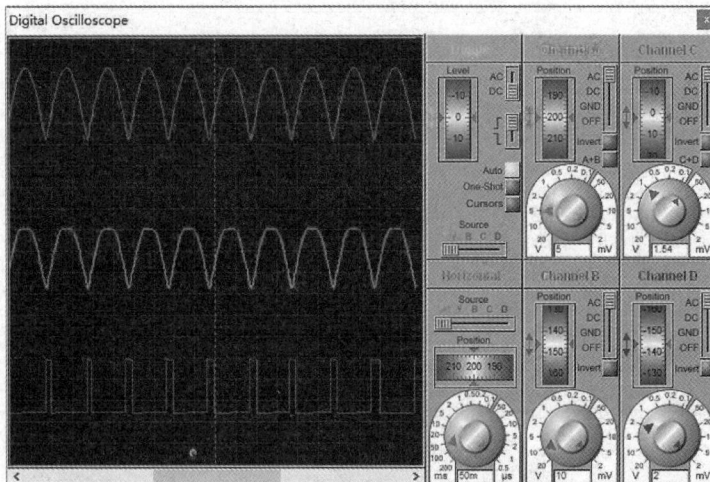

（b）示波器观察结果

图 8.38　实例 8.6 运行效果

实例 8.6 仿真视频

8.6　液晶显示模块的原理与接口应用

本章前面介绍的接口器件及应用实例，是按照教材的基础性要求设立的，也是 51 单片机教材的经典内容，难度适中，便于初学者掌握。但由于这些接口器件的性能相对较弱，功能相对简单，因而实用性较差。从本节开始，将介绍一些相对先进的接口器件，如液晶显示模块和串行扩展单元等。它们都具有体积小、性能好、功能全面、实用性强等特点，是单片机外围接口器件的发展方向。虽然这些内容的学习难度会有所增加，但只要有了前面的学习基础，依然是可以掌握的。加上我们所选的新型接口器件都具有可在 Proteus 中仿真运行的特点，因而更有助于读者学习掌握，为实用性技术开发打下坚实基础。

8.6.1　LM1602 模块的工作原理

液晶显示模块已作为很多电子产品的通用器件，在计算器、万用表、电子表及家用电子产品中得到广泛应用，液晶显示器通过显示屏上的电极控制液晶分子状态来达到显示的目的，比相同显示面积的传统显示器要轻得多，功耗也低很多。

字符型液晶显示模块是一种专门用来显示字母、数字、符号等的点阵型液晶模块。它由若干个 5×7 或者 5×10 的点阵字符位组成，每个点阵字符位都可以显示一个字符，每位之间有一个点距（光标）的间隔，每行之间也有间隔，起到了字符间距和行间距的作用。其中 LM1602 是一款可以显示两行、每行 16 个字符的液晶模块，外形尺寸为 80mm×36mm×14mm，外形及引脚示意图如图 8.39 所示。

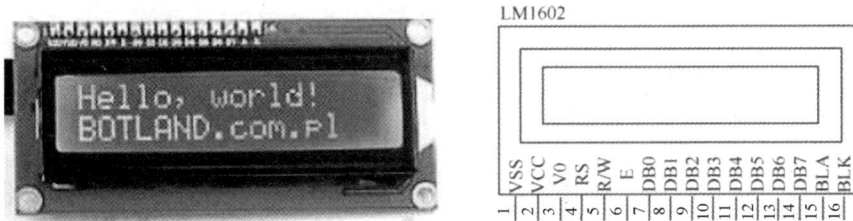

图 8.39　LM1602 的外形及引脚示意图

LM1602 采用标准的 16 引脚，其中：

VSS，为电源地；

VCC，接 5V 电源正极；

V0，为液晶显示器对比度调整端，接正电源时对比度最弱，接地时对比度最高（通过一个 10kΩ 电位器可调整到适当值）；

RS，为寄存器选择端，高电平时选择数据寄存器，低电平时选择指令寄存器；

R/W，为读/写信号线，高电平时进行读操作，低电平时进行写操作；

E（或 EN），为使能（Enable）端，高电平时写操作有效，由高电平变为低电平时读操作有效；

DB0～DB7，为 8 位双向数据端；

BLA，背光源正极；

BLK，背光源负极。

LM1602 模块内部主要由 LCD 显示屏（LCD Panel）、指令寄存器 IR、数据寄存器 DR、地址计数器 AC、显示缓冲区 DDRAM、系统字符发生器 CGROM、用户字符发生器 CGRAM 和忙标识 BF 等组成。

LM1602 的液晶屏有 16×2 个显示位，每个显示位对应一个 RAM 单元（显示缓冲区），其地址为：上排对应于 00～0x0f，下排对应于 0x40～0x4f，向对应 RAM 地址写入显示代码便可显示相应的字符。实际上，地址 0x10～0x27 和 0x50～0x67 也属于显示缓冲区范围，但写入的显示代码需要运用移屏指令将其移到可显示区域才能正常显示。显示缓冲区的地址分布如图 8.40 所示。

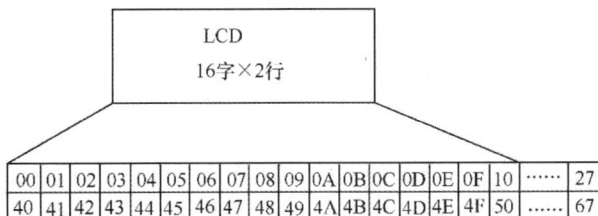

图 8.40　显示缓冲区的地址分布

为了区分对显示缓冲区的读、写两种操作，系统规定，写操作时的地址最高位必须为 1，读操作时为 0（实际上是将操作命令与操作地址合成为一条指令）。因此，第一行第一个字符的读指令应是 0x00+0x00=0x00，写指令应是 0x00+0x80=0x80。第二行第一个字符的读指令应是 0x40+0x00=0x40，而写指令应是 0x40+0x80=0xc0，其他以此类推。

LM1602 模块内部已经存储了 192 个点阵字符图形，具体包括：①常用键盘符号；②阿拉伯数字；③大、小写英文字母；④日文片假名等。每个字符都有一个固定的字符代码，其中代码 0x20～0x7f 对应于字符①～③（规则与标准 ASCII 码相同），代码 0xa0～0xff 对应于字符④（非 ASCII 码）。编程时可直接将字符代码写到显示缓冲区中，也可将字符串变量的内容写到显示缓冲区中（统称为写数据）。

为了管理 LM1602，系统内共设有 11 条操作指令，其中最常用的几条指令代码及其作用汇总如下：

0x38	设置 16×2 显示，5×7 点阵字形，8 位数据接口
0x01	清屏
0x0F	开显示，显示光标，光标闪烁
0x08	只开显示
0x0e	开显示，显示光标，光标不闪烁
0x0c	开显示，不显示光标
0x06	地址加 1，当写入数据时光标右移
0x02	光标复位回到地址原点，但缓冲区中内容不变
0x18	光标和显示一起向左移动 1 位

显然，无论是待显示的数据还是指令代码，都需要写入 LM1602 后才能发挥作用，写数据和写指令操作时需要有 RS、R/W 和 E 这 3 个引脚的时序信号配合才能完成，具体关系说明见表 8.1。

表 8.1　RS、R/W 和 E 引脚的时序关系说明

E	RS	R/W	关　系　说　明
1	0	0	将出现在 D0～D7 上的指令代码写入指令寄存器中
1→0	0	1	将状态标识 BF 和地址计数器内容读到 D7 和 D6～D0 中
1	1	0	将出现在 D0～D7 上的数据写入数据寄存器中
1→0	1	1	将数据寄存器内的数据读到 D0～D7 上

这表明，80C51 在对 LM1602 进行读/写操作时，除需连接 D0～D7 的 8 根数据线外，还需 3 根 I/O 口线发出这些时序信号，其接口电路如图 8.41 所示。需要指出的是，目前 Proteus 版本中只有 LM016L 而没有 LM1602，但由于两者功能完全相同，只是 LM016L 没有背光正极和背光负极引脚（不影响仿真），因而可以作为 LM1602 的替代。

LM1602 中还有许多较复杂的功能，如自定义点阵字符、定义其他显示模式和忙标识应用等，但从初学者角度考虑，本节仅介绍了其中最基本的功能，详细介绍请参见产品数据手册。

8.6.2　LM1602 模块的应用实例

【实例 8.7】液晶显示模块应用。

在图 8.41 所示电路的基础上，通过编程实现如下功能：从屏幕第一行第一列开始用模拟打字速度显示字符串 "MicroController"，从第二行第一列开始显示 "Proteus /Keil C"，随后光标返回到屏幕左上角处且呈闪烁状态。

【解】分析：根据题意要求，先确定所需的操作指令代码如下：

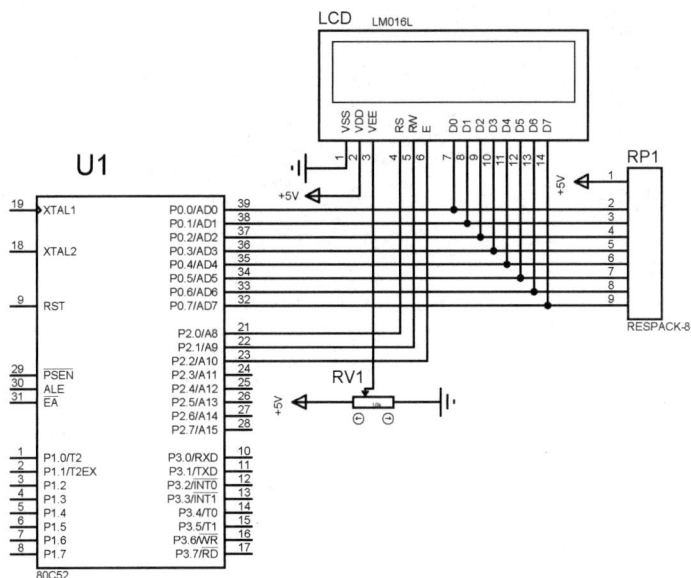

图 8.41 51 单片机与 LM1602 的接口电路

第一行第一列的写指令代码是 0x80，第二行第一列的写指令代码是 0xc0，设置 16×2 显示模式的指令代码是 0x38，开显示且光标闪烁的指令代码是 0x0f，写数据后光标右移 1 位的指令代码是 0x06，光标返回屏幕左上角的指令代码是 0x02。

为将这些指令代码分别送入指令寄存器，需要构建一个写指令函数：

```
void write_com(unsigned char com){          //写指令函数
    P0=com;                                 //指令代码送入 P0 口
    RS=0;RW=0;EN=1;                          //模拟写指令时序
    delay(200);
    EN=0;
}
```

可见，写指令函数的执行过程是：先将传入的指令代码 com 送入 D0～D7（本例通过 P0口），然后采用 RS=0; RW=0; EN=1;delay(200); EN=0;这 5 条语句模拟写指令的时序信号。如此一来，指令代码便可送入指令寄存器，进而完成指令的预期功能。

本例中待显示的字符都是 ASCII 码字符，因此只要先将其存放在一字符串数组中，使用时按顺序将其取出交给写数据函数发出即可，为此还需构建一个写数据函数：

```
void write_dat(unsigned char dat){          //写数据函数
    P0=dat;                                 //数据存入 P0 口
    RS=1;RW=0;EN=1;                          //模拟写数据时序
    delay(200);
    EN=0;
}
```

可见，写数据函数与写指令函数的结构是相同的，只是其时序信号是用 RS=1; RW=0; EN=1;delay(200); EN=0;这 5 条语句产生的。

上述准备工作完成后，便可按如图 8.42 所示流程图思路编写实例 8.7 的程序了。

实例 8.7 的源程序如下：

```
//实例 8.7 液晶显示模块应用
#include<reg52.h>
unsigned char code table[]="MicroController";
                           //要显示的内容
unsigned char code table1[]="Proteus/Keil C";
sbit RS=P2^0;              //寄存器选择引脚
sbit RW=P2^1;              //读/写引脚
sbit EN=P2^2;              //片选引脚
```

```
void delay(unsigned int x){  //延时
    unsigned int i;
    for(i=x;i>0;i--);
}
void write_com(unsigned char com){  //写指令函数
    P0 = com;                   //送出指令
    RS=0;RW=0;EN=1;             //写指令时序
    delay(200);
    EN=0;
}
void write_dat(unsigned char dat){  //写数据函数
    P0 = dat;                   //送出数据
    RS=1;RW=0;EN=1;             //写数据时序
    delay(200);
    EN=0;
}
void init(){                    //初始化
    write_com(0x01);            //清屏
    write_com(0x38);            //设置16*2显示，5*7点阵
    write_com(0x0f);            //开显示，显示光标且闪烁
    write_com(0x06);            //地址加1，写入数据时光标右移1位
}
void main(){
    unsigned char i;
    init();
    write_com(0x80);            //起点为第一行第一个字符
    for(i=0;i<15;i++){          //显示第一行字符
        write_dat(table[i]);
        delay(3000);           //调节配合速度
    }
    write_com(0xC0);           //起点为第二行第一个字符
    for(i=0;i<15;i++){         //显示第二行字符
        write_dat(table1[i]);
        delay(3000);
    }
    write_com(0x02);           //光标复位
    while(1);
}
```

图 8.42　实例 8.7 程序流程图

实例 8.7 的仿真运行效果如图 8.43 所示。

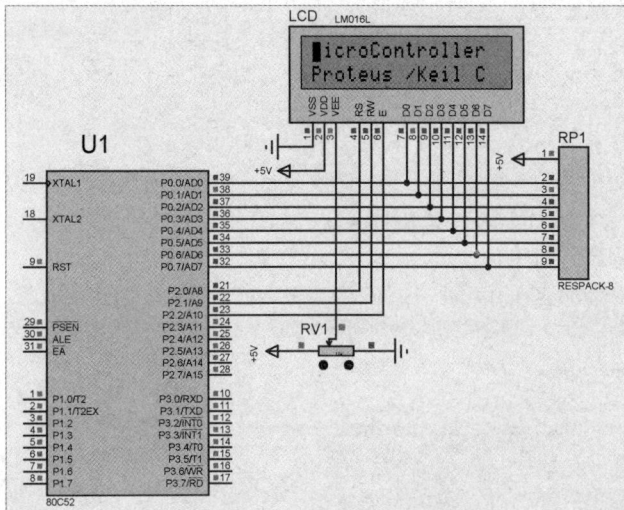

图 8.43　实例 8.7 的仿真运行效果

实例 8.7 仿真视频

结果：启动运行后，液晶显示模块的字符串显示方式、显示内容和光标闪烁状态都实现了题意要求，实例 8.7 完成。

8.7 串行扩展单元的原理与接口应用

由 8.1.1 节可知，51 单片机属于并行扩展总线标准，其数据的各个位是在空间中展开并同时传输的，具有传输速率高的特点。后来为了简化系统结构，串行数据传输技术得到了快速发展，串行扩展总线便应运而生，其数据的各个位是在时间上展开并先后传输的，具有使用传输线少的特点。目前主要有 3 种串行扩展总线标准，即 Motorola 公司的同步外用接口 SPI/QSPI、NS 公司的串行同步双工通信接口 Microwire/plus 和 Philips 公司的芯片间串行传输总线 I²C 总线。这些串行扩展总线标准各有种类繁多的支持芯片，这些芯片有鲜明的硬件结构化特点和灵活简便的扩展能力，在单片机应用系统的开发中得到了广泛应用。

本节将介绍 5 种典型的基于串行扩展总线的接口器件，通过对其工作原理、接口电路、编程方法和应用实例的介绍，力争使读者掌握更多的实用技能。

8.7.1 串行 A/D 转换器 MAX124X

1. 工作原理

MAX124X 是美国 MAXIM 公司推出的一款单通道 12 位串行 A/D 转换器，包含两种具体型号，即 MAX1240 和 MAX1241，具有低功耗（≤3mW）、高精度（12 位）、宽电压（2.7～5.25V）、体积小（8 引脚）和接口简单（3 线）等优点。MAX124X 采用三线制 Microwire 串行总线标准，下面通过外部引脚和内部结构（见图 8.44）介绍其工作原理。

由图 8.44 可知，待检测模拟信号经由 AIN（引脚 2）送到 12 位逐次逼近型（SAR）A/D 转换器中，在控制逻辑、内部时钟和参考电压（REF 引脚 4 或 2.5V 参考电压）的作用下进行模数转换，结果经输出移位寄存器转为串行数据经由 DOUT（引脚 6）输出。$\overline{\text{SHDN}}$ 是关断控制（引脚 3），低电平时可使 A/D 转换器处于休眠状态以减少功耗。串行输出过程中，SCLK（引脚 8）负责提供移位时钟脉冲，$\overline{\text{CS}}$（引脚 7）提供低电平使能信号。MAX124X 的工作时序如图 8.45 所示。

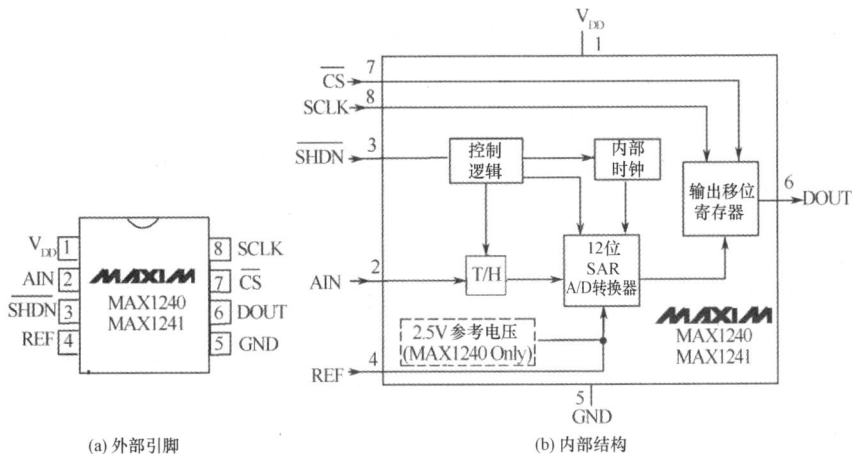

图 8.44　MAX124X 的外部引脚和内部结构

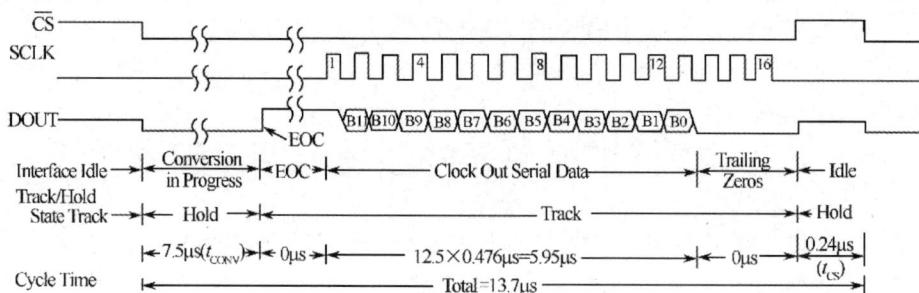

图 8.45　MAX124X 的工作时序

由图 8.45 可知，一次完整 A/D 转换过程的时序如下：

● 先使片选信号 $\overline{CS}$ 拉低，同时保持时钟端 SCLK 为低电平，本轮 A/D 转换即可启动；
● A/D 转换完成后，数据输出端 DOUT 将由低电平自动翻转为高电平；
● 在 SCLK 端送入移位时钟脉冲，下降沿时位数据出现在 DOUT 端（高位在先）；
● 连续送入 13 个移位脉冲后，本轮 A/D 转换的数据输出完毕；
● 使片选信号 $\overline{CS}$ 拉高，为下一轮模数转换做准备。

2．应用举例

【实例 8.8】 串行 A/D 转换应用。

根据图 8.46 所示电路，利用 MAX1241 设计一个单片机 A/D 转换器，实现将采样电位器上的 5V 可调电压转换为十进制数字量，并动态显示在四联共阴极数码管上。

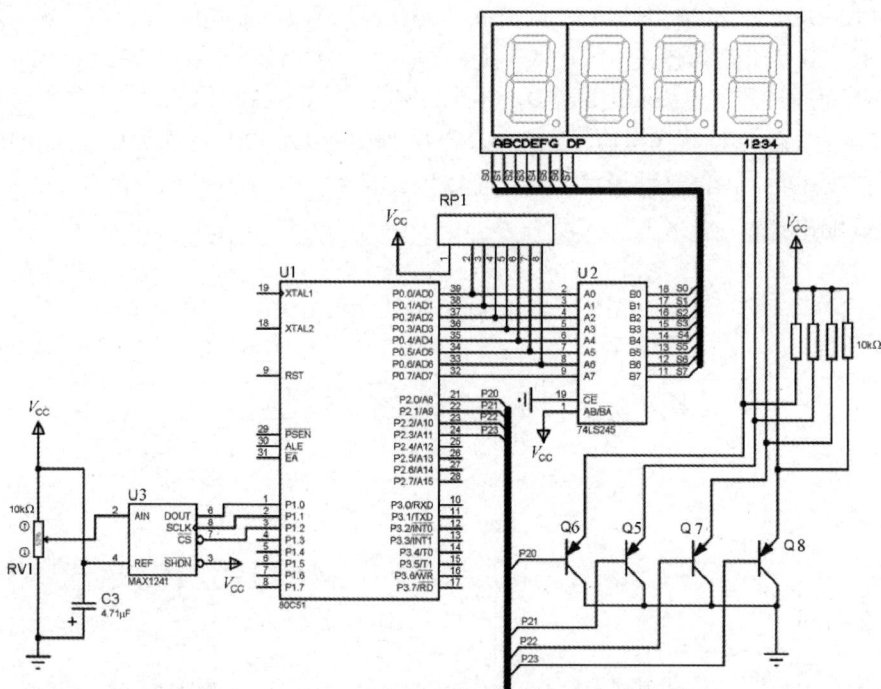

图 8.46　实例 8.8 电路原理

【解】 电路分析：图中 MAX1241 和数码管及其驱动电路采用通用 I/O 口方式与单片机相连。其中，MAX1241 的 3 个引脚 DOUT、SCLK 和 $\overline{CS}$ 分别与 80C51 的 P1.0、P1.1 和 P1.2 相连。在不考虑节能问题的情况下，$\overline{SHDN}$ 引脚直接接高电平。四联共阴极数码管按照动态显示原理接线，其中段码通过锁存器 74LS245 驱动后接于 P0 口，位码由 4 个 PNP 型三极管驱动后接于 P2.0～P2.3。

编程分析：程序可由数据采集和数据显示两部分组成。

① 根据已有知识，A/D 转换结束时刻可以用两种方法获得：一是查询法，利用条件循环语句查询 DOUT 引脚电平；二是中断法，通过反相器将 DOUT 引脚的上升沿脉冲转换成 80C51 外部中断所需的下降沿脉冲。为简单起见，本例采用查询法，数据采集环节流程图如图 8.47（a）所示。

② 数据显示工作也可分为两部分，即将 A/D 转换值分解后存入显示数组和将显示数组值依次进行动态显示，其流程图如图 8.47（b）所示。

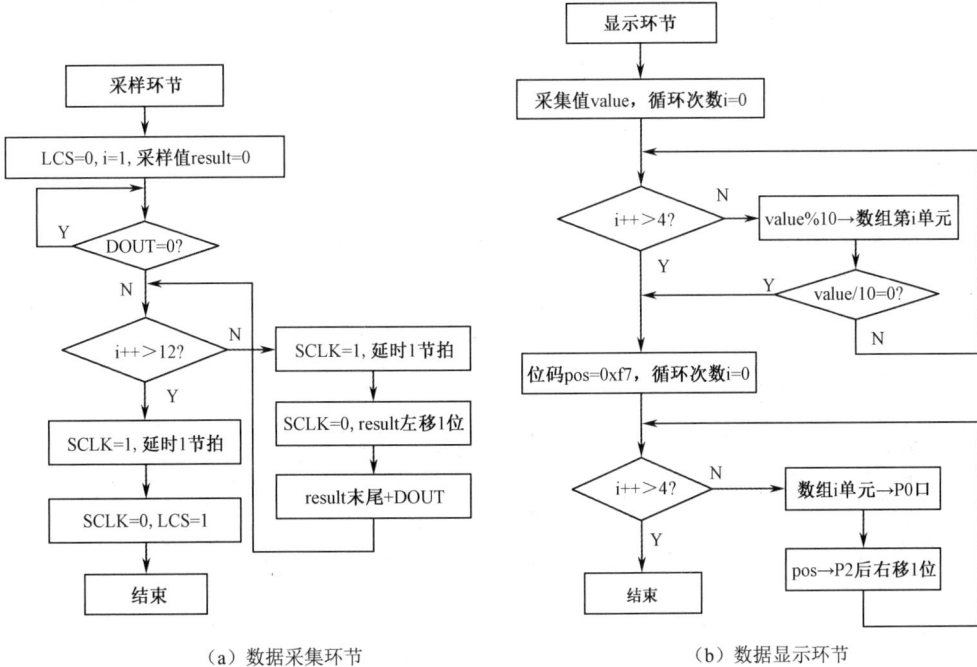

(a) 数据采集环节 (b) 数据显示环节

图 8.47 实例 8.8 数据采集与显示环节流程图

可见，数据采集环节是按转换时序设计的，在查询 DOUT 引脚电平得知转换结束后，用软件方式使 P1.1 引脚连续输出 13 个移位时钟脉冲，期间利用 result|=dout;语句将位数据拼装成并行数据。由于 MAX1241 是 12 位模数转换器，故转换结果存放变量 result 应声明为整型。

数据显示环节的上半部是将采集值按十进制数进行分解，并依次存入缓存数组；下半部则是将不断右移的位码从 P2 口输出，将依次从缓存数组里提取的段码通过 P0 口输出。

实例 8.8 的源程序如下：

```
//实例 8.8 串行 A/D 转换应用
#include <REG51.H>
char map[] = {0x3F,0x06,0x5B,0x4F,0x66,0x6D,0x7D,0x07,0x7F,0x6F};
sbit lcs=P1^2;                    //MAX1241 引脚定义
sbit sclk=P1^1;
sbit dout=P1^0;
void print(unsigned int value);  //显示函数
void delay();                     //延时函数
unsigned int ad();                //A/D 转换函数

void main(){
  unsigned int value=0;
  while(1){
    value=ad();                   //得到 A/D 转换结果
    print(value);                 //显示转换结果
}}

unsigned int ad(){                //A/D 转换函数
```

```
        unsigned int result=0;
        unsigned char i=0;
        lcs=0;                              //仿照转换时序开始 A/D 转换
        while(dout==0);                     //等待转换结束
        for(;i<12;i++) {                    //提取转换结果
            sclk=1;
            delay();
            sclk=0;
            result<<=1;
            result|=dout;
        }
        sclk=1;                             //发出第 13 个脉冲
        delay();
        sclk=0;
        lcs=1;                              //结束 A/D 转换
        return result;                      //返回转换结果
    }

    void print(unsigned int value) {
        char p_buf[4]= "    ";
        char i,pos=0xf7;
        for(i=0;i<4;i++) {                  //拆解转换数据
            p_buf[i]=value%10;              //存入显示缓存
            value/= 10;
            if (value==0) break;
        }
        for(i=0;i<4;i++) {
            P2=P2|0x0f;                     //形成段码
            P2=P2&pos;
            P0=map[p_buf[i]];               //显示缓存内容
            pos=(pos>>1)|0x80;              //刷新段码
            delay();
        }}
    void delay(){
        char i;
        for(i=0;i<100;i++);
    }
```

仿真运行结果如图 8.48 所示。

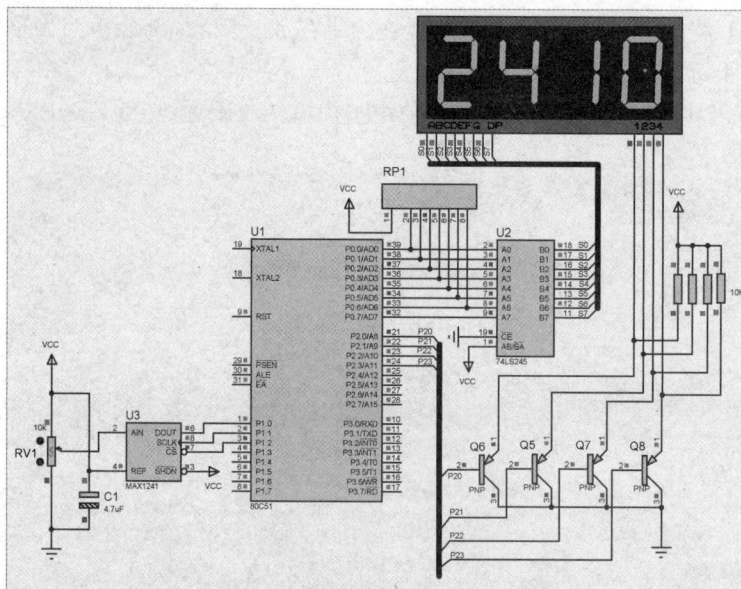

实例 8.8 仿真视频

图 8.48 实例 8.8 的仿真运行效果

结果：MAX1241 仅占用了单片机的 3 个引脚，但采样分辨率却较之前介绍的 ADC0809 大大提高（满度计量值由 255 提高到 4095），可以实现较高的数据采集精度要求。程序满足题意，实例 8.8 完成。

8.7.2 串行 D/A 转换器 LTC145X

1. 工作原理

LTC145X 是美国 LINEAR 公司推出的一款单通道 12 位串行 D/A 转换器，包含 3 种具体型号，即 LTC1451/ LTC1452/LTC1453，具有低功耗（≤400μA）、高精度（12 位）、宽电压（2.7～5.25V）、体积小（8 引脚）和接口简单（3 线）等优点。此外，该芯片具有 Rail-to-Rail（轨至轨）的特性，其内部运算放大器的最大输出电压可以达到电源电压 V_{CC}。LTC145X 采用三线制 Microwire 串行总线标准，下面通过外部引脚和内部结构（见图 8.49）介绍其工作原理。

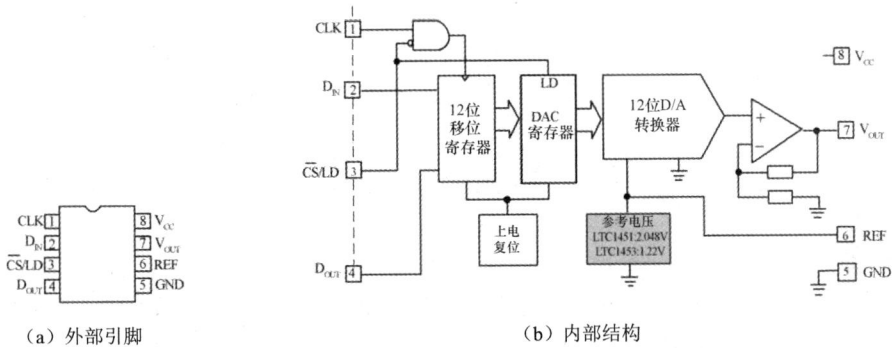

图 8.49　LTC145X 的外部引脚与内部结构

由图 8.49 可以看出，该芯片主要由 12 位移位寄存器、DAC 寄存器、12 位 D/A 转换器和运算放大器组成。串行输入信号在 CLK 移位时钟脉冲（引脚 1）和 $\overline{CS}$/LD 片选信号（引脚 3）的配合下由 D_{IN}（引脚 2）送入移位寄存器中，同时也经由 D_{OUT}（引脚 4）作为级联输出。待 12 位串行数据到齐后，以并行方式通过 DAC 寄存器进入 D/A 转换器。D/A 转换形成的电流信号再经运算放大器变换为电压信号由 V_{OUT}（引脚 7）输出。LTC145X 的工作时序如图 8.50 所示。

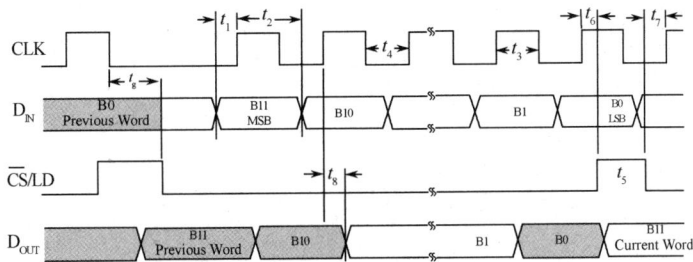

图 8.50　LTC145X 的工作时序

由图 8.50 可知，一次完整 D/A 转换过程的时序如下：

- $\overline{CS}$/LD 信号拉低；
- D_{IN} 端出现 1 位数据（高位在先）；
- CLK 端发出正脉冲，上升沿时将数据写入移位寄存器；
- 以上两步重复 12 次，可将 12 位数据串入 LTC145X；
- D/A 转换后使 $\overline{CS}$/LD 信号拉高，为下一轮转换做准备。

2. 应用举例

【**实例 8.9**】串行 D/A 转换应用。

根据图 8.51 所示电路，利用 LTC1451 设计一个单片机 D/A 转换器，实现负半周正弦波信号发生器功能，并通过虚拟示波器显示波形效果。

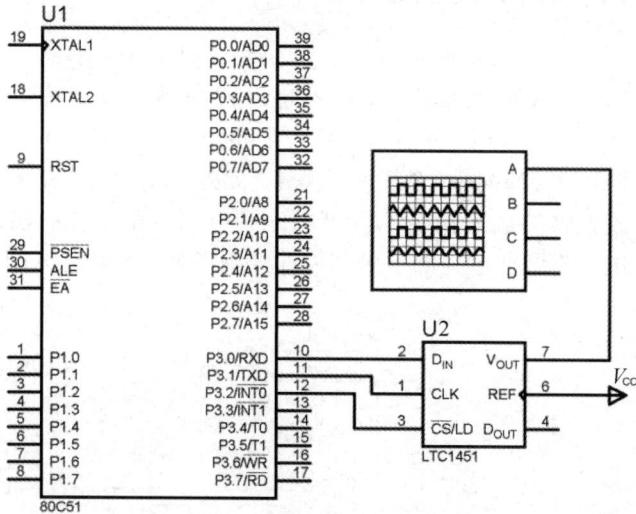

图 8.51　实例 8.9 电路图

【**解**】电路分析：图中 LTC1451 的 3 个引脚 D_{IN}、CLK 和 $\overline{CS}$/LD 分别接在 80C51 的 P3.0、P3.1 和 P3.2。由于无须考虑其他串行芯片的级联问题，故 D_{OUT} 引脚悬空。

编程分析：D/A 转换编程可仿照其工作时序进行，即先使 $\overline{CS}$/LD 引脚发一个正脉冲，然后依次在 CLK 和 D_{IN} 引脚上发送 12 个移位脉冲和位数据，此后再由 $\overline{CS}$/LD 发一个正脉冲，本轮 D/A 转换便完成了。

实例 8.9 的源程序如下：

```
//实例8.9 串行D/A转换应用
#include <REG51.H>
#include <math.h>
sbit din=P3^0;                        //定义芯片引脚变量
sbit clk=P3^1;
sbit cs=P3^2;
#define  PI3.1415

void da(unsigned int value);

void main(){
    unsigned int num,value;
    while(1){
        for(num=180; num<360; num++){      //负半周正弦波形
            value=2047+2047*sin((float)num/180*PI);
            da(value);
        }
    }
}

void da(unsigned int v){              //D/A转换
    char i=11;
    cs=1;
    cs=0;                             //CS/LD引脚置高电平
    for(;i>=0;i--) {
        din=(v>>i)&0x01;             //分解并行数据，串行送入DIN引脚
        clk=1;                       //发生时钟脉冲
```

```
            clk=0;
        }
    cs=1;                            //发出第 13 个脉冲
    cs=0;                            //CS /LD 引脚置低电平
}
```

程序中语句 din =(v>>i) & 0x01;的作用是将并行数据分解成位数据，即先将有效位数据右移至字节最低位，然后将除最低位外的所有高位清 0（整个字节的值非 0 即 1），结果赋值给位变量 din，从而实现了数据的并串转换。实例 8.9 的程序运行效果如图 8.52 所示。

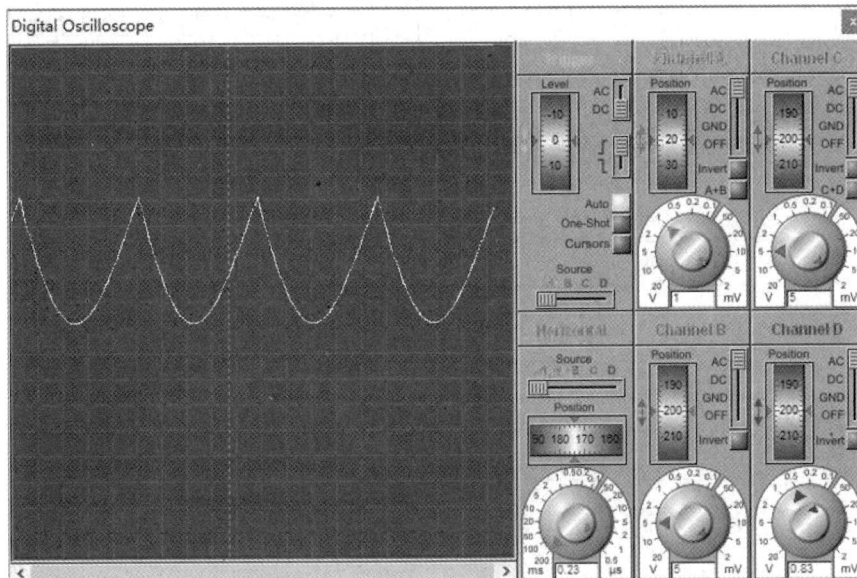

图 8.52　实例 8.9 的程序运行效果

结果：虚拟示波器显示输出波形为负半周正弦波。由于 LTC1451 的 12 位分辨率较先前介绍的 8 位 DAC0832 高很多，且芯片占用单片机引脚数很少，因而这是一种具有较高精度 D/A 转换的实用方案。仿真运行效果可满足题意要求，实例 8.9 完成。

8.7.3　串并转换器 74HC595

1．工作原理

74HC595 是 Philips 公司推出的一款 8 位串入并出/串出的移位寄存器，具有高速移位时钟频率（达 100MHz）、宽电压（2.0～6.0V）、低功耗（≤4μA）、输出驱动能力强（15LS TTL）、可直接与 CMOS/NMOS/TTL 器件接口等优点。此外，该芯片的输出端为可控的三态输出端，也能串行输出控制下一级级联芯片。74HC595 采用三线制 SPI 串行总线标准。

74HC595 有多种规格，典型封装为 16 引脚双列直插式封装，如图 8.53（a）所示。

74HC595 内部主要由移位寄存器、存储寄存器和三态门组成，如图 8.53（b）所示。移位寄存器的作用是，在移位脉冲 SH_CP 上升沿时，将逐一出现在数据输入端 DS 上的 8 个位数据转换为 1 个 8 位并行数据。存储寄存器的作用是，在锁存脉冲 ST_CP 上升沿时，将存储寄存器中的数据锁存起来，使之不随移位寄存器变化。三态门的作用是，当使能信号 $\overline{OE}$ 为高电平时，禁止存储寄存器向 Q0～Q7 引脚的输出，反之则允许输出。此外，当清零信号 $\overline{MR}$ 为低电平时，可使移位寄存器的数据清 0，反之则不清 0。

显然，完成上述任务需要各种信号脉冲之间满足一定的时序关系。从图 8.53(c)所示的时序图中可以"证实"上述工作过程，即移位脉冲上升沿时，DS 端的串行数据被"推"进移位寄存器中，而锁存脉冲上升沿时，移位寄存器中的数据被"锁"到存储寄存器中。串并转换期间，每发出 8 个移位脉冲后应发出 1 个锁存脉冲，期间清零端 $\overline{\text{MR}}$ 需要始终维持高电平状态，使能端 $\overline{\text{OE}}$ 则需要始终维持低电平状态。

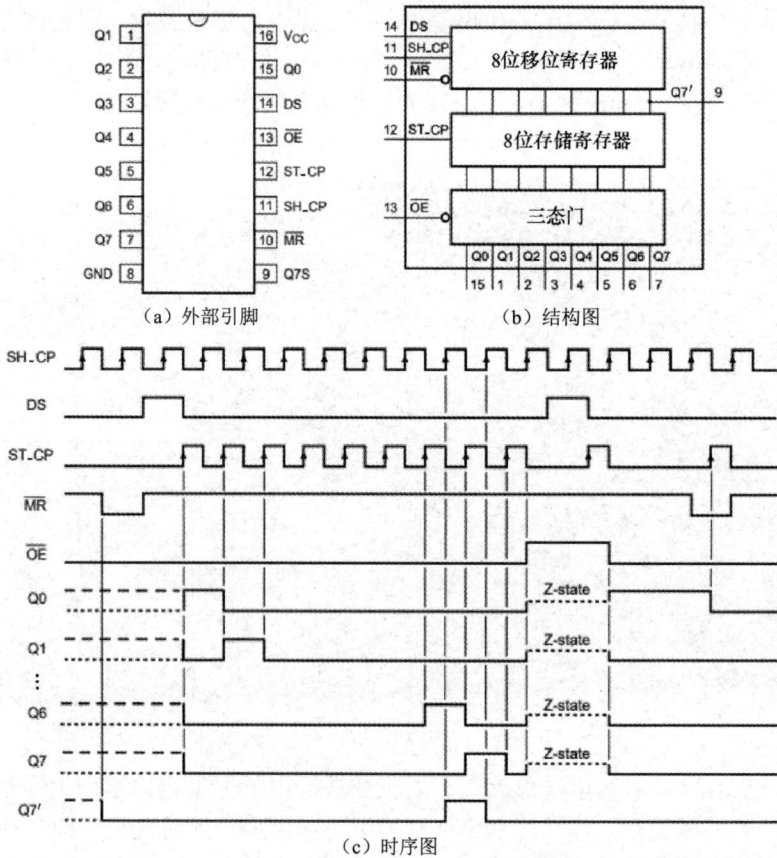

（a）外部引脚　　　　　　　（b）结构图

（c）时序图

图 8.53　74HC595 的工作原理示意图

此外，Q7'引脚的数值始终与 Q7 引脚相同，它可作为多个 74HC595 串联使用时的级联信号端。

与实例 7.1 中用过的 74LS164 芯片相比，74HC595 与其功能相仿，都有 8 位串入并出功能，但也存在一些差别：① 74HC595 的输出驱动能力（35mA）大于 74LS164（25mA），因而常作为数码管的接口驱动元件。② 由于 74HC595 比 74LS164 多了数据锁存功能，在串并转换过程中，输出端的数据可以保持不变，从而驱动数码管时没有闪烁感。③ 由于可以控制数据输出，因而可以方便地使数码管产生闪烁和熄灭效果，这比通过数据端移位控制要容易很多。

2．应用举例

【实例 8.10】循环字符显示器。

利用 74HC595 设计一个 51 单片机和 1 位共阴极数码管的接口电路，实现字符 0～9 的无限循环静态显示功能。

【解】电路分析：根据 74HC595 的工作原理，可将其数据输入端 DS、锁存脉冲发送端 ST_CP 和移位脉冲端 SH_CP 分别接在单片机的 P2.0～P2.2 引脚，用单片机软件模拟 74HC595 所需的时序信号，实现串并转换功能。

为简化控制，可将清零端 $\overline{\text{MR}}$ 直接接高电平，使能端 $\overline{\text{OE}}$ 直接接地，这意味着始终允许串并转换，且锁存器始终与输出端接通。

实例 8.10 的电路原理图如图 8.54 所示。

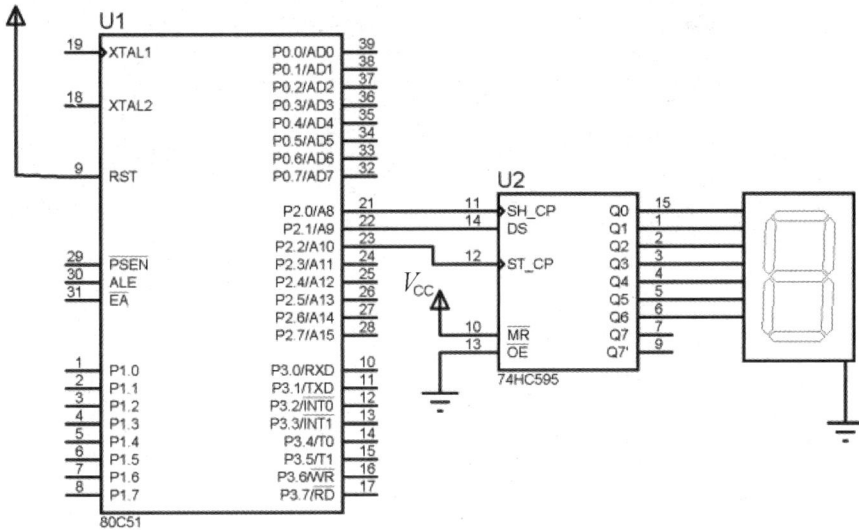

图 8.54　实例 8.10 电路原理图

编程分析：为了将 80C51 中欲输出的字节数据模拟成 DS 串行数据从 P2.1 引脚送出，可以利用条件表达式(date & (1<<i))对字节变量 data 进行逐位判断，当表达式为真时输出 1，反之输出 0。与此同时，还需在 P2.0 和 P2.2 引脚输出模拟 SH_CP 和 ST_CP 的时序脉冲。将字节数据模拟成串行方式发送的过程可以采用如下语句块实现：

```
for(i=7;i>=0;i--)          //字节数据的发送过程
{
    SH_CP=0;               //模拟输出 SH_CP 的低电平
    if(date & (1<<i))      //分析待发送字节数据的位数据值
        DS=1;              //发送位数据值 1
    else
        DS=0;              //发送位数据值 0
    SH_CP=1;               //模拟产生 SH_CP 上升沿脉冲
    for(j=0;j<2;j++);      //模拟 SH_CP 的脉冲宽度
}
```

实例 8.10 的源程序如下：

```
//实例 8.10 循环字符显示器
#include<reg51.h>

sbit SH_CP=P2^0;           //模拟 SH_CP 信号输出端
sbit DS=P2^1;              //模拟 DS 数据输入端
sbit ST_CP=P2^2;           //模拟 ST_CP 信号输出端
char led_mod[]={0x3f,0x06,0x5b,0x4f,0x66,0x6d,0x7d,0x07,0x7f,0x6f};
//LED 显示字模

void delay(unsigned int time){    //延时函数
    unsigned int j=0;
    for(;time>0;time--)           //采用传入的实参值作为 time 初值
        for(j=0;j<125;j++);
}

void getdate(unsigned char date)  //模拟串行数据发送时序
{
    char i,j;
    for(i=7;i>=0;i--)             //循环 8 次
    {
```

```
                SH_CP=0;                        //模拟输出 SH_CP 的低电平
                if(date&(1<<i))                 //模拟串行数据的产生
                    DS=1;                       //模拟发送串行数值 1
                else
                    DS=0;                       //模拟发送串行数值 0
                SH_CP=1;                        //模拟产生 SH_CP 上升沿脉冲
                for(j=0;j<2;j++);               //模拟 SH_CP 的脉冲宽度
            }
        }
        void main()
        {   char i=0;
            while(1){
                for(i=0;i<=9;i++){              //循环的字模数组指针
                    getdate(led_mod[i]);        //发送待显示的字模
                    ST_CP=0;                    //模拟产生 ST_CP 低电平脉冲
                    ST_CP=1;                    //模拟产生 ST_CP 上升沿脉冲
                    delay(500);                 //控制字符的显示节奏
                }
            }
        }
```

程序运行效果如图 8.55 所示。

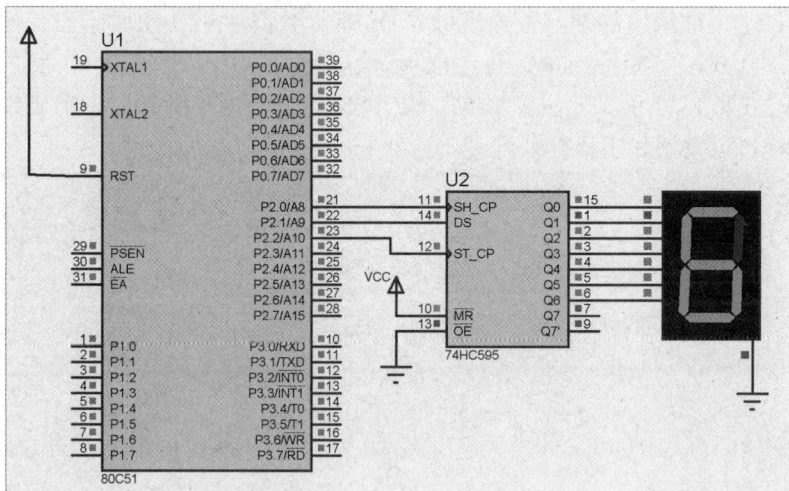

实例 8.10 仿真视频

图 8.55　实例 8.10 运行效果

结果：由单片机模拟输出的串行数据经 74HC595 后转换为 8 位并行数据，实现了数码管的静态显示。仿真运行结果满足了题意要求，实例 8.10 完成。

8.7.4　I²C 总线 E²PROM 存储器 AT24CXX

1．工作原理

AT24CXX 是美国 Atmel 公司推出的一种 E²PROM 存储器，具有宽电压（1.8～5.5V）、接口简单（2 线）、体积小（8 引脚）和可靠性高（数据可存储 100 年）等优点。AT24CXX 采用两线制 I²C 总线标准。

E²PROM 指的是"电可擦除可编程只读存储器"，即"Electrically Erasable Programmable Read-Only Memory"。其特点是存储器中的数据信息在失电情况下不会丢失，且存储内容可用电信号擦写（早期产品需用紫外线擦除，专用编程电压写入）。E²PROM 还不能取代普通 RAM，原因是其工艺复杂，耗费的门电路过多，且有效重编程次数也相对较低。

下面通过外部引脚和内部结构（见图 8.56）介绍 AT24CXX 的工作原理。

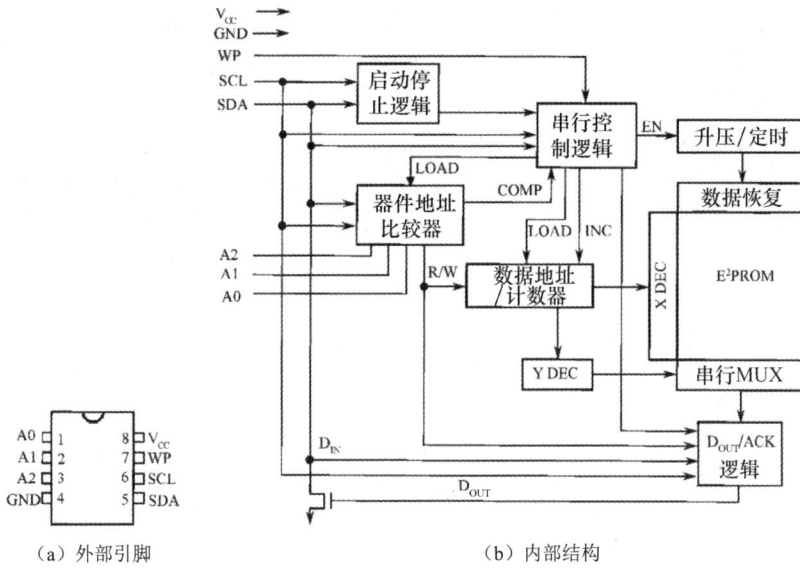

图 8.56　AT24CXX 的外部引脚与内部结构

由图 8.56（a）可以看出，该芯片有 8 个引脚，除电源引脚外，只有 6 个工作引脚，体积很小。其内部结构（见图 8.56（b））由片内控制单元（启动停止逻辑、串行控制逻辑、器件地址比较器、数据地址/计数器）和 E²PROM 阵列等组成。串行输入信号 SDA（引脚 5）在同步脉冲信号 SCL（引脚 6）和写保护信号 WP（引脚 7）的配合下，通过片内控制单元进行 E²PROM 指定单元的读/写操作。片内升压单元可提供编程高电压（因而系统只用单电源即可），AT24CXX 的芯片地址由 A0～A2 三个引脚的电平状态决定（接 V_{CC} 或接地），写保护信号 WP 为 1 时可使整个存储区变为只可读取。

如前所述，AT24CXX 对外通信采用 I²C 总线。I²C 总线是 Philips 公司开发的两线制串行通信接口，是 Inter Integrated Circuit Bus 的缩写，即"内部集成电路总线"。所有器件通过 SDA 和 SCL 两根线连接到 I²C 总线上，典型总线结构如图 8.57 所示。

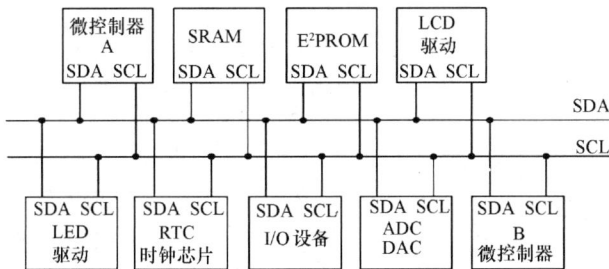

图 8.57　典型 I²C 总线结构

在 I²C 总线协议中，允许总线上挂接多个从器件（如存储器），每个从器件均有唯一"从片地址"。采用总线仲裁方式后，可允许同时存在多个主器件（如微控制器），不过在单片机系统中多为"一主多从"结构。I²C 总线通信时序如图 8.58 所示。

可以看出，I²C 总线的通信时序由多个逻辑环节组成，如起始信号、地址信号、应答、数据信号、终止信号，它们的时序关系如下。

无数据：SCL=1，SDA=1。

起始信号：当 SCL=1 时，SDA 由 1 向 0 跳变。

终止信号：当 SCL=1 时，SDA 由 0 向 1 跳变。

数据信号：当 SCL 由 0 向 1 跳变时，由发送方控制 SDA，此时 SDA 为有效数据，不可随意改变 SDA；当 SCL 保持为 0 时，SDA 上的数据可随意改变。

地址信号：与数据信号相同，但发送方只能是主器件，而数据信号的发送方既可以是主器件（写数据）也可以是从器件（读数据）。

应答信号（ACK）：当发送方传送完 8 位时，发送方释放 SDA，由接收方控制 SDA，且 SDA=0。

非应答信号（NACK）：当发送方传送完 8 位时，发送方释放 SDA，由接收方控制 SDA，且 SDA=1。

当主器件启动了 I²C 总线后，所有从器件均处于接收状态，将主器件发送来的寻址信息 SLA（Service Level Agreement）与自身的"从片地址"比较，如果相符，则通过 SDA 引脚回送低电平的应答信号（ACK）；反之，不做任何响应。

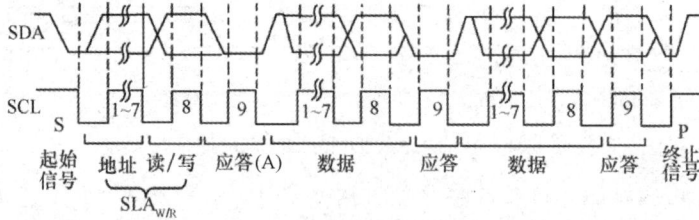

图 8.58　I²C 总线的通信时序

寻址信息 SLA 的字节组成如图 8.59 所示。图中，D3～D0 是器件类型识别符的编码，用户无权更改。对于 AT24CXX，其值均为 1010B；A2～A0 是用户设计的从器件片选地址。由器件类型识别符和器件片选地址组成的 7 位地址最多可区分 128 个从器件；R/$\overline{\text{W}}$ 是控制数据传输方向的读/写标志位。

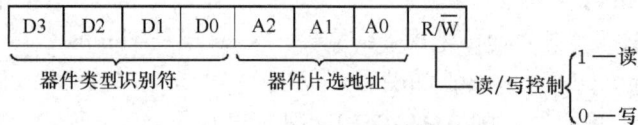

图 8.59　SLA 的字节组成

采用 I²C 总线的 AT24C01 具有 3 种读操作和 2 种写操作访问方法，即当前地址读、随机地址读、顺序读、字节写和页面写。其中，随机地址读和字节写的时序如图 8.60 所示。

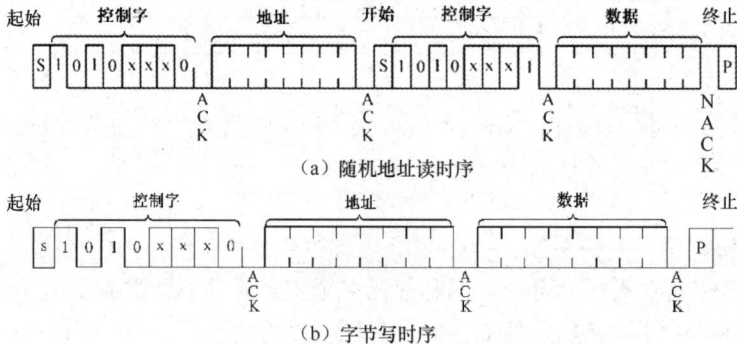

图 8.60　随机地址读时序和字节写时序

由图 8.60（a）可见，随机地址读的时序组成为：起始信号→写控制字（末位为 0）→应答信号（ACK）→数据地址→ACK→重复起始信号→读控制字（末位为 1）→ACK→数据→非应答信号（NACK）→终止信号。

· 218 ·

由图 8.60（b）可见，字节写的时序组成为：起始信号→写控制字（末位为 0）→ACK→数据地址→ACK→数据→ACK→终止信号。

以上是单字节数据的收发过程，当数据为一串字节时，收发过程大体相同，只是在第 1 字节数据后要跟随多个数据与应答信号，数据地址会自动在首地址后加 1。

N 字节数据读取过程如下：起始信号→写控制字→ACK→数据首地址→ACK→重复起始信号→读控制字→ACK→数据 1→ACK→……→数据 N→NACK→终止信号。

N 字节数据发送过程如下：起始信号→写控制字→ACK→数据首地址→ACK→数据 1→ACK→……→数据 N→ACK→终止信号。

需要特别说明的是，上述时序中的 ACK 是有差异的，主器件在发出地址信号或数据信号后的 ACK 是查询从器件发来的应答信号，而主器件在接收数据信号后的 ACK 或 NACK 则是为通知从器件产生的应答信号。在稍后的实例 8.11 程序中就会看到这一差别。

若主器件和从器件都是 I^2C 总线接口设备，图 8.58 所示通信时序中的逻辑环节都可以由内置硬件自动完成。但对于无 I^2C 总线接口的主器件，如 51 单片机，为使其能与有 I^2C 总线接口的 AT24CXX 通信，可以利用 51 单片机的两条 I/O 口线，通过软件将自己模拟成 I^2C 器件（详见稍后实例）。

还要强调一点，I^2C 总线的 SDA 和 SCL 内部为漏极开路结构，必须各外接 1 个上拉电阻，其值可选为 5～10kΩ，但由于 51 单片机的 P1～P3 口内已有内置上拉电阻，故可以不再外接。

2. 应用举例

【实例 8.11】 有掉电锁存功能的计数显示器。

在第 4 章实例 4.6 的基础上增加 1 个 E^2PROM 存储器 AT24C01C，通过编程使其具有掉电锁存按键计数值的功能，实现每次开机的计数初值均为前次退出程序时的最终值。假设计数值被存放在 AT24C01C 的从机子地址 0x12 单元中（可在 0～127 字节范围内任选）。

【解】 电路分析：将 AT24C01C 的 SCK 和 SDA 引脚分别接到 80C51 的 P3.0 和 P3.1 引脚，以此作为模拟 SCK 和 SDA 时序信号的输出端；将 AT24C01C 的 A2～A0 引脚都接地，故其从片地址 SLA 为 1010000B，写控制地址为 0xa0，读控制地址为 0xa1；将 WP（Proteus 中为 TEST）引脚接地，可设定芯片为可读/写状态。实例 8.11 的电路图如图 8.61 所示，图中添加一个可查看 I^2C 器件内存的虚拟仪器。

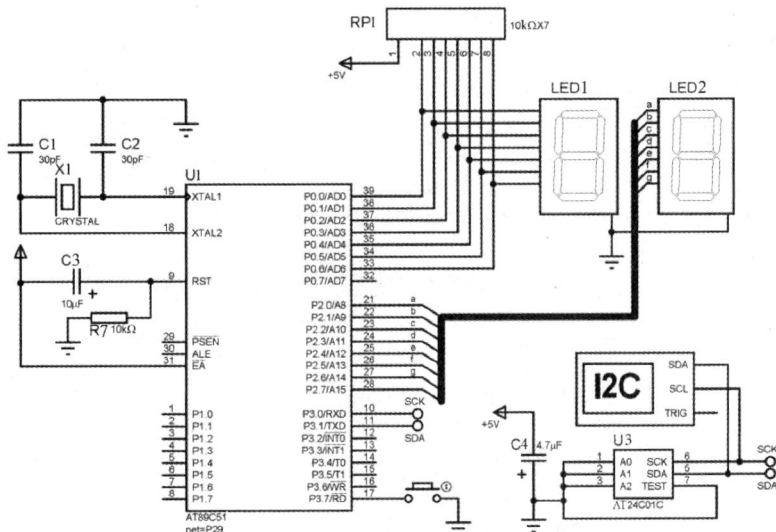

图 8.61　实例 8.11 电路原理图

编程分析：为使用方便，可先将 AT24C01 的 SLA 地址 0xa0 和从机子地址 0x12 分别定义为常量 SLAVE_ADDR 和 E2PROM_ADDR；为使启动程序后的 count 初值用 AT24C01 中保存的计数值更新，需要执行一次读 AT24C01 的操作；而每当按键后都应执行一次将 count 当前值写入 AT24C01 的操作，为此可根据上述 N 字节收发过程的时序关系，编写若干个自定义函数，其中读函数和写函数的定义为：

```
void Read_E2prom(uchar SlaveAddr, uchar SubAddr, uchar Size, uchar *dat);
void Write_E2prom(uchar SlaveAddr, uchar SubAddr, uchar Size, uchar *dat);
```

可见，这两个自定义函数都各有 4 个传入参数，即从机 SLA 地址、从机子地址、数据字节数、数据变量地址。此外，这两个函数中还要用到模拟 I²C 时序的若干个其他函数，所有这些与 I²C 时序有关的函数统一保存在名为 i2c.c 的 C51 文件中。

程序运行时，将 count 当前值（1 字节）写入 AT24C01 时和将 AT24C01 指定单元内容读入 count 变量时，可分别执行如下函数调入操作：

```
Write_E2prom(SLAVE_ADDR,E2PROM_ADDR,1,&count);
Read_E2prom(SLAVE_ADDR,E2PROM_ADDR,1,&count);
```

实例 8.11 的主函数如下：

```
//实例 8.11 主函数
#include <reg51.H>
#define E2PROM_ADDR 0x12     //定义 E2PROM 地址
#define SLAVE_ADDR 0xa0
#define uchar unsigned char
sbit P3_7=P3^7;              //定义计数器端口
uchar count =0;             //定义计数器
uchar code table[]={0x3f,0x06,0x5b,0x4f,0x66,0x6d,0x7d,0x07,0x7f,0x6f};
//显示字模
//声明 e2prom 的读/写函数
void Read_E2prom(uchar SlaveAddr, uchar SubAddr, uchar Size, uchar *dat);
//读 N 字节数据
void Write_E2prom(uchar SlaveAddr, uchar SubAddr, uchar Size, uchar *dat);
//写 N 字节数据

void main(void) {
    Read_E2prom(SLAVE_ADDR,E2PROM_ADDR,1,&count);//从 E2PROM 中读取计数保存值
    P0=table[count/10];              //显示 count 的十位
    P2=table[count%10];              //显示 count 的个位
    while(1) {
        if(P3_7==0){                     //检测按键是否压下
            count++;                        //计数器增 1
            if(count==100) count=0;         //判断循环是否超限
            P0=table[count/10];             //十位输出显示
            P2=table[count%10];             //个位输出显示
            //将当前计数值存入 E2PROM
            Write_E2prom(SLAVE_ADDR,E2PROM_ADDR,1,&count);
            while(P3_7==0);                 //等待按键抬起，防止连续计数
    }}}
```

注意：虽然上述主函数中是将读地址 0xa0 定义为 SLAVE_ADDR 常数，但在后面需要写地址的函数中，会将其值临时修改为 0xa1。

实例 8.11 的 I²C 程序如下：

```
//实例 8.11 I2C 程序
#include<reg51.h>
#define uchar unsigned char
sbit  SDA=P3^1;//模拟 I2C 总线的引脚定义
sbit  SCL=P3^0;
void  Delay1()   //模拟 I2C 总线延时
{
    uchar  Delay_t=20;   //I2C 总线时钟的延时值
    while ( -- Delay_t != 0 );
}
void  Start()    //产生 I2C 总线的起始信号
{
    SCL = 1;
    Delay1();
    SDA = 1;
    Delay1();          //起始条件建立时间大于 4.7μs 延时
    SDA = 0;           //发送起始信号
    Delay1();
    SCL = 0;           //钳住 I2C 总线，准备发送或接收数据
    Delay1();
}
 void  Stop()       //产生 I2C 总线的停止信号
{
    uchar t =20;     //I2C 总线停止后在下一次开始之前的等待时间
    SDA = 0;         //发送结束条件的数据信号
    Delay1();
    SCL = 1;         //发送结束条件的时钟信号
    Delay1();
    SDA = 1;         //发送 I2C 总线结束信号
    Delay1();
    while ( --t != 0 );      //在下一次产生 Start 之前，要加一定的延时
}

void  Write(uchar dat)  //向 I2C 总线写 1 字节的数据
{
    uchar t ;
    for(t=0;t<8;t++)
    {
        SDA = (bit)(dat & 0x80);
        Delay1();
        SCL = 1;  //置时钟线为高，通知被控器件开始接收数据位
        Delay1();
        SCL = 0;
        Delay1();
        dat <<= 1;
}}

uchar  Read()    //由从机读取 1 字节的数据
```

```c
{
    uchar dat=0, t ;
    bit temp;
    Delay1();
    Delay1();
    SDA = 1;        //在读取数据之前，要把 SDA 拉高
    Delay1();
    for(t=0;t<8;t++)
    {
        SCL = 0;        /*接收数据*/
        Delay1();
        SCL = 1;        //置时钟线为高，使数据线上升沿数据有效
        Delay1();
        temp =  SDA;
        dat <<=1;
        if (temp==1) dat |= 0x01;
    }
    SCL = 0;
    Delay1();
    return dat;
}


void GetAck()    //读取从机应答信号
{
    uchar i;
    Delay1();
    SDA = 1; //8 位发送完后释放数据线，准备接收应答信号，释放总线
    Delay1();
    SCL = 1; //接收数据
    Delay1();
    while((SDA==1)&&(i<250))i++;//在规定时间内等待 SDA 变为 0
    SCL = 0;         //清时钟线，钳住 I2C 总线以便继续接收
    Delay1();
}

void  PutAck(bit ack)//主机应答或非应答信号（ack=0：应答信号，ack=1：非应答信号）
{
    SDA = ack;   //发出应答或非应答信号
    Delay1();
    SCL = 1;    //应答
    Delay1();
    SCL = 0;         //清时钟线，钳住 I2C 总线以便继续接收，继续占用
    Delay1();     //等待时钟线的释放
 }


//主机通过 I2C 总线向从机发送多字节的数据
//形参依次为：从机 SLA 地址、从机子地址、数据字节数、要发送的数据
void  Write_E2prom(uchar SlaveAddr, uchar SubAddr, uchar Size, uchar *dat)
{
```

```
    SlaveAddr &= 0xFE;  //确保从机地址最低位是 0
    Start();      //启动 I2C 总线
    Write(SlaveAddr);   //发送从机地址
    GetAck() ;        //读取从机应答信号
    Write(SubAddr);//发送子地址
    GetAck() ;        //读取从机应答信号
    do   //发送数据
    {
        Write(*dat++);
        GetAck() ;        //读取从机应答信号
    } while ( --Size != 0 );//如发送完毕，结束发送
    Stop(); //停止 I2C 总线
}


//主机通过 I2C 总线从从机接收多字节的数据
//形参依次为：从机 SLA 地址、从机子地址、数据字节数、保存接收到的数据
void Read_E2prom(uchar SlaveAddr, uchar SubAddr, uchar Size, uchar *dat)
{
    SlaveAddr &= 0xFE; //确保最低位是 0
    Start();      //启动 I2C 总线
    Write(SlaveAddr);//发送从机地址
    GetAck() ;        //读取从机应答信号
    Write(SubAddr);//发送子地址
    GetAck() ;        //读取从机应答信号
    Start();      //发送重复起始条件
    SlaveAddr |= 0x01;//发送从机地址
    Write(SlaveAddr);
    GetAck() ;        //读取从机应答信号
    for (;;)    //接收数据
    {
        *dat++ = Read();
        if ( --Size == 0 )//如接收完毕，结束接收
        {
            PutAck(1);//发送非应答信号
            break;
        }
    PutAck(0);
    }
    Stop(); //停止 I2C 总线
}
```

实例 8.11 的仿真运行效果截图和 AT24C01C 的内存弹窗（单击"调试"→"I2C Memory Internal Memory"命令）分别如图 8.62 和图 8.63 所示。

运行表明，每次按键计数值更新时，AT24C01C 中的 0x12 单元也会同步得到更新，即计数值得到了掉电锁存。若停止 Proteus 运行，然后重新启动实例 8.11 程序，AT24C01C 中的保存值就会作为计数器的初值参与随后的计数。仿真运行结果满足题意要求，实例 8.11 完成。

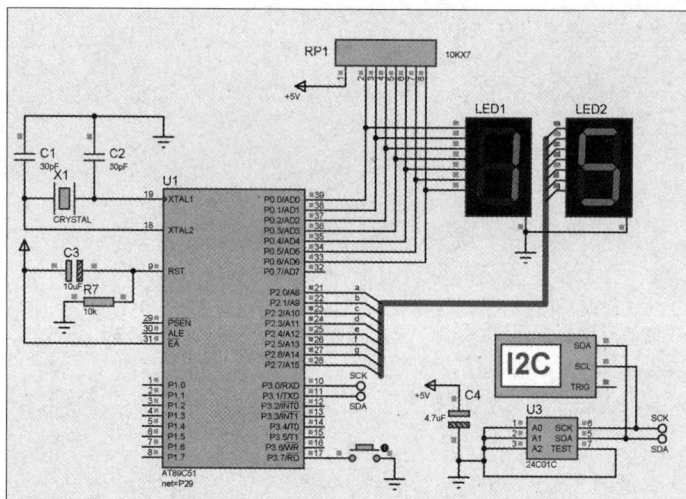

图 8.62 实例 8.11 的仿真运行效果

图 8.63 AT24C01C 的内存弹窗

实例 8.11 仿真视频

8.7.5 串行日历时钟 DS1302

1. 工作原理

DS1302 是美国 Dallas 公司推出的一款高性能、宽电压、低功耗、带有 RAM 的实时日历时钟芯片，可对年、月、日、星期、时、分、秒进行实时计时，并具有闰年补偿功能。DS1302 内部有一个大小为 31 字节的 RAM 区，可用于存放临时性数据。DS1302 采用三线制 SPI 串行总线标准。下面通过外部引脚和内部结构（见图 8.64）介绍其工作原理。

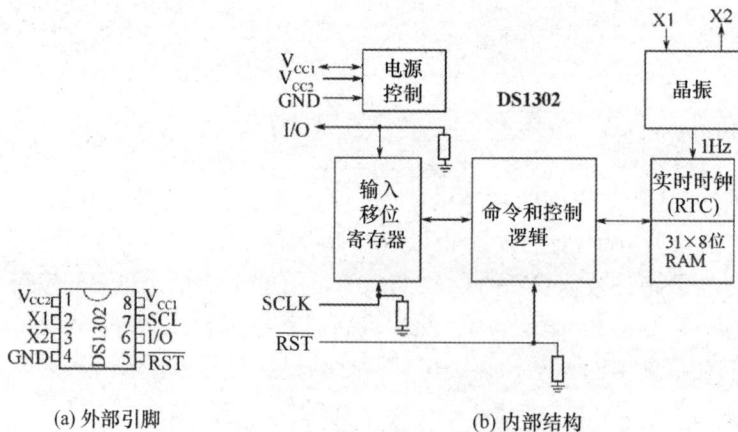

(a) 外部引脚　　　　　　　　　(b) 内部结构

图 8.64 DS1302 的外部引脚与内部结构

由图 8.64 可以看出，DS1302 采用双电源供电，电源控制模块可实现 V_{CC1}（引脚 8）和 V_{CC2}（引脚 1）的供电与充电切换；X1 和 X2 是内部晶振的引脚 2 和引脚 3，与外部标准晶振（32.768kHz）一起为实时时钟（RTC）模块提供 1Hz 时基信号；RTC 和 RAM 中的数据经输入移位寄存器后实现双向串行传送，SCLK（引脚 7）负责提供串行移位时钟脉冲。DS1302 的单字节读/写操作时序如图 8.65 所示。

根据时序要求，只有当复位引脚 $\overline{RST}$ 为高电平时，才允许对 DS1302 进行数据或命令传送；对 DS1302 的所有读/写操作都是由命令字节引导的，其后才是传送的数据字节。其中，移位脉冲的上升沿对应于命令和数据字节写操作的信号使能，而移位脉冲的下降沿则对应于数据字节读操作的信号使能。每次仅写入或读出 1 字节数据的操作称为单字节操作，单字节操作每次需要 16 个移位脉冲与之配合。

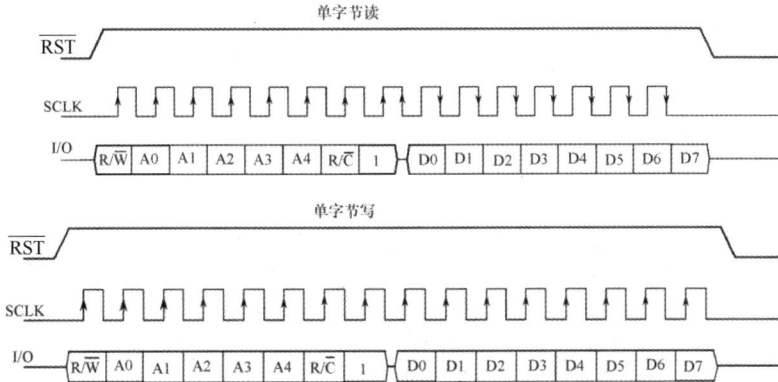

图 8.65　DS1302 的单字节读/写时序

命令字节的格式如图 8.66 所示。

图 8.66　命令字节的格式

可见，命令字节由 8 位组成，其中：

D7（最高位）必须是 1，如果为 0，则控制字无效；

D6 如果为 0，表示要进行日历时钟操作，为 1 表示要进行 RAM 数据操作；

D5～D1 位是被操作单元的地址，可寻址 0～30 字节 RAM，或所有寄存器单元；

D0（最低位）如果为 0，表示要进行写操作，为 1 表示进行读操作。

DS1302 中有 12 个寄存器，其中 7 个寄存器与 RTC 信息存储相关，5 个寄存器与控制、充电、时钟突发和 RAM 突发等工作有关。

RTC 相关寄存器的地址控制字及数据格式如图 8.67 所示。

RTC

读	写	Bit7	Bit6	Bit5	Bit4	Bit3	Bit2	Bit1	Bit0	范围
81h	80h	CH	10 Second			Second				00~59
83h	82h		10 Minute			Minute				00~59
85h	84h	$12/\overline{24}$	0	$\dfrac{10}{\overline{AM/PM}}$	Hour	Hour				1~12/0~23
87h	86h	0	0	10Date		Date				1~31
89h	88h	0	0	0	10 Month	Month				1~12
8Bh	8Ah	0	0	0	0	0	Day			1~7
8Dh	8Ch	10Year				Year				00~99

图 8.67　RTC 寄存器的地址控制字以及数据格式

图 8.67 表明,读、写 RTC 的指令代码是不同的,例如对于秒钟寄存器,读指令代码为 0x81,而写指令代码为 0x80,其他以此类推。此外,RTC 寄存器中的数据采用压缩 BCD 码形式存放,低 4 位是个位 BCD 码的存放区域,高 4 位是十位 BCD 码的存放区域。由于不同时钟信息的数值范围不同,故并不需要占用全部高 4 位。例如对于分寄存器,低 4 位表示 0～9,高 3 位表示 10～50。而对于日寄存器,低 4 位表示 0～9,高 2 位表示 10～30。高 4 位中的剩余位可以具有特殊定义(详见 DS1302 的数据手册)。由此可知,从 RTC 中读出的字节数据需要拆成两个独立 BCD 值后才能分别进行显示。

DS1302 的时钟精度一般(只能精确到秒),但由于具有体积小、成本低、使用方便等优点,在数据记录方面得到了广泛应用,能实现数据与出现该数据的时间同时记录。传统的数据记录方式是隔时采样或定时采样,无法记录采样时刻。若采用单片机计时,则要占用大量机时或资源。显然,DS1302 能在一定程度上较好地解决了这个问题。

DS1302 的更多内容,如多字节读/写、工作寄存器、片内 RAM 和充电管理等,请查阅 DS1302 的数据手册。

2. 应用举例

【实例 8.12】 电子日历时钟。

在实例 8.7 的基础上增加 DS1302 电路(见图 8.68),通过编程实现日历/时钟的计时显示功能。具体要求是,将 DS1302 初始化为:21 年 9 月 1 日星期三 21 时 30 分 00 秒,并以此为初值在 LM1602 液晶屏上显示实时信息,其中第一行由左至右依次显示 "Time:"(时)":"(分)":"(秒),第二行依次为 "Date:"(日)"-"(月)"-"(年)。

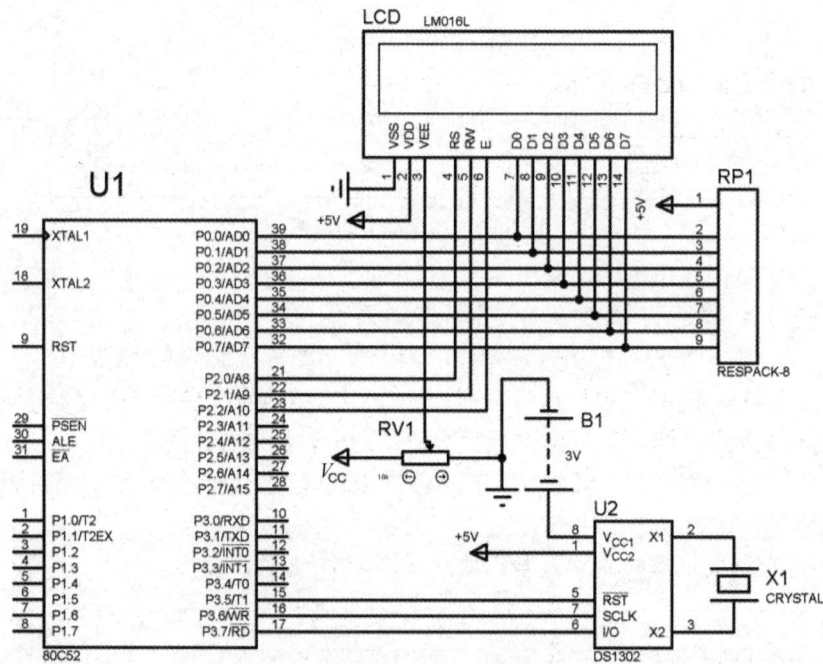

图 8.68 实例 8.12 电路原理图

【解】 电路分析:DS1302 与 51 单片机的接口关系较为简单,3 个引脚 $\overline{\text{RST}}$、SCLK 和 I/O 分别与 P3.5,P3.6,P3.7 相连;X1 和 X2 引脚与标准晶振相连;V_{CC2} 为工作电源+5V,V_{CC1} 为备用电源+3V。正常情况下,V_{CC2} 向系统供电,V_{CC1} 处于细流充电状态。当工作电源中断时,V_{CC1} 可立即投入供电,直到工作电源恢复才自动断开。

编程分析:根据图 8.65 可知,DS1302 单字节读/写的时序差异仅在于移位脉冲使能时刻不同，读为下降沿，而写为上升沿，为此可采取如下程序段进行读/写操作。

写操作：

```
for(i=8;i>0;i--){                    //ACC 装有待发字节数据
    DS1302_IO=ACC_0;                 //ACC 的最低位串行输出
    ACC>>=1;                         //右移 1 位
    DS1302_SCLK=0;                   //时钟线拉低
    DS1302_SCLK=1;                   //时钟线拉高
}
```

读操作：

```
for(i=8;i>0;i--){
    ACC_7=DS1302_IO;                 //位数据移入 ACC 的最高位
    ACC>>=1;                         //右移 1 位
    DS1302_SCLK=1;                   //时钟线拉高
    DS1302_SCLK=0;                   //时钟线拉低
}
```

上述程序段中，利用软件方式生成了所需的移位脉冲，利用 ACC 累加器的位寻址功能，将字节数据分解成位数据（写操作），或将位数据组装成字节数据（读操作）。

为了拆解从 RTC 寄存器中读出的 BCD 码数值并转换为十进制数的显示码，可以采用如下做法：

```
uchar table [] ="0123456789";        //定义数字显示字符
...
write_1602dat(table [(hour/16)]);    //显示十位小时值
write_1602dat(table [(hour%16)]);    //显示个位小时值
```

显然，上述语句中整除 16 可得到十进制数的十位值，模 16 可得到十进制数的个位值，用该值作为数组指针查找数组 table 中存放的字符，则可将该值转换为相应字符的 ASCII 码。

以上关键问题解决后，其余编程便不难完成。整个程序的流程是：启动后先进行 DS1302 和 LM1602 的初始化，然后反复读取 RTC 中的 6 个相关寄存器，并将其送液晶显示器显示。

实例 8.12 的源程序如下：

```
//实例 8.12 电子日历时钟
#include<reg51.h>
#define uchar unsigned char
#define uint unsigned int
sbit DS1302_SCLK=P3^6;               //DS1302 引脚位变量定义
sbit DS1302_IO=P3^7;
sbit DS1302_RST=P3^5;
sbit LM1602_EN=P2^2;                 //LM1602 引脚位变量定义
sbit LM1602_RW=P2^1;
sbit LM1602_RS=P2^0;
sbit ACC_7=ACC^7;                    //ACC 位变量定义
sbit ACC_0=ACC^0;
uchar second,minute,hour,week,day,month,year;
uchar table [] ="0123456789";        //定义数字字符存放数组
uchar table1 [] ="Time: ";
uchar table2 [] ="Date: ";
uchar t1302 [] ={0x14,0x7,0x17,0x04,0x21,0x30,0x00};
                                     //DS1302 初值:年、月、日、星期、时、分、秒
//------------------------------------------------
void delay(uint x){                  //延时函数
  uint i;
  for(i=x;i>0;i--);
}
//------------------------------------------------
```

```c
uchar read_ds1302(uchar addr){              //DS1302 读数据函数
  uchar i;
  DS1302_RST=0;
  DS1302_RST=1;                             //开放 DS1302 使能
  ACC =addr;                                //ACC 中装入待发地址
  for(i=8;i>0;i--){
      DS1302_IO=ACC_0;                      //最低位数据由端口输出
      ACC>>=1;                              //整体右移 1 位
      DS1302_SCLK=0;                        //时钟线拉低
      DS1302_SCLK=1;                        //时钟线拉高
  }
  for (i=8; i>0; i--){
      ACC_7=DS1302_IO;                      //位数据移入最高位
      ACC>>=1;                              //整体右移 1 位
      DS1302_SCLK=1;                        //时钟线拉高
      DS1302_SCLK=0;                        //时钟线拉低
  }
  DS1302_RST=0;                             //关闭 DS1302 使能
  return(ACC);
}
//-----------------------------------------------
void write_ds1302(uchar addr, uchar dat){   //DS1302 写数据函数
    uchar i;
    DS1302_RST=0;
    DS1302_RST=1;
    ACC=addr;                               //ACC 中装入待发地址
    for(i=8;i>0;i--){                       //发送地址
        DS1302_IO=ACC_0;                    //最低位数据由端口输出
        ACC>>=1;                            //整体右移 1 位
        DS1302_SCLK=0;                      //时钟线拉低
        DS1302_SCLK=1;                      //时钟线拉高
    }
    ACC =dat;                               //ACC 中装入待发数据
    for(i=8;i>0;i--){
        DS1302_IO=ACC_0;                    //最低位数据由端口输出
        ACC>>=1;                            //整体右移 1 位
        DS1302_SCLK=0;                      //时钟线拉低
        DS1302_SCLK=1;                      //时钟线拉高
    }
    DS1302_RST=0;                           //关闭 DS1302 使能
}
//-----------------------------------------------
void read_1302time(){                       //读取 DS1302 信息
    second=read_ds1302(0x81);               //读秒寄存器
    minute=read_ds1302(0x83);               //读分寄存器
    hour=read_ds1302(0x85);                 //读时寄存器
    //week=read_ds1302(0x8b);               //读星期寄存器
    month=read_ds1302(0x89);                //读月寄存器
    day=read_ds1302(0x87);                  //读日寄存器
    year=read_ds1302(0x8d);                 //读年寄存器

}
//-----------------------------------------------
void write_1602com(uchar com){              //LM1602 写指令函数
    P0=com;                                 //送出指令
```

```
    LM1602_RS=0;LM1602_RW=0;LM1602_EN=1;        //写指令时序
    delay(100);
    LM1602_EN=0;
}
//-------------------------------------------------------
void write_1602dat(uchar dat){                 //LM1602读数据函数
    P0=dat;                                     //送出数据
    LM1602_RS=1;LM1602_RW=0;LM1602_EN=1;        //写数据时序
    delay(100);
    LM1602_EN=0;
}
//-------------------------------------------------------
void init_1302(){                              //DS1302的初始化
    write_ds1302(0x8e,0x00);                    //开写保护寄存器
    write_ds1302(0x8c,t1302[0]);                //年
    write_ds1302(0x88,t1302[1]);                //月
    write_ds1302(0x86,t1302[2]);                //日
    write_ds1302(0x8a,t1302[3]);                //星期
    write_ds1302(0x84,t1302[4]);                //时
    write_ds1302(0x82,t1302[5]);                //分
    write_ds1302(0x80,t1302[6]);                //秒
    write_ds1302(0x8e,0x80);                    //锁写保护寄存器
}
//-------------------------------------------------------
void init_1602(){                              //LM1602初始化
    write_1602com(0x38);                        //设置16*2显示，5*7点阵
    write_1602com(0x0c);                        //开显示，但不显示光标
    write_1602com(0x06);                        //地址加1，光标右移1位
}
//-------------------------------------------------------
void display1602(void){                        //LM1602显示函数
    uchar i;
    write_1602com(0x80);                                //第1行信息
    for(i=0;i<6;i++) write_1602dat(table1[i]);          //显示字符"Time:"
    write_1602dat(table[(hour/16)]);                    //显示时、分、秒信息
    write_1602dat(table[(hour%16)]);
    write_1602dat(':');
    write_1602dat(table[minute/16]);
    write_1602dat(table[minute%16]);
    write_1602dat(':');
    write_1602dat(table[second/16]);
    write_1602dat(table[second%16]);

    write_1602com(0x80+0x40);                           //第2行信息
    for(i=0;i<6;i++) write_1602dat(table2[i]);          //显示字符"Date:"
    write_1602dat(table[day/16]);                       //显示日、月、年信息
    write_1602dat(table[day%16]);
    write_1602dat('-');
    write_1602dat(table[month/16]);
    write_1602dat(table[month%16]);
    write_1602dat('-');
```

```
        write_1602dat(table[(year/16)]);
        write_1602dat(table[(year%16)]);
    }
    //--------------------------------------------------------
    int main(void){
        init_1302();                          //初始化 DB1302
        init_1602();                          //初始化 LM1602
        while (1){
            read_1302time();                  //读 DB1302 日历时钟信息
            display1602();                    //显示日历时钟信息
        }
    }
```

实例 8.12 的程序运行效果如图 8.69 所示。

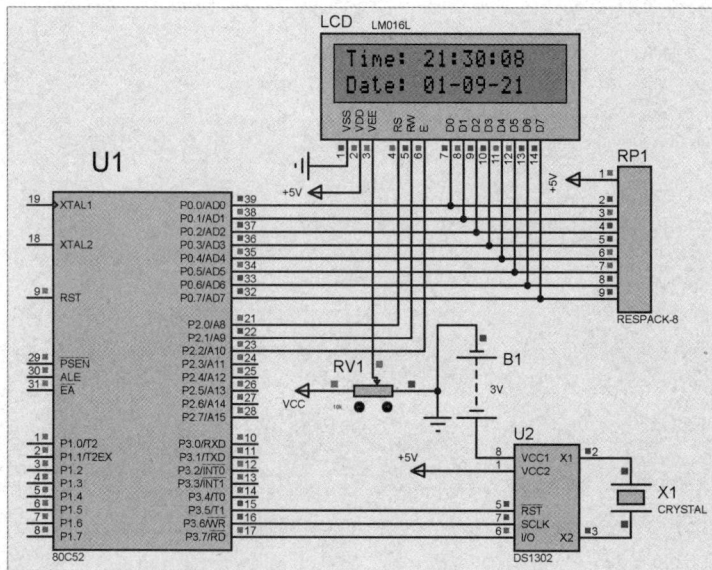

图 8.69　实例 8.12 的程序运行效果

实例 8.12 仿真视频

结果：DS1302 初始化后的实时计时信息通过 80C51 传送给液晶显示模块，实现了电子日历时钟的功能，仿真运行结果符合题意要求，实例 8.12 完成。

本 章 小 结

1. 三总线是一组传送信息的公共通道，包括地址总线、数据总线、控制总线，其特点是结构简单、形式规范、易于扩展。

2. P0 口具有分时输出地址和数据的功能，需要在 P0 口外加一个地址锁存器，将地址信息的低 8 位锁存输出。常用地址锁存芯片为 74LS373。

3. 三总线方式的外设占用片外 RAM 地址空间，由 P2 口输出高 8 位地址，P0 口输出低 8 位地址。三总线方式外设地址的 4 种访问方法：MOVX 指令、宏定义、指针变量和定位关键词。

4. D/A 转换的工作原理是利用电子开关使 T 形电阻网络产生与输入数字量成正比的电流 I_{01}，再利用外接反相运算放大器转换成电压 V_o。DAC0832 是具有直通、单缓冲和双缓冲 3 种工作方式的 8 位电流型 D/A 转换器。

5. ADC0809 是采用逐次逼近式原理的 8 位 A/D 转换器，其内置有 8 路模拟量切换开关，输出具有三态锁存功能。

6. 单片机可通过驱动接口技术增强对外设的控制能力。常用接口驱动元件有三态门或 OC 门、晶体管、达林顿管、光电耦合器、电磁继电器、晶闸管等。

7. 字符型液晶显示模块 LM1602 可以显示字母、数字和符号等字符，显示规格为上下两行、每行 16 个字符。

8. 串行扩展单元具有体积小、占用单片机引脚少、性能和功能全面等特点，是外围接口器件的发展方向。使用这类器件要弄懂其内部结构与时序图，它们是电路设计和编程的重要依据。

思考与练习 8

8.1 单项选择题

（1）下列型号的芯片中，_____是数模转换器。

    A．74LS273   B．ADC0809   C．74LS373   D．DAC0832

（2）下列型号的芯片中，_____是模数转换器。

    A．74LS273   B．ADC0809   C．74LS373   D．DAC0832

（3）下列型号的芯片中，_____是地址锁存芯片。

    A．74LS273   B．74LS164   C．74LS373   D．DAC0832

（4）80C51 用串行口方式实现串并转换时，串行口工作方式应选择_____。

    A．方式 0   B．方式 1   C．方式 2   D．方式 3

（5）下列关于访问片外 RAM 地址的说法中，_____是错误的。

    A．51 单片机对扩展端口的访问其实就是对片外 RAM 地址的访问

    B．C51 语言可以使用多种方法进行片外 RAM 绝对地址的访问

    C．为了采用指针访问 51 单片机片外 RAM，需要定义一个指向 data 存储空间的指针

    D．51 单片机的 CPU 进行片外 RAM 单元读/写时会产生 $\overline{RD}$ 或 $\overline{WR}$ 脉冲信号

（6）下列关于总线的一般描述中，_____是错误的。

    A．能同时传送数据、地址和控制三类信息的导线称为系统总线

    B．数据总线既可使 CPU 输出数据，又可向 CPU 输入数据。因而是双向的

    C．地址信息只能从 CPU 传向存储器或 I/O 口等设备，所以地址总线是单向的

    D．专门用于实施控制的公用连线称为控制总线

（7）下列关于 51 单片机片外三总线结构的描述中，_____是错误的。

    A．数据总线与部分地址总线采用复用 P0 口方案

    B．8 位数据总线由 P0 口组成

    C．16 位地址总线由 P0 和 P1 口组成

    D．控制总线由部分 P3 口和相关引脚组成

（8）下列关于地址锁存芯片 74373 原理的描述中，_____是错误的。

    A．74373 由 8 个负边沿触发的 D 触发器和 8 个负逻辑控制的三态门电路组成

    B．LE 端出现一个负脉冲信号后，其内的 D 触发器可完成一次"接通-锁存-隔离"的操作

    C．80C51 的 ALE 引脚是专为地址锁存设计的，其输出脉冲可用作 74373 的触发信号

    D．执行片外 RAM 写指令后，74373 的输出端上为低 8 位地址，输入端则是 8 位数据

（9）关于集成扩展芯片 74273 的下列描述中，_____是错误的。

    A．74273 由 8 个 D 触发器组成，可实现 8 位并行输入接口的扩展功能

B. CLK 端的负跳变脉冲完成后，74273 的数据输入端与输出端之间是信号隔离的

C. 采用三总线方式扩展输出口时，74273 的数据输入端需要接到 P0 口上

D. 在实例 8.1 中，由于两个 74273 的选通地址不同，因此可以分时输出不同的数据

（10）关于集成扩展芯片 74244 的下列描述中，_____是错误的。

A. 74244 由 8 个三态门电路组成，可实现两路 4 位并行输入接口的扩展功能

B. 选通信号为低电平时，74244 内部的三态门截止，输入端和输出端之间呈高阻状态

C. 采用三总线方式扩展输入口时，74244 的数据输出端需要接到 P0 口上

D. 74244 仅有缓冲输入功能，没有信号锁存功能

（11）下列关于 DAC0832 的描述中，_____是错误的。

A. DAC0832 是一个 8 位的电压输出型数模转换器

B. DAC0832 主要由一个输入锁存器、一个 DAC 寄存器和一个 D/A 转换器组成

C. 它的数模转换结果取决于芯片参考电压 V_{REF}、待转换数字量和内部电阻网络

D. DAC0832 可以采用直通、单缓冲和双缓冲 3 种工作方式

（12）当 DAC0832 的 LE 端接 V_{CC}，$\overline{CS}$、$\overline{WR1}$、$\overline{WR2}$、$\overline{XFER}$ 都接 GND 时，工作方式是_____。

    A. 直通方式   B. 单缓冲方式   C. 双缓冲方式   D. 错误接线状态

（13）当 DAC0832 的参考电压为 5V 时，输入数字量变化 1LSB，运算放大器的输出电压变化量约为_____。

    A. −100mV   B. −50mV   C. −30mV   D. −20mV

（14）ADC0809 芯片是 m 路模拟输入的 n 位 A/D 转换器，这里的 m 和 n 是_____。

    A. 8，8   B. 8，9   C. 8，16   D. 1，8

（15）下列关于 ADC0809 工作原理的描述中，_____是错误的。

A. ADC0809 由电压比较器、D/A 转换器和锁存器等核心单元所组成

B. 当待转换电压送入电压比较器后，START 引脚上的一个正脉冲可启动 A/D 转换过程

C. 转换过程是按照从低位开始逐位修正数字转换量的，直至最高位修正后转换结束

D. A/D 转换结果只有在 OE 引脚为高电平时才能从锁存器中输出

（16）若 ADC0809 的 ADDA、ADDB 和 ADDC 引脚分别接 GND、V_{CC} 和 V_{CC} 时，第_____可被选通。

    A. 6 号通道   B. 3 号通道   C. 5 号通道   D. 7 号通道

（17）在 ADC0809 工作时序的下列描述中，_____是正确的。

① EOC 引脚由高电平变为低电平，并维持到转换结束

② 转换结束后 EOC 引脚由低电平变为高电平

③ START 引脚上的一个正脉冲使得 A/D 转换开始

④ OE 引脚变为高电平后转换结果被锁存到输出端

    A. ①③②④   B. ③①②④   C. ①④③②   D. ③④①②

（18）若将 P1 口用于 12V、100mA 直流负载的开关控制，最好选择的驱动方案是_____。

    A. 三态门缓冲器 74LS244   B. OC 门电路 7407

    C. 达林顿驱动器 ULN2003   D. 直流电磁继电器

（19）LM1602 的下列描述中，_____是错误的。

A. 它是一款有 16×2 个显示位的字符型液晶显示模块

B. 每个显示位都有一个 RAM 单元（显示缓冲区）与之对应

C. 显示缓冲区具有只能写入不能读取的特点

D. 指令写入寄存器与数据写入缓冲区的控制信号时序是不同的

（20）串行 A/D 转换器 MAX1241 工作时序的下列描述中，_____是正确的。

① 先使片选信号 $\overline{CS}$ 使能，时钟端保持低电平即可启动 A/D 转换

② 连续送入 13 个移位脉冲即可将转换后的数据串行输出一遍

③ SCLK 引脚的移位脉冲下降沿对应于位数据出现在 DOUT 引脚上

④ A/D 转换结束后，引脚 DOUT 电平由低变高

A. ①③②④　　　　B. ①②③④　　　　C. ①④③②　　　　D. ③④①②

(21) 串行 D/A 转换器 LTC145X 工作时序的下列描述中，_____是正确的。

① 使片选端 $\overline{CS}$/LD 拉低，DIN 端加载 MSB 位数据

② 连续发 12 个移位脉冲后待转换的 12 位数据全部送入内部 DAC 寄存器

③ CLK 端发出一移位脉冲，上升沿时位数据被写入移位寄存器

④ D/A 转换结束后，使片选端 $\overline{CS}$/LD 拉高，为下一轮转换做好准备

A. ①③②④　　　　B. ①②③④　　　　C. ①④③②　　　　D. ③①②④

(22) I^2C 通信时序的下列描述中，_____是错误的。

A. 在 SCL 为高电平期间，SDA 由高到低的跳变将启动通信过程

B. 发送器每发送一字节后在 SCL 第 9 周期将 SDA 拉低，由接收器反馈一应答信号

C. 只有在 SCL 为高电平期间，SDA 的电平状态才允许变化

D. 在 SCL 为高电平期间，SDA 由低到高的跳变将终止通信过程

(23) 若 AT24C01C 的器件类型识别符为 1010B，A0、A1、A2 引脚分别接 V_{CC}、V_{CC} 和 GND，寻址信息 SLA 应为_____。

A. 1101010xB　　　B. 1010011xB　　　C. 1010110xB　　　D. 0111010xB

(24) 串行日历时钟芯片 DS1302 的工作特性描述中，_____是错误的。

A. 可对年、月、日、星期、时、分、秒进行实时计时，并有闰年补偿功能

B. 内部有一个 32 字节的 RAM 区用于存放临时数据

C. 具有宽电压的工作特点，采用三线制 SPI 串行总线标准

D. 该芯片有 8 个引脚，采用双电源供电

(25) 下列接口芯片中具有串入并出移位寄存器功能的是_____。

A. MAX124X　　　B. LTC145X　　　C. AT24CXX　　　D. 74HC595

8.2　问答思考题

(1) 何为总线？与非总线方式相比，总线方式有什么优点？

(2) 51 单片机的片外三总线引脚是如何定义的？怎样实现 P0 口的地址/数据复用功能？

(3) 51 单片机在读/写片外地址总线端口时，时序信号 $\overline{RD}$ 和 $\overline{WR}$ 会有什么变化？在接口中如何应用？

(4) 访问 51 单片机的扩展端口可以使用哪些软件方法？简述其中的 C51 方法。

(5) 何为简单并行扩展接口？选择相应接口芯片的原则是什么？

(6) 简述利用 T 形电阻网络进行 D/A 转换的工作原理，DAC0832 的转换结果与哪些物理量有关？

(7) 若将图 8.18 改为前级直通后级缓冲的单缓冲方式，电路接线图应如何改变？

(8) 简述逐次逼近式模数转换的工作原理，ADC0809 的转换精度与哪些因素有关？

(9) 为什么 OC 门输出端需外接一个上拉电阻？若不接上拉电阻，会出现什么问题？

(10) 假设 80C51 应用系统需要实现 20A 直流开关量输出控制，请选择驱动方案并进行必要分析。

(11) 试对实例 8.6 的晶闸管调光电路和程序设计进行要点小结，并说明采用中断方案的必要性。

(12) 简述 LM1602 显示模块的优点和应用，在指定起始位置处显示指定字符串的编程方法是什么？

(13) 同为串入并出转换器，74HC595 与 74LS164 相比有何差异？

(14) 在一主多从结构的 I^2C 总线系统中，主器件怎样与特定的从器件进行通信？简述其工作过程。

(15) 80C51 没有 I^2C 总线接口，怎样才能实现与 I^2C 总线器件的通信？

(16) 简述 DS1302 芯片的主要优点、应用范围和读取时钟信息的编程原理。

第9章 单片机应用系统开发

内容概述:

本章介绍单片机系统从任务提出到系统选型、确定、研制直至投入运行的开发过程,并简要说明抗干扰问题对系统开发的重要性。在此基础上,以一个智能仪器的软硬件设计为例,将前 8 章的单片机离散知识进行综合应用,最后以智能仪器的 PCB 布版实例结尾,为本书从概念到产品的教学理念画上圆满句号。

教学目标:

- 了解单片机系统的典型组成,以及在设计开发过程中应注意的事项;
- 了解单片机系统设计中常用的几种软硬件抗干扰技术;
- 了解智能仪器的构成及程序设计中的实时性问题;
- 了解 Proteus 的 PCB 软件模块功能和以此完成的智能仪器 PCB 设计实例。

9.1 单片机系统设计开发过程

单片机由于其"面向控制"、使用灵活等一系列特点,广泛应用于机电一体化的自动控制系统、智能化产品、家电、通信和军事等领域。

9.1.1 单片机典型应用系统

一个典型的单片机应用系统由单片机最小系统、前向通道、后向通道、人机交互通道和计算机相互通道组成(见图 9.1)。

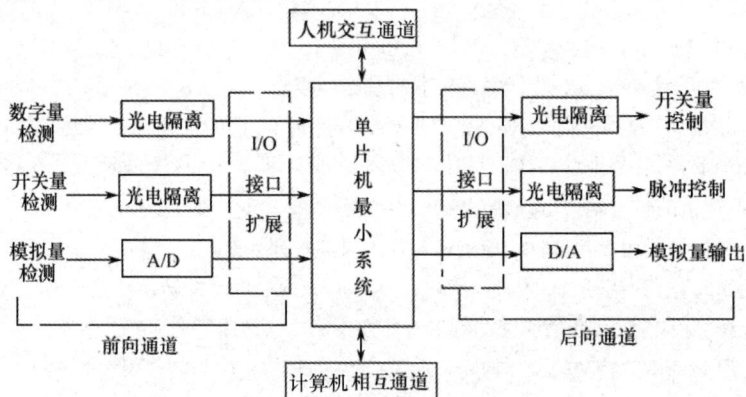

图 9.1 单片机典型应用系统

① 单片机最小系统:由单片机芯片和必要的振荡电路与复位电路构成。它只能完成单片机的一些基本操作和控制,例如无须端口驱动/隔离/扩展时的开关量输入/输出功能等。

② 前向通道:它是单片机与采集对象相连的部分,是应用系统的输入通道,通常与现场采集对象相连,也是现场干扰进入的主要通道和整个系统抗干扰的重点部位。参量信号可以有多种形式,如开关量、模拟量、频率量等。由于许多参量信号不能满足计算机输入的要求,故需

要加入形式多样的信号变换与调节电路，如测量放大器、A/D 变换和整形电路等。

③ 后向通道：它是应用系统的输出通道，大多数需要功率驱动。此外，因其靠近工作控制对象现场，控制对象的大功率负荷容易从后向通道进入计算机系统，因此，后向通道的隔离对系统的可靠性影响极大。根据输出控制的不同要求，后向通道电路有模拟电路、数字电路和开关电路等，有电流输出、电压输出、开关量输出及数字量输出。

④ 人机交互通道：它是用户为了对应用系统进行干预及了解系统运行状态所设置的通道，主要有键盘、显示器和打印机等。人机交互通道一般为数字电路，多数采用内总线接口形式。

⑤ 计算机相互通道：它解决计算机系统之间的相互通信问题，要组成大的测控系统，相互通道不可缺少。大多数单片机设有串行口，相互通道一般为数字系统，抗干扰能力强，但大多数都需要长线传输，因此，如何解决长线传输，驱动、匹配和隔离很重要。

9.1.2 单片机应用系统的开发过程

单片机应用系统是根据用户所提出的功能和技术要求，设计并制作出的符合要求的产品或装置。单片机虽说功能比较齐全，是一个完整的计算机，但它本身无自开发能力，必须借助开发工具来开发应用软件及对硬件系统进行诊断。单片机应用系统开发和应用的具体过程与一般微机的开发、应用在方法和步骤上基本相同。对于一个实际的课题或项目，从任务的提出到系统的选型、确定、研制直至投入运行要经过一系列的过程，该过程的一般形式如图 9.2 所示。

1．总体论证

一个课题或项目提出后，首先要进行总体论证，主要是对项目进行可行性分析，即对所研制任务的功能和技术指标进行详细分析、研究，明确实现的功能；对技术指标进行调查、分析和研究；对项目的先进性、可靠性、可维护性、可行性及性价比进行综合考虑；同时还要对国内外同类产品或项目的应用和开发情况予以了解。当用户提出的要求过高，在目前条件下难以实现时，应根据自己的能力和情况提出合理的功能及技术指标。

2．总体设计

在项目的功能和技术指标确定之后，应根据系统的组成进行总体设计。

对于一个功能相对独立的产品来说，可直接进行产品的总体设计，而对于一个综合性的应用课题或项目，它可能涉及的面比较宽，使用的技术也较多，比如通信、网络、管理及集散型控制技术等。首先要确定系统的组成和管理，上位机一般由系统微机担任，而现场的实时检测、控制和设置等由单片机担任，二者之间的通信方式、通信协议等也就大致确定了，这部分任务交由系统软件的开发者完成。单片机应用系统的开发可相对独立地来进行。

单片机应用系统的总体设计主要包括系统功能（任务）的分配、确定软硬件任务及相互关系、单片机系统的选型、拟订调试方案和手段等。系统功能（任务）的分配、确定软硬件任务及相互关系包括两个方面的含义：一是确定必须由硬件或软件完成的任务，相互之间是不能替代的；二是有些任务双方均能完成，还有些任务需要软硬件配合才能完成。这就要综合考虑软硬件的优势和其他因素，如速度、成本、体积等，从而进行合理的分配。

在确定用单片机来实现产品或项目的功能后，还涉及单片机的选型问题，因为目前单片机的品种非常丰富，资源和性能也不尽相同。如何选择性价比最优、开发容易及开发周期短的产品，是开发者要考虑的主要问题之一。选择单片机总体上应从两个方面考虑：一是目标系统需要哪些资源；二是根据成本的控制选择价格最低的产品，即所谓性价比最高原则。

在软硬件任务明确的情况下，软硬件设计可分别进行。

```
                    ┌─────────────────────┐
                    │   课题或项目的提出    │
                    └──────────┬──────────┘
          ┌────────────────────┴────────────────────┐
          │ 总体论证                                  │
          │  • 项目调研、可行性分析                    │
          │  • 确定项目(课题)实现的功能                │
          │  • 确定项目(课题)实现的技术指标            │
          │  • 确定系统的组成方案                      │
          └────────────────────┬────────────────────┘
          ┌────────────────────┴────────────────────┐
          │ 总体设计                                  │
          │  • 系统功能（任务）分配                    │
          │  • 确定软硬件任务及相互关系                │
          │  • 单片机系统的选型                        │
          │  • 拟订调试方案和手段                      │
          └──────────┬──────────────────┬───────────┘
    ┌────────────────┴──────┐  ┌────────┴─────────────────┐
    │ 硬件开发               │  │ 软件开发                  │
    │  • 设计硬件电路原理图   │  │  • 绘制软件功能图          │
    │  • 关键电路的试验和确定 │  │  • 确定算法与数据结构      │
    │  • 元器件的分配         │  │  • 划分程序模块、画程序流程图│
    │  • 印制电路板设计       │  │  • 编写源程序，编译，连接   │
    │  • 组装并进行初步电气检查│ │  • 软件仿真调试            │
    └────────────────┬──────┘  └────────┬─────────────────┘
          ┌──────────┴──────────────────┴───────────┐
          │ 联机调试                                  │
          │  • 检查硬件，并排除故障                    │
          │  • 装入软件运行，并调试                    │
          │  • 反复调试直至符合设计要求                │
          └────────────────────┬────────────────────┘
          ┌────────────────────┴────────────────────┐
          │ 脱机运行考核                               │
          │  • 模拟现场脱机运行                        │
          │  • 现场运行考机，考核系统的稳定性、可靠性和抗干扰性│
          │  • 针对性解决，直至系统能稳定运行          │
          └────────────────────┬────────────────────┘
          ┌────────────────────┴────────────────────┐
          │ 产品定型                                  │
          │  • 定型设计(批量产品时)                    │
          │  • 组装正式产品或项目样机                  │
          │  • 编写技术报告及使用说明书                │
          │  • 产品(项目)验收                          │
          └────────────────────┬────────────────────┘
                    ┌──────────┴──────────┐
                    │  交付使用并投入批量生产 │
                    └─────────────────────┘
```

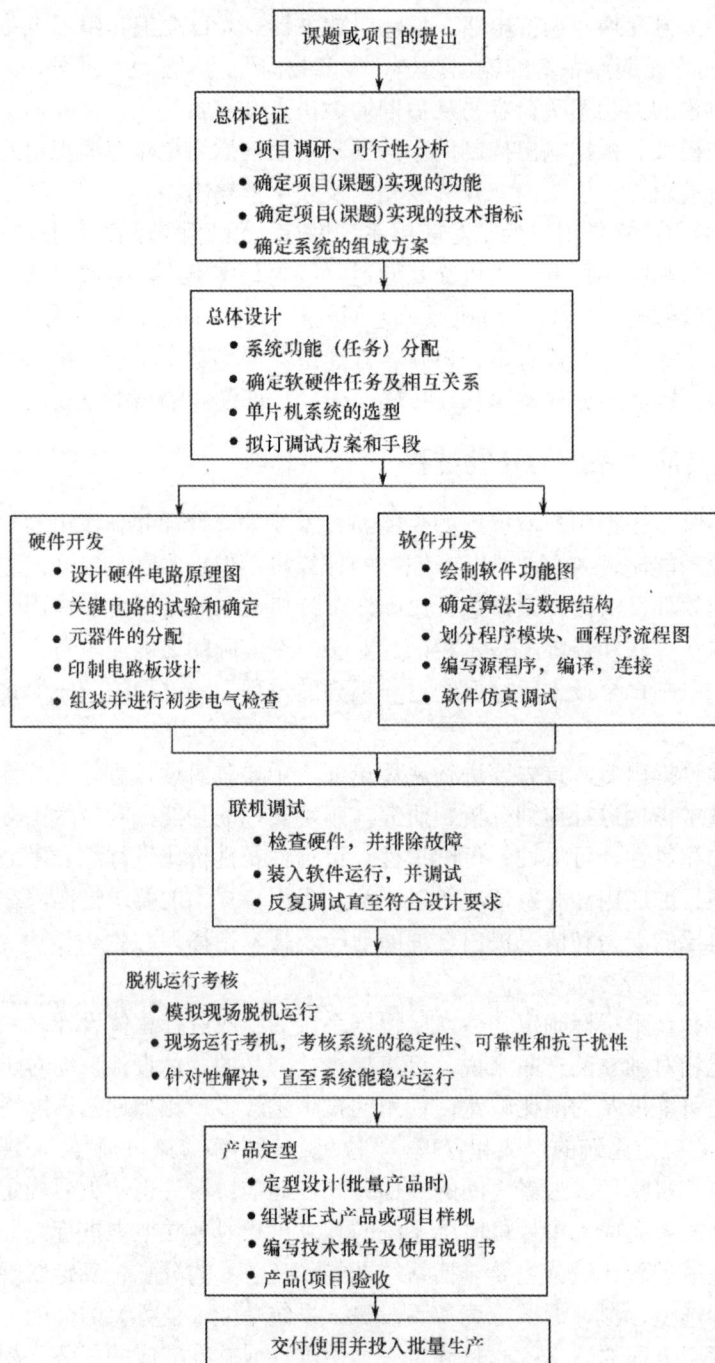

图 9.2　单片机应用系统开发过程

3．硬件开发

硬件开发的第一步是电路原理图的设计，它包括常规通用逻辑电路的设计和专用电路的原理设计，特别是专用电路的原理设计，它一般没有现成的电路，要根据要求首先进行原理设计，有条件的话可利用软件模拟仿真。在理论分析通过的基础上可进行实际电路的试验、调试和确认。整个系统的硬件电路原理图设计完毕并确认无误后，可进行元器件的配置，即将系统所有元器件（外形、尺寸不同）购齐以备印制电路板使用。印制电路板的设计也可以委托相关厂家，但需要提供系统电路原理图中所有元器件的型号、参数和尺寸，如有特别要求（元器件的布局）

应事先提出。印制电路板制作出来后，要用万用表进行检查，对照电路原理图检查有无短路、断路和连接错误，检查后可进行元器件的焊接和装配。

4. 软件开发

单片机软件开发过程与一般高级语言的软件开发基本相同，主要区别在于：第一，它是根据所用单片机的型号进行系统资源分配的；第二，软件的调试环境不同。编写源程序可以采用汇编语言和 C51 语言，也可以采用混合编程，即用 C51 编写主程序，用汇编语言编写硬件有关的程序。

一般来讲，软件按功能分为两大类：一类是执行软件，它能完成各种实质性的功能，如测量、计算、显示、打印及输出控制等；另一类是监控软件，它是专门用来协调各个执行模块和操作者的关系的，在系统软件中充当组织调度角色。设计人员在进行程序设计时应从以下几个方面加以考虑：

① 根据软件功能要求，将系统软件分成若干个相对独立的部分，设计出合理的软件总体结构，使其清晰、简洁、流程合理。

② 功能程序实行模块化、子程序化，既便于调试、连接，又便于移植、修改。

③ 在编写软件之前，应绘制出程序流程图，这不仅是程序设计的一个重要组成部分，而且是决定成败的关键部分。从某种意义上讲，多花一些时间来设计程序流程图，可以节约几倍于源程序编写、调试时间。

④ 要合理分配系统资源，包括 ROM、RAM、定时/计数器及中断源等，其中最关键的是片内 RAM 分配。对于汇编语言编程，需要人为筹划各个资源的使用，但若使用 C51 编程，则只需设置合理的变量类型，编译系统将会自动进行资源分配。

⑤ 注意在程序的有关位置处写上功能注释，以提高程序的可读性。

5. 联机调试

经过总体设计、硬件设计、软件设计、元器件安装及程序写入系统存储器芯片后，系统样机即可运行。然而，一次性开机即成功几乎是不可能的，多少会出现一些硬件、软件上的错误，这就需要通过调试来发现错误并加以改正。由于 MCS-51 单片机本身并无开发能力，因此，编制开发应用软件，对硬件电路进行诊断、调试都必须借助仿真开发工具进行。仿真开发工具的基本功能是模拟用户的实际样机，并且能随时观察运行的中间过程而不改变运行中原有的数据和结果。为此要求仿真开发工具应具有如下最基本的功能：

● 用户样机硬件电路的诊断与检查；

● 用户样机程序的输入与修改；

● 程序的运行、调试（单步运行、断点运行）及状态查询等；

● 将程序固化到程序存储器中。

目前国内使用较多的开发系统大致分为以下两类。

（1）通用型单片机开发系统

这是目前国内使用最多的一类开发装置，如上海复旦大学的 SICE-II、南京伟福（Wave）公司的在线仿真器等。它们都采用国际上流行的独立型仿真结构，配备 EPROM 编程读/写器、仿真插头和其他外设，通过 USB 接口与计算机相连，连接关系如图 9.3 所示。

在调试用户样机时，需要先拔掉用户样机中的 MCU，用仿真插头插入此处，实现与计算机的联机。用户通过集成开发软件可编辑、修改样机源程序，通过编译、连接形成目标代码，并传送到在线仿真器中。这时用户可用单步、断点、跟踪、全速等方式运行用户程序，同时，单片机的系统状态可实时显示在屏幕上。如果一切正常，可通过编程读/写器将调试后的用户程序固化到用户样机的 MCU 中。最后拔掉仿真插头，插入用户样机的 MCU，系统即可脱离计算机独立运行。

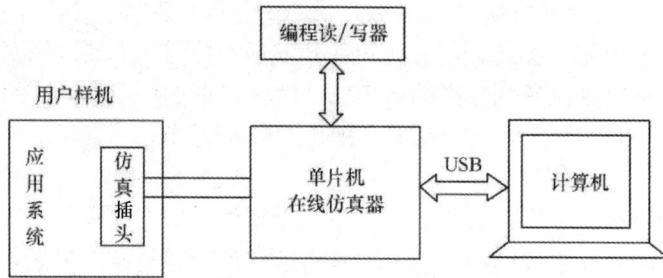

图 9.3　通用型单片机开发系统

这类仿真开发系统的最大优点是可以充分利用通用计算机系统的软、硬件资源，开发效率较高。

（2）软件模拟开发系统

软件模拟开发系统是一种完全依靠软件手段进行开发的系统，开发系统与用户样机在硬件上没有任何联系，Proteus 就是这样的一种先进的仿真开发系统。

利用 Proteus 开发、调试用户样机与采用上述硬件仿真器的实际调试过程几乎完全相同。实践证明，Proteus 可明显提高研发效率，缩短研发周期，节约研发成本，同时也促进了单片机产品研发过程的改革。有 Proteus 参与的单片机系统的开发过程一般分为 4 步（以一个 LCD 显示器为例）。

① 在 Proteus 上进行单片机系统电路原理图设计（见图 9.4），选择元器件、接插件，连接电路并进行电气检测等。

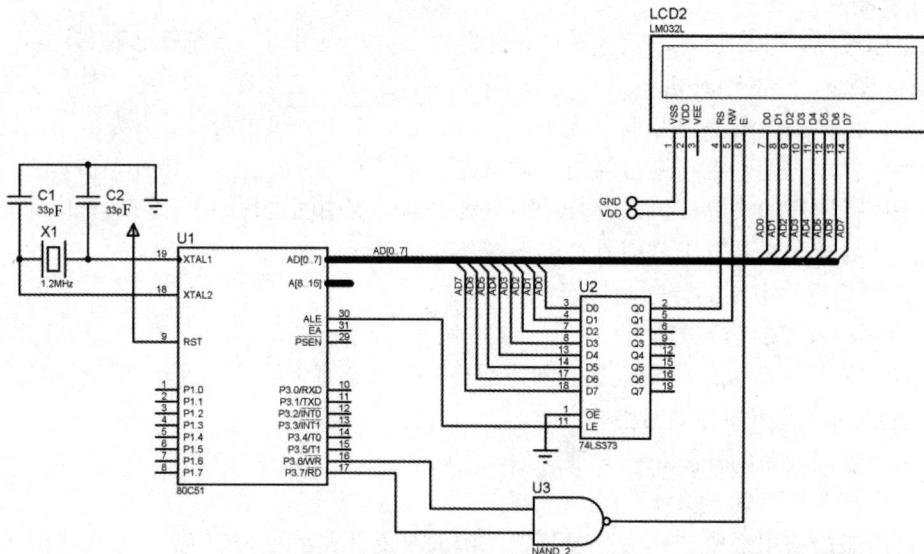

图 9.4　电路原理图设计

② 在 Proteus 上进行单片机系统源程序编辑、编译、调试，生成目标代码文件（*.OMF）。如图 9.5 所示。

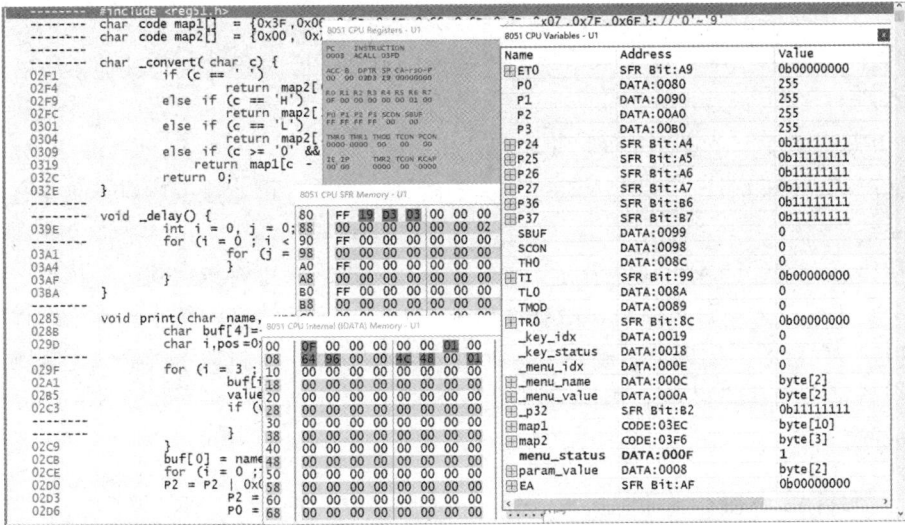

图 9.5 单片机程序编辑、编译和调试

③ 进行单片机系统的实时交互、协同仿真，如图 9.6 所示。

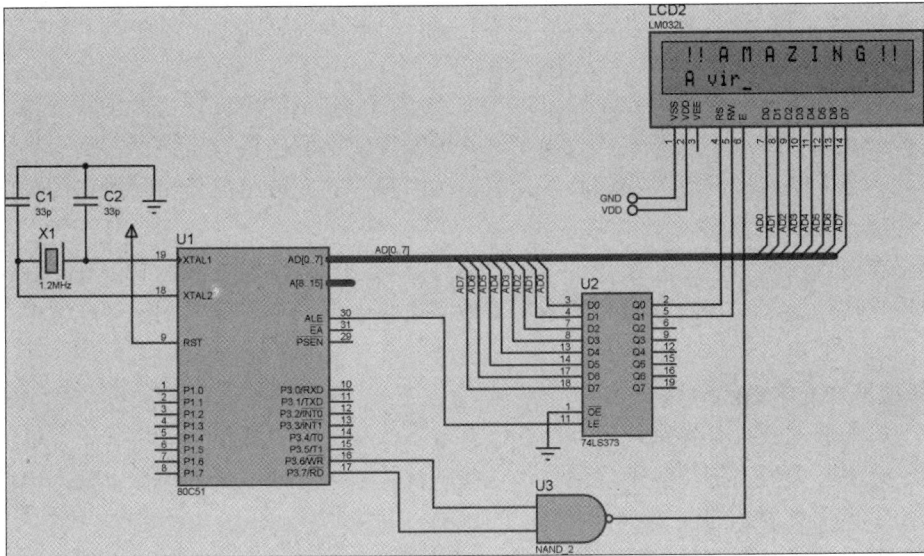

图 9.6 进行实时交互、协同仿真

④ 仿真正确后，采用 Release 模式再次编译形成固件*.HEX 文件，制作实际单片机系统电路，将固件*.HEX "烧写"到实际单片机电路中运行、调试，直至运行成功。

Proteus 仿真开发软件具有很强的系统开发功能，一经问世，就迅速成为了单片机应用系统开发的主要工具软件，因此，作为单片机的学习者必须熟练掌握该软件。

9.2 单片机系统可靠性技术

随着单片机在各个领域中的应用越来越广泛，对其可靠性要求也越来越高。单片机系统的可靠性由多种因素决定，其中系统抗干扰性能是可靠性的重要指标。工业环境有强烈的电磁干扰，因此必须采取抗干扰措施，否则系统难以稳定、可靠地运行。

工业环境中的干扰一般是以脉冲形式进入单片机系统的，干扰主要有 3 种：

① 空间干扰（场干扰），电磁信号通过空间辐射进入系统；

② 过程通道干扰，干扰通过与系统相连的前向通道、后向通道及与其他系统的相互通道进入；

③ 供电系统干扰，电磁信号通过供电线路进入系统。

一般情况下，空间干扰在强度上远小于其他两种，故单片机系统中应重点防止过程通道干扰与供电系统干扰。

抗干扰措施有硬件措施和软件措施。硬件措施如果得当，可将绝大部分干扰拒之门外，但仍然会有少数干扰进入单片机系统，故软件措施作为第二道防线必不可少。由于软件抗干扰措施是以 CPU 为代价的，如果没有硬件消除绝大多数干扰，CPU 将疲于奔命，无暇顾及正常工作，这样会严重影响系统的工作效率和实时性。因此，一个成功的抗干扰系统是由硬件和软件相结合构成的。

9.2.1 硬件抗干扰技术概述

1. 光电隔离

在输入和输出通道上采用光电耦合器来进行信息传输是很有好处的，它将单片机系统与各种传感器、开关、执行机构从电气上隔离开来，这样就能阻挡很大一部分干扰。

2. 配置去耦电容

数字电路的开关动作很快，如 TTL 的动作时间为 5～10ns，这样便会产生瞬变电流，在电源内阻抗和公共阻抗作用下，产生开关噪声。开关噪声使电源电压发生振荡。为了抑制数字集成电路芯片的开关噪声，同时吸收该芯片开启、关断瞬间的充放电能量，一般在印制电路板上为各个芯片配置去耦电容。

去耦电容可以按照 $C=1/f$ 选用，其中 f 为电路频率，如 10MHz 取 0.1μF，100MHz 取 0.01μF。去耦电容应直接跨接在芯片的电源和地之间，数字电路中每一个芯片原则上应配置一个去耦电容，以便随时充放电。

3. 模拟地和数字地的分离

在单片机构成的数据采集系统中，往往既有数字信号又有模拟信号。由于单片机工作频率较高，易于产生开关噪声等高频干扰信号，这些干扰信号经过地线传入模拟量输入电路，会引起模拟量的输入采集信息的误差。

为避免模拟信号与数字信号间的相互窜扰，在模拟、数字混合的单片机系统中，将模拟部分和数字部分的地信号分离为模拟地和数字地，模拟部分和数字部分各自构成独立回路，与此同时，模拟地和数字地通过电感或磁珠相连接，形成"分区集中、并联一点接地"，这样，既可以保证模拟部分和数字部分具有相同的地电位参考平面，又使得地线电流不会流到其他功能单元的回路中，避免各个单元的相互干扰。

另外，在 PCB 设计时，地线应尽量加粗，必要时可采用"铺地"技术，以减少地线的阻抗。

4. "看门狗"技术

单片机系统一般工作在恶劣环境或大噪声的干扰环境下，由于外界干扰对 CPU 的影响，使得程序不能按照正常的设计要求运行，出现程序跑飞或死循环的现象。对此，可以通过"看门狗"电路强制 CPU 复位，使系统重新进入正常运行的轨道。

在正常工作的情况下，单片机通过定时器设置产生脉冲信号，将该脉冲信号送入"看门狗"电路"喂狗"，"看门狗"在定时"吃到"脉冲的情况下，不产生复位的操作。当单片机系统出现异常，不能再定时向"看门狗"提供定时脉冲"喂狗"时，"看门狗"电路自动产生复位信号，通过硬件驱动单片机系统复位，从而使"跑飞"或陷入死循环的 CPU 重新运行程序，摆脱由于干扰而造成系统异常的状态。

9.2.2 软件抗干扰技术概述

在提高硬件系统抗干扰能力的同时，软件抗干扰以其设计灵活、节省硬件资源、可靠性高也越来越受到重视。需要指出的是，在软件抗干扰技术中，采用汇编语言的效果较之 C51 语言更好，甚至具有不可替代的作用，因而常常将汇编语言作为主要编程语言。常用的软件抗干扰技术有以下几种。

1. 指令冗余技术

CPU 取指令过程是先取操作码，再取操作数。当 PC 受干扰出现错误时，程序便脱离正常轨道"乱飞"，若"乱飞"到某双字节指令上，且取指令时刻落在操作数上，就会误将操作数当作操作码，程序就将出错。若"乱飞"到三字节指令上，出错概率会更大。

所谓指令冗余，是指在程序某关键指令的后面人为插入两个以上的单字节空操作指令。这样即使程序"乱飞"到这些操作数上，但由于空操作指令的存在，能避免后面的指令被当作操作数执行，从而使程序自动纳入正轨。

2. 软件陷阱技术

当程序"乱飞"到非程序区时，冗余指令做法便无法起作用了。此时通过软件陷阱技术，可以拦截"乱飞"程序，将其引向指定位置后再进行出错处理。最常用的软件陷阱方法是：设法捕获"乱飞"程序并将其引向 ROM 的复位地址 0000H，迫使程序重新开始运行。

具体做法是：在 ROM 的非程序区中填入一段 0000020000 机器码（跳转到 0000 地址）作为软件陷阱。根据 ROM 的容量，软件陷阱的数量一般每 1KB 空间有 2～3 个，就可以进行有效拦截了。

3. 软件"看门狗"技术

若"乱飞"程序进入"死循环"程序后，上述方法都将失灵，此时可考虑采用软件"看门狗"技术。软件"看门狗"技术的原理与硬件"看门狗"相似，也是通过"喂狗"来维持程序正常运行的。一旦错过"喂狗"时间，即可利用高优先级中断夺走"死循环"程序对 CPU 的控制权。

例如，可采用 T0 做"看门狗"，定时设为 16ms，并将它的溢出中断设定为高优先级中断，而系统的其他中断设定为低优先级中断。当 T0 计时启动后，工作程序必须经常干预，防止中断发生，而且每两次干预的间隔不得大于 16ms。当程序陷入"死循环"而无法进行干预时，16ms 后即可引起一次 T0 中断，从而结束"死循环"程序。

在工业应用中，严重的现场干扰有时会使硬件"看门狗"电路失效，而软件"看门狗"则可不受此影响继续正常工作。

9.3 单片机综合应用实例——智能仪器

本节通过一个单通道通用型智能仪器的软硬件系统设计，将分散在上述各章节中的单片机原理加以综合应用，以此掌握单片机应用系统的设计要领。

9.3.1 功能概述

智能仪器是一种依靠嵌入式计算机技术发展的新型电子测控单元，其基本功能是根据传感器的实时信号和仪器设定的目标参数进行测量与控制。一种通用型智能仪器的组成如图 9.7 所示。

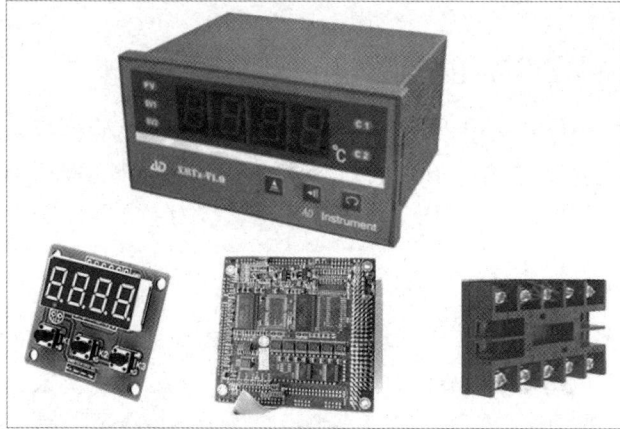

图 9.7　通用型智能仪器的组成

由图可见，智能仪器由仪器面板和机箱组成，机箱内部装有显示/按键电路板和系统主板，机箱外壳后面有信号连接端子。

仪器面板是为实现人机交互而设计的，一般由 4～6 位数码管显示器、3～5 个薄膜按键和若干个 LED 状态指示灯组成。由于按键数量很少，智能仪器通常都不采用 0～9 数字按键方案，而是通过【增大】和【减小】两个功能键，与【设置/切换】和【确认】等键配合，实现对智能仪器内置参数的设定与输出控制功能。

本实例的总体设计目标是实现一路电压信号输入和两路报警开关量输出控制功能。其中，信号电压范围为 0～5VDC，A/D 采样分辨率为 8 位，数码管显示信息为：1 位参数字符和 3 位十进制采样值。控制参数有两个，即下限报警值（L）和上限报警值（H）。当采样值大于 H 时，上限报警继电器接通（D1 灯亮表示）；当采样值小于 L 时，下限报警继电器接通（用 D2 灯亮表示）；当采样值介于 L 和 H 之间时，两路报警功能均被解除（D1 和 D2 灯均熄灭表示）。

具体功能为：仪器上电后自动进入测控状态，显示器显示实时采样值，同时 D1 和 D2 灯实时切换报警状态。按下 K1 键，可进入参数单循环设置状态（测控转入后台但仍继续进行），显示器分别显示工作参数 L 或 H（左 1 位）及其参数当前值（左 2～4 位），按压两次后，结束设置返回测控状态；在设置状态下按下 K3 或 K4 键，可对当前参数值作加 10 或减 10 计算并刷新显示值；按下 K2 键，可确认修改结果将其保存为新的当前值（未经确认的修改值将不会被保存），并转入下一参数的设置过程或返回测控状态（若当前为 H 参数）。

9.3.2　硬件电路设计

本方案选用一个四联共阴极数码管作为显示器，按照动态显示原理接线，其中段码通过锁存器 74LS245 驱动后接于 80C51 的 P0 口，位码由 4 个 PNP 型三极管驱动后接于 P2.0～P2.3 引脚。

A/D 转换器采用 ADC0809，以通用 I/O 口方式与单片机连接，其并行数据输出端直接连接于 P1 口，4 个控制端 CLOCK、START、EOC 和 OE 分别接于 P2.4～P2.7 引脚，采用查询法等待转换结束，转换时钟利用定时器中断产生。

4 个面板按键通过 8 位串行输入并行输出移位寄存器 74LS164 与单片机连接，其移位时钟端（8 脚）与单片机的 TXD 引脚相连，串行数据端（1 和 2 脚）与单片机的 RXD 引脚相连。

系统硬件电路原理图如图9.8所示。

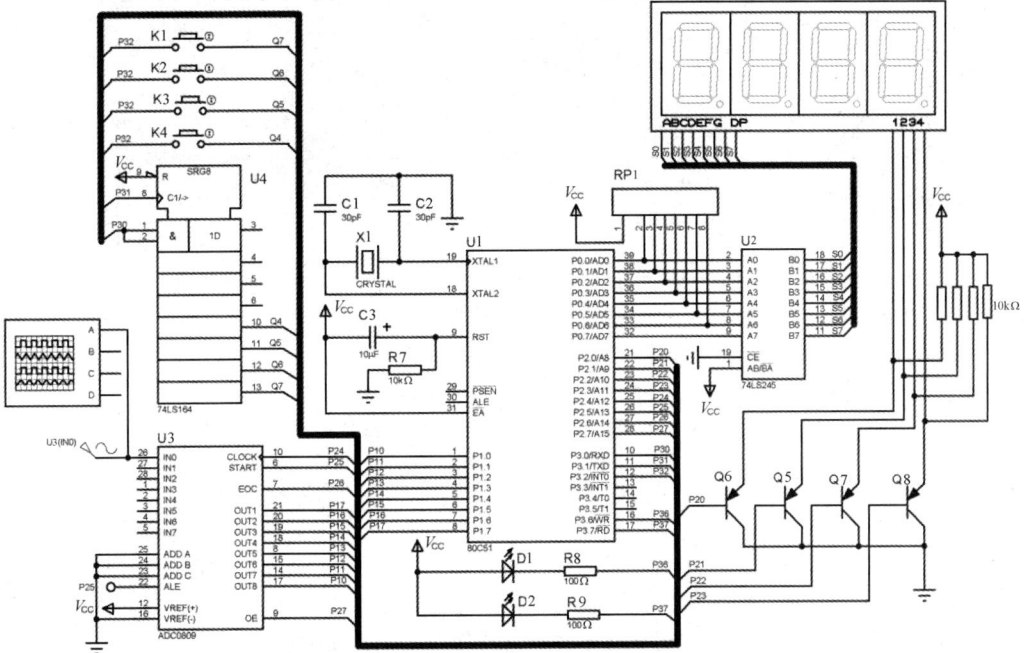

图 9.8　硬件电路原理图

图 9.8 中，信号源采用 Proteus 软件提供的虚拟信号发生器，波形为正弦波，频率为 0.1Hz，偏离电压为 2.5V，信号幅度为 2.5V。信号由 ADC0809 的通道 0 接入（选通引脚 ADDA～ADDC 均接地）。

9.3.3　软件系统设计

软件系统采用由多个功能模块构成的程序，模块之间相互依赖，它们之间的关系如图 9.9 所示。

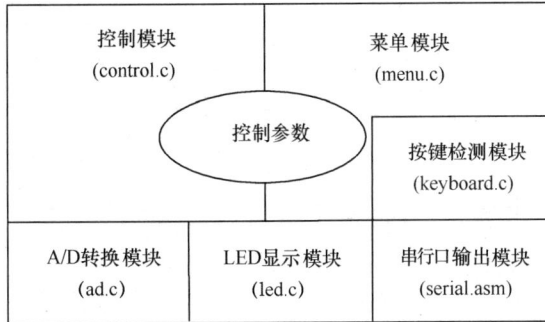

控制模块 (control.c)		菜单模块 (menu.c)
	控制参数	按键检测模块 (keyboard.c)
A/D转换模块 (ad.c)	LED显示模块 (led.c)	串行口输出模块 (serial.asm)

图 9.9　软件系统组成

从图 9.9 可以看到，程序由两个主要的功能模块组成——控制模块和菜单模块。这两个模块能够同时运行。这里，"同时"的意思是指在用户进行菜单操作时，程序还能实时采集数据并进行控制。控制模块和菜单模块都是建立在其他模块的基础之上的，比如控制模块建立在 A/D 转换模块和 LED 显示模块的基础上，菜单模块建立在按键检测模块和 LED 显示模块的基础上，而按键检测模块又建立在串行口输出模块的基础上。表 9.1 列出了各个模块的主要函数和功能。

表 9.1   各个模块的主要函数和功能

模 块	主要函数和功能
控制模块	void control_thread(void);
菜单模块	void menu_thread(void);
A/D 转换模块	char ad(void); //进行 A/D 转换，结果通过返回值输出
LED 显示模块	void print(char name,unsigned int value); //输出名称和数值
串行口输出模块	void serial(char byte); //将字节 byte 从串行口输出
按键检测模块	unsigned char get_key(void); //检测并返回被按下的键值

下面对这个程序设计过程中的一些重点问题进行说明。

1. 控制模块和菜单模块的"同时"运行

控制模块和菜单模块的调用执行都在 main.c 中，代码如下：

```
...
void main(){
    ...
    while(1){
        menu_thread();
        control_thread();
}}
```

在主函数中，始终循环交替调用 menu_thread( )和 control_thread( )，它们分别对应着菜单模块的线程函数和控制模块的线程函数。只有在 menu_thread( )被调用时，菜单里的参数项才会在显示器上刷新，用户通过键盘对菜单的操作才能够得到程序的响应和处理。只有在 control_thread( )被调用时，才会进行 A/D 采样并刷新显示器上的内容，从而控制报警器的动作。要想使两个模块看起来是同时执行的，就要求 menu_thread( )和 control_thread( )各自的执行时间都不能很长。如果 menu_thread( )执行的时间较长，那么在这期间程序不会进行采样，报警器状态也就不会随之变化。同理，如果 control_thread( )执行的时间过长，在函数返回前，用户按压键盘的操作不会得到响应。

在这两个函数中，control_thread( )的逻辑较为简单，代码如下：

```
void control_thread() {
  //第 1 步:A/D 转换
  unsigned char value=ad();
  //第 2 步:根据采样值控制 LED
  if(value>param_value [1] ){
      P36=1;
      P37=0;
  } else if(value<param_value [1]  && value>param_value [0] ) {
      P36=0;
      P37=0;
  } else {
      P36=0;
      P37=1;
  }
  //第 3 步:如果菜单是关闭的,显示采集到的数值
  if(menu_status==1) {
      print('h',value);
}}
```

每次 control_thread( )被调用时，都会依次执行 A/D 转换采样、根据采样值控制 LED 及显示采样值这 3 步操作，执行时间都不会很长。所以用户按压键盘、修改参数的操作会很及时、流畅地得到程序的响应。但是，从用户打开菜单到修改若干参数，到最后关闭菜单的过程一定

会持续较长的时间，如果 menu_thread( )函数设计成要等到菜单关闭才返回，那么采样和控制的过程一定会受到严重的干扰。

2. 菜单线程的短时运行

菜单线程的代码在 menu.c 中实现，下面列出代码的主要框架：

```
void menu_thread(void){
  ...
    char key=get_key();
    if(menu_status==MENU_OFF){
        //当前菜单为关闭状态时
        if(key==0){                                //若按键 0 已被按下
          menu_status=MENU_ON;                     //置当前菜单为打开状态
          ...
        }
    } else {
        //如果当前菜单为打开状态，则进行以下操作：
        if(key==0){
            //若按键 0 按下，则切换到下一个参数
            if(++_menu_idx==MENU_NUM){             //判断是否所有参数都循环到了
menu_status=MENU_OFF;                             //若已循环完成，设置菜单关闭状态
            }
        } else if(key==1){
            //若按键 1 按下，则保存键值，并切换到下一个参数
            ...
        } else if(key==2){
            ...
        } else if(key==3){
            ...
        }
    }
    if(menu_status==MENU_ON){
        //菜单状态为开时，显示参数值
        print(_menu_name[_menu_idx],_menu_value[_menu_idx]);
}}
```

如前面所分析的，menu_thread( )不能设计为用户关闭菜单后才返回。在本书给出的实现方案中，菜单模块通过两个非常重要的变量来记录菜单的状态：_menu_status 表示菜单的开/关状态，_menu_idx 表示当前打开的是第 1 或者第 2 个菜单项。

每次执行 menu_thread( )时，首先通过调用 unsigned char get_key( )得到当前被按压过的键值，并记录在变量 key 中。然后用两层嵌套的 if-else 语句，处理在_menu_status= =MENU_ON（菜单为打开状态）和_menu_status= =MENU_OFF（菜单为关闭状态）这两种状态下按压 0#～3#按键所应执行的不同操作。例如，在_menu_status= =MENU_OFF 时，如果按压 0#键就打开菜单，修改_menu_status=MENU_ ON；在_menu_status= =MENU_OFF 时，如果按压 0#键则切换到下一个参数，即++_menu_idx。在函数的最后，会根据菜单的状态，将当前打开的菜单项显示在显示器上。

因此，不论菜单是何种状态，也无论是否有键被按下，menu_thread( )函数都会在很短的时间内完成操作并返回。不过，从上面的代码框架可以看到，在 menu_thread( )里会调用 unsigned char get_key( )以获得被按下的键值。

为满足 menu_thread( )每次执行的时间都不能很长这一要求，无论是否有键被按下，也无论用户是否按下这个键不抬起，函数 get_key( )都必须既能检测到按键，又能在很短的时间内返回。下面就来解释 get_key( )是如何实现的。

3. 按键检测的短时运行

在解释按键检测函数 unsigned char get_key( )之前，先来解释如何检测某个键是否被按下。

由图 9.9 的按键检测电路可知，要检测第 1 个按键是否被按下，需要通过 74LS164 将低电平送到 Q7 端，同时将高电平送到 Q6、Q5 和 Q4 端，然后检测 P3.2 是否为低电平。如果是，表示第 1 个按键被按下，否则表示没按下。这部分功能在 keyboard.c 的 char_check_key (unsigned char key_idx)中实现，代码如下：

```
char_check_key(unsigned char_key_idx){        //检查按键状态
    serial(~(0x01<<_key_idx));                 //将待查按键键码转换成扫描码后输出
    if(_p32==0){                               //根据 P3.2 状态决定返回值
        return KEY_DOWN;
    }else{
        return KEY_UP;
}}
```

这个函数是 unsigned char get_key( )的重要组成部分。在本例中，在调用 get_key( )时，若得到返回值 0～3，则说明该值所对应的按键被用户按下后又抬起，即完成了一次完整的按键操作。如果返回-1，说明没有检测到哪一个键被按下。此外，如果用户一直按下某个键不松开，在此期间调用函数，也会得到返回值-1。

unsigned char get_key( )函数的实现依赖于两个重要的全局变量：_key_status 和 _key_idx。代码如下：

```
char get_key(void) {
    char result=-1;
    if(_key_status==CHECK_KEY_DOWN){
        if(_check_key(_key_idx)==KEY_DOWN){
            _key_status=CHECK_KEY_UP;
        } else {
            if(++_key_idx==4){
                _key_idx=0;
        }}
    } else if(_key_status==CHECK_KEY_UP){
        if(_check_key(_key_idx)==KEY_UP){
            result=_key_idx;
            _key_status=CHECK_KEY_DOWN;
            if(++_key_idx==4){
                _key_idx=0;
    }}}
    return result;
}
```

按键检测分为两个阶段，第一阶段的目标是发现哪个键被按下了。在这个阶段里，_key_status= =CHECK_KEY_DOWN，当满足这个条件时，程序会检测当前的_key_idx 表示的按键是否被按下，即调用_check_key(_key_idx)并判断返回值是否为 KEY_DOWN。如果条件不满足，则令_key_idx 加 1 表示下一个键，get_key( )函数返回。待到下一次 get_key( )再被调用时，程序检查_key_idx 所指的另一个键是被按下。直到当某个键确实被按下时，例如 2#键被按下，那么在按下的这个期间，一定会发生一次 get_key( )的调用，且这一次调用是_key_idx==2，因此就会有_check_key(_key_idx)==KEY_DOWN，于是程序进入第二阶段，_key_status 被修改为 CHECK_KEY_UP。

在_key_status= =CHECK_KEY_UP 的第二阶段，_key_idx 的值不会再被修改，而是锁定在刚才检测到的被按下的键上，对于刚才的例子就是_key_idx=2。在这个阶段，每次 get_key( )被调用时，都会检查 2#键是否被抬起，即判断_check_key(_key_idx)= =KEY_UP 是否成立。如果条件不成立，说明此刻检查时 2#键还没有被用户松开，于是 get_key( )继续返回-1；如果条件成立，说明用户按下 2#键之后又松开了，于是 get_key( )会返回 2，同时_key_status 被改回 CHECK_KEY_DOWN，下次调用时再重复前面的过程。

9.3.4　仿真开发过程

在 Proteus 的原理图绘图模块中绘制系统原理图，在 Source Code 模块中添加程序文件，如图 9.10 所示。

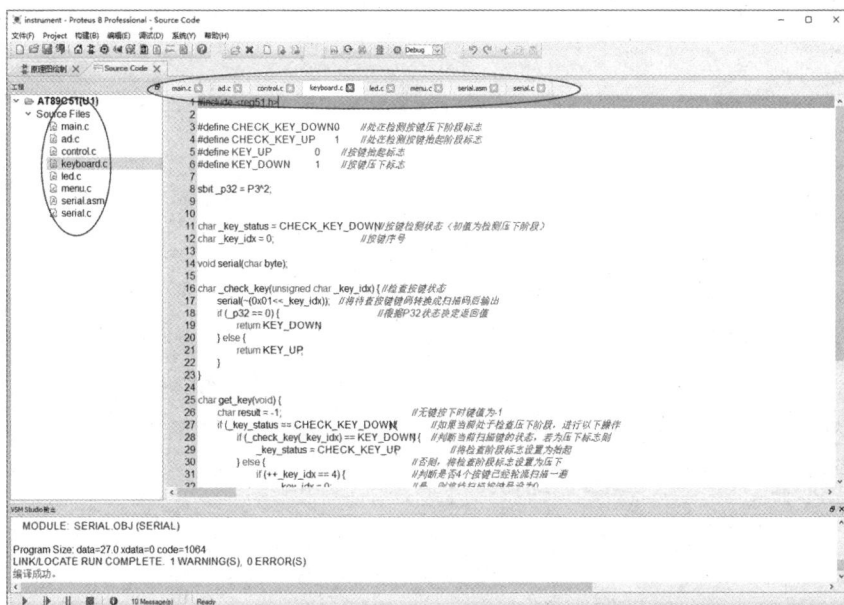

图 9.10　智能仪器的编译界面

由图 9.10 可见，该项目由 7 个程序文件组成。系统的全部源程序清单如下：

（1）main.c 文件

```
void ad_init();
void control_thread();
void menu_thread();

void main(){
  ad_init();
  while (1){
    menu_thread();
    control_thread();
}}
```

（2）control.c 文件

```
#include<reg51.h>
sbit P36=P3^6;
sbit P37=P3^7;
unsigned char ad();
void print(char name,unsigned int value);
extern unsigned char param_value[2];
extern char menu_status;

void control_thread(){
```

```
    unsigned char value =ad();           //A/D 转换
    if(value >param_value [1] ){         //根据采样值控制 LED
        P36=0;
        P37=1;
    } else if(value<=param_value [1]  && value>=param_value [0] ){
        P36=0;
        P37=0;
    } else {
        P36=1;
        P37=0;
    }
    if(menu_status==1) {              //如果菜单是关闭的，显示采集到的数值
        print('',value);
}}
```

（3）menu.c 文件

```
#define  MENU_ON  0
#define  MENU_OFF  1
#define  MENU_NUM 2
#define  MENU_MAX 240
#define  MENU_MIN  10
unsigned char param_value []={100,150};
unsigned char menu_status=MENU_OFF;
char _menu_name []={'L','H'};              //参数名的符号
unsigned char _menu_value []={0,0};        //供显示用的参数数组
unsigned char _menu_idx=0;                 //参数序号
char get_key();
void print(char name,unsigned int value);
void menu_thread(void) {
    char i=0;
    char key=get_key();
    if (menu_status==MENU_OFF) {            //当前菜单为关闭状态时
        if(key==0){                        //若按键 0 已被按下
            menu_status=MENU_ON;           //置当前菜单为打开状态
            _menu_idx=0;                   //设置参数序号 0
            //将所有参数当前值取出，送入供显示的参数数组中
            for(i=0;i<MENU_NUM;i++){
                _menu_value [i]=param_value [i] ;
        }}
    }else{                          //如果当前菜单为打开状态，则进行以下操作
        if(key==0){                 //若按键 0 按下，则不保存键值，仅切换到下一个参数
        if(++_menu_idx==MENU_NUM){          //判断是否所有参数都循环到了
            menu_status=MENU_OFF;           //若已循环完成，设置菜单关闭状态
        }
    } else if(key==1){              //若按键 1 按下，则保存键值，并切换到下一个参数
        param_value [_menu_idx]=_menu_value [_menu_idx] ;
            if(++_menu_idx==MENU_NUM) {
                menu_status=MENU_OFF;
            }
        } else if(key==2) {  //若按键 2 按下，则参数值加 10
            _menu_value [_menu_idx]+=10;
            if(_menu_value [_menu_idx]>MENU_MAX){
                _menu_value [_menu_idx]=MENU_MAX;
            }
        } else if(key==3){  //若按键 3 按下，则参数值减 10
            _menu_value [_menu_idx]-=10;
```

```
            if(_menu_value [_menu_idx]<MENU_MIN){
                _menu_value [_menu_idx]=MENU_MIN;
        }}}
        if(menu_status==MENU_ON) {//菜单状态为开时，显示参数值
            print( menu_name [_menu_idx], menu_value [_menu_idx]);
}}
```

（4）keyboard.c 文件

```
#include<reg51.h>
#define  CHECK_KEY_DOWN  0        //处在检测按键压下阶段标志
#define  CHECK_KEY_UP    1        //处在检测按键抬起阶段标志
#define  KEY_UP  0                //按键抬起标志
#define  KEY_DOWN  1              //按键压下标志
sbit p32=P3^2;

char key_status=CHECK_KEY_DOWN;             //按键检测状态（初值为检测压下阶段）
char key_idx =0;                            //按键序号
void serial(char byte);
char check_key(unsigned char key_idx) {     //检查按键状态
  serial(~(0x01<< key_idx));                 //将待查按键键码转换成扫描码后输出
  if(_p32 ==0){                              //根据P3.2状态决定返回值
    return KEY_DOWN;
  } else {
    return KEY_UP;
}}
char get_key(void) {
  char result=-1;                            //无键按下时，键值为-1
  if(_key_status==CHECK_KEY_DOWN) {
//如果当前处于检查压下阶段，进行以下操作
    if(_check_key(_key_idx)==KEY_DOWN){
//判断当前扫描键的状态，若为压下标志，则
        _key_status=CHECK_KEY_UP;            //将检查阶段标志设置为抬起
    } else {                                 //否则，将检查阶段标志设置为压下
        if(++_key_idx==4){                   //判断是否4个按键已经轮流扫描一遍
            _key_idx=0;                      //是，则将待扫描按键号设为0
    }}
  } else if(_key_status==CHECK_KEY_UP){
//如果当前处于检查抬起阶段，进行以下操作
    if(_check_key(_key_idx)==KEY_UP) {
//判断当前扫描键的状态，若为抬起标志则
        result=_key_idx;                     //键值输出
        _key_status=CHECK_KEY_DOWN;          //按键检查阶段标志改为压下
        if(++_key_idx==4) {                  //判断是否4个按键已经轮流扫描一遍
            _key_idx=0;                      //是，则将待扫描按键号设为0
  }}}
  return result;
}
```

（5）led.c 文件

```
#include<reg51.h>
char code map1 [] ={0x3F,0x06,0x5B,0x4F,0x66,0x6D,0x7D,0x07,0x7F,0x6F};
                                            //'0'~'9'
char code map2 [] ={0x00,0x76,0x38};        //' ', 'H', 'L'
char_convert(char c){                       //将待显示字符转换为显示字符
    if(c==' ')
        return map2 [0];
    else if(c=='H')
        return map2 [1];
```

```
        else if(c=='L')
        return map2[2];
      else if(c>='0' && c<='9')
      return map1[c-'0'];
      return 0;
    }
    void _delay(){                                    //软件延时函数
      int i=0,j=0;
      for(i=0;i<10;i++){
          for(j=0;j<10;j++){
    }}}
    void print(char name,unsigned int value){    //数码管显示函数(字符、数值)
      char buf[4]="    ";
      char i,pos=0xf7;
      for(i=3;i>1;i--){
          buf[i]='0'+value%10;
          value/=10;
          if(value==0){
              break;
      }}
      buf[0]=name;
      for(i=0;i<4;i++){
          P2=P2|0x0f;
          P2=P2&pos;
          P0=_convert(buf[3-i]);
          pos=(pos>>1)|0x80;                         //更新导通位码
          delay();
    }}
```

（6）ad.c 文件

```
#include<reg51.h>
    sbit P24=P2^4;
    sbit P25=P2^5;
    sbit P26=P2^6;
    sbit P27=P2^7;

unsigned char ad(){
    P25=0;
    P25=1;
    P25=0;
while(!P26);
    P27=1;
    return P1;
}

void ad_init(){
    TMOD=0x02;
    TH0=0;
    TL0=0;
    ET0=1;
    TR0=1;
    EA=1;
}

void _ad_clock(void) interrupt 1{
    P24=~P24;
}
```

（7）serial.c 文件

```
#include<reg51.h>
void serial(char byte)
{
    SCON=0;              //串行口方式 0
    SBUF=byte;           //输出数据送入缓冲区
```

```
        while(TI!=1);        //等待移位结束
        TI=0;                //清理标志位
    }
```

系统运行时的测控状态、参数设置状态和输入信号波形分别如图 9.11 至图 9.13 所示。

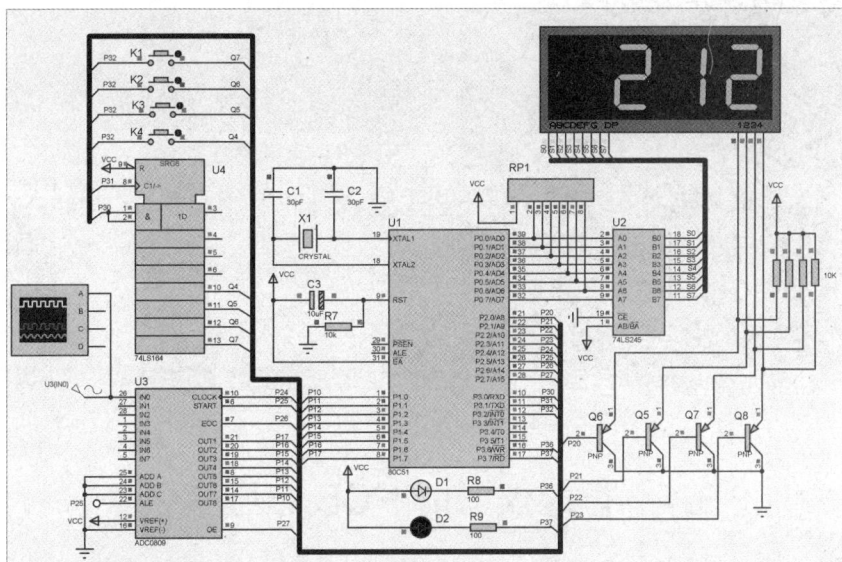

图 9.11　运行时的测控状态

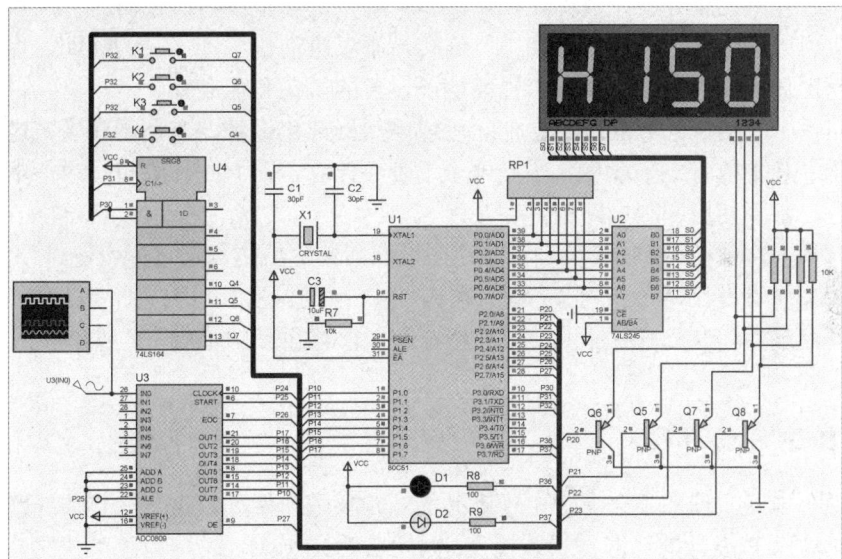

图 9.12　运行时的参数设置状态

实际运行情况表明，测控与参数设置这两个环节的确是"同时"进行的。具体表现为：若参数 L 设置为 100，某一时刻的采样值为 60，那么在进行参数设置过程中，处于后台运行的控制程序还会使报警器灯 D1 在此时点亮。若将参数 L 修改为 30，只要确认保存参数后，不等关闭菜单显示，D1 就会熄灭。

采用并行结构编程是一种非常有用的设计思想，其要点在于可使多个程序"同时"拥有运行权限，对外表现出实时多任务的效果。这类程序的关键在于每个程序都不能占据过多的机时，因此必须设法将长时运行改为短时运行。本例中采用的运行标记设置的做法就是一个具体的体现。

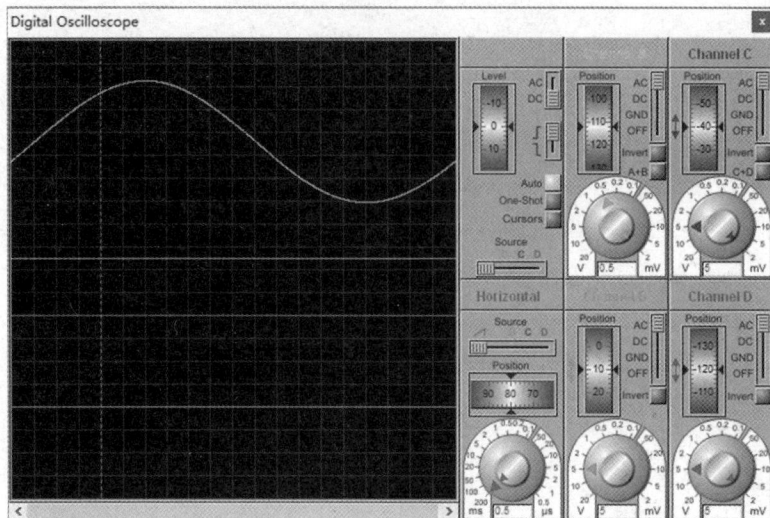

图 9.13　输入信号波形

智能仪器
仿真视频

9.4　智能仪器的 PCB 布版实例

PCB（Printed Circuit Board）是印刷电路板的缩写。PCB 由绝缘基板和附在其上的印制导电图形（焊盘、过孔和铜膜导线）及图文（元器件轮廓、型号和参数）等构成。PCB 可以代替复杂的布线，实现电路中各元器件之间的电气连接，不仅可简化电子产品的装配、焊接工作，而且还能缩小整机体积，降低产品成本，提高电子设备的质量和可靠性。

印制电路板具有良好的产品一致性，它可以采用标准化设计，有利于在生产过程中实现机械化和自动化。几乎所有电子设备，小到电子手表、计算器，大到计算机、通信电子设备、军用武器系统等，都要使用印制电路板。

Proteus 中集成了 PCB 布版模块，在原理图设计和单片机仿真后可以一键进入 PCB 布版环节。PCB 布版模块具有元器件布局、布线、敷铜、3D 预览和生成制版文件等功能，是实现单片机从概念到产品最后环节的软件工具。下面将在智能仪器设计的基础上，继续完成实例的 PCB 布版工作。

9.4.1　PCB 布版准备

一般来说，电路原理图不会考虑电子产品的结构要求，例如没有考虑实体线路板的划分问题，也没有考虑 PCB 设计的元器件封装模型，因此在 PCB 设计前，应首先解决这些遗留问题。

1. 模块化设计

对于比较复杂的电路，为了进行功能区分，往往要将其分为几块电路板。为此需要将整体电路拆分成多个模块，并且每个模块里还要添加信号连接端子，以便实现模块间的电路连接。

对于通用型智能仪器，一般在机箱面板上安装有数码管显示屏、LED 信号灯和按键开关，而在机箱内的主板上安装单片机及其数据采集器，如图 9.8 所示。为此，需要将图 9.8 的电路图拆分成主板电路和显示面板电路两部分，其中主板电路包括单片机及其支持电路和数据采集电路，如图 9.14 所示；显示面板电路包括按键电路和数码管驱动与显示电路，如图 9.15 所示。

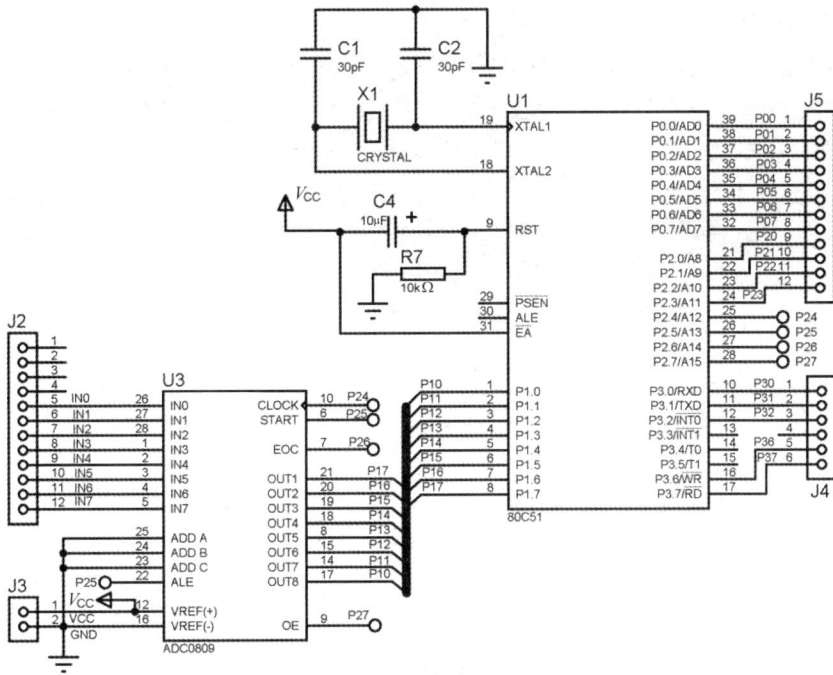

图 9.14　智能仪器主板电路图

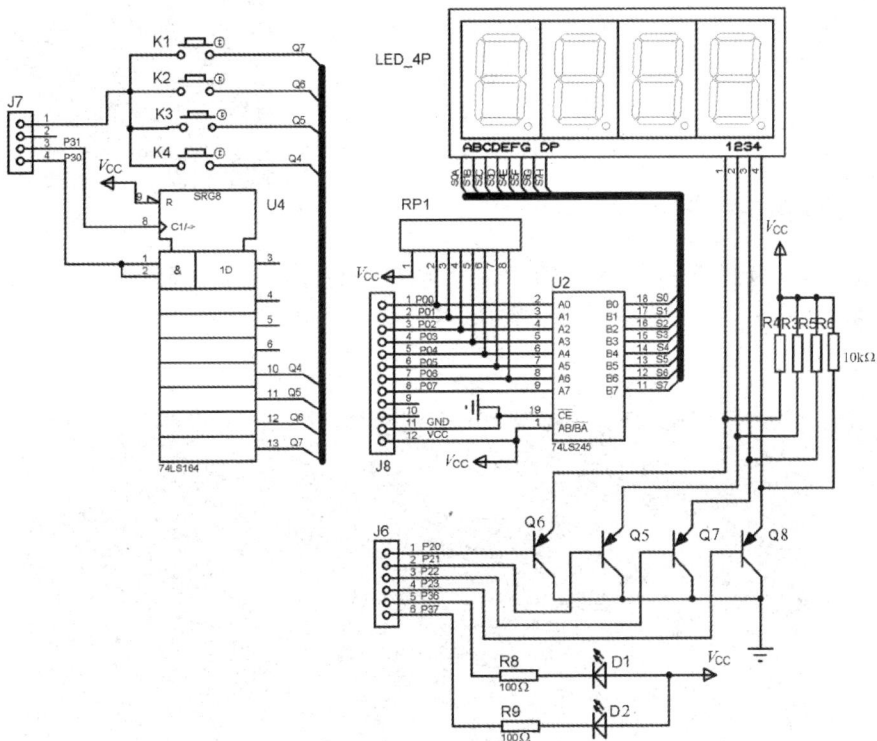

图 9.15　智能仪器显示面板电路

将拆解后的模块原理图分别保存在两个新建的项目文件中，随后分别进行 PCB 布版设计。

2. 元器件 PCB 封装模型

电路原理图中通常会使用一些特殊仿真模型，如多联数码管、LCD 显示器、行列式键盘等。它们可以参与仿真运行却没有相应的封装模型，在 PCB 设计前需要为其指定封装模型。

这里需要分为两种情况考虑。

① 如果已知某个其他元器件的封装模型可以替用该元器件的封装模型（外形和开孔尺寸相符），则可在"PCB Package"下拉框中直接输入其模型代号。例如，经检查图 9.15 中的按键 K1～K4 没有 PCB 封装模型，但可以将封装库中代号为 TBLOCK-M2 的封装模型作为其替用模型。

② 如果封装库中没有可以替用的封装模型，则需要根据元器件的外形和开孔进行测量，绘制出外形尺寸图，然后制作封装模型，并将其与该元器件关联起来。例如，经检查发现，图 9.15 中的四联数码管 LED_4P 没有封装模型，也无法在封装库中找到可替用的模型。为此只能进行自制。假定测绘的四联数码管尺寸图如图 9.16 所示。

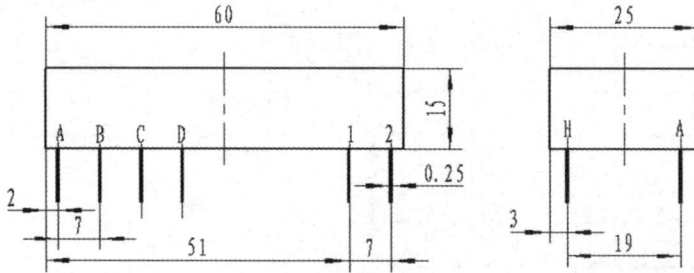

图 9.16 四联数码管的尺寸图（单位：mm）

可见，该四联数码管有 12 个引脚，引脚直径 0.25mm，外形投影尺寸为 60mm×25mm。按照本书课程网站中阅读材料 3 的方法制作好的封装模型，代号定为 LED_4P，如图 9.17 所示。

准备工作都完成后，就可以进行 PCB 布版设计了。

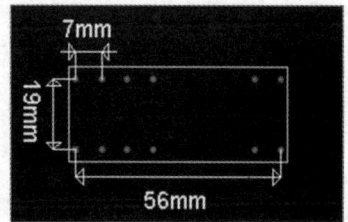

图 9.17 自制的四联数码管封装模型

9.4.2 PCB 布版结果

如果新建项目时选择了"不进行 PCB 布版"选项，则 Proteus 的框架中是没有 PCB 布版标签页的。此时可以单击工具按钮 ⬤ 一键添加 PCB 布版标签页，如图 9.18 所示。

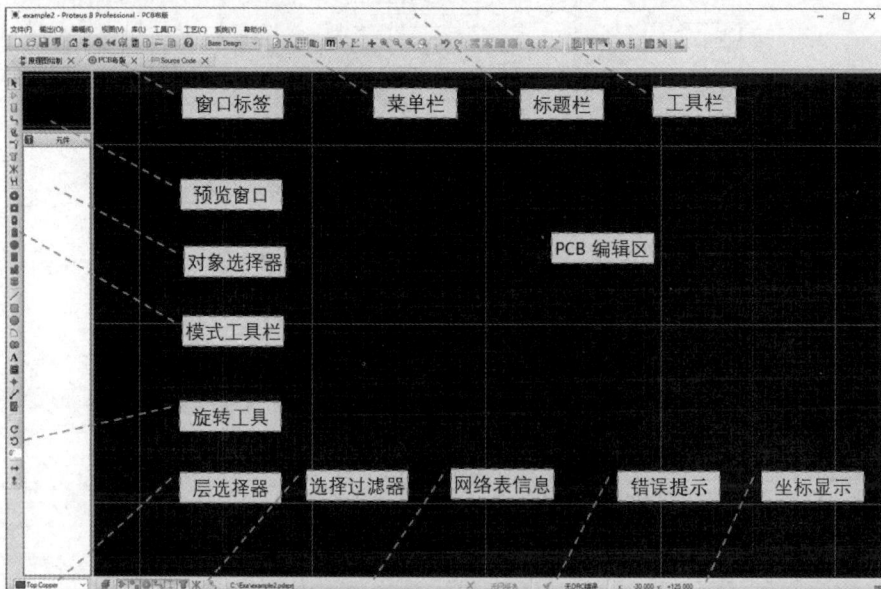

图 9.18 PCB 布版标签页界面

可以看到 PCB 标签页的工作界面主要包括标题栏、菜单栏、工具栏、窗口标签、预览窗口、旋转工具、对象选择器、模式工具栏、PCB 编辑区、层选择器、选择过滤器、网络表信息和错误提示等部分。下面进行图 9.14 和图 9.15 的 PCB 设计。

1. 智能仪器主板的 PCB 布版

在仪器主板电路图的 PCB 标签上，单击 "元器件模式" 按钮 ，对象选择窗中会出现所有可以布版的封装模型。

接下来的步骤是：手动或自动摆放封装模型→调整边框尺寸→手动或自动进行元器件布线→覆铜→添加文字标识→检验 PCB 效果→输出 PCB 文件。

详细设计过程请参见本书课程网站中的相关内容，下面仅对初学者提供一些设计经验。

① 采用手动布局方式摆放元器件，其中大型或重要元器件更要优先摆放，这样便于掌控元器件的均衡布局。

② 手动摆放元器件时，可以参考（绿色）飞线的走向和交叉情况，通过元器件的位置、旋转、水平镜像、垂直镜像等操作，尽量使得飞线最短且交叉最少。

③ 对于需要区分正反面摆放要求的元器件，可以单击元器件，在弹出的 "编辑元件" 对话框中指定摆放的图层，如图 9.19 所示指定摆放在 "Component Side"。

④ 摆放过程中要时刻注意 PCB 编辑区下部的 DRC 状态栏中的错误提示。如有错误提示，应立即撤回当前操作，重新摆放直至出现 "无 DRC 错误" 提示为止。

⑤ 主要元器件摆好后，可以尝试自动布局。在单击自动布局按钮 后弹出的对话框中，可以通过勾选或勾消部分元器件选项，使得元器件分批自动布局，以便获得最好的效果。如图 9.20 所示。

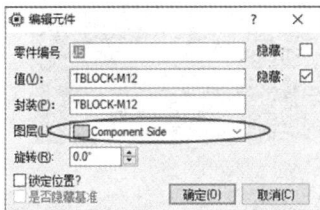

图 9.19 "编辑元件" 对话框   图 9.20 "自动布局" 对话框

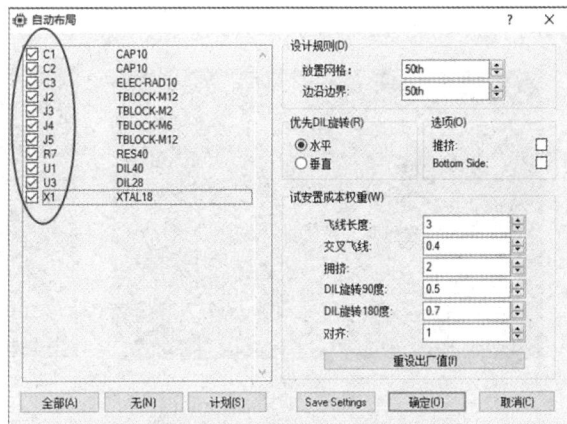

⑥ 元器件布局完成后，先单击自动布线按钮 进行自动布线。待到布线结束后，可以放大图像，单击走线模式按钮 ，再右键单击需要修改的导线，进行导线移动或改变线宽等操作，直至达到要求为止。

上述过程中，元器件布局和元器件布线都需要很丰富的实践经验，也有很多要注意的禁忌要求，只能通过勤奋实践、长期积累才能达到实用化的程度。这里我们只要初步了解 PCB 设计的主要过程即可。

上述设计完成后，单击 3D 观察器工具按钮 可以检验智能仪器主板的设计效果，如图 9.21 和图 9.22 所示。

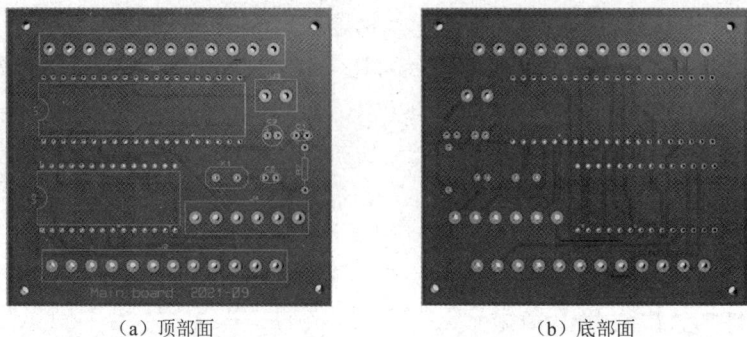

（a）顶部面   （b）底部面

图 9.21 智能仪器主板的 PCB 预览效果图

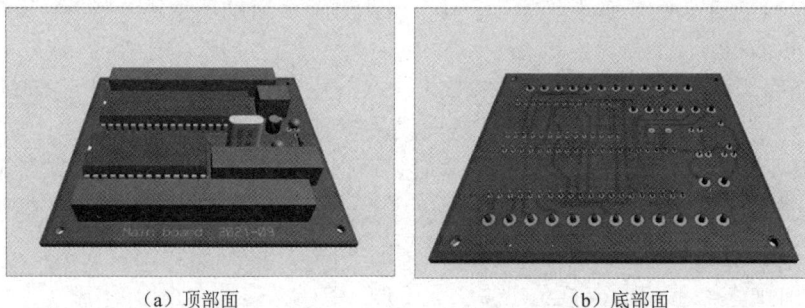

（a）顶部面   （b）底部面

图 9.22 智能仪器主板的元器件安装预览效果图

2. 智能仪器显示面板的 PCB 布版

采用同样做法，可以完成显示面板的 PCB 布版，其布版平面效果和预装元器件后的预览效果分别如图 9.23 和图 9.24 所示。

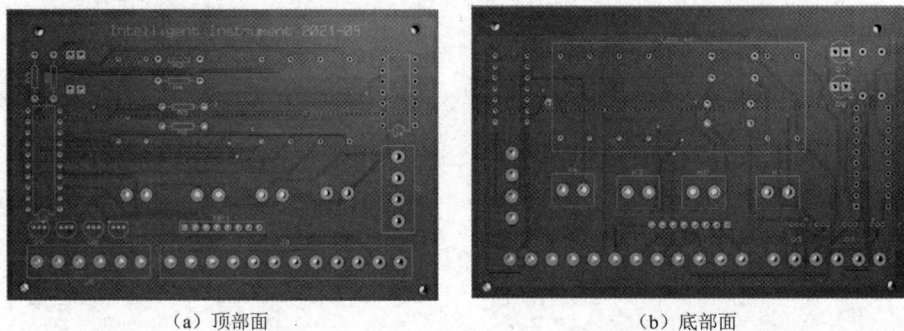

（a）顶部面   （b）底部面

图 9.23 智能仪器显示面板的 PCB 平面效果图

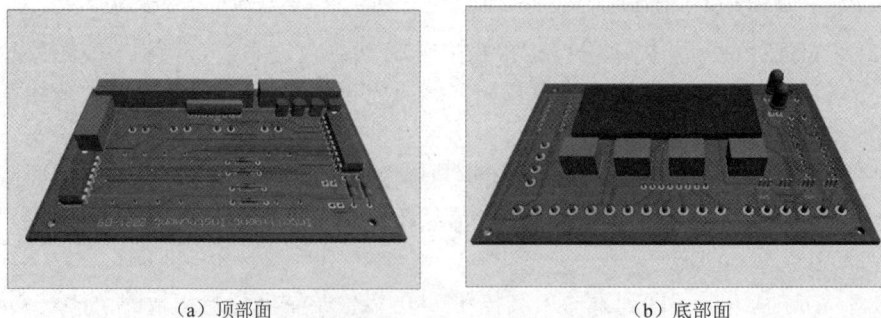

（a）顶部面   （b）底部面

图 9.24 智能仪器显示面板的预装元器件效果图

图 9.24（b）中将智能仪器面板设计成双面布置元器件的原因是，考虑到四联数码管、4 个

按键和 2 个 LED 信号灯需要向外（面向用户）安装，而其他元器件则需要向内安装；接线端子都布置在面板边缘处，以便与主板进行电缆连接。可见，PCB 布版时是需要了解智能仪器结构的。

接下去还要进行 PCB 输出文件的制作，它们是加工生产 PCB 的技术文件，具体方法请参阅本书课程网站中的相关内容。

到此为止，我们已经参与了从概念到产品的完整设计过程。不过，由于本书只是单片机原理与应用的入门学习教材，还远远达不到真实产品开发的程度，读者需要根据实际工作要求继续进行相关专业技术的学习，并不断实践积累经验，向着产品开发的终极目标努力。

本 章 小 结

1. 单片机应用系统的典型组成包括单片机最小系统、前向通道、后向通道、人机交互通道及计算机相互通道等。

2. 单片机应用系统的研制过程包括总体设计、硬件设计、软件设计及仿真调试等阶段。系统设计时要注意"软硬兼施"，综合考虑硬件和软件搭配，以便得到高性价比的产品。

3. 并行结构编程是一种有用的软件设计思想，其要点在于能使多个模块"同时"拥有运行权，即每个程序都不能占据过多的机时，采用运行状态标志是一种可行的做法。

4. PCB 布版基本过程是：手动或自动摆放封装元器件→调整边框尺寸→手动或自动进行元器件布线→覆铜→添加文字标识→预览 PCB 效果→输出 PCB 制版文件。

思考与练习 9

9.1 单项选择题

（1）下列关于 80C51 最小系统的描述中，_____是错误的。

    A. 它是由单片机、时钟电路、复位电路和电源构成的基本应用系统

    B. 它不具有定时中断功能

    C. 它不具有模数或数模转换功能

    D. 它不具有开关量功率驱动功能

（2）下列关于单片机应用系统一般开发过程的描述中，_____是正确的。

    ① 在进行可行性分析的基础上进行总体论证

    ② 在软件总体结构设计后进行功能程序模块化设计和分配系统资源

    ③ 进行系统功能的分配、确定软硬件的分工及相互关系

    ④ 在电路原理图设计的基础上进行硬件开发、电路调试和 PCB 制版

    ⑤ 采用通用开发装置或软件模拟开发系统进行软硬件联机调试

    A. ①③④②⑤   B. ①②③④⑤   C. ①④③②⑤   D. ③④①②⑤

（3）利用 Proteus 进行单片机系统开发的下列顺序描述中，_____是正确的。

    ① 制作真实单片机系统电路，进行运行、调试直至成功

    ② 利用目标代码进行实时交互和协同仿真

    ③ 进行电路绘图设计、选择元器件、连接电路和电气检测等

    ④ 源程序设计、编程、汇编编译、调试、生成目标代码文件

    A. ①③②④   B. ①②③④   C. ①④③②   D. ③④②①

(4) 关于"看门狗"技术的下列描述中，_____是错误的。

    A. 其意义在于能在程序"跑飞"时实现自我诊断并使系统恢复运行

    B. 其基本原理是，如果"喂狗"规律被打破，便会引导系统复位使程序重新开始

    C. 用于"喂狗"的脉冲既可以源于硬件电路定时器也可以源于单片机内部定时器

    D. 使用"看门狗"技术后，系统抗干扰问题就能得到完全彻底解决

(5) 根据本章智能仪器应用实例，下列关于硬件设计的描述中，_____是错误的。

    A. 采用了基于共阴极数码管动态显示原理的显示方案

    B. 采用了基于集电极开路门（OC）的数码管段码功率驱动方案

    C. 采用了基于串行口扩展方式的按键接口方案

    D. 采用了基于通用 I/O 口方式的模数转换器接口方案

(6) 根据本章智能仪器应用实例，下列关于软件设计的描述中，_____是错误的。

    A. 软件系统由两个主要功能模块组成——控制模块和菜单模块

    B. 让长耗时函数变为短耗时的思路是，将长耗时函数分解成众多短小的函数

    C. 按键闭合状态被分为"按键压下"和"按键抬起"两个阶段进行检测

    D. 串行口输出功能采用汇编语言与 C51 语言混合编程

(7) 关于 PCB 概念的下列说法中，_____是错误的。

    A. PCB 是印制电路板的缩写

    B. PCB 由绝缘基板、印制导电图形和图文等构成

    C. PCB 的主要作用是为了美化电子产品的外观

    D. PCB 可以代替复杂的布线，实现电路中各元器件之间的电气连接

(8) 关于 PCB 标签页的下列说法中，_____是正确的。

    A. PCB 标签页只能在创建项目时产生

    B. PCB 标签页界面中包含程序仿真工具栏

    C. 对象选择器是一个用于放置相关对象的窗口，其内容会随着模式工具而改变

    D. PCB 编辑区为电路原理图的绘制区域，也是设计效果显示的平台

(9) 关于模式工具栏的下列说法中，_____是错误的。

    A. 模式工具栏由主模式工具栏和焊盘模式工具栏两部分组成

    B. 元器件模式工具用于放置、新建元器件

    C. 封装模式工具用于选取、放置和编辑封装

    D. 敷铜模式工具用于放置和编辑敷铜

(10) PCB 设计的正确步骤是_____。

    ① 摆放封装元器件　② 自动或手动布线　③ 敷铜　④ 自动或手动布局

    A. ①③②④　　　　B. ①②③④　　　　C. ①④②③　　　　D. ③④②①

(11) 关于元器件封装的下列说法中，_____是错误的。

    A. 不同的元器件可以公用同一个元器件封装模型

    B. 进行 PCB 设计时，只要知道元器件的名称即可，无须明确封装模型

    C. 元器件封装是指元器件焊接到电路板时所具有的外观和焊盘位置

    D. DIL40 是双列直插式 40 引脚元器件的封装代号

(12) 创建 PCB 封装模型的正常步骤是_____。

    ① 分配引脚编号　② 放置好全部焊盘　③ 元器件封装保存　④ 添加元器件边框

    A. ②①④③　　　　B. ①②③④　　　　C. ①④②③　　　　D. ③④②①

（13）关于 PCB 元器件布局的下列说法中，_____是错误的。

    A．飞线是系统根据网络表自动生成的一种连线

    B．在摆放过程中，封装模型之间会自动产生黄色的"飞线"

    C．飞线只在逻辑上表示各个焊盘之间的连接关系

    D．如果布局时元器件间的飞线出现交叉现象，将会使随后的走线难度变大

（14）关于 PCB 三维预览的下列说法中，_____是错误的。

    A．单击系统工具栏的"3D 观察器"按钮可以启动三维预览功能

    B．利用预览窗下部的工具栏，可以改变预览视角

    C．利用预览功能可以提前检验 PCB 的设计效果

    D．预览展示的效果图可以作为制版的技术文件

（15）PCB 学习的下列说法中，_____是正确的。

    A．PCB 知识对于单片机的学习没有必然联系

    B．学会了 Proteus，进行 PCB 设计就变得易如反掌

    C．PCB 产品设计中需要有大量实战经验才能顺利完成

    D．PCB 设计结束意味着一个电子产品的完成

9.2 问答思考题

（1）单片机典型应用系统包括哪些组成部分？各部分的功能是什么？

（2）简述单片机应用系统的开发过程，着重指出各阶段应实现的目标。

（3）单片机系统开发时，采用软件模拟开发和在线仿真器开发各有什么优缺点？

（4）影响单片机系统可靠性的因素有哪些？软硬件设计时应注意哪些问题？

（5）请仿照图 9.1 的做法将图 9.9 系统方框图表示出来。

（6）并行结构编程思路的要点是什么？本章智能仪器应用实例的编程中在哪些环节使用了这一方案？

（7）图 9.10 所示的软件系统结构图对程序设计有什么作用？

（8）本章智能仪器应用实例中综合运用了本书各章节的许多内容，请认真做一总结。

（9）PCB 手动布局有哪些经验做法？

（10）PCB 设计前需要进行哪些准备工作？

附录 A 教 学 实 验

实验 1 绘制电路原理图

【实验目的】

熟悉 Proteus 的项目创建方法和原理图绘制标签页界面的组成,掌握电路原理图的绘图方法。

【实验内容】

(1)在 Proteus 中创建一个只含有原理图绘图标签页的新项目。

(2)观察原理图标签页界面的组成,了解绘图编辑区、系统菜单、工具按钮的功能。

(3)参照图 A.1 和表 A.1 完成电路原理图的绘制。

(4)将原理图导出为位图文件(要求文件分辨率为 200dpi,颜色为单色)。

(5)完成实验 1 报告的撰写。

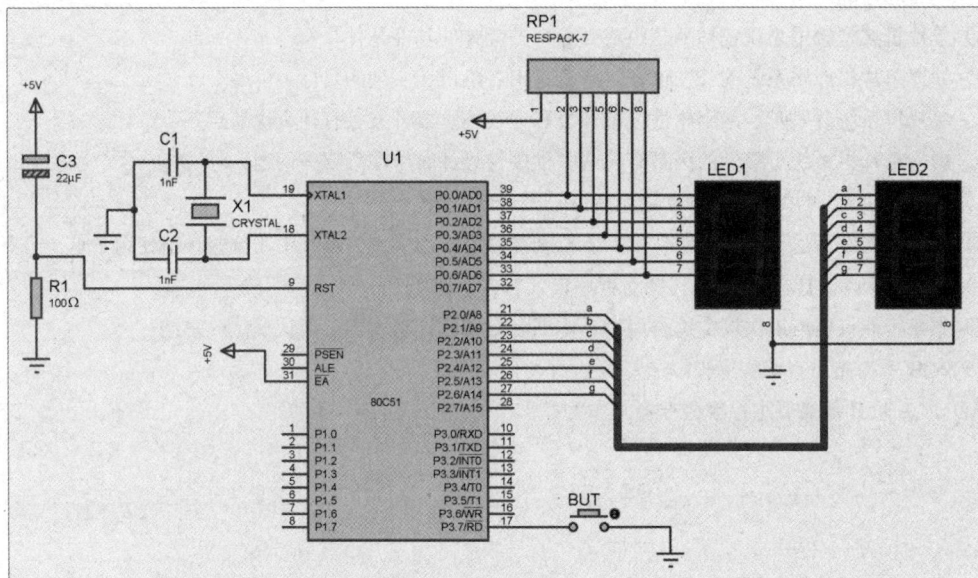

图 A.1 实验 1 电路原理图

表 A.1 实验 1 的元器件清单

元器件类别	电路符号	元器件名称
Microprocessor ICs	U1	80C51
Miscellaneous	X1/12MHz	CRYSTAL
Capacitors	C1~C2/1nF	CAP
Capacitors	C3/22μF	CAP-ELEC
Resistors Packs	RP1/7-100Ω	RESPACK-7
Resistors	R1/100Ω	RES
Optoelectronics	LED1~LED2	7SEG-COM-CAT-GRN
Switches & Relays	BUT	BUTTON

【实验方法】

首先利用 Proteus 创建一个新项目。由于本次实验只是进行原理图绘制，因而新项目中不必包含 80C51 固件和 PCB 布版内容。在创建的原理图绘制标签页中，通过 Pick Devices（拾取元器件）对话框将所需元器件的英文检索名输入 Key words 文本框内，双击找到的元器件列表，将其加载到对象选择窗中。

绘图中用到的电源终端和接地终端需要单击"终端模式"按钮 ，才能在对象选择窗中出现。

元器件拾取完成后，要将它们逐一摆放到绘图编辑区中，并按要求进行元器件间连线，直至完成电路图的绘制。最后通过输出图像功能将绘制的原理图保存为位图文件，供撰写实验报告用。

【实验要求】

提交实验报告中应包括如下内容：概述 Proteus 原理图标签页的组成、概述新建项目和原理图绘图过程、展示输出的位图文件、实验体会小结。

实验 2　数据筛查与转存

【实验目的】

熟悉 Source Code 标签页界面的组成，掌握 C51 程序的编辑和编译方法，练习数据指针的用法。

【实验内容】

（1）创建一个包含 80C51 固件，采用 Keil for 8051 编译器、无 PCB 布版的新项目。

（2）观察 Source Code 标签页界面的组成，了解程序编辑区、系统菜单、工具按钮的功能。

（3）编写一个 C51 源程序，能对 100～200 之间的每个整数进行检查。将不能被 3 整除的数依次转存到地址 0x30 开始的片内 RAM 中（能被整除的不做转存），程序流程图如图 A.2 所示。

（4）完成 Source Code 标签页界面中的源程序编辑和编译，排查语法错误，直至编译成功。

（5）进行动态调试，检查程序的逻辑错误，直至达到要求的结果。

（6）采用不少于 3 种调试运行方法（见表 A.2），监视程序运行走向，观察片内 RAM 数据变化过程，分析程序执行结果。

（7）完成实验 2 报告的撰写。

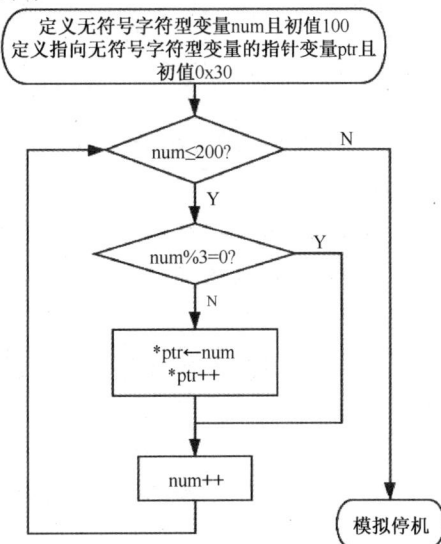

图 A.2　实验 2 程序流程图

表 A.2 实验 2 调试运行方法

序号	调试方式	快捷键
1	连续运行	F12
2	单步运行	F10
3	连续单步	Alt+F11
4	运行到光标	光标定位，Ctrl+F10
5	运行到断点	断点定位，F12

【实验方法】

创建一个包含 80C51 固件，采用 Keil for 8051 编译器、无 PCB 布版（除实验 8 外均不考虑 PCB 布版）的新项目。在程序编辑区中输入编写的源程序，单击菜单【构建】→【构建工程】进行程序编译，排查语法错误直至编译成功。单击调试运行按钮打开代码调试界面，调整代码字体，摆放好变量监视窗。采用动态调试方法监视程序运行走向和片内 RAM 单元数据变化规律。

实验 2 程序流程图的说明如下。

初始化工作：定义一个无符号字符型变量 num，用于存放数值常量 100～200；定义一个指向无符号字符型变量的指针变量 ptr，用于存放片内 RAM 单元地址。ptr 最初指向 0x30 单元，num 的初值为 100。

循环处理：在增量为 1、循环范围为 100～200 的循环体中，将不能被 3 整除的 num 转存到 ptr 指向的单元中，然后刷新 ptr 值，而能被 3 整除的 num 不做转存仅刷新其循环值。当 num 超限后，利用死循环（为调试方便增加的一条可执行语句）结束程序。

为了监视程序运行，需要在代码调试窗中打开变量监视窗和 51 单片机片内 RAM 窗，方法是：单击菜单【调试】→【8051CPU】→【Internal (IDATA) Memory】和【Variables】，如图 A.3 所示。

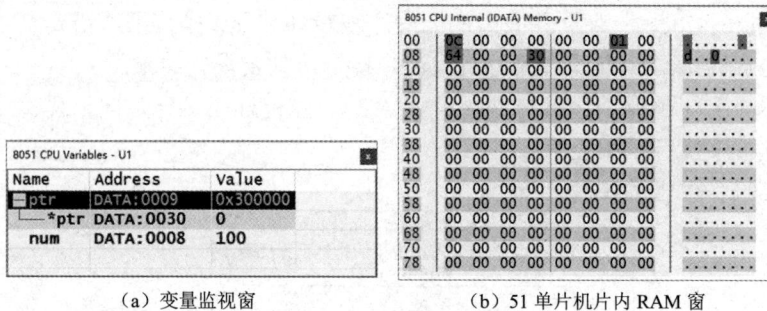

（a）变量监视窗　　　　（b）51 单片机片内 RAM 窗

图 A.3　调试监视窗

【实验要求】

提交实验报告并在其中包括如下内容：Source Code 标签页界面概述、程序流程图及其说明、C51 源程序（含注释语句）、仿真运行结果、实验体会小结。

实验 3　LED 灯循环控制

【实验目的】

熟悉 Proteus 原理图与 C51 程序的联合仿真调试方法，掌握 C51 延时函数和循环控制的方法。

【实验内容】

（1）创建一个包含 80C51 固件，采用 Keil for 8051 编译器的新项目。

（2）仿照图 A.4 和表 A.3 绘制电路原理图（片选电路忽略）。

（3）编写 C51 源程序，要求实现如下功能：8 个发光二极管做循环点亮控制，且亮灯顺序为 D1→D2→D3→…→D8→D7→…→D1，无限循环，两次亮灯的时间间隔约为 0.5s。

（4）绘制程序流程图。

（5）进行源程序的编译和动态调试，实现 LED 灯循环控制功能。

（6）完成实验 3 报告的撰写。

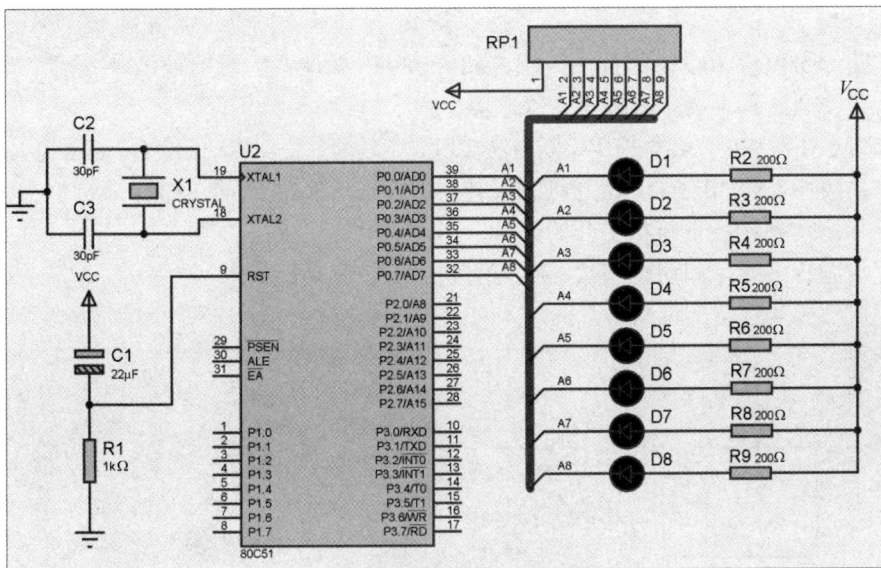

图 A.4　实验 3 的电路原理图

表 A.3　实验 3 的元器件清单

元器件类别	电路符号	元器件名称
Microprocessor ICs	U1	80C51
Miscellaneous	X1	CRYSTAL
Capacitors	C2～C3/30pF	CAP
Capacitors	C1/22μF	CAP-ELEC
Resistors	RP1/100Ω	RESPACK-8
Resistors	R10～R18/100Ω	RES
Optoelectronics	D1～D8	LED-YELLOW

【实验方法】

实验电路图中的 8 个 LED 并接于 P0 口，且接有上拉电阻。时钟和复位电路与实验 1 相同。

软件编程原理为：首先使 P0.0←1，其余端口←0，这样可使 D1 灯亮，其余灯灭；软件延时 0.5s 后，使 P0 值整体左移 1 位，得到 P0.1←1，其余端口←0，这样可使 D2 灯亮其余灯灭；照此思路 P0 值整体左移 7 次，再右移 7 次，如此无限往复，即可实现上述功能。

为了产生软件延时 0.5s 的效果，可用实参 50 调用有参延时函数（内循环 1000 步）即总延时循环为 50000 步的办法近似实现。

提交实验报告并包括如下内容：电路原理图、程序流程图及其说明、C51 源程序（含注释语句）、仿真运行截图及实验小结。

实验 4　数码管的中断控制

【实验目的】

掌握外部中断的工作原理，学习中断编程与程序调试方法。

【实验内容】

（1）创建一个包含 80C51 固件，采用 Keil for 8051 编译器的新项目。

（2）仿照图 A.5 和表 A.4 绘制电路原理图。

（3）编写 C51 源程序，要求采用中断方法实现如下功能：程序启动后，D1 处于熄灭、LED1 处于黑屏状态；按下 K1，可使 D1 亮灯状态反转一次；按下 K2，可使 LED1 显示值加 1，并按十六进制数显示，达到 F 后重新从 1 开始。

（4）完成源程序编译和动态调试，实现实验 4 的控制功能要求。

（5）完成实验 4 报告的撰写。

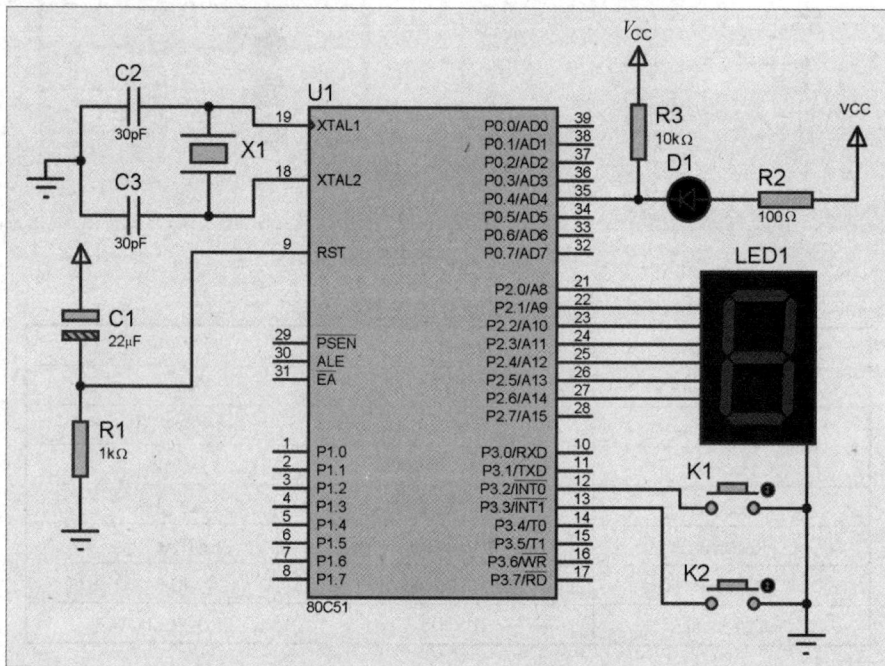

图 A.5　实验 4 的电路原理图

表 A.4　实验 4 的元器件清单

元器件类别	电路符号	元器件名称
Microprocessor ICs	U1	80C51
Optoelectronics	D1	LED-GREEN
Switches & Relays	K1～K2	BUTTON
Resistors	R1～R2/100Ω	RES
Optoelectronics	LED	7SEG-COM-CAT-GRN

【实验方法】

实验电路图中按键 K1 和 K2 分别接于 P3.2 和 P3.3，发光二极管 D1 接于 P0.4，共阴极数码管 LED1 接于 P2 口。

软件编程原理为：将数码管 0～F 的显示字模（参见实例 5.4）保存在数组中，K1 和 K2 的按键动作分别作为 $\overline{INT0}$ 和 $\overline{INT1}$ 的中断请求，在中断函数中进行发光二极管控制和数码管显示刷新。初始化后，主函数处于无限循环状态，等待中断请求。

【实验要求】

提交实验报告并包括如下内容：电路原理图、C51 源程序（含注释语句）、软件调试分析、仿真运行截图及实验小结。

实验 5　数字秒表显示器

【实验目的】

熟悉定时/计数器的中断工作原理，掌握定时器的 C51 编程与调试方法。

【实验内容】

（1）创建一个包含 80C51 固件，采用 Keil for 8051 编译器的新项目。

（2）仿照图 A.6 和表 A.5 绘制电路原理图。

（3）编写 C51 源程序，要求实现如下功能：数码管的初始显示值为"00"；当 1s 产生时，秒计数器加 1；秒计数到 60 时清 0，并从"00"重新开始，如此周而复始进行。

（4）完成源程序编译和动态调试，实现实验 5 的控制功能要求。

（5）完成实验 5 报告的撰写。

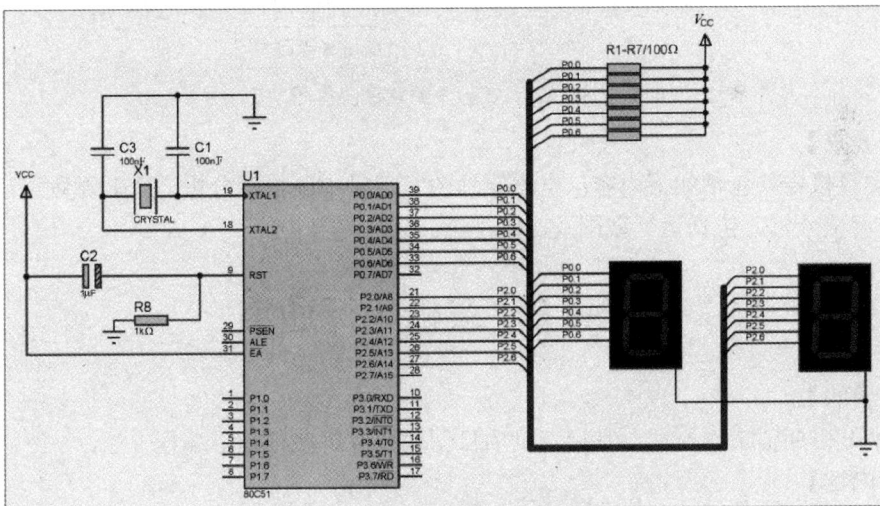

图 A.6　实验 5 的电路原理图

表 A.5　实验 5 的元器件清单

元器件类别	电路符号	元器件名称
Microprocessor ICs	U1	80C51
Miscellaneous	X1/12MHz	CRYSTAL
Capacitors	C1～C2/1nF	CAP
Capacitors	C3/22μF	CAP-ELEC

元器件类别	电路符号	元器件名称
Resistors Packs	R2～R8/1kΩ	RES
Resistors	R1/100Ω	RES
Optoelectronics	LED1～LED2	7SEG-COM-CAT-GRN

【实验方法】

软件编程原理为：采用 T0 定时方式 1 中断法编程，其中 1s 定时采用 20 次 50ms 定时中断的方案实现，编程流程图如图 A.7 所示。

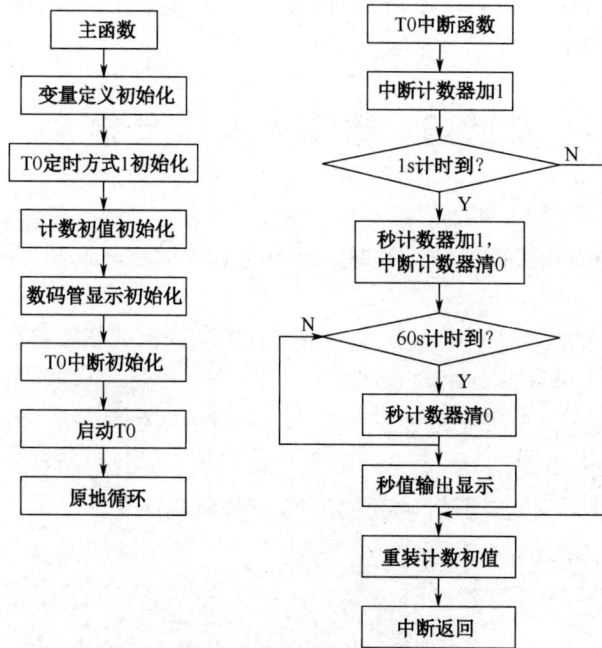

图 A.7 实验 5 的软件流程图

【实验要求】

提交实验报告并包括如下内容：电路原理图、定时中断原理分析、C51 源程序（含注释语句）、软件调试分析、仿真运行截图及实验小结。

实验 6 双机串行通信

【实验目的】

熟悉串行口通信工作原理，掌握双机项目创建和双机串行通信编程方法。

【实验内容】

（1）创建一个包含两个 80C51 固件，且都采用 Keil for 8051 编译器的新项目。

（2）在图 A.8 和表 A.6 的基础上给 U1 机和 U2 机的 P0 口各添加一个七段共阴极数码管和所需元器件，使之能显示 2 位数值（晶振、复位和片选电路忽略，不会影响仿真）。

（3）编写 C51 源程序，要求实现如下功能：U1 机循环向 U2 机发送整数 00～99，再根据从 U2 机发来的返回值决定是继续发送新数（若返回值与发送值相同）还是重复发送当前数（若返回值与发送值不同）；U2 机则是将从 U1 机上接收到的值作为返回值再发送给 U1 机。两机都将当前值以十进制数形式显示在各机的 2 位共阴极数码管上。

（4）完成源程序编译和动态调试，实现实验 6 的控制功能要求。

（5）完成实验 6 报告的撰写。

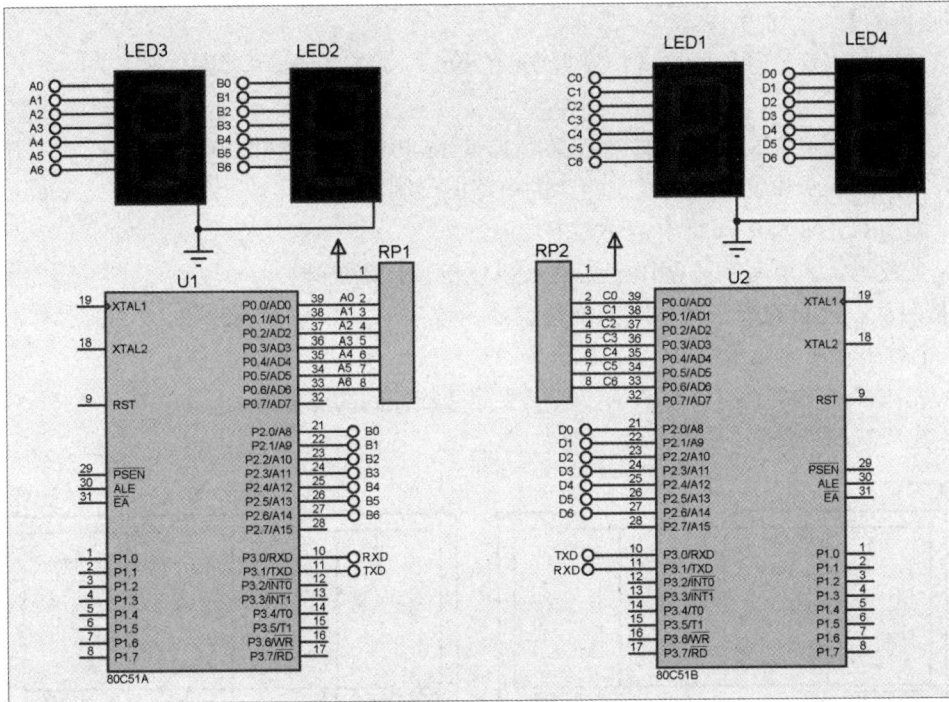

图 A.8　实验 6 的电路原理图（待完善）

表 A.6　实验 6 的元器件清单

元器件类别	电路符号	元器件名称
Microprocessor ICs	U1～U2	80C51
Optoelectronics	LED1～LED2	7SEG-BCD-GRN
Resistors	RP1～RP2	RESPACK-7

【实验方法】

项目中有多个单片机时，需要在 Source Code 项目树中为每个单片机添加属于自己的程序文件，并且还要分别进行编译，形成各自的固件，具体做法可参见实例 7.2 中的介绍。

另外，在 P0 口添加数码管时需要考虑上拉电阻问题。

假设编程时已约定，两机晶振为 11.0592MHz，波特率为 2400bps，通信采用串行口方式 1。

U1 机采用查询法编程，根据 RI 和 TI 标志的软件查询结果完成收发过程；U2 机采用中断法编程，根据 RI 和 TI 的中断请求在中断函数中完成收发过程。

编程如有困难，可以参考实例 7.2 的做法。

【实验要求】

提交的实验报告中要包括如下内容：电路原理图及接线原理说明、C51 源程序（含注释语句）、仿真运行截图及实验小结。

实验 7　8 位数码显示器

【实验目的】

学习 8 位数码管串行扩展原理，掌握 74HC595 与动态显示编程方法。

【实验内容】

（1）创建一个包含 80C51 固件，且采用 Keil for 8051 编译器的新项目。

（2）按照图 A.9 和表 A.7 完成实验 7 的电路图绘制。

（3）编写 C51 源程序，要求实现如下功能：

● 8 个数码管的所有笔段整体全亮 1s（以便检查有无缺画）；

● 按照从左至右的顺序以 0.5s 间隔逐位显示数字 7、6、5、4、3、2、1、0；

● 8 个数码管整体显示数字 "01234567"。

（4）完成源程序编译和动态调试，实现实验 7 的控制功能要求。

（5）完成实验 7 报告的撰写。

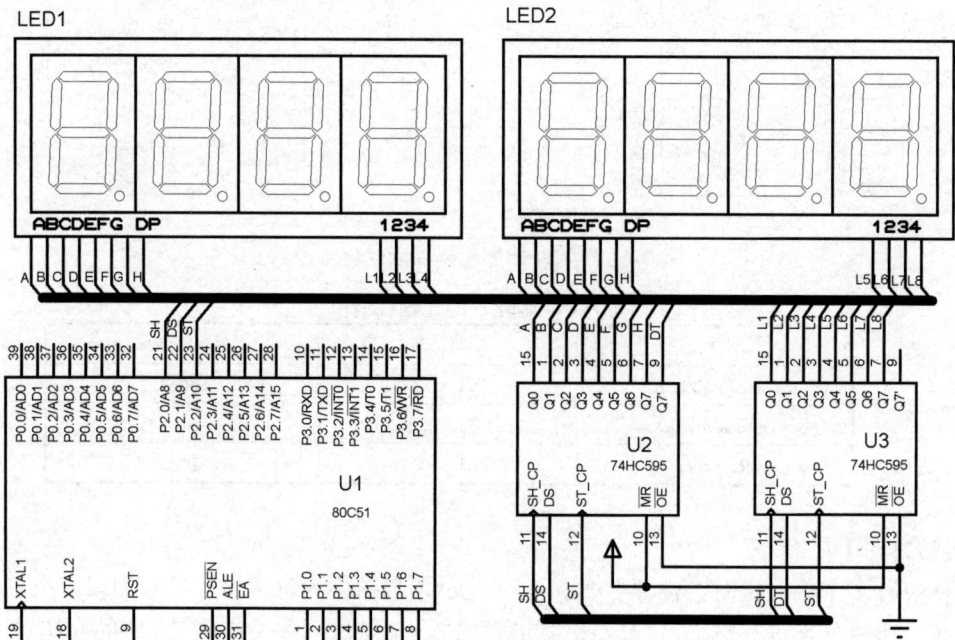

图 A.9　实验 7 的电路原理图

表 A.7　实验 7 的元器件清单

元器件类别	电路符号	元器件名称
Microprocessor ICs	U1	80C51
Optoelectronics	LED1～LED2	7SEG-MPX4-CC-BLUE
TTL74HC seres	U2～U3	74HC595

【实验方法】

图 A.9 中的 U2 与 U3 按级联方式连接，即 U2 的 Q7' 与 U3 的 DS 引脚相接，U1 的 Q0～Q7 分别接两个四联数码管的段码 A～H 引脚，U2 的 Q0～Q7 分别接两个四联数码管的位码 1～4 引脚，如此可通过两个 74HC595 的 16 位输出端，实现 8 位数码管的动态显示接口。

编程时，首先要将预存的 8 位段码和位码从数组变量中提取出来，拼接成 16 位数据后存入 int 型变量 date 中；然后利用条件赋值表达式 DS=(date & 0x8000)?1:0，对 date 的最高位进行判断，为真时位变量 DS 取 1，反之取 0；随后将 date 整体左移 1 位。如此循环 16 次，便可将段码和位码都转为串行数据，经由单片机的 P2.1 引脚输出并送入 74HC595 的 DS 引脚。

74HC595 串并转换编程是通过 P2.0 和 P2.1 引脚分别模拟时序信号 SH_CP 和 ST_CP（见图 A.10）实现的，其编程方法可以参考第 8 章的实例 8.10。

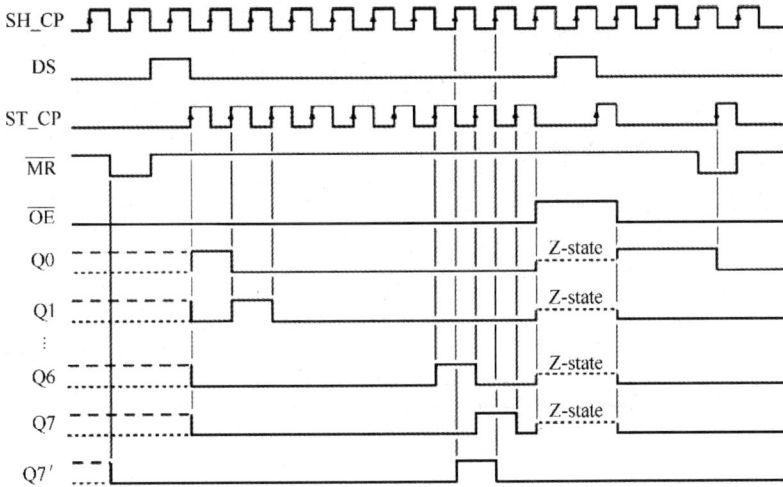

图 A.10　74HC595 的转换时序

8 位字符的动态显示是通过将每个数码管的显示字模和位码字模进行快速轮流替换实现的，详细介绍请参见本书第 8 章 8.7.3 节的内容。

延时 1ms 可采用两级嵌套的 for 语句函数实现，延时量约为 120 循环步（设单片机时钟频率为 12MHz）。

【实验要求】

提交实验报告并包括如下内容：电路原理图及其分析、74HC595 原理阐述、C51 源程序（含注释语句）、仿真运行截图及实验小结。

实验 8　数字电压表的 PCB 设计

【实验目的】

熟悉 PCB 标签页的界面组成，掌握 PCB 布版设计方法。

【实验内容】

（1）在 Proteus 中创建一个只含有原理图绘图标签页的新项目，然后按照图 A.11 和表 A.8 完成实验 8 的数字电压表电路图绘制。

（2）单击工具栏中的 ▣ 按钮，打开空白 PCB 标签页，观察 PCB 标签页的组成，熟悉各个窗口及工具按钮的使用方法。

（3）根据图 A.12 的尺寸制作四联数码管的 PCB 封装模型。

（4）经过布版、布线、敷铜等环节完成图 A.11 电路的 PCB 设计。

（5）用 3D 观察器（ ◀◀ ）检验并截取不同视觉效果图。

（6）完成实验 8 报告的撰写。

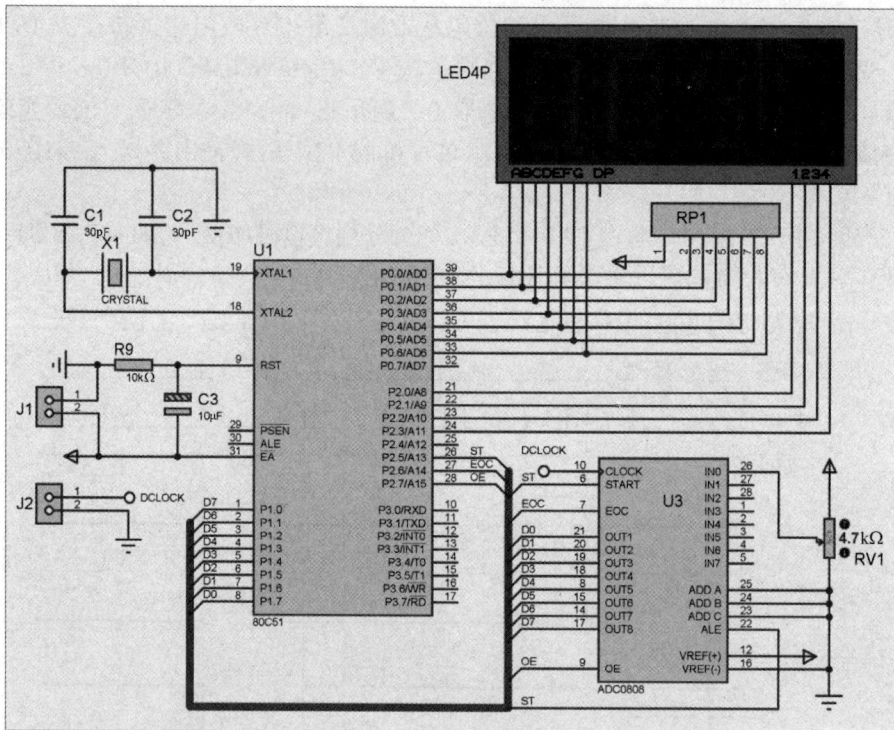

图 A.11　实验 8 电路原理图

表 A.8　实验 8 的元器件清单

元器件类别	电路符号	元器件名称
Microprocessor ICs	U1	80C51
Data Converter	U3	ADC0808
Miscellaneous	X1	CRYSTAL
Capacitors	C1～C2	CAP
Capacitors	C3	CAP-ELEC
Resistors	RP1	RESPACK_7
Resistors	R9/10kΩ	RES
Resistors	RV1/4.7kΩ	POT-HG
Optoelectronics	LED	7SEG-MPX4-CC-BLUE
Connectors	J1～J2	TBLOCK-M2

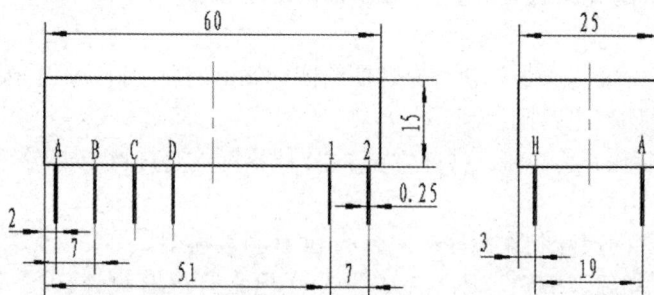

图 A.12　四联数码管的尺寸图（单位：mm）

【实验方法】

图 A.11 中有两个元件是没有 PCB 封装模型的，一是电位器 RV1，二是四联数码管 LED4P。其中 RV1 可用代号为"TO92"封装模型替代，LED4P 则只能自己自制。有关封装模型的替代和自制方法，以及 PCB 布版、布线、敷铜、三维观察等内容，请查阅本书课程网站内的相关内容。

【实验要求】

实验报告应包括如下内容：电路原理图、四联数码管封装制作过程简述、PCB 布版布线简述、不同视角 3D 效果图、实验小结。

参 考 文 献

[1] 张齐，朱宁西. 单片机应用系统设计技术[M]. 北京：电子工业出版社，2009.

[2] 李学礼. 基于 Proteus 的 8051 单片机实例教程[M]. 北京：电子工业出版社，2008.

[3] 黄惟公，邓成中，王艳. 单片机原理与应用技术[M]. 西安：西安电子科技大学出版社，2007.

[4] 张道德，杨光友. 单片机接口技术（C51 版）[M]. 北京：中国水利水电出版社，2007.

[5] 沙占有，孟志永，王彦朋. 单片机外围电路设计[M]. 北京：电子工业出版社，2007.

[6] 徐爱钧，彭秀华. 单片机高级语言编程与 μVision2 应用实践[M]. 北京：电子工业出版社，2008.

[7] 周润景. Proteus 入门实用教程[M]. 北京：机械工业出版社，2007.

[8] 丁明亮，唐前辉. 51 单片机应用设计与仿真[M]. 北京：北京航空航天大学出版社，2009.

[9] 贾好来. MCS-51 单片机原理及应用[M]. 北京：机械工业出版社，2007.

[10] 王静霞. 单片机应用技术（C 语言版）（第 3 版）[M]. 北京：电子工业出版社，2015.

[11] 刘德全. Proteus 8——电子线路设计与仿真（第 2 版）[M]. 北京：清华大学出版社，2017.